Ronald Krug

Aus dem Zugförderungsdienst:

Die schnellsten Dampfzüge

Rekorde, Höchstgeschwindigkeiten und
Reisegeschwindigkeiten im internationalen Vergleich

EK-VERLAG

Titelbild

F 2 „Hanseat" mit der 01 1060 und fünf Wagen (zwei Aüm, ein WRü, zwei Aüm) bei Buchholz am Sonntag, 30. April 1967. Planmäßig mit V 200 bespannt, musste wegen des Feiertages (1. Mai) die Bespannung umgestellt werden. Diese Aufnahme soll auch für das Zugpaar F 3/4 „Merkur" stehen, der als letzter 1.-Klasse-Zug der DB im selben Fahrplanabschnitt am Wochenende mit Osnabrücker 01^{10} Öl fuhr und nahezu das gleiche Zugbild abgab (F 3 mit vier, F 4 mit sechs Wagen).

Rücktitel

Am 19. Februar 2014 standen alle noch vorhandenen A 4 der British Rail zum abendlichen Fototermin in Shildon parat. *Bittern, Dominion of South Africa* und *Sir Nigel Gresley* lieferten den notwendigen Dampf.

Hinweis zur Schreibweise von Städtenamen

Die Bahnhofsnamen in den Tabellen sind aus den Primärquellen (Kursbüchern etc.) übernommen und deshalb teilweise in der landesüblichen Schreibweise wiedergegeben.
So heißt z. B. der Südbahnhof Brüssel französisch und flämisch Bruxelles Midi bzw. Brussels Zuid.

Brügge	Bruges/Brugge
Lüttich	Liége
Oostende Kai	Ostende Quai
Mailand	Milano
Venedig	Venezia
Straßburg	Strasbourg
Mülhausen	Mulhouse

ISBN: 978-388255-770-1

EK-Verlag GmbH – Lörracher Str. 16 – 79115 Freiburg
www.eisenbahn-kurier.de

Unser Gesamtverzeichnis erhalten Sie kostenlos unter Tel. 0761-70 310 0 oder unter service@eisenbahn-kurier.de

Bearbeitung/Gestaltung: Silvia Teutul
Bildbearbeitung: Rico Schreiber, Jens Gutjahr

Inhaltsverzeichnis

1 Vorwort

Wunsch des Autors ist es, mit diesem Buch das „Fahrzeitgefühl" zu wecken und – im positiven Sinne – den „Geschwindigkeitsrausch" zu importieren, der in Großbritannien seit dem 19. Jahrhundert alltäglich ist. Uns Eisenbahnfreunde zu bewegen, faszinierende Schnellzugfahrten mit den „röhrenden Monstern" im Zug mitzuerleben, vielleicht sogar mit Stoppuhr oder GPS in der Hand, soll das Ziel sein. Zentrales Thema ist die Reisegeschwindigkeit.

Um dem Anspruch zu genügen, mit der Dampflok 60 Meilen in der Stunde (96,56 km/h) von der Abfahrt bis zum nächsten Halt zurückzulegen, bedurfte es einiger Anstrengungen:

Die Strecken – mit möglichst moderaten Steigungen und Kurven – mussten ausreichend lange Schnellfahrabschnitte aufweisen, der Haltestellenabstand, gerade bei einem schweren Zug mit mäßigem Beschleunigungsvermögen, entsprechend lang sein. Die Qualität der Kohle wirkte sich ebenso auf die Verdampfungsleistung der Lok aus wie die gekonnte Feuerbeschickung des Heizers, einen guten Zustand der Lokomotive vorausgesetzt. Entsprechend forsch ging der erfahrene Lokführer im Einklang mit seiner Streckenkenntnis zur Sache. Leistungsfähige Lokomotiven mit ihren schnellen Zügen wurden von den Stellwerkern vorrangig behandelt. Ein Halt zeigendes Signal kostete entscheidende Minuten. Bei Verfehlungen, die den Zug in seinem Lauf bremsten, rief der Bahnhofschef den Verantwortlichen zum Rapport.

Noch schwerer war es, die in diesem Buch als Limit gesetzten 100 km/h zu erreichen. Das Lokpersonal hatte schon beim Beschleunigen „nichts zu verschenken", um die im Buchfahrplan vorgegebenen Geschwindigkeiten schnellstmöglich zu erreichen und auszureizen. Gekonntes Abbremsen ersparte ebenso wertvolle Sekunden.

Es erwartet Sie, liebe Leser, kein „Bilderbuch", sondern ein Werk, das Sie einlädt, sich mit den aufgelisteten Informationen auseinanderzusetzen. Dann können Sie den Leistungen der Lokomotiven und ihren Personalen gewiss etwas Bewunderung abgewinnen.

Ein Wort zu den Geschwindigkeitsangaben: Die Auflistung mit zwei Stellen hinter dem Komma erscheint übertrieben und darf deshalb als theoretischer Wert angesehen werden. Fahrzeiten wurden in den Kursbuchunterlagen in Minuten angegeben, und kaum ein Zug erreichte auf die Sekunde genau den Zielbahnhof. Für die Rangfolge in den einzelnen Tabellen aber bleibt das Hundertstel ein nützliches Kriterium. In der heutigen, digitalen Zeit wird exakter gemessen, und – wie im Sport – entscheiden Bruchteile einer Sekunde über einen neuen Rekord. Bestleistungen mit Dampflokomotiven werden auch in der Zukunft gefahren werden, wie gerade erst von der britischen A 4 *Bittern* bewiesen wurde.

Die Vorbereitungen für dieses mit Daten, Fakten und Zahlen gespickte Buch erstreckten sich über Jahrzehnte. Kilometerangaben änderten sich im Laufe der Zeit, unterschiedliche Quellen nennen teilweise abweichende Ergebnisse, eigene Auffassungen von gestern entsprachen manchmal nicht mehr den heutigen Anforderungen. Deshalb bin ich dankbar für jeden Hinweis, der zur Optimierung des Inhaltes beiträgt.

Neuenburg am Rhein, im Mai 2014   Ronald Krug

Bild 1 – 03 032 zählte zu den ersten Dampflokomotiven der Deutschen Reichsbahn-Gesellschaft, die ab 1933 Züge mit planmäßigen Reisegeschwindigkeiten über 100 km/h beförderten. Sie gehörte zu den ausgesuchten Exemplaren ihrer Baureihe, denen besondere Pflege zuteil wurde, damit sie mit Vmax 140 km/h (Zulassung am 13. November 1934) über die Magistrale Hamburg – Berlin jagen konnten. Mit 1.980 PSi war sie prädestiniert für leichte, schnelle Züge. Dann überzeugte die Baureihe durchaus, allen Kritiken zum Trotz. Kurvenreicher und weniger schnell war dagegen ihr letztes Einsatzgebiet beim Bw Trier. Gut gepflegt zeigt sie sich zum Ende ihrer Karriere beim Halt in Cochem mit dem E 822 am 24. August 1964.   Aufnahme: Brian Stephenson

1.1 Die „Hauptdarsteller"

Wie schnell war sie eigentlich – die Dampflokomotive?
Außergewöhnlich faszinierend und spannend war das Aufspüren unzähliger Daten und Fakten rund um die Geschwindigkeit, die Mensch und Maschine erzielten. Allzu oft legten die ehrgeizigen Bahnverantwortlichen und ihre Planer Fahrzeiten vor, die die Grenze des Machbaren erreichten. Absolute Könner waren auf den Führerständen gefragt, damit die Lokomotiven ihre Züge und die Reisenden pünktlich ans Ziel brachten. „Ganz großes Kino" also, was im 19. und 20. Jahrhundert mit den fauchenden Ungetümen geboten wurde und sich bis heute fortsetzt.

Und welche Baureihen brachten die Züge in Schwung, wie hießen die „Hauptdarsteller", die vor den schnellsten Zügen unentbehrlich waren?

Bild 2 – Auch 03 193 vom Bw Altona (am 18. Mai 1935 aufgenommen) gehörte zu den 140-km/h-Schnellläufern. Bei den hohen gefahrenen Geschwindigkeiten war die Stromlinienverkleidung sinnvoll und verhalf der Lok zu deutlich erhöhter Zughakenleistung. Aufnahme: RVM Berlin, Sammlung Eisenbahnstiftung

Bild 3 – Die Deutsche Reichsbahn stellte am 6. März 1935 mit dem Prädikat „Schnellste Lokomotive der Welt" die 05 001 vor. Zwei Monate später erschien ihre Schwesterlok 05 002. 2.800 PSi dürfen der Baureihe 05 zugerechnet werden für die Zeit, als sie mit 20 kp/cm² Kesseldruck unterwegs war. Bei ihren Rekordfahrten registrierte der Messwagen Leistungen bis zu 3.400 PS. Im Mai 1936 wartet 05 002 in Altona mit ihrem Messzug auf den Einsatz. Nach mehreren Versuchsfahrten mit 170 bis 195 km/h fiel am 11. Mai die ersehnte 200 im Abschnitt Friesack – Vietznitz. Lokführer Oskar Langhans am Regler und auf der linken Seite Reservelokführer Ernst Höhne vom Versuchsamt Grunewald durften sich für zwei Jahre Weltrekordler nennen. Aufnahme: Borsig, Sammlung Tiemann/Eisenbahnstiftung

Bild 4 – Mit dem Henschel-Wegmannzug eroberte die 61 001 – hier bei Kassel am 31. Mai 1935 auf Probefahrt mit der gerade fertiggestellten Wagengarnitur – einen Spitzenplatz im Kreis der schnellen Züge.

Bild 5

Zuverlässige Stütze im Schnellzug-dienst während der Reichsbahnzeit und bis in die achtziger Jahre hinein war die zweizylindrige 01 mit indizierten 2.240 PS. Hier wartet am 5. Juni 1976 die 01 2204-4 mit dem D 673 nach Dresden im Berliner Ost-bahnhof auf den Beginn ihrer Reise.

Aufnahme: Wolfgang Bügel

Bild 6

Der erstklassige F 3 „Merkur" am 10. Januar 1960 in Flörsheim, eine Planleistung des Bw Wiesbaden. Die Zuglok 01 233 entstand anno 1938 aus der 02 005. Gemeinsam mit den dreizylindrigen 01^{10} trugen die 01^0 die Hauptlast im schnellen Reise-zugverkehr der DB.

Aufnahme: Kurt Eckert,
Sammlung Robin Garn

Bild 7

Lok mit Vergangenheit und Zukunft: 01 150 stand seit ihrer Ablieferung 1935 im Rampenlicht. Sie führte die Parade zum 100. Geburtstag der deutschen Eisenbahnen an, glänzte im Dienst der Deutschen Bundes-bahn vor schnellen Zügen bis in ihre Hofer Zeit anno 1973 und nahm an der Parade 1985 in Nürnberg-Langwasser teil. Jetzt hat sie mit neuem Kessel eine durchaus positive Zukunftsperspektive. Reger Einsatz, auch im schnellen Sonderzugdienst, steht ihr bevor.

Aufnahme (am 3. August 2013 in ihrer neuen Heimat Heilbronn): Peter Bäuchle

Bild 8

Die Baureihe 01¹⁰ schulterte einen gewichtigen Teil im schweren Schnellzugdienst der Deutschen Bundesbahn. 17. Oktober 1990 in Weil (Rhein): 01 1066 hat die erste Etappe ihrer Fahrt von Karlsruhe nach Konstanz geschafft. Nach ihrer flotten Fahrt mit immerhin 100 km/h Reisegeschwindigkeit im bis zu 6 Promille ansteigenden Abschnitt Offenburg – Freiburg geht die Lok hier vom Zug. Nur einen Kilometer weiter nördlich steht der Haltinger Wasserturm, an dem sie ihre Vorräte ergänzen wird.

Aufnahme: Ronald Krug

Bild 9

Auch mit reduziertem Kesseldruck gehörten die drei entstromten 05 bis 1957 mit den leichten F-Zügen zu den 100-km/h-Rennern. Hamburg-Dammtor im Sommer 1954, fünf Minuten nach Plan durchfährt 05 001 mit dem F 2 „Hanseat" den markanten Bahnhof auf der Fahrt nach Köln. Sie folgt im Blockabstand dem verspäteten D 88, der in Fahrlage des F-Zuges kurz zuvor ausgefahren ist.

Aufnahme: Gert Hagemann, Sammlung Jürgen Ebel

Bild 10

Mit drei verschiedenen Kesseln (Original entstromt, DB Neubau und DR Reko) waren die Lokomotiven der Baureihe 03¹⁰ vor schnellen Zügen vertreten. 03 1081 im Bahnhof Wuppertal Oberbarmen, März 1964.

Aufnahme: Helmut Dahlhaus

Bild 11

Die 18 201 – umgebaut aus der 61 002 – erhielt aus Gewichtsgründen einen modifizierten Kessel analog der Baureihe 22. Zur Nennleistung von 2.200 PSi darf in der Praxis aber durchaus 10 % addiert werden. Mit ihrer Leistungsfähigkeit stellte sie bis in die Neuzeit zahlreiche Rekorde auf. Ab 1970 als 02 0201-0 genummert, war sie vermehrt im Sonderzugdienst gefragt, hier am 14. Mai 1977 in Blankenheim.

Aufnahme: Wolfgang Bügel

Bild 12

Die 01^5 ist auch eine 2.500-PS-Baureihe. In der Ölversion lag die Leistung noch darüber. Die Beförderung der schnellsten Dampfzüge in der DDR gehörte zu ihrem Aufgaben.

Aufnahme (im Bw Haltingen): Ronald Krug

Bild 13

03^{10} mit ölgefeuertem Reko-Kessel, seit 1970 als 03^{00} unterwegs, Berlin-Lichtenberg am 24. Mai 1979.

Aufnahme: Ronald Krug

Bild 14

2.500 PS_i werden für die SNCF-Baureihe 231.K genannt – ein Wert, der in der Praxis noch etwas höher lag. Die abgebildete „K.8" war 1912 von Henschel in Cassel mit der Fabr.-Nr. 10851 als eine von 20 Lokomotiven gebaut worden. Sie erhielt die Bezeichnung P.L.M. 6018 und alsbald 6208, bevor man sie 1925 in 231 C 8 umtaufte. Im Herbst 1947 erfuhr sie mit der Modifizierung eine deutliche Leistungssteigerung. Die Baureihe 231.K war erste Wahl für die 1.-Klasse-Rapidezüge, vor allem in der Region Est. Am 1. September 1968 stand die Lok im Depot Calais im Dienste des Flèche d'Or.

Aufnahme: Brian Stephenson

Bild 15

Zwischen 3.300 und 3.500 PS_i leisteten die Splittergattungen 232.R, S und U.232.S.004 wartet hier in Paris Nord anno 1958 mit dem morgendlichen Express nach Lille auf die Abfahrtszeit. Schließlich verblieben nach der Abstellung der 232.R.002 und 003 noch für weniger als drei Jahre den restlichen sechs Maschinen (232.R.001, 232.S.001 bis 004 und 232.U.1) anspruchsvolle Einsätze von Paris Nord nach Aulnoye und über die belgische Grenze nach Jeumont. Am 30. September 1961 endeten mit der Elektrifizierung der Strecke ihre Karrieren bei der SNCF.

Aufnahme: Slg. Heribert Schröpfer

Bild 16

232.U.1 entging den Schneidbrennern und beeindruckt heute die Besucher im Museum Cité de Train Mulhouse mit „Sound, Dampf" und beweglichem Triebwerk.

Aufnahme (am 1. August 2013): Ronald Krug

Bild 17
Auch die 231.G gehört zu den
2.500-PS-Lokomotiven. Mit dem
Flèche d'Or hatte sie bis 1969 ihre
letzte berühmte Planleistung.

Aufnahme: Slg. Heribert Schröpfer

Bild 18
Die 1948 bis 1952 gebauten,
4.000 PS$_i$ starken 241.P der SNCF
hatten ihre bedeutendste Leistung
vor dem „Mistral", den sie zwischen
Avignon und Valence auf eine Reisegeschwindigkeit über 100 km/h
brachten. 241.P.16 steht im Cité de
Train in Mulhouse, 241.P.17 hin-
gegen erfreut sich gesunder
Betriebsfähigkeit, hier am 28. September 2013 in Erstfeld/CH.

Aufnahme: Ronald Krug

Bild 19
Die gewaltige 241.A glänzte Mitte
der dreißiger Jahre mit der Bespannung des „Côte d'Azur Pullmann".
241.A.65 zeigt sich am 28. September 2013 unter Dampf in Erstfeld,
das sie als Vorspannlok mit einem
Sonderzug aus Basel erreicht hat.

Aufnahme: Ronald Krug

Bild 20 – 230.K.248 (Aufnahme 1950) erhielt für die Beförderung der Rapides Strasbourg – Paris Est ein ungewöhnliches Design mit integrierten Windleitblechen. Die ölgefeuerten Lokomotiven verkehrten mit den Michelin-Zügen ohne Lok- und Personalwechsel auf der 502 Kilometer langen Strecke zwischen den Metropolen an Rhein und Seine.
Aufnahme: Sammlung Andreas Knipping

Bild 21 – Nur wenige Kilometer hat die fabrikneue 12.03 vom Cockerill-Werk, vor den Toren Lüttichs gelegen, absolviert. Wir schreiben den 9. Juli 1939, ganze sechs Tage bis zur Einführung der Hochgeschwindigkeits-Zugpaare nach Oostende, für die sie gebaut worden war. Außergewöhnlich ist ihr Fahrwerk mit nur zwei Antriebs-radsätzen von stattlichen 2.100 mm Raddurchmesser. Unübertroffen bleiben die Fahrzeiten von der belgischen Hauptstadt an die Küste, die heutzutage von den elektrischen Intercityzügen nicht annähernd erreicht werden.
Aufnahme: Sammlung Robin Garn

Bild 22 – 1923 erschienen die ersten Maschinen der „Castle Class", und drei Jahre später folgte die „King Class" auf „Britains metals", Großbritanniens Schienen. Beide Baureihen prägten über Jahrzehnte mit dem „Cheltenham Flyer" und dem „Bristolian" den Schnellverkehr in England. Die erst 1950 gebaute GWR 7029 *Clun Castle* präsentiert sich am 4. März 1967 in Chester im Rahmen eines Sonderzugeinsatzes.

Bild 23 – Die Coronation Class 46251 *City of Nottingham* besticht auch in unverkleidetem Zustand durch Eleganz. 1937 begann die Lieferung dieser Lokomotiven an die LMS, zuerst in zwei Tranchen zehn Maschinen mit Stromlinienverkleidung. Nr. 46251 *City of Nottingham* gehörte zu den 28 unverkleideten Lokomotiven. Aufgenommen wurde sie hier auf dem Werksgelände in Swindon anno 1959. Vornehmlich auf der Magistrale London – Glasgow war diese Baureihe anzutreffen. Von 1962 bis 1964 erstreckte sich die Ausmusterung dieser Baureihe.

Aufnahmen (2): Sammlung Heribert Schröpfer

Bild 24

Die erst 1948 gebaute Merchant Navy Class zeigt sich hier mit der 35018 *British India Line* in Southampton Central in der rekonstruierten Ausführung (ohne Stromlinienschale).

Aufnahme: Slg. Heribert Schröpfer

Bild 25 (Mitte)

Nigel Gresley – damals noch ungeadelt – konstruierte die berühmte „A 1", die ab 1922 noch an die „Great Northern" geliefert wurde. Im nächsten Jahr ging die GN in die LNER über. 1923 erschien die Nr. 4472 *Flying Scotsman*, die ab 1928 – inzwischen technisch modifiziert und in A 3 umbenannt – auch den gleichnamigen Nonstopzug von London nach Edinburgh bespannte. Die Aufnahme entstand am 31. August 1975 bei Stockton während der „Cavalcade 150 Jahre Eisenbahn".

Aufnahme: Prisca Krug

Bild 26 (unten)

Peppercorn A 1 Nachbau *Tornado* aus dem Jahr 2008 mit dem London – Swansea Special am 1. März 2010 bei Hullavington.

Aufnahme: Adrian Brodie

Bild 27

Die LNER A 4, Schwesterlokomotiven der Mallard und 2.700 PSi stark, hatten dank Stromlinienschale gegenüber anderen Baureihen mit ähnlichen Leistungen wie z. B. 01^5, 01^{10} Öl und 231.K eine zusätzliche Leistungsreserve im oberen Geschwindigkeitsbereich. A4 *Dwight D. Eisenhower* mit der British Rail Nr. 60008 dampft hier im Oktober 1961 vor der Bekohlungsanlage in Kings Cross Top Shed.

Aufnahme: J. P. Mullet, Sammlung Heribert Schröpfer

Bild 28

GWR 6011 *King James I* mit dem im März 1956 eingebauten Doppelschornstein, in Swindon abgelichtet.

Aufnahme: Slg. Heribert Schröpfer

Bild 29

Die LMS Coronation Class Nr. 6224 *Princess Alexandria*, wurde am 31. Juli 1937 in blauer Farbgebung mit silbernen Streifen abgeliefert. Sie zählte zu den mit Stromlinienverkleidung ausgestatteten Maschinen, die leistungsmäßig der konkurrierenden LNER A4 ebenbürtig waren. Bei einer Testfahrt mit zwei Heizern wurden kurzzeitig 3.300 PS gemessen. Hier ergänzt die 6224 im Jahr 1938 in Shrewsbury ihren Wasservorrat.

Aufnahme: P. B. Whitehouse, Sammlung Heribert Schröpfer

Bild 30

Die „Regina Vapore", Gruppe 691 der Ferro Stato Italia, spielte eher eine Nebenrolle im Ensemble der Schnellsten. 1938/1939 hatte sie ihre Glanzzeit. 691.022 blieb erhalten und steht im Technischen Museum in Mailand (Museo della Scienza e della Tecnica di Milano). Die elegante 691.021 sonnt sich hier anno 1956 im Deposito Verona.

Aufnahme: FS, Slg. Andrea Rovaran

Bild 31

Milwaukee's Atlantic Nr. 3 in voller Fahrt mit dem „Hiawatha". Vier dieser ölgefeuerten, 3.300 PS$_i$ starken Lokomotiven wurden ab 1935 speziell für diesen 100 mph schnellen Zug gebaut. Bis November 1951 außer Dienst gestellt, blieb keine der Nachwelt erhalten.

Aufnahme: Sammlung Robin Garn

Bild 32

Die New York Central beschaffte von 1927 bis 1931 insgesamt 205 Hudsons der Class J-1. Bis 1938 folgten noch 20 Class J-2 und 50 Super-Hudsons der Class J-3. Einige Maschinen erhielten eine Stromlinienverkleidung vornehmlich für die Beförderung des „Commodore Vanderbilt" und des „Empire State Express". J-1 Nr. 5213 räuchelt hier im Depot Harmon, aufgenommen im August 1950. Keine dieser leistungsfähigen Maschinen entkam den Schneidbrennern.

Aufnahme: W.E. Miller, Sammlung Stefan Kier

Bild 33

Hier verlässt eine der fünf für die CNR 1936 gebauten Stromlinien-verkleideten U-4a, Nr. 6402 anno 1953 Toronto. Als U-4 b mit den Ordnungsnummern 6405 bis 6410 lieferte Lima 1938 sechs weitere nahezu baugleiche Lokomotiven an die Grand Trunk Western. Die Beförderung des „Maple Leaf" und des „Intercity Limited" zählten zu ihren vornehmsten Aufgaben.

Aufnahme: Slg. Heribert Schröpfer

Bild 34

Die robuste, 2.488 PS starke E 6s der Pennsylvania Railroad, von 1910 bis 1914 gebaut. Vor dem „Lindbergh-Zug" und dem 100-mph-Express „Detroit Arrow" gelangte sie zu Weltruhm. Ihr wird eine Rekord-geschwindigkeit von 127,2 mph (204,71 km/h) auf der PRR-Renn-strecke bei Crestline, Ohio, nach-gesagt. Lok 1600 ist hier im Reise-zugdienst in Reading unterwegs.

Aufnahme: Sammlung Dean Ralston

Bild 35

H1c Hudson 2821 der Canadian Pacific Railway, hier in Montreal, war für die schnellsten Züge zuständig. Die beiden Lokomotiven der Folge-serie von 1937, Hi d Nr. 2850 und 2851 halten noch heute den Lang-streckenweltrekord, den sie aus Anlass des Besuches von König Georg VI vor dem königlichen Sonderzug und dem folgenden Regierungszug aufstellten: 5.189 Kilometer von Quebec nach Vancouver mit einem Feuer!

Aufnahme: Slg. Heribert Schröpfer

Bild 36
Union Pacific Nr. 844 der Northern Class FEF-3, die bis 1954 noch vor dem „San Francisco Overland" flott unterwegs war, blieb der Nachwelt erhalten und ist seit 1962 bis heute im Einsatz und für Geschwindigkeiten bis 79 mph (127,14 km/h) zugelassen. Mit ihren 2.032 mm großen Treibrädern schaffte sie mit 20 Reisezugwagen 90 mph (144,84 km/h). Planmäßig wurde mit Vmax 80 mph (128,75 km/h) gefahren, aber auch Fahrten mit 100 mph sind belegt. Am 27. Mai 2011 steht sie in Lodgepole, Nebraska, unter Dampf.

Aufnahme: Markus Fleischauer

Bild 37
Die New York Central nannte ihre 4-8-4 S1b Lokomotiven „Niagara". Der Baumusterlok 6000 folgte bis 1946 eine Serie von 25 Maschinen, mit 6.680 PS_i die stärksten Einrahmendampflokomotiven der Welt. Bis 1948 durften sie die Spitzenzüge der NYC befördern. Lok 6001 wuchtet hier durch die Kurve in Albany.

Aufnahmen (2): Slg. Heribert Schröpfer

Bild 38
Die 5.000 PS_e starke Class J der Norfolk & Western wurde ab 1941 in 14 Exemplaren (davon acht mit Stromlinienverkleidung) in den Roanoke Shops gebaut. Sie zog die letzten Expresszüge in den USA wie den „Powhatan Arrow", „Pocohantas" und „Cavalier" zwischen Cincinnati (Ohio) und Norfolk (Virginia). Zwischen Monroe (North Carolina) und Bristol (Tennessee) sah man sie vor den „Tennessean", „Pelikan" und „Birmingham Special". Mit dem relativ geringen Treibraddurchmesser von 1.778 mm erreichte sie bei Probefahrten mit 915 t Last 110 mph (177 km/h). Zugelassen war sie für 100 mph, im Plandienst waren 90 mph üblich. J611, hier 1958 bei Poe, Virginia, blieb im Museum Roanoke erhalten. Sie entging als einzige der Zerlegung und kehrte zwischen 1982 und 1994 in den Museumsbetrieb zurück. Ihre erneute Aufarbeitung wurde am 30. Mai 2014 beschlossen.

1.2 Kriterien, Begriffserklärungen

Der Ehrgeiz, immer größere Leistungen und zugleich auch immer höhere Geschwindigkeiten mit Dampflokomotiven zu erreichen, stand seit den ersten Tagen der Eisenbahnen bei den Konstrukteuren und den Bahnverwaltungen in aller Welt an oberster Stelle. In zahlreichen zeitgenössischen Dokumenten und Publikationen wurde immer wieder – und nicht ohne Stolz – darüber berichtet. **Die absoluten Höchstgeschwindigkeiten** werden deshalb im ersten Teil dieses Buches behandelt.

Die zulässigen **Streckenhöchstgeschwindigkeiten**, die ein Dampfzug fahren durfte, sind ein weiteres Thema. Sie aufzulisten, ist dank der vorhandenen Betriebsunterlagen (Buchfahrpläne etc.) weitgehend dokumentierbar.

Nicht minder interessant, jedoch deutlich weniger bekannt sind die planmäßigen Zugfahrten mit hohen Geschwindigkeiten, insbesondere die **Reisegeschwindigkeiten** unter Berücksichtigung aller Langsamfahrtstellen, Signale und Halte.

Sie aufzuspüren erfordert „einen langen Atem", denn in der Praxis bedeutet dies, ALLE deutschen Kursbücher, und genauso die Fahrpläne anderer Länder und Bahnverwaltungen in die Hand zu nehmen und mit dem Taschenrechner „durchzuforsten".

Die Maßgabe lautet: **Reisegeschwindigkeit 100 km/h und mehr**, aufgeschlüsselt nach zwei Kriterien:
- Planmäßige Reisegeschwindigkeit <u>auf dem gesamten Bespannungsabschnitt</u>.
- Planmäßige Reisegeschwindigkeit <u>zwischen zwei Halten</u> – „Start to Stop", wie es nicht nur im Mutterland der Eisenbahn heißt, das soll der Schwerpunkt dieses Buches sein.

Die schnellsten DB-Züge ausgesuchter Baureihen sind ebenfalls aufgelistet.

Die Kilometrierung in den Kursbüchern änderte sich mit den Jahren. Minimale Abweichungen im Dezimalbereich, auch gegenüber den Buchfahrplanangaben wirken sich dementsprechend auf die Geschwindigkeitswerte aus. Auf den Strecken 223 Hamm – Norddeich und 301 Mannheim – Heidelberg – Basel weichen die Angaben der Kursbücher ab Winter 1960 bzw. Sommer 1955 erheblich von der Realität ab, weshalb interne Fahrplanunterlagen als Grundlage genutzt wurden.

Mile a Minute (96,56 km/h) war für die konkurrierenden Bahngesellschaften nicht nur in Großbritannien ein unabdingbares Ziel, welches ihre schnellsten Dampfzüge „Start to Stop" erreichen mussten. In englischen und amerikanischen Fachzeitschriften zählte es zum jährlichen Ritual, alle planmäßigen Züge aufzulisten, die eine Meile in der Minute schafften. Dank gilt „The Railway Magazine", einer seit Juli 1897(!) monatlich erscheinende Zeitschrift, in der tabellarisch die schnellsten Züge aller Herren Länder erfasst wurden. Beeindruckend, mit welcher Akribie unzählige Zugfahrten mit Stoppuhr und Notizblock sekundengenau dokumentiert wurden und wie die Kursbücher vieler Länder bei Erscheinen Seite für Seite durchgerechnet worden sind. Geschwindigkeit und Fahrzeit hatten und haben auf der „Insel" einen wesentlich höheren Stellenwert als auf dem europäischen Kontinent. Dem Lokhistoriker hierzulande fehlen diese Daten weitgehend – ein Manko, das nicht mehr zu korrigieren ist.

Auch heute noch werden „Mile a Minute"-Dampfzugfahrten erfasst und in David Veltoms „Mile a Minute"-Liste archiviert.

Begriffserklärungen

mph (Meilen pro Stunde) 100 mph entsprechen 160,9344 km/h.

Vmax Höchstgeschwindigkeit, in Kilometern pro Stunde (km/h) und ggf. in mph (miles per hour) dargestellt.

Vr Reisegeschwindigkeit (auch Reisetempo genannt) inkl. Anfahren, Bremsen und Geschwindigkeitsbeschränkungen.

StS (Start to Stop) benennt die Reisegeschwindigkeit zwischen zwei Halten, einem Streckenabschnitt.

Timing (log) Das Festhalten der Fahrtzeit zwischen zwei Viertelmeilen-Markierungen mittels Stoppuhr datiert auf die Zeit um 1880 zurück. Das Vereinigte Königreich war und ist die Heimat des „Timings": Das sekundengenaue Dokumentieren des Fahrtverlaufs mit exakten Angaben der Geschwindigkeit, des Gleiszustandes und der Signalstellung zählt dort zu den Vorlieben zahlreicher Eisenbahn-Enthusiasten. Viele beeindruckende Fahrten sind somit auch heute nachvollziehbar, und die Leistung von Mensch und Dampflokomotive faszinieren uns auch Dank dieser Aufzeichnungen.

Geschwindigkeitsvergleich

[mph]	[km/h]	[km/h]	[mph]
1	1,61	1	0,62
20	32,19	40	24,85
30	48,28	50	31,07
40	64,37	60	37,28
50	80,47	70	43,50
55	88,51	80	49,71
60	96,56	90	55,92
65	104,61	100	62,14
70	112,65	110	68,35
75	120,70	120	74,56
80	128,75	130	80,78
85	136,79	135	83,89
90	144,84	140	86,99
95	152,89	145	90,10
100	160,93	150	93,21
105	168,98	160	99,42
110	177,03	170	105,63
115	185,07	180	111,85
120	193,12	190	118,06
125	201,17	200	124,27
130	209,21	210	130,49

Verzeichnis der Achsfolgen (Auszug)

UIC-Sys.	Whyte-Notation	Franz. Sys.	Amerik. Bez.	Schema
2'B1'	4-4-2	221	Atlantic	∘∘OO∘
2'B2'	4-4-4	222	Jubilee	∘∘OO∘∘
2'C	4-6-0	230	Ten-Wheeler	∘∘OOO
1'C1'	2-6-2	131	Prairie	∘OOO∘
2'C1'	4-6-2	231	Pacific	∘∘OOO∘
2'C2'	4-6-4	232	Hudson (Baltic)	∘∘OOO∘∘
1'D1'	2-8-2	141	Mikado	∘OOOO∘
2'D1'	4-8-2	241	Mountain *	∘∘OOOO∘
2'D2'	4-8-4	242	Northern **	∘∘OOOO∘∘
* NYC: Mohawk, ** NYC: Niagara				

2 Der Weg zu den Geschwindigkeitsrekorden

Kernthema dieses Buches sind die schnellsten planmäßig mit Dampflokomotiven geführten Züge der Deutschen Reichsbahn (DRG/DRB), der Deutschen Bundesbahn und der Reichsbahn im Osten des geteilten Landes im Vergleich mit den Dampfzugleistungen anderer Bahnverwaltungen und Gesellschaften, insbesondere in Belgien, Frankreich, Großbritannien, Italien, Kanada und in den USA. Mehr als ein Jahrhundert Entwicklung ging dem voraus.

Die Erfindung der Eisenbahn und explizit der Einsatz dampfgetriebener Zugmaschinen ermöglichte es, schwere Lasten über größere Entfernungen zu bewegen. Seit Beginn der Industrialisierung galt dem Zeitgewinn und somit der Geschwindigkeit besondere Aufmerksamkeit. Das Bestreben, die Technik weiterzuentwickeln, führte ständig zu neuen Zeit/Weg-Bestwerten, die schnell weltweit publik wurden und andere Bahnverwaltungen, Gesellschaften und Lokfabriken animierten, noch stärker, besser, schneller zu werden.

Zuerst aber galt es, die stählernen Gebilde überhaupt erst in Bewegung zu bringen.

2.1 Die Anfänge in Europa

Beginnen wir im „Jahr Null" der mit Dampf angetriebenen Fortbewegungsmittel, 1769, als erstmals das unten abgebildete „Urtier" Aufsehen erregte.

Die erste schienengebundene Lokomotive der Welt baute 1802 Richard Trevithick für das Eisenwerk Pen-y-Darren in Wales. Das Patent verkaufte er 1803 an den Besitzer des Werkes Samuel Homfray, der so beeindruckt war, dass er mit einem anderen Eisen-

werkbesitzer wettete, die Lokomotive könne zehn Tonnen Eisen auf der 15,7 km langen Schienenstrecke nach Abercynon schleppen. Am 21. Februar 1804 löste Trevithicks Lokomotive die Wette ein: Sie zog zehn Tonnen Eisen, fünf Waggons und 70 Männer über die gesamte Strecke in vier Stunden und fünf Minuten, was einer durchschnittlichen Geschwindigkeit von etwa 3,8 km/h entsprach. Ohne Last erreichte die Maschine 25 km/h – die Dampflokomotive hatte ihre erste Geschwindigkeitsmarke gesetzt. Obwohl sie funktionierte, war der Lokomotive kein Erfolg beschieden, da sie zu schwer für die für Pferdewagen konzipierten gusseisernen Schienen war.

Im Jahr 1808 baute Trevithick einen vereinfachten Typ einer Dampflok und brachte sie nach London. Sie hatte kein Schwungrad mehr, sondern einen stehenden Zylinder, der über eine Kurbelstange direkt auf die Treibräder wirkte; ein Antriebssystem, das sich bis auf den Stehzylinder später durchsetzen sollte. Die „Catch me who can" lief auf einer Kreisbahn in der Nähe des heutigen Bahnhof Euston und diente eher der Publikumsbelustigung. Am 2. Juli 1808 erreichte sie 19 mph (30,5 km/h).

Puffing Billy, 1813/14 konstruiert und gebaut von William Hedley, Jonathan Forster und Timothy Hackworth für eine Kohlengrube bei Newcastle upon Tyne, ist die älteste erhalten gebliebene Dampflokomotive. Sie beförderte Kohle von Wylam zu den Schiffen in Lemington on Tyne. Auf ihrer 1.524-mm-Spur erreichte sie 5 mph (8 km/h). Fast 50 Jahre diente *Puffing Billy* der Kohlenbahn, bevor er für 200 Pfund an ein Museum verkauft wurde. In Schottland fanden erste Versuchsfahrten anno 1816 auf der Duke of Portland´s Tramway statt.

In Preußen fuhr als erste Dampflokomotive im Juni 1816 eine Maschine der Bauart Blenkinsop von Johann Friedrich Krigar in der

Bild 39 – Knapp 4 km/h „schnell" bewegte sich das erste selbstangetriebene Fahrzeug der Welt über Straßen und Wege, Cugnots Dampfwagen „Fardier au Vapeur". Ein Nachbau dieses Vehikels ist im Verkehrsmuseum Nürnberg zu bewundern.

Aufnahme: Krusch, Sammlung Lichtbildstelle BD/VM Nürnberg

und in Luisenthal (Saar) eingesetzt werden, konnten aber nach Zerlegung, Transport und Wiederzusammenbau nicht in einen betriebsfähigen Zustand gebracht werden.

1825 gilt als das Geburtsjahr der Eisenbahn. Stephensons *Locomotion No 1* kam – in Teile zerlegt – im September mit Pferdewagen zur Bahnstation Aycliffe Village. Dort wurde sie zusammengebaut und aufgegleist. Am 26. September fanden Probefahrten und am darauf folgenden Tag die Jungfernfahrt statt. Der Zug bestand aus 36 Wagen, von denen zwölf mit Kohle und Mehl, sechs mit Gästen und vierzehn mit Arbeitern „beladen" waren.

Zwischen West Auckland und Shildon begann die Fahrt des Zuges unter der Anteilnahme tausender Zuschauer. George Stephensons Bruder James stand auf der Lok an den Hebeln. Zunächst gab es mehrere unvorhergesehene Halte, weil ein Wagen wiederholt aus den Schienen sprang und abgehängt werden musste. Ein nächster Halt musste wegen Dampfmangels aufgrund eines verstopften Rohres eingelegt werden. Diese Erstfahrt von Brusselton nach Darlington über neun Meilen dauerte zwei Stunden. Die weitere Fahrt bis Stockton (20 Meilen von Brusselton) mit zwischenzeitlicher Wasser-Ergänzung dauerte insgesamt fünf und dreiviertel Stunden. Auf dem Abhang zum Bahnhof Stockton erreichte der Zug eine Geschwindigkeit von 15 mph (24,14 km/h). Die Ankunft des Zuges wurde im Hafen von Stockton mit 21 Salutschüssen begrüßt. Ein langes Leben war der Maschine nicht vergönnt: Am 1. Juli 1828 zerstörte bei Aycliffe Level (heute Heighington) ein Kesselzerknall die *Locomotion No 1*.

Den Durchbruch schaffte die Dampflokomotive mit dem legendären **Rennen von Rainhill** anno 1829. Die Direktoren der Liverpool and Manchester Railway schrieben auf Drängen von George Stephenson einen Wettbewerb aus, um die beste Lokomotive für die neue Strecke zwischen Liverpool und Manchester zu ermitteln. Der

Königlichen Eisengießerei zu Berlin auf einem Rundkurs im Hof der Fabrik. Schaulustige durften gegen Entgelt in angehängten Wagen mitfahren. Deshalb gilt die Lok als erste auf dem europäischen Festland gebaute und im Personenverkehr eingesetzte Lokomotive. Nach dem selben System wurde 1817 eine weitere Lokomotive gebaut. Beide sollten in Grubenbahnen in Königshütte (Oberschlesien)

Bild 40 (oben links)
Puffing Billy, die älteste erhaltene Lok, ist im Science Museum London zu besichtigen.

Bild 41 (rechts oben)
Trevithicks Lok dient 200 Jahre später als öffentliches Zahlungsmittel.

Aufnahmen (2): Ronald Krug

Bild 42 (rechts)
Nachbau von Trevithicks erster Lokomotive im Blists Hill Museum, Ironbridge.

Aufnahme: Hubert Fingerle

Bild 43
Der „*Locomotion*"-Nachbau eröffnete die Cavalcade am 31. August 1975 in Stockton.

Aufnahme: Prisca Krug

Bild 44
Das Original – im Zustand von 1831 – steht im Science Museum im Londoner Stadtteil Kensington: die 56 km/h schnelle Rekordlok *Rocket*.

Bild 45 (unten)
Der Nachbau des *Adlers* kehrt am 21. April 1985 von Publikumsfahrten im Wiesental und in der Schweiz ins Bw Haltingen zurück.

Aufnahmen (2): Ronald Krug

Sieger sollte 500 Pfund Preisgeld erhalten und konnte sich Hoffnungen machen, weitere Lokomotiven für diese Strecke zu liefern. Die Rennstrecke betrug 1,5 Meilen (2,41 km) und musste von jeder Lokomotive 20 Mal mit mindestens 10 Meilen pro Stunde (16 km/h) durchfahren werden, insgesamt also 30 Meilen (48,3 km), entsprechend der Entfernung Liverpool – Manchester. Von zehn gemeldeten Kandidaten waren nur fünf Fahrzeuge zum Rennen erschienen:

- The Novelty war eine leichte zweiachsige Maschine, die von dem Engländer John Braithwaite und dem Schweden John Ericsson stammte.
- The Sans Pareil von Timothy Hackworth, eine Verkleinerung der von ihm entwickelten Lokomotiven, die sich bereits bei der Stockton and Darlington Railway bewährt hatten. Sie hatte zwei gekuppelte Achsen. Obwohl sie eigentlich zu schwer war, um die Wettbewerbsbedingungen zu erfüllen, wurde sie zum Wettbewerb zugelassen. Etliche Teile der Sans Pareil, wie die Zylinder, wurden in der Werkstatt von Robert Stephenson statt in Hackworths eigener Werkstatt in Shildon angefertigt.
- The Rocket war die neueste Entwicklung von Robert Stephenson und dessen Sohn George. Sie besaß zwei Achsen, von denen die vordere angetrieben war, einen Heizröhrenkessel mit optimierter Vergrößerung der Heizfläche und einen um die Feuerbüchse herum gebauten Stehkessel. In letzter Minute erhielt sie noch das Hackworthsche Blasrohr, eine Vorrichtung zur Erhöhung der Zugwirkung im Schornstein.

The Perseverence und The Cycloped konnten die erforderliche Geschwindigkeit nicht erreichen und kamen deshalb nicht in die Ausscheidung.

Die verschiedenen Tests fanden zwischen dem 6. und 14. Oktober 1829 statt. Die Rocket konnte als einzige der angetretenen Kandidaten die Teststrecke komplett bewältigen und erreichte dabei mit einer Last, die dem dreifachen ihres Eigengewichts entsprach, eine Durchschnittsgeschwindigkeit von 12,5 mph (20,12 km/h). Mit nur einem Wagen erzielte sie 24 mph (38,62 km/h) und ganz ohne Last und Vorräte sogar 30 mph (48,28 km/h).

Die Novelty hatte das geringste Gewicht, den niedrigsten Kohlenverbrauch und erreichte die höchste Geschwindigkeit. Da sie jedoch, wie auch die Sans Pareil, die vorgeschriebene Teststrecke wegen technischer Probleme nicht bewältigen konnte, erhielten Stephenson und seine Rocket den Sieg zugesprochen. Der Preis wurde ihren Schöpfern Stephenson und Booth je zur Hälfte überreicht. Stephenson durfte acht Dampflokomotiven vom Typ Rocket für die Strecke Liverpool – Manchester liefern. Auch die Sans Pareil von Hackworth, deren Zylinder beim Wettkampf explodierte, wurde von der Liverpool-Manchester-Bahn übernommen und leistete dort länger Dienst als die Rocket. Mit 30 mph, entsprechend 48,3 km/h, waren die Züge auf der im September 1830 eröffneten Strecke unterwegs.

2.2 Amerika zieht nach, Europa hält mit

Jenseits des Atlantiks entwarf und baute 1825 Colonel John Stevens eine kleine einkolbige Maschine, die er auf einem 164 m langen Gleisoval auf seinem Hof fahren ließ – die erste Dampflokomotive, die in Amerika fuhr. 1827 bediente die erste Eisenbahn Amerikas einen Steinbruch nahe Quincy, Massachussets. 1830 baute Peter Cooper mit der Tom Thumb die erste Dampflokomotive in Amerika für eine öffentliche Eisenbahn, der Baltimore & Ohio Railroad. Am 25. Dezember des selben Jahres zog die Lokomotive Best Friend von Charleston, South Carolina zum Savannah Fluss über 6 Meilen den ersten fahrplanmäßigen Dampfzug über die Gleise der USA. Am Eröffnungstag schaffte sie maximal 21 mph (33,8 km/h). Ihr Kessel explodierte im Juni 1831, als das Sicherheitsventil versagte.

Mit der DeWitt Clinton nahm am 24. September 1831 die erste US-Lokomotive zwischen Albany (New York) und Schenectady mit rund 50 km/h ihren fahrplanmäßigen Dienst auf. 1832 zog die „Atlantic" der Baltimore & Ohio Railroad bereits Doppelstockwagen. Am 12. November des selben Jahres kam auch die in England hergestellte Lok John Bull in Betrieb. 1866 ausgemustert wurde sie 1981, mittlerweile 150 Jahre alt, nochmals unter Dampf gesetzt. Sie ist eine der letzten originalen Dampflokomotiven der Eisenbahnfrühzeit. Bis 1835 war das Schienennetz in den USA bereits auf 1.098 Meilen angewachsen.

Nicht zuletzt wegen des Erfolges von Rainhill lieferte Stephenson im Herbst 1835 mit dem Adler die erste Lokomotive an die **Bayerische Ludwigsbahn**. Sieben Monate nach Belgien, dessen erste Dampfeisenbahn am 5. Mai 1835 zwischen Brüssel und Mechelen eröffnet worden war, zog der Adler am 7. Dezember 1835 zwischen Nürnberg und Fürth den Eröffnungszug. Die Lok war bereits die 118. Maschine aus der Lokomotivenfabrik Robert Stephenson. Lokführer William Wilson war der bestbezahlte Mitarbeiter der Ludwigsbahn. Der Adler erreichte als Spitzengeschwindigkeit mehr als 65 km/h – deutscher Geschwindigkeitsrekord.

Einige Monate zuvor hatte auf der Strecke Liverpool – Manchester eine von Sharp und Roberts konstruierte Lok mit 62,15 mph bereits die „Schallmauer" von 100 km/h durchbrochen. Für die in Meilen rechnenden Briten war dies weniger bedeutend als der (heute noch) „magische" Wert von 100 mph, der erst im 20. Jahrhundert erreicht werden sollte.

Die 1.435-mm-Spur hatte sich durchgesetzt. Ausnahme war die 1841 eröffnete Strecke von London nach Bristol. Sie hatte das Gardemaß von 7 Fuß ¼ Zoll, 2.134 mm! Daniel Gooch, Maschinentechnischer Leiter der Great Western, baute 1847 sechs 2 A1-Lokomotiven der Iron Duke Class, die es auf 75 mph brachten (120,7 km/h). Sie zogen Expresszüge von London nach Birmingham und Bristol mit Reisegeschwindigkeiten von 85 km/h. Am 13. Juni 1846 stand Ingenieur Isambard Kingdom Brunel selbst am Regulator der Riesenlokomotive Great Western, die mit 100 t Last die 189 km lange Strecke zwischen London und Bristol in 2 Stunden 48 Minuten und einer mittleren Fahrtgeschwindigkeit von 80 km/h durchfuhr. Die schnellste Fahrt jener Zeit in England, ebenfalls von Brunel ausgeführt, erreichte 124,8 km/h.

Den größten Treibraddurchmesser von 2.745 mm (!) erhielten die acht 1853/1954 von Rothwell u. Co. in Bolton Le Moors gebauten Breitspur-2A2-Schnellzuglokomotive der Bristol- & Exeterbahn.

Den Kampf der Spurweiten konterte die North Western Railway mit der Liverpool, einer Crampton mit acht Fuß großen Treibrädern (2438 mm). 1848 setzte sie mit 78 mph (125,5 km/h) eine neue Rekordmarke. Dabei zog sie immerhin acht Waggons. Die Lok war schwer und für den vorhandenen Oberbau nicht geeignet und zudem störanfällig. Nach nur zehn Jahren endete sie auf dem Schrottplatz.

5.000 Kilometer entfernt jagte im selben Jahr die Boston & Maine Railroad ihre Antelope in 26 Minuten über die 26 Meilen lange Strecke. Das entspricht 96,56 km/h Durchschnittsgeschwindigkeit, die erste authentische 60-mph-Fahrt in Amerika.

In **Frankreich** lag anno 1853 die zulässige Höchstgeschwindigkeit in der Ebene und im Gefälle bereits bei 120 km/h. Im selben Jahr gab die Compagnie de l'Est mit 131,6 km/h einen Geschwindigkeitsrekord für Dampflokomotiven bekannt. Die exakt gleiche Geschwindigkeit erreicht die Bristol & Exeter Railway auf ihrer Breitspurbahn im Juni 1854. Bessere Gleise und Fortschritte im Lokomotiv- und Waggonbau, das führte zwangsläufig zu höheren Geschwindigkeiten. Anno 1855 reiste Napoléon III. im Zug von Marseille zurück nach Paris mit einem Durchschnittstempo von 100 km/h. Der Zug bestand aus einer Crampton-Lok und zwei Wagen. Zum Vergleich: Der berühmte Rapide Mistral erzielte 1964 auf der selben Strecke – weitgehend elektrisch befördert – mit 102 km/h kaum bessere Werte. Im Jahr 1870 stellte mit 89,5 mph (144,04 km) eine modifizierte Crampton mit 157 t Last einen neuen Geschwindigkeitsrekord auf. Am 22. August 1895 durchfuhren Lokführer Robinson und Heizer Wolstencroft auf der LNWR Lok 2-4-0 Nr. 790 *Hardwicke* mit einem planmäßigen Zug (drei Wagen, Zuglast 75 t) die 141,1 Meilen zwischen Crewe und Carlisle mit anno dazumal unübertroffener Vr 67,19 mph (108,13 km/h). Bei Wraey registrierten die Zeitnehmer mit 82,0 mph (131,97 km/h) die größte Geschwindigkeit.

Bereits 1836 ließ Henry Roe Campbell in den USA eine Lokomotive mit der Achsfolge 2'B (amerikanische Bezeichnungsweise 4-4-0), also mit zwei Laufradsätzen vorn und zwei gekuppelten Treibradsätzen dahinter, entwickeln und patentieren. Bei den damaligen Gleisunebenheiten in den USA gewährleistete diese Bauweise eine bessere Laufruhe. Bis 1884 waren sechzig Prozent aller US-Dampflokomotiven „4-4-0"er und wurden als „American Standard" oder kurz „American" bekannt. Von der New York Central 4-4-0-Nummer 999 mit ihren 2,18 m hohen Treibrädern wird berichtet, dass sie am 9. Mai 1893 mit dem vier Wagen starken „Empire State Express" zwischen Batavia und Corfu, eine Geschwindigkeit von 102,8 mph (165,44 km/h) erreicht haben soll. Der Zugführer sprach damals sogar von unglaublichen 112,5 mph (181,05 km/h). Die Leitung der NYC korrigierte die Werte gegenüber Kritikern auf 82 mph, entsprechend 132 km/h. Bis zum Ende des 19. Jahrhunderts wurden verschiedene Variationen der „American" in den USA etwa 25.000 Mal gebaut. Das Ende der „American"-Ära ab 1880 lag an der zunehmenden Verbreitung der 1875 von George Westinghouse erfundenen Luftdruckbremse. Anstelle der handgebremsten Züge ermöglichten diese leistungsfähigen Bremsen längere und schwerere Züge, für die eine „American" in der Regel nicht mehr ausreichte.

Einen ungewöhnlichen Rekord stellte am 30. Juni 1899 Charles M. Murphy auf: Hinter der Dampflokomotive Nr. 39 der Long Island Railroad legte er bei South Famingdale im Windschatten und Sog des umgebauten Reisezugwagens Nr. 54 auf seinem Rennrad die Meile in 57,8 Sekunden zurück. Mit 100,24 km/h übertraf er als erster Mensch die „Mile a Minute"- und die 100-km/h-Marken. Auf zwei Meilen Länge waren die Schwellen mit Holzbohlen „fahrradtauglich" gemacht worden.

Anfang 1904 fuhr eine von Henschel & Sohn gebaute 2'B 1'-Heißdampf-Stromlinienlok mit vorn liegendem Spitzführerhaus und drei Wagen Anhängelast 137 km/h.

Bei insgesamt 16 Versuchsfahrten steigerte am 30. April 1904 eine Vierzylinder-Verbundlok der Klasse II d, konstruiert von Anton Hammel und bei Maffei in München gebaut, mit vier Wagen und 138 Tonnen Last zwischen Offenburg und Freiburg die Höchstgeschwindigkeit auf 144 km/h. Über 55 Kilometer wurden 130 km/h gehalten. Selbst in der stärksten Steigung (1:171) vor Freiburg Hbf lag die Geschwindigkeit noch bei 121 km/h. Mehrfach wurde die damals mit 62,9 km vermessene Strecke in 32,5 Minuten durchfahren. Das ergibt 116,1 km/h Reisegeschwindigkeit.

Frankreich hatte im selben Jahr die Atlantic Nord 2.643 mit dem Paris-Calais-Express (280 t Last) auf 153 km/h beschleunigt und damit die Nase vorn.

Mit der 1906 gebauten, 98.500 Mark teuren S ⅖ – einem Einzelstück speziell für Versuchsfahrten konstruiert – fanden Probefahrten zwischen München und Nürnberg sowie München und Augsburg statt. Am 2. Juli 1907 erreichte die Lok 3207 auf letzterer Strecke mit einem Zug aus vier Schnellzugwagen (150 t) die Geschwindigkeit von 154,5 km/h. Oberlokomotivführer Johann Zuschanko aus Augsburg stand am Regler. 130 km/h betrug die Durchschnittsgeschwindigkeit. Die erbrachte Leistung lag bei etwa 2.200 PS$_i$. Erst 29 Jahre später sollte dieser Rekord in Deutschland von der 05 002 überboten werden.

Zurück nach **Großbritannien**: Dort beförderte die GWR 4-4-0 Dampflok *City of Truro* am 9. Mai 1904 mit Lokführer Clements am Regler eilige Post aus einem Transatlantikdampfer über 206,2 km von Plymouth nach Paddington. Von Millbay Crossing bis Pylle Hill Junction dauerte die Fahrt 123 Minuten und 19 Sekunden, 100,3 km/h Reisegeschwindigkeit. 102,3 mph (164,64 km/h) soll in der Spitze über 400 m Länge (im Gefälle) gefahren worden sein. Die Durchschnittsgeschwindigkeit lag bei 115,1 km/h. Eine unaufmerksame Gleisrotte bremste die Rekordfahrt. Rous-Martens Zeitmessung konnte nicht offiziell bestätigt werden, weil eine zweite Messung fehlte. Die GWR erlaubte zudem nur die Veröffentlichung der Gesamtfahrzeit. Erst 1907 erschienen Details dieser Fahrt im legendären „The Railway Magazine". Mit rund 1.000 PS$_i$ Leistung war die *City of Truro* mit dem 118 t leichten Zug allenfalls in der Lage, etwa 92 mph zu erreichen. Die 102 mph dürfen bezweifelt werden. Trotzdem behielt die Lok bis heute ihren Mythos.

Die 55,5 Meilen (89,32 km) lange Strecke der Philadelphia & Reading Railroad von Camden nach Atlantic City stand in Konkurrenz zur Pennsylvania Railroad. Das führte zu schnellen 52-Minuten-Fahrzeiten bereits zum Ende des 19. Jahrhunderts, die alsbald auf 50 Minuten verringert wurden. Die Zuglokomotiven, Camelbacks mit Anthrazitfeuerung, benötigten eine – von zwei Heizern beschickte – ausladende Feuerbüchse, weshalb das Führerhaus mit dem Lokführer in die Kesselmitte wanderte, wo der Lokführer direkt über den Treibstangen recht gefährlichen Dienst verrichtete.

Im Juli und August 1897 flitzten auf dieser Strecke Vierzylinder-Verbund „Camelbacks" mit fünf bis sechs Wagen auf einen Schnitt von 70 mph und darüber (115,2 km/h am 14. Juli 1897). Im Mai 1905 fuhr der kleinere P4 „Kamelrücken" auf der selben Strecke in gestoppten 42:33 Minuten entsprechend 78,26 mph oder 125,95 km/h StS – für kurze Zeit Weltrekord!

Die Entfernung über die Pennsylvania Railroad betrug etwa vier Kilometer mehr. Auch hier wurde die Reisegeschwindigkeit bis auf 109,6 km/h gesteigert.

Beim Besuch der Hauptverwaltung der O & P RR 1926 entdeckte Baron Vuillet Aufzeichnungen einer rasanten Fahrt vom 14. Juni 1907: P5 Nr. 343 schaffte mit 260 t Last die selbe Strecke in exakt 41 Minuten: Erstmals wurden mit 130,71 km/h StS die 80 mph übertroffen.

Schließlich legte in der Nacht des 8. April 1906 der „Twentieth Century Limited" der Lake Share and Michigan Southern Eisenbahn die 108 Meilen von Cleveland nach Toledo in 99 Minuten, also 65,5 Meilen (105,4 km/h) zurück. Nahe Vermillion zeigte der im Wagen untergebrachte Geschwindigkeitsmesser eine Geschwindigkeit von 96 Meilen = 154,5 km/h an. Die Prairie-Lokomotive hatte etwa 250 t Last zu ziehen.

Bild 46
Anno 1984 steht die S²⁄₆ im
Freigelände des Bw Nürnberg Hbf,
ihr Stammplatz ist aber im
Gebäude des Verkehrsmuseums.
Aufnahme:
Lichtbildarchiv BD/VM Nürnberg

Bild 47
Hier dampft die Nr. 3440 *City of Truro*
nach ihrer Restaurierung 1957 mit
einem Zug Newbury – Southampton
bei Shawford Junction vorbei.
Seit Anfang 2013 wird die Lok
als nicht mehr betriebsfähiges
Exponat museal erhalten.
Aufnahme: Slg. Heribert Schröpfer

Die Anfänge der elektrischen Eisenbahn gehen auf das Jahr 1840 zurück, als Johann Philipp Wagner in Frankfurt am Main einen kleinen elektrisch angetriebenen Wagen mit Anhänger auf einem Kreis mit 20 m Umfang fahren ließ. Publikumsfahrten mit einer von Werner Siemens gebauten „Ellok" auf 500-mm-Schienen gab es 1879 auf der Gewerbeausstellung in Berlin. Drei PS zogen auf dem 300-m-Rundkurs drei Wagen mit 18 Personen bis 6 km/h, die Spitzengeschwindigkeit lag bei 13 km/h. Auch heute noch verkehrt im britischen Seebad Brighton Volk's Electric Railway als älteste elektrische Straßenbahn. Von Magnus Volk, einem Sohn deutscher Einwanderer, gebaut, erhält sie ihre Energie aus den 610 mm auseinanderliegenden Schienen, die mit 50 Volt Spannung versorgt werden. Rasant verlief die weitere Entwicklung um die Jahrhundertwende, bis AEG mit einem Drehstromtriebwagen am 27. Oktober 1903 auf der Versuchsbahn Marienfelde – Zossen den Weltrekord auf 210,2 km/h festschrieb.

Im Frühjahr 1909 beförderte ein aus fünf Wagen bestehender Sonderzug einen Eisenbahnmagnaten eiligst an das Sterbebett seiner Mutter. Dabei legte er auf der New York Central und Lake Shore Eisenbahn die 1.543 Kilometer von Mott Haven (New York)

nach Chicago in 16 ½ Stunden zurück. Für die 140,8 km von Buffalo nach Erie benötigte der Zug 77 Minuten bei einem Schnitt von 109,7 km/h.

Eine außergewöhnliche Schnellfahrt fand anlässlich Charles Lindberghs Rückkehr aus Frankreich statt: Als Lindbergh am 11. Juni 1927 nach seinem spektakulären Transatlantikflug mit der U. S. Navy in Washington eingetroffen war und dort gebührend empfangen wurde, stand auf Gleis 8 der Washington Union Station die E6s (4-4-2-Heißdampflok) Nr. 460 mit zwei Waggons (100 t Last). Die Pennsylvania Railroad hatte im Gepäckwagen eine Dunkelkammer herrichten lassen. Dort entwickelte man während der Fahrt das wertvolle Filmmaterial. Der Lokführer hatte die Anweisung erhalten, überall so schnell wie möglich zu fahren, denn die Filme vom Transatlantikflug sollten – in Konkurrenz zum Flugzeug – schnellstmöglich nach New York gebracht werden. Die Fahrt ging mit Zwischenhalt in Wilmington (Wasserfassen in 100 Sekunden!) über 216 Meilen (347,6 km) bis in die Außenbezirke New Yorks, wo eine Ellok die Beförderung auf den letzten Meilen übernahm. 175 Minuten Fahrzeit bedeuteten 119,18 km/h Reisegeschwindigkeit. Streckenposten nahmen die Durchfahrzeiten und meldeten sie an die Zentrale. Daraus errechnete man mehr als 100 mph Spitzengeschwindigkeit, hinter Baltimore sollen es 110 mph gewesen sein. Ein Beweis für die Genauigkeit der Uhren fehlte, was nicht zur Anerkennung als Rekord führte.

Mitte der zwanziger Jahre standen bei der Gruppenverwaltung Bayern der **Deutschen Reichsbahn-Gesellschaft** vermehrt Probefahrten an. Auf der Strecke München – Nürnberg wurden anno 1926 mit einer neuen S 3/6-Schnellzuglokomotive der Firma J. A. Maffei die von dieser Gattung erwarteten Leistungszahlen weit übertroffen. Ein Probezug, bestehend aus 17 D-Zug-Wagen, beförderte die Lok ohne wesentliche Anstrengung. Auf der Rückfahrt von Nürnberg nach München wurde vor dem Zug mit einem Gesamtgewicht von 677 t eine Leistung von 2.700 PS$_i$ gemessen. Zwischen Augsburg und München betrug die Höchstgeschwindigkeit 127 km/h.

2.3 Rekordfieber der dreißiger Jahre

In Europa fuhr die Great Western Railway (GWR) am 6. Juni 1932 mit Lok Nr. 5006 *Tregenna Castle* der Castle Class den planmäßigen „Cheltenham Flyer" mit sechs Wagen und knapp 200 t Last die 77,3 Meilen zwischen Swindon und Paddington in 56:45 Minuten mit 81,73 mph Reisegeschwindigkeit (131,53 km/h). In Großbritannien blieb dieser Rekord bis zum Ende der Dampflokzeit bestehen.

Die Jagd nach immer neuen Rekorden diesseits und jenseits des Atlantiks hatte längst begonnen.

Während einer Testfahrt zur Fahrzeitermittlung des 1935 einzuführenden „Hiawatha" von Chicago nach Milwaukee erreichte die F6 Hudson Nr. 6402 der Milwaukee Railroad am 20. Juli 1934 mit dem Regelzug Nr. 29, der an diesem Tag als Zug 27/2 mit fünf Wagen in besonderem Fahrplan verkehrte, in einer Talsenke die magischen 100 mph. Die gemeldeten 103,5 mph (166,57 km/h) waren allerdings wiederum nicht ausreichend dokumentiert und beweiskräftig. Nachberechnungen kommen aber zum Schluss, dass in jedem Falle 101 mph erreicht wurden. Die 85 Meilen wurden in 67:37 Minuten mit Vr 75,43 mph/121,39 km/h durchfahren.

Exakt 100 mph Spitzengeschwindigkeit im langen Gefälle der Rampe südlich von Grantham vermeldete der Messwagen, als am 30. November 1934 die LNER A1 Pacific Nr. 4472 *Flying Scotsman* bei ihrer Fahrt von London Kings Cross nach Leeds (185,5 Meilen in 151 Minuten) mit 208 Tonnen Last unterwegs war. Sie hatte 1923 mit 392,80 Meilen (632,15 km) ohne Halt von London nach Edinburgh auch den Langstreckenrekord aufgestellt. LNER 4472 blieb erhalten und ist auch noch im 21. Jahrhundert betriebsfähig.

Weitere LNER-Testfahrten zur Einführung des „Silver Jubilee" standen im März 1935 mit der A3 Nr. 2750 *Papyrus* an. Von Kings Cross nach Newcastle und zurück ging die Fahrt am 5. März 1935 mit der Pacific und sechs Wagen mit 217 t Gewicht. Distanz mehr als 500 Meilen, Fahrzeit 423 Minuten und 23 Sekunden mit einem Durchschnitt von 117 km/h inklusive eines zehnminütigen Aufenthaltes zur Kontrolle der Lok. Auf der Rückfahrt wurden im Gefälle bei Little Bytham 106 mph und kurzfristig der Spitzenwert 108 mph (173,81 km/h) erreicht, in der Ebene immerhin noch 102 mph. Erstmals war eine Fahrt über 100 mph mit Dampflokomotive einwandfrei dokumentiert worden. Am Regulator stand Lokführer Sparshatt – wie bei der Rekordfahrt vom November 1934.

Die Turbinen-Pacificlok Nr. 6202 zog elf Wagen bei einer Testfahrt anno 1935 von Liverpool nach Euston. Dabei legte sie die 152,7 Meilen von Crewe nach Willesden Junction in 129 Minuten zurück, entsprechend 71,02 mph oder 114,30 km/h.

Mit Einführung der „Silver Jubliee"-Stromlinienzüge London – Newcastle übertraf die neue A4 alle Rekorde. Bei der Eröffnungsfahrt 27. September 1935 wurden mit der A4 Nr. 2509 *Silver Link* und dem regulären Sieben-Wagenzug 112,5 mph (181,05 km/h) erreicht. Dabei überzeugte die Laufruhe der A4, im Gegensatz zu den Wagen, deren Reisende sich besorgt ansahen. Vom parallel fliegenden Flugzeug wurde die Fahrt im Film dokumentiert. Die Schwesterlok *Silver Fox* steigerte im Sommer 1936 den Wert geringfügig auf 113 mph, obwohl das Treibstangenlager Mitte hinten bereits ausgelaufen war – und das mit einem Regelzug, der mit Reisenden besetzt war! Beeindruckend war die Pünktlichkeit des Zuges: Die ersten 100.000 Meilen legten die bis dato vorhandenen vier A4 ohne eine einzige Minute Verspätung zurück!

1937 erweiterte die LNER den A4-Schnellverkehr mit dem „Coronation". Die London Midland Scottish Railway (LMS) hielt noch 1937 mit dem gleichfalls stromlinienverkleideten „Coronation Scot" und der von William Stanier dafür entwickelten Princess Coronation Class als Zuglok dagegen. Diese Vierzylinder-Baureihe erwies sich der A4 als ebenbürtig, und zwischen Euston and Crewe steigerte Lok 6220 den noch jungen Rekord der LNER auf 114 mph (183,46 km/h). Auf dieser Fahrt ging im Speisewagen reichlich Geschirr zu Bruch, weil die Bremsung zu spät eingeleitet worden war und die Einfahrtweiche in Crewe noch mit guten 90 km/h genommen wurde. Weitere Rekordfahrten wurden daraufhin zunächst – einvernehmlich von LMS und LNER – unterbunden.

In Frankreich stellte die 3.1174 (231.E 4) im September 1935 mit 400 t Last im 1:200-Gefälle auf der Strecke Creil – Chantilly mit 174 km/h den Landesrekord für Dampflokomotiven auf.

Für Professor Nordmann vom RZA Berlin nicht weniger beeindruckend war eine Messfahrt von Paris nach Cherbourg am 21. März 1935, die er auf der Lok und im Messwagen begleitete. Zuglok war die aus einer P. O.-Pacificlok umgebaute 240 (2'D) Nr. 4707 mit 14 Wagen, entsprechend 607 t Last am Haken.

Streckenabschnitt	Länge	Fahrzeit	mittlere Geschwindigkeit
Paris – Caen	237,85 km	239 min	103,06 km/h
Caen – Cherbourg	131,00 km	75 min	104,80 km/h

In Deutschland hatte die 05 002 auf Versuchsfahrten im Sommer 1935 bereits eine neue Rekordmarke von 195,6 km/h gesetzt. Endlich, am 11. Mai 1936, knackte 05 002 die magische „200" mit 197 t Last am Zughaken – einem Messwagen und drei Reisezugwagen, besetzt mit geladenen Gästen. In Wittenberge musste der Zug 2,5 Minuten am Einfahrtsignal warten, bevor in kontinuierlicher Beschleunigung die dort erlaubten 150 km/h auf dem Geschwindigkeitsmesser standen. Ab Zernitz durfte die Lok voll ausgefahren werden. Durch Neustadt ging es noch mit beigezogenem Regler und 170 km/h. In der 20 Kilometer langen Geraden bis Paulinenaue bei Kilometerstein 63 dann 195 km/h. Schon am Kilometerstein 62 wurden 200 km/h, und 200,4 km/h im nahezu ebenen Streckenabschnitt zwischen Friesack und Vietznitz über drei Kilometer Länge erreicht. Die Spitze lag noch etwas höher, denn in zehn Sekunden wurden 558 m zurückgelegt, das entspricht 200,88 km/h. Schon bei km 59 wurde das Ende der Rekordfahrt angeordnet, obwohl die Lok noch minimal am Beschleunigen war. Der mitgeführte Messwagen hat den Rekord festgehalten und eine Zughakenleistung von 2.370 PS$_e$ registriert. Noch im Mai 1936 fand mit der 05 002 eine Präsentationsfahrt, wiederum mit geladenen Gästen

Bild 48 – LNER A4 2509 *Silver Link* anno 1937. Im selben Silbergrau liefen auch 2510 *Quicksilver*, 2511 *Silver King* und 2512 *Silver Fox*. Aufnahme: Slg. Robin Garn

statt, u. a. den Briten Cecil J. Allen und dem Chefkonstrukteur der LMSR, William Stanier, der auf dem Führerstand mitfuhr. Neben der Höchstgeschwindigkeit von 190 km/h beeindruckte die über 112,8 km von Wittenberge bis zu einem Signalhalt nahe Berlin gefahrene Reisegeschwindigkeit von 139,55 km/h.

Jenseits des Atlantiks testete die Canadian Pacific am 18. September 1937 einen leichten Stromlinien-Reisezug. Mit der 4-4-4 Nr.

3003 als Zuglok wurden nahe St-Telesphore, Quebec offiziell 112,5 mph (181,05 km/h) gemessen.

In Großbritannien toppte die A4 Nr. 4438 *Mallard* mit Lokführer R. J. Duddington und Heizer T. H. Bray den Rekord der 05 002 am 3. Juli 1938 mit 244 t Last (vierachsiger Messwagen mit Messlaufrad + drei Doppeleinheiten á sechs Achsen) im leichten Gefälle zwischen Grantham und Peterborough mit offiziell festgestellten

Relevés dynamométriques de 5 en 5 kilomètres –

P.K.	Vitesse	Effort Traction	Puissance	PK	Vitesse	Effort Traction	Puissance	PK	Vitesse	Effort Traction	Puissance
		Kgs	cv								
0	Paris			130	104	6000	2311	260	124	2700	1240
5	90	6750	2250	135	120	4850	2155	265	104	6000	2311
10	112	5550	2302	140	120	Rég. fermé		270	120	3000	1333
15	120	4050	1800	145	120	4650	2066	275	97	6000	2155
20	120	5100	2266	150	125	3000	1888	280	120	Rég fermé	
25	123	3000	1365	155	120	5300	2355	285	110	5700	2322
30	120	3750	1665	160	116	5600	2405	290	116	2700	1159
35	124	3750	1722	165	101	6450	2412	295	120	2250	1000
40	124	4500	2065	170	110	7000	2851	300	120	3500	1555
45	120	4050	1800	175	121	Rég. fermé		305	108	3400	1359
F~	122	3300	1488	180	121	Rég. fermé		310	110	2600	1059
55	118	Regulateur fermé		185	125	Rég. fermé		315	112	4200	1742
60	82	8250	2500	190	105	5050	1964	320	109	5200	2099
65	85	8250	2594	195	90	7300	2433	325	110	3750	1527
70	72	9000	2400	200	122	Rég. fermé		330	114	2000	844
75	120	Rég. fermé		205	124	Rég. fermé		335	110	5050	2057
80	122	Rég. fermé		210	119	4000	1762	340	100	6200	2296
85	125	3450	1597	215	120	4550	2022	345	110	5200	2118
90	110	5200	2118	220	120	Rég. fermé		350	118	5800	2534
95	105	6000	2333	225	68	7800	1964	355	95	6400	2251
100	110	5400	2200	230	113	5050	2113	360	108	7200	2854
105	126	Rég. fermé		235	116	2500	1074	365	121	Rég fermé	
110	121	2450	1098	— Caen —				370	Cherbourg –		
115	120	4500	2000	240	54	11250	2250				
120	117	5540	2400	245	80	6750	2000				
125	108	6400	2560	250	96	6000	2133				
				255	100	6150	2277				

Voiture dynamomètre N° 3   Anlage 4)   Reseau ÉTAT   Le 21 Mars 1935

Essais dynamométriques. Locomotive 4707 P.O.

R 5/21 bbl

Train spécial tonnage 607 tonnes.
Composition 14 Véhicules.
Parcours Paris - Cherbourg.

Résultats dynamométriques.
Parcours Paris - Caen.
Longueur du parcours = 238 Kms 750
Temps de parcours = 139 minutes
Vitesse moyenne = 108,057
Effort de traction moy = 3970 Kgs
Puissance moyenne = 1515 CV
Travail 3510 CV.H

Parcours Caen - Cherbourg.
Longueur du parcours = 131 Kms.
Temps de parcours = 75 minutes
Vitesse moyenne = 104,800
Effort de traction moy = 4120 Kgs.
Puissance moyenne = 1598 CV
Travail 1999 CVH

Consommations:
Eau = Brut 50 485 l ... soit au CV.H = 9 l 16 ... au Km = 136 l
Combustible: (allumage compris) 8190 ... soit au CV.H = 1 k 48 ... au Km = 22 kg 13.

Bild 49 – Tabellarisch sind Geschwindigkeit, Zugkraft und Leistung der Fahrt in Fünf-Kilometer-Abständen aufgezeichnet. Die Höchstgeschwindigkeit wurde – bei geschlossenem Regler – im Kilometer 105 mit 126 km/h registriert, 2.854 PS als beste Leistung beim Kilometer 360. Der Wasserverbrauch lag bei 50,485 m³.

Aufnahme: Sammlung Klaus Hopf

Bild 50 – 05 002 vor einem 241-t-Versuchszug des RZA Grunewald am 23. Juli 1935 auf der Strecke Berlin – Hamburg bei Zernitz. Bei der Fahrt wurde eine Höchstgeschwindigkeit von 180,4 km/h erreicht und eine Leistung der Lok von 3.023 PS gemessen.   Aufnahme: DLA Darmstadt, Sammlung Eisenbahnstiftung

125,88 mph (202,58 km/h). Der Spitzenwert lag für etwa 7 Sekunden bei 126,1 mph (202,94 km/h). Heute markiert eine Tafel den Weltrekord an der Strecke bei Essendine.

Der Fahrtverlauf zwischen Grantham und Essendine (der Regler war grundsätzlich voll geöffnet) ist in der Tabelle unten aufgeführt.

Bis heute gelten diese Werte als anerkannte Weltrekorde, obwohl in den USA noch vereinzelt höhere Geschwindigkeiten vermeldet wurden, die mangels offizieller Messgeräte nicht bestätigt werden konnten. Auch deshalb, weil dort 120 mph (193,1 km/h) als Limit unbedingt einzuhalten waren. Überschreitungen zogen enorme

Ort	Milepost (Entfernungspfosten)	[h]	[min]	[s]	[mph]	[km/h]	Steuerung (%)
Grantham	105,5	4	24	19	24	38,62	40
	105,0	4	25	13	32	51,50	40
	104,0	4	26	32	52,25	84,09	40
	103,0	4	27	36,5	59,75	96,16	30
Great Ponton	102	4	28	5,5	63,5	102,19	30
	101	4	29	30	69	101,05	40
Stoke Box	100,1	4	30	16			40
	100	4	30	20,5	74,5	119,90	40
	99	4	31	5	87,5	140,82	40
	98	4	31	44,5	96,5	155,30	40
Corby	97,1	4	32	17			40
	97	4	32	20,25	104	167,37	40
	96	4	32	54,5	107	172,20	40
	95	4	33	27,5	111,5	179,44	40
	94	4	33	59,5	116	186,68	45
	93	4	34	30	119	191,51	40
Little Bytham	92,25	4	34	52,5	122,25	196,74	40
	91,5				123	197,95	40
	91	4	35	29,5	124,25	199,96	40
	90,75				123,5	198,75	40
	90,25	4			125 (126)	201,17 (202,77)	40
	90	4	35	58,5	124,5	200,36	40
	89,75				123	197,95	Regler zu
	89,5				116	186,68	Bremsen
	89	4	36	29	110	177,03	Bremsen
Essendine	88,65	4	36	40	107,5	173,00	Bremsen
	88,25				95	152,89	Bremsen

Strafen bis hin zum Verlust der Konzession nach sich. So zeigte bei Probefahrten zur Ermittlung der Hiawatha-Fahrzeiten mit der F 7 Hudson der „Speedometer" mehrfach 128 mph entsprechend 206,00 km/h. Diese Tachometer waren exakt eingestellt, ohne die Genauigkeit eines Messwagens zu erreichen. 141,2 mph oder 227,24 km/h gelten als der höchste von einer Dampflokomotive erreichte Wert. Im März 1946 soll die 42,74 m lange S-1 Nr. 6100, eine 3'BB 3' der Pennsylvania Railroad diese Geschwindigkeit – handgestoppt – gefahren sein. Technisch jedenfalls war die über 7.000 PS starke S-1 dazu in der Lage. Sicher hat hier eine „illegale Geschwindigkeitsüberschreitung" stattgefunden, denn das Lokpersonal hatte anschließend dienstrechtliche Konsequenzen zu spüren bekommen.

Nicht glaubwürdig erscheinen dagegen die 127,1 mph (204,55 km/h), die die Atlantic-Lokomotive 7002 der PRR-Klasse E2 bereits im Juni 1905 mit dem „Broadway Limited" bei Elida, Ohio, erreicht haben soll. Dennoch wurde dieser Wert von der PRR bekanntgegeben. Er galt in den USA damals als Weltrekord. 185 km/h dürfte die plausible Höchstgeschwindigkeit gewesen sein (die Lok besaß keinen Tachometer, Messungen erfolgten mit der Uhr).

Weitere Höchstleistungen aus Nordamerika

Anfang 1913 fuhr von Seattle über 5.113 Kilometer nach New York ein mit wertvoller Seide beladener Güterzug, der in 82 Stunden und 15 Minuten mit Vr 62,2 km/h die immense Strecke bewältigte. Der einzige längere Aufenthalt fand in Chicago mit 2 Stunden 25 Minuten statt.

Vom 10. bis 12. Juni 1922 absolvierte die kohlegefeuerte Great Northern Pacific Class H-6 Nr. 1717 auf der Großen Nordbahn zwischen St. Paul, Minnesota und Spokane, Washington die bis dato längste Zugfahrt ohne Lokomotivwechsel in Amerika: 2.343 km in 44 Stunden. Mit 13 Personenwagen, entsprechend 646 t wurde die durchschnittliche Geschwindigkeit von 53 km/h erzielt.

Eine Höchstleistung vor einem Güterzug vollbrachte die Northern Pacific Railroad im Frühjahr 1926. Von Seattle bis Minneapolis/St. Paul über eine Entfernung von 3.055 km wurde der Zug von einer einzigen Lokomotive gezogen. Es waren dabei drei Gebirgszüge zu überwinden mit Steigungen bis 1:45. Die Fahrt dauerte 109 ½ Stunden mit einer durchschnittliche Reisegeschwindigkeit von 28 km. Unterwegs waren Aufenthalte von insgesamt 4 Stunden 43 Minuten nötig. Das Gewicht des Zuges entsprach der jeweils höchsten zulässigen Belastung für die einzelnen Streckenabschnitte und schwankte zwischen 1.600 und 5.000 t; zuletzt bestand er aus 84 Wagen. Die Mikado-Lokomotive mit 26 t Zugkraft, war nicht etwa für diese Fahrt besonders ausgesucht und wurde auch für ihre lange Fahrt nicht besonders vorbereitet. Sie war mit mechanischer Beschickung des Feuers, Überhitzer, Speisewasservorwärmer und mit einem Zusatzmotor ausgestattet, der bei erhöhtem Kraftbedarf die hintere Laufachse antreibt. Der Kohlenverbrauch betrug 353 t, der Wasserverbrauch 1.670 cm³. Die Lokomotive war unterwegs von 16 Mannschaften nacheinander besetzt, während gewöhnlich auf der Strecke zwölf Lokomotivwechsel stattfinden.

Ein weiteres Beispiel aus dem Frühjahr 1933, das eindrucksvoll die Dimensionen im „Land der unbegrenzten Möglichkeiten" zeigt: Ein Schnittholz-Sonderzug von 117 Wagen nach Nord-Californien, der von der 2-8-8-2-Mallet-Heißdampflokomotive Nr. 4144 der Baldwin-Werke gezogen wurde. In Roseville am Fuße der Sierra-Nevada wurden zwölf Wagen für einen Nachzug abgehängt. Mit zwei gleichen im Zug eingeteilten Lokomotiven wurde nun dieser 105-Wagen-Zug mit 4.110 t Gewicht über die Rampen von 26,5 Promille gezogen, entsprechend der Steigung der Semmeringstrecke.

Ergänzend seien die längsten Durchläufe mit einem Regelzug erwähnt: Die 1943/1944 gebauten 4-8-4-Schnellzuglokomotiven der Atchison, Topeka & Santa Fe (AT & SF) Baureihe 2900 blieben auf der 2.880 Kilometer langen Strecke Kansas City – Amarillo – Los Angeles durchgehend am Zug. Steigungen bis 35 Promille und Pässe von 2.300 m über NN waren zu überwinden. Natürlich waren entsprechende Aufenthalte zur Ergänzung der Vorräte und zur Pflege der Lok vorhanden. Das Lokpersonal wurde nach durchschnittlich 300 Kilometern gewechselt.

Auch die Union Pacific mit ihren 4-8-4-Maschinen hatte in der Relation Newton (Kansas) – Los Angeles mit 1.394 Meilen (2.243 km) nennenswerte Langläufe. Die ölgefeuerte Hudson Nr. 3461 der Santa Fé zog den 750 t schweren „Fast Mail" in 53 Stunden und 40 Minuten über 2.228 Meilen (3.585 km). Planmäßig war diese Bespannung jedoch auf den 973 Meilen (1.566 km) langen Abschnitt Kansas City – Galvaston beschränkt.

Die 1945/1946 gebaute Baureihe S-1b („Niagara") der New York Central beförderte im täglichen Betrieb bis zu 22 Pullman-Schnellzugwagen mit 1.600 t Gewicht in der Ebene mit 161 km/h. Bei Versuchsfahrten wurden sogar 193 km/h erreicht. Die Baureihe S-1b glänzte mit monatlichen Laufleistungen von mehr als 44.000 Kilometern. Auf der 1.494 km langen Distanz von Harmon, N.Y., nach Chicago blieben sie (wie auch die Baureihen J-3a und L-4b) ohne Lokwechsel am Zug.

Den mit 212 Wagen längsten Dampfzug beförderte anno 1935 eine 2-10-4-Lok Klasse T1 der Chesapeake & Ohio.

Zum Vergleich zu den schienengebundenen Bestleistungen noch eine Spitzenleistung, die Fred Marriott bereits 1906 aufstellte: Mit seinem umgebauten Dampfauto, dem Stanley Steamer, hielt er mehr als 100 Jahre lang den Rekord für den schnellsten dampfgetriebenen Rennwagen der Welt: 204 km/h. Erst im August 2009 erhöhte Charles Burnett III mit seinem Dampfrennwagen in der Mojave-Wüste den Wert auf 224 km/h.

2.4 Die letzten Rekordfahrten und die Landesbesten

1933 entstand in Europa mit Einführung des „Fliegenden Hamburgers" Altona – Berlin und des Bugatti-Triebwagen Paris – Dauville eine Konkurrenz, die mit Reisegeschwindigkeiten von 120 km/h und bald darauf über 130 km/h den Dampfzügen überlegen war.

Die fortschreitende Verdieselung und der Beginn des Zweiten Weltkrieges beendeten das Bestreben, neue Bestmarken mit Dampfzügen zu fahren. 1945 waren nur noch in den USA Streckenzustände anzutreffen, die hohe Geschwindigkeiten zuließen.

Nach Kriegsende begannen die europäischen Bahnen zuerst, ihre Fahrzeugbestände zu sichten und zu erfassen und die Strecken wieder herzurichten. Rekorde waren nicht gefragt. Zudem forcierten viele Länder die Beschaffung moderner Traktionsmittel – der Strukturwandel setzte ein.

Die Niederlande gaben den Dampfbetrieb als erstes europäisches Land anno 1958 auf. Im selben Jahr verschwanden die Dampflokomotiven vor den schnellen Expresszügen in den USA und Kanada. Die letzten Dampflokomotiven der British Rail rollten im Herbst 1968 aufs Abstellgleis. Bis dato hatte auch die SNCF ihre schnellsten Züge auf E-Lok und Diesellok umgestellt. Nennenswerte Dampfschnellzüge verkehrten noch für wenige Jahre in

Bild 51 – Auf der Geraden zwischen Gräfenhainichen und Pratau steht die Tachonadel der 18 201 am Anschlag: 180 km/h! Aufnahme: Jürgen Ebel

Deutsche Bahn [DB]

Abnahmeprotokoll

Auftr.-Nr.: 050 939

Triebfahrzeug Nr. __01 1102__

Rbd __K. u. K Eisenbahnbetr.Ges.mbH__ Bw __Wien__

Heimat-Aw __Meiningen__

Instandhaltungsstufe __Hauptuntersuchung / L 7__

Bemerkungen: Mit der Lokomotive wurden im unverkleideten und verkleideten
Zustand Probefahrten ausgeführt.
Auf der Strecke Eisenach-Neudietendorf(43 km)wurden
160 km/h erreicht.

Zugbahnfunk MESA 2oo2 angebaut und funktionsfähig.
Indusi I 6o angebaut und funktionsfähig.

Das Triebfahrzeug ist gemäß Dienstvorschrift für die Instandhaltung der Triebfahrzeuge, DV 946, wiederhergestellt und
wurde gemäß Dienstvorschrift für die Abnahme von Triebfahrzeugen in den Instandhaltungsstellen (Tfz-Abnahme), DV 921,
abgenommen.

Das Betriebsbuch wurde auf Vollständigkeit geprüft und liegt vor.

Meiningen 0 1. März 1996

Ort , den Datum

Für die Instandhaltungsstelle: Für die Triebfahrzeug-Abnahmeinspektion:

Name, Dienstrang Name, Dienstrang

Bilder 52 und 53 – Das Abnahmeprotokoll und die Überprüfung des Indusistreifens bestätigen die 160 km/h bei der Fahrt am 9. Februar 1996.
Abbildungen (2): Jürgen Ebel

Deutschland. Mehr dazu in den Kapiteln 4 und 5 (Reisegeschwindigkeiten). Trotz allem stellten Dampflokomotiven noch verschiedentlich Landesrekorde auf:

In **Deutschland** setzte Lokführer Rudi Rindelhardt am 11. Oktober 1972 bei einer Testfahrt mit einem Gleismesswagen zwischen Gräfenhainichen und Pratau den **DDR**-Rekord: Er erzielte mit der 02 0201-0 (18 201) die Spitzengeschwindigkeit von 182,4 km/h, der weltweit höchste nach 1945 gefahrene Wert.

Die zur Stromlinienlok zurückgebaute, ölgefeuerte 01 1102 erreichte mit vier schweren Wagen und 216 t Last bei der abschlie-

ßenden Probefahrt von Eisenach nach Neudietendorf am 9. Februar 1996 hinter Gotha offiziell bestätigte 160 km/h. Im ersten Wagen hinter der Lok wurden als Spitze 162 km/h (100,66 mph) gemessen.

Im engen Zeitfenster zwischen Interregio und Intercity ließ die Zugleitung den Dampfzug auf die Strecke, mit der Maßgabe: „Zuzufahren", ansonsten würde der IC überholen. Die Signale zeigten bis Neudietendorf freie Fahrt. Letztendlich blieb die 01 1102 knapp unter den vorgesehenen 25 Minuten Fahrzeit (siehe Tabelle unten).

Zugfolge am 9. Februar 1996		Zug	IR 2455	Dampfzug	IC 653
km	Bahnhof (Höhe über NN)	Tfz	112[1]	01 1102	103[1]
0,0	Eisenach (222 m)	ab	11 : 00	11 : 06 +4	11:12 **
5,1	Wutha (239 m)		I	I	I
13,1	Sättelstädt (263 m)		I	I	I
18,4	Fröttstädt (295 m)		I	I	I
23,5	Leinakanal, ehem. Hp (324 m) *		I	I	I
28,9	Gotha (306 m)		11 : 16	I	I
34,8	Seebergen (290 m)		I	I	I
39,8 *	Wandersleben (266 m)		I	I	I
44,4	Neudietendorf (249 m)	an	I	11 : 31	I
56,9	Erfurt Hbf (222 m)	an	11 : 34	an	11 : 41 **
* Wasserscheide Elbe/Weser; ** im Blockabstand, ab/an + 2-3 min					

Österreich, das schon 1904 mit einer Vierzylinder-Atlantic der Serie 108 mit 140 km/h den Landesrekord aufstellte, erlebte im Jahr 1956 die erste nachgewiesene Dampflokfahrt mit mehr als 100 mph: Die badische IVh 18 316 schob auf der Strecke Kufstein – Wörgl einen elektrischen Triebwagen mit 162 km/h. Sie avancierte damit zur schnellsten deutschen Länderbahnlokomotive. Die Bestmarke für österreichische Dampflokomotiven lag bei 155 km/h, aufgestellt von der 214.13 (DRB 12 013).

Die 18 201 der DR erreichte am 10. Oktober 1987 im Rahmen der Jubiläumsfeierlichkeiten „150 Jahre Eisenbahn in Österreich" mit sechs Schürzenwagen im Abschnitt Gloggnitz – Wiener Neustadt 162,5 km/h (101 mph). Die Fahrplanordnung sah für den D 16292 generell 140 km/h vor, und bei St. Egyden auf dem Schnellfahrabschnitt von Kilometer 61,7 bis 52,8 Vmax 150 km/h. Lokführer Rindelhardt hielt den Regler aber geöffnet, bis die Bremsung bevorstand. Die Steuerung lag dabei bei 28 %, und der Regler war auf

Bild 55 – Am 10. Oktober 1987 stürmte 18 201 mit ihren sechs Schürzenwagen mit 162,5 km/h die Südbahn hinunter nach Wiener Neustadt. Auch im weiteren Verlauf, hier bei Baden, sind es immer noch gute 140 km/h.
Aufnahme: Stephan Schöffmann

einen Schieberkastendruck von 9 bar beigezogen. Anno 2002 sollte die 18 201 diesen Rekord nochmal verbessern.

Vier weitere Landesrekorde sollen nicht fehlen, denn sie übertrafen alle die 100 mph (161 km/h):

In **Belgien** bewies bereits im Juni 1939 eine 2'B 1'Atlantic der Type 12 auf der 57-minütigen Fahrt von Bruxelles nach Oostende mit fünf leeren Waggons und 212 t Last am Haken ihre Schnellfahreignung mit 165 km/h. Im Plandienst Bruxelles – Oostende wurde ab Juli 1939 mit Vmax 145 km/h gefahren.

In **Frankreich** bei Aulnoye erzielte 1956 eine 231.E mit leer mitlaufender Ellok Geschwindigkeiten bis 165 km/h. Schneller lief im September 1935 eine Chapelon Pacific mit 393 t Last im 1:200-Gefälle bei Chantilly mit 174 km/h und in der Ebene immerhin noch 164 km/h.

In der **Sowjetunion** baute die Lokomotivfabrik Voroshilovgrad 1938 zwei 2-3-2 Dampflokomotiven der Klasse W. Am 29. Juni 1938 erreichte eine dieser Lokomotiven mit vierzehn Wagen an der Kupplung 170 km/h. Die Bestellung zehn weiterer 2-3-2-Lokomotiven wurde wegen der Kriegsereignisse storniert. Den 331 Kilometer langen Abschnitt von Bogoje nach Moskau legte die Lok einmal mit dem zwei Stunden verspäteten „Roten Pfeil" in drei Stunden zurück. Planmäßig liefen die Lokomotiven aber mit anderen (weniger schnellen) Baureihen im Umlauf. Im April 1957 steigerte die Lok 6998 den sowjetischen Dampflokrekord auf 175 km/h. Die Prototypen blieben bis zu ihrer Abstellung 1963 im Plandienst.

Ein Tageszug durchfuhr im Sommer 1960 die 649,7 Kilometer lange Paradestrecke zwischen Moskau und Leningrad planmäßig in 380 Minuten mit Vr 102,58 km/h – bei einem Zwischenhalt in Bologoje. Allerdings lag die planmäßige Bespannung des Zuges bereits in der Hand von Diesellokomotiven. Die 125 km/h schnellen 2' D 2' h2-Lokomotive der Reihe P36, deren Serie erst ab 1954 vom Lokomotivwerk Kolomna in einer Stückzahl von 251 Maschinen geliefert worden war, hatten vor dem prestigeträchtigen Expresszug schon ausgedient. Ein Jahr zuvor waren die Fahrzeiten mit bestenfalls 475 Minuten deutlich gestreckter: Der Nachtzug Nr. 2 hatte zwischen Leningrad und Bologoje mit 88,6 km/h seinen schnellsten Abschnitt. An der Spitze lag aber der Zug 17 (Leningrad ab 15:00) zwischen den Haltebahnhöfen Bologoje (ab 19:22) und Kalinin, dem heutigen Twer (an 21:08) mit 92,8 km/h.

Aus der Zarenzeit (Sommer 1913) sei als bester in Russland der Schnellzug Gatschina – Luga (92 km in 71 Min.) mit 77,75 km/h genannt.

Die Bestmarke für **tschechische** Dampflokomotiven stellte am 20. August 1964 Lok 498.106 *Albatros* mit 162 km/h bei Velim auf. Die 18 201 der DR hat im November des selben Jahres dort auf dem tschechischen Versuchsring den Rekord auf 166,5 km/h gesteigert. Im Anschluss kam 03 1074 zum Einsatz bis Vmax 158 km/h. Das Reisetempo der Dampfzüge übersprang die 90 km/h, ohne „Mile a Minute" zu erzielen. Anno 1939 kam der Triebwagen „Slovenská strela" als schnellste Verbindung von Pardubice nach Prag Wilson Bhf – dem jetzigen hlavní nádraží – auf Vr 106,7 km/h.

In der **Schweiz** hatten Geschwindigkeitsrekordversuche lange Zeit keine Priorität. Die topografischen Verhältnisse verlangten eher nach starken, als nach schnellen Lokomotiven. Mit der bis 1915 gebauten und 100 km/h schnellen A 3/5 endete bereits die Entwicklung von Schnellzugdampflokomotiven, Elektrolokomotiven dominierten fortan. Bei einer Höchstgeschwindigkeit der Dampfzüge von maximal 100 km/h lag die Reisegeschwindigkeit dementsprechend darunter, bis im Winter 1935/36 – mit Ellok bespannt – von Lausanne nach Genf in 36 Minuten ein Schnitt von 101,87 km/h erzielt wurde – bei nur 110 km/h Höchstgeschwin-

digkeit. 1950 kam das mit Ellok bespannte Zugpaar 3/4 zwischen Nyon und Morges (Vr 111,00 km/h) hinter dem italienischen R 521 (Piacenza – Bologna) auf den zweiten Platz in Europa.

Im Mai 1956 führte man im Wallis über die Pont de Riddes Testfahrten durch. Mangels eigener schneller (und schwerer) Lokomotiven mietete die SBB/CFF drei Dampflokomotiven an: Neben der SNCF 141R 740 und der SNCB-Stromlinienlok SNCF 1.024 nahm auch 01 1095 des Bw Kassel daran teil. Sie wurde ausgesucht, weil sie noch einen 01⁰-Kessel mit abnehmbarem Schornsteinaufsatz hatte, unabdingbar für das kleinere Lichtraumprofil in der Schweiz. Lokführer Günter Bayer vom Bw Offenburg hat die Überführungsfahrt in die Schweiz am 5. und 6. Mai und die Versuchsfahrten vom 7. bis 9. Mai 1956 auf der 01 1095 in seinem Taschenkalender notiert. In 10-km/h-Schritten tastete man sich in den höheren Geschwindigkeitsbereich. Endlich die Schnellfahrt ab Saxon: Volle Beschleunigung über vier Kilometer ansteigender Strecke. Mit der genehmigten Höchstgeschwindigkeit (Vmax + 10 %) jagt die 01 1095 durch Riddes (470 m über NN). „154 km/h" ruft Lokführer Haß seinem Kollegen Bayer zu, und mit eingezogenem Regler geht es über die Brücke bis zum Kilometer 81,8 vor Chamoson, Schweizer Dampflokrekord!

Aus den **Niederlanden** ist vom Sommer 1910 ein maximales Reisetempo von 78 km/h im Streckenabschnitt Boxtel – Vlissingen bekannt. Richtig gefordert waren ab Mai 1934 die Lokomotiven der Reihe 3700, weil sich die Anlieferung diesel-elektrischer Triebwagen verzögerte und sie in den verkürzten Fahrzeiten fahren mussten. Die schnellsten Dampflokomotiven fuhren mit einer Höchstgeschwindigkeit von 110 km/h. Dementsprechend lagen die Bestwerte bei Vr 88,84 km/h (zwölf Züge anno 1938 zwischen Amersfoort und Zwolle).

In **Italien** hält die Pacific-Schnellzuglok 691.011 den Rekord mit 150 km/h.

In **Großbritannien** übertraf die A4 *Silver Fox* mit einem Versuchszug im Mai 1949 mit 102 mph (164,15 km/h) bereits wieder die 100-mph-Marke. *Sir Nigel Gresley*, eine weitere A4, hat die schnellste Fahrt einer britischen Dampflokomotive nach dem Zweiten Weltkrieg absolviert. Am 23. Mai 1959 erreichte sie auf der Stoke Rampe eine Geschwindigkeit von 112 mph (180,25 km/h). Auch noch in den sechziger Jahren wurden zahlreiche Lokomotivbaureihen wie die Castle Class und die King Class, die Britannia, die Peppercorn A1, die Gresley A4 und auch die Merchant Navy Class mit 100 bis 105 mph gemessen. Schließlich erreichten die 2-10-0-Güterzuglokomotiven der BR Standard Class 9 mit ihren nur 1.520 mm großen Treibrädern die größte Kolbengeschwindigkeit in Europa: Mehrfach kamen sie auf 90 mph (144,84 km/h), wenn sie mit Zusatzzügen jeweils an Sommerwochenenden auf der Ostmagistralen zwischen Grantham und London unterwegs waren.

Vergleich Kolbenhub und Treibradumdrehungen				
Loktyp	BR 9F	N & W J	BR A4	DB 01¹⁰ Öl
Raddurchmesser (mm)	1.524	1.778	2.032	2.000
	(60'')	(70'')	(80'')	(78,74'')
Kolbenhub (mm)	710	813	660	660
	(28'')	(32'')	(26'')	(26'')
Max. (belegte) Geschwindigkeit	145 km/h	177 km/h	202 km/h	162 km/h
	(90 mph)	(110 mph)	(125,7 mph)	(100,66 mph)
Drehzahl (1/min) (rpm))	505	528	527	428
Mittlere Kolbengeschw. (m/s)	11,9	14,3	11,6	9,45
Gerechnet: (2 x Kolbenhub/Radumfang) x (km/h/3.600)				

-Abschrift-

Deutsche Bundesbahn
Bundesbahn-Zentralamt München   München, den 21.02.1956
1415 Ibva(ORE)1/56

An die BD'en
Kassel (3x), Karlsruhe (5x),
Obl Süd Stuttgart (1x),
BZA Minden (W) -Dez 23- (1x)
   -je besonders-

Betreff: Bestimmung der dynamischen Wirkungen an Brücken
           ORE/D 23
           hier: Abstellung der Dampflok 01-1095 in die Schweiz

Bezug: HVB Verfg 21 A.214 Fld 6 - vom 05.01.56

Vorgang: Uns Schrb - 1415 Ibva (ORE) 1/56 - vom 13.01. und 23.
           01.1956

Wir bestätigen unsere fernmündliche Mitteilung vom 13.02.56, wonach
die Versuche an der Rhonebrücke bei Riddes (Schweiz) und somit die
Abstellung der Lok 01-1095 aus oberbautechnischen Gründen verlegt
werden müssen.

Hierzu geben wir noch folgendes bekannt:

1) Die Lok muß am 06.05. früh 8 Uhr mit vollen Tendervorräten in
   Basel Bad Bf zur Übergabe und Weiterfahrt nach St. Maurice mit
   Schornstein in Richtung Schweiz bereit stehen. Die eigentlichen
   Fahrversuche finden am 07. und 08.05.56 statt. Die Lok kehrt vsl.
   am 09.05. abends mit vollen Tendervorräten in den DB-Bereich
   zurück. Die Lok muß mit einem Handfeuerlöscher und Spritzschlauch
   versehen sein.

2) Der Leitungsweg geht über Basel SBB - Olten - Biel - Lausanne
   nach St. Maurice, wahrscheinlich in Alleinfahrt mit Lotsengestellung und ohne Kopfmachen. Die Entfernung beträgt etwa 260 km.
   Die Entfernung zwischen dem Depot St. Maurice und dem Versuchsort bei Bf Riddes beträgt etwa 30 km.

3) Die Bauabteilung der Generaldirektion der SBB teilt uns mit Schrb
   -DT/DG No 21 599.50/54- vom 16.02.56 mit, daß ihre "Betriebsabtlg
   II davon unterrichtet ist, daß die Lok 01- 1095 ausnahmsweise die
   Rheinbrücke Basel befahren darf unter der Bedingung, daß die allein und nur mit einer Geschwindigkeit von 10 km/h fährt."

                                                          b.w.

-2-

4) Da in der Schweiz überwiegend elektrisch betriebene Strecken
   befahren werden, sind, falls nicht schon vorhanden, an der Lok
   die vorschriftmäßigen Warnschilder gegen die Gefahren des el.
   Stromes anzubringen. Das Personal ist auf die besonderen Gefahren hinzuweisen. Die Fahrdrahthöhe beträgt bei den SBB in
   der Regel 5,10 m und geht in Engpässen bis auf 4,80 m herab.

5) Nach der gründlichen Auswaschung des Kessels soll nach Angabe
   des BZA Minden dem Speisewasser kein Zusatzmittel gegen Kesselstein mehr beigesetzt werden, da auch bei den SBB ein solches
   Mittel nicht verwendet wird.

6) Dem Lokpersonal, das seine privaten Reisepässe benutzt, sind
   internationale Freifahrscheine von Basel Bad Bf bis Brig über
   den Leitungsweg gem. Pkt 1) auszustellen.

7) Wegen der Abwicklung der eigentlichen Versuchsfahrten bitten
   wir das Lokpersonal wie folgt zu unterrichten:

   7.1 Die Versuchsfahrten über die Rhonebrücke in km 80,428 bestehen aus beliebig vielen Alleinfahrten. Sie finden im Linksverkehr auf dem Betriebsgleis Lausanne - Brig zwischen den Bfen
       Riddes und Chamoson mit Geschwindigkeiten zwischen 5 bis 120
       km/h in Stufen von je 10 km/h statt, wobei die Strecke unter
       Ausschaltung der Regelsignale für andere Züge gesperrt ist.

   7.2 Das Gleis liegt mit Ausnahme der Brücke selbst in einer
       Steigung von 10 % in Richtung Brig.

   7.3 Ein strecken-kundiger Lotse wird gestellt.

   7.4 Die Schnellfahrten mit Geschwindigkeiten über 40 km/h
       müssen in Bergfahrten in Richtung Chamoson gefahren werden, da
       bei Rückwärtsfahrt in Richtung Riddes eine spitzbefahrene Weiche
       600 m hinter der Brücke nur mit 40 km/h befahren werden darf.

   7.5 Während der Versuchsfahrten gelten für die Lok weiß leuchtende Lichtsignale, die in Fahrtrichtung gesehen 2 km vor der
       Brücke und unmittelbar vor der Brücke aufgestellt sind, wovon
       2 Signale aus Richtung Riddes und 2 Signale aus Richtung Chamoson sichtbar sind.

   7.6 Folgende Signalbilder und Befehle erscheinen:
       Licht "Ein"   = Abfahren mit Geschwindigkeit nach
                        Versuchsplan
       Licht "Aus"   = Warten
       "Blinklicht" = Halten an der Brücke, d h zur Brücke
                        kommen.

   7.7 Die Lok hat vor jeder Abfahrt ein Achtungssignal zu geben.

   7.8 Der Versuchsplan wird an der Brücke mit dem Personal nochmals durchgesprochen.

                                  gez. Dr.-Ing. Brückmann +

Bild 56 – Ursprünglich bis 120 km/h vorgesehen, fuhr die 01 1095 am 8. Mai 1956 doch mit mehr als 150 km/h über die Pont de Riddes.

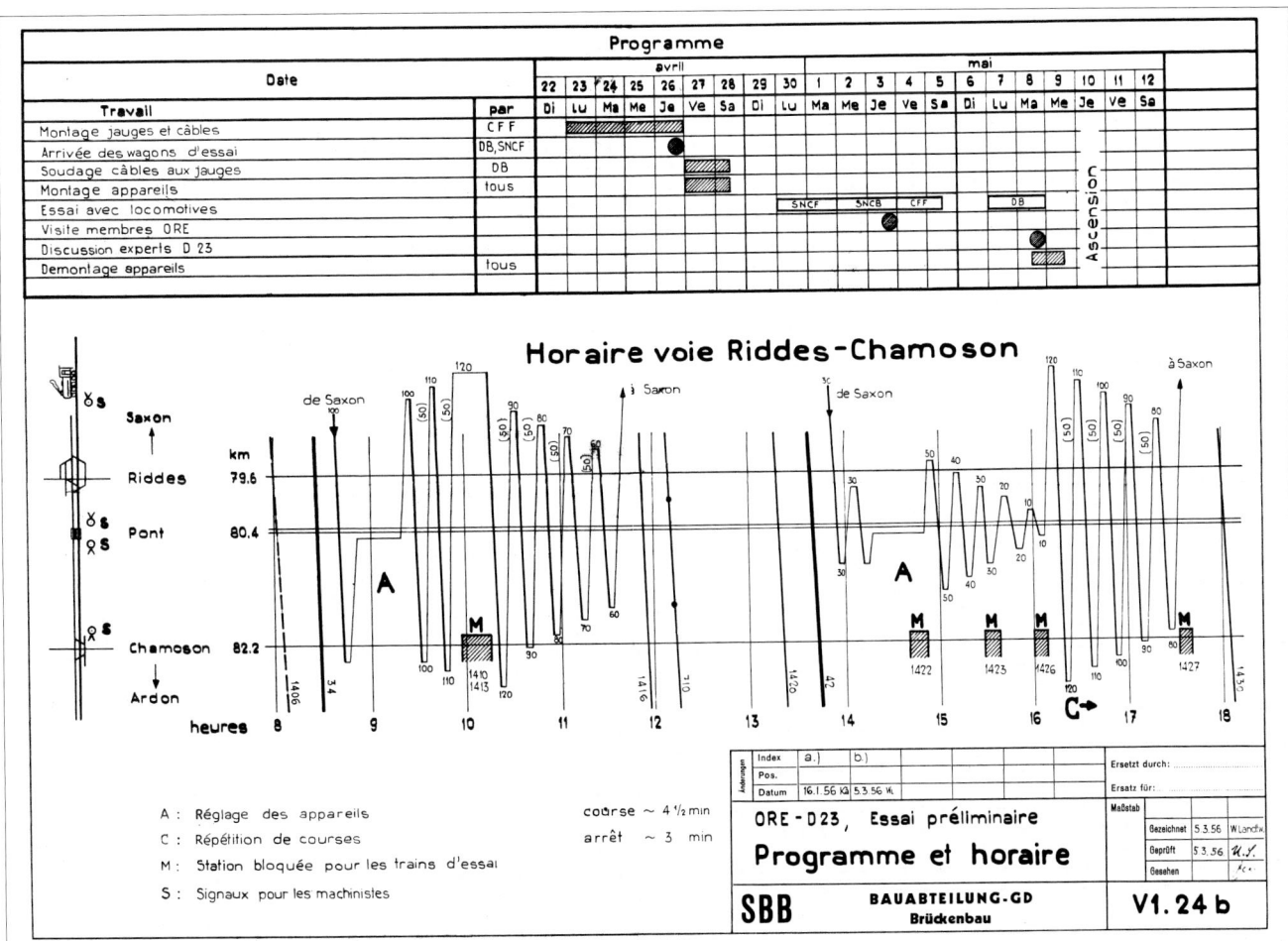

Bild 57 – Versuchsprogramm der SBB/CFF im Rhonetal vom Frühjahr 1956 mit Bildfahrplan der Testfahrten.   Abbildungen (2): Sammlung Günter Bayer

Bild 58 – Die 1960 letztgebaute Dampflok der BR, Standard Class 9F 92220 *Evening Star*, hat als einzige 9F eine Lackierung in Brunswick Grün erhalten. Am 8. September 1962 durfte sie den letzten „Pines Express" über die Somerset & Dorset Verbindung schleppen. 90 mph als Spitzengeschwindigkeit sind auch bei ihr nachgewiesen. Bereits 1965 wurde sie abgestellt mit dem Ziel, bis heute als Museumslok tätig zu sein. Hier ist sie während ihrer kurzen Karriere bei der BR im Einsatz. Aufn.: Slg. Heribert Schröpfer

In **Nordirland** erzielte 1939 der beste Zug der LMSR/NCC (Ballymena ab 8:52 – Belfast an 9:23) planmäßig exakt 60,00 mph (96,56 km/h).

In **Irland** „flitzte" am 22.07.1924 Lok 4-4-0 Nr.190 mit einem 33 t schweren Wagen die 105 Meilen (168,98 km) von Lisburn nach Dublin in 89 Minuten, entsprechend 70,79 mph oder 113,92 km/h.

1932 fuhr der schnellste Dampfzug planmäßig die 54,3 Meilen zwischen Dublin (ab 15:15 Uhr) und Dundalk in 54 Minuten. 60,33 mph – „Mile a Minute" wurde erreicht, aber mit 97,10 km/h die „100" verfehlt. Dabei wurde im Bahnhof Drogheda während der Durchfahrt planmäßig der letzte Waggon („Slip-Coach") abgehängt. Anfangs mit der Handbremse zum Halten gebracht, wurden später – mit Einführung der durchgehenden Bremse – auch mehrere Slip-Coaches abgehängt und mit dem Bremshebel im „Führerstand" des ersten Wagens zum Halten gebracht. Eine Doppel-

leuchte am Ende des Zugstammes kennzeichnete den Schluss des weiterfahrenden Zugteils.

Slip-Coaches waren bereits im Dezember 1858 bei der Great Western Railway eingeführt worden – mit dem Ziel die Fahrzeiten zu verkürzen und den Zuglokomotiven eine komplette Anfahrt zu ersparen. 1914 gab es in Großbritannien 200 solcher umsteigefreien Verbindungen. Selbst die schmalspurige Ravenglass & Eskdale Railway zählte zu den Nutzern dieser Kurswagen „der besonderen Art". 1934 blieben noch 29 Slip-Coaches übrig. Der allerletzte – mit dem Reiseziel Bicester – verkehrte bis September 1960. Auf dem europäischen Festland setzte sich diese zeitsparende Wagentrennung nicht durch. In den Niederlanden gab es ab 1886 einen Slip-Coach. Der Slip-Coach mit Ziel Den Haag wurde am Nonstop-Zug Amsterdam – Rotterdam in Woerden abgekuppelt. Aus Frankreich ist die Einrichtung von zwei Slip-Coaches im Sommer 1933 an einer Samstagsver-

Bild 59
Die Frontseite eines Slip-Coaches mit Fenstern, Vacuumbremse und Heizleitung.

Aufnahme: Sammlung NRM York

bindung von Paris nach Le Havre bekannt. Sie wurden in Motteville und Bréauté-Beuzeville abgehängt.

In **Portugal** hatte die Companhia dos Caminhos de Ferro Portugueses (CP) zwei Serien 2'C1'-h2-Lokomotiven (Henschel & Sohn 1924/1925) auf ihren Breitspurstrecken (1.668 mm) im Einsatz: Henschel 19880-19899 (CP 551-560) für die Strecken südlich des Tejo-Flusses und 20435-20442 (CP 501-508) für die nördlichen Strecken. In den dreißiger Jahren war die CP für die hohe Geschwindigkeit ihrer Züge bekannt. Die Trasse wurde sorgsam unterhalten und für 120 km/h zugelassen, die auch von den Dampfzügen gefahren wurden. Im Sommer 1933 konnte man die 112,6 km von Lissabon nach Entroncamento in 70 Minuten bereisen mit einer Vr von 89,0 km/h.

Anno 1939 benötigte bei einer Testfahrt eine Pacific der Serie 501-508) mit vier Wagen und 170 t Last für die 343 km von Porto nach Lissabon – Campolide mit kurzen Halten in Papilhosa and Entroncamento 189 Minuten. Dabei legte sie im leicht welligen Gelände etwa 100 Kilometer mit Geschwindigkeiten von 140 bis 145 km/h zurück und erreichte eine Reisegeschwindigkeit von 108,89 km/h (67,66 mph).

1960 ersetzten Diesellokomotiven die Pacifics; Nr. 560 war als letzte noch bis 1970 in Valença im Einsatz. Lok 553 blieb im Depot Santarém erhalten.

Im Oktober 1955 erschien in **Spanien** die erste von zehn 4-8-4-Lokomotiven der Reihe 242 F auf den Gleisen der RENFE. Vor einem 480 t schweren Zug fuhr sie bei einer Probefahrt zwischen Vilanova i la Geltrú und Sant Vicenç de Calders mit 150 km/h spanischen Dampflokrekord. Die zugelassene Höchstgeschwindigkeit lag bei 120 km/h.

Auch in **Dänemark** blieben Dampfzüge unter 60 mph, der schnellste anno 1938 erreichte 54,0 mph gleich 86,91 km/h. 1939 standen dagegen 105,73 km/h mit der Dieseltriebwagenverbindung Roskilde – Slagelse (61,6 Kilometer in 35 Minuten) zu Buche. Erstmals im Sommer 1935 hatten sie die „Mile a Minute" übertroffen.

Die **finnische** Staatseisenbahn ließ im Lokomotivwerk Tampere von 1937 bis 1957 insgesamt 22 Hr 1-Pacifics mit den Ordnungsnummern 1000-1021 zur Beschleunigung ihrer Expresszüge bauen, 20 mit Wagner- und zwei mit Witte-Windleitblechen. Eine Pacific der Klasse Hr 1 erreichte bei der Abnahmefahrt 140 km/h. Im planmäßigen Reisezugdienst in Südfinnland vor Expresszügen bis 1963 eingesetzt, beließ es die VR bei 110 km/h. Die besten Reisegeschwindigkeiten lagen nur wenig über 80 km/h.

Für **Norwegen** gilt wie für die Schweiz: Die Topografie der Streckentrassen verlangte keine schnellen, keine Pacific-Lokomotiven. Vier- und Fünfkuppler waren bei der NSB effektiver, aber dementsprechend langsamer. Die Reisegeschwindigkeiten der Dampfzüge lagen generell unter 80 km/h.

Schweden hatte erst 1950 mit dem S 18 und zwei weiteren elektrischen Zügen mit Vr 103,18 km/h international beachtenswerte Geschwindigkeiten aufzuweisen. Dampfzüge lagen deutlich unter der 90 km/h Marke.

In **Kanada** erreichte die 4-4-4-Dampflok Klasse F-2a mit der Nummer 3003 am 18. September 1936 bei Versuchsfahrten 112,5 mph (181,05 km/h).

Die **Central Argentine Railway** nahm 1930 zwanzig Dreizylinder Pacific Maschinen der PS 11 Class in Betrieb, die in der Lage waren, 560 t Last mit 120 km/h zu befördern. Den 15 Wagen schweren „Panamericano"-Express zogen sie von Buenos Aires nach Tucuman (1.155,5 km).

1939 stellte Lokführer Cordoba auf der Pacificlok P. 11 Nr. 1118 den südamerikanischen Geschwindigkeitsrekord auf: Mit dem bei der Abfahrt verspäteten 500 t schweren „El Cordobes"-Express benötigte er auf der 302,6 km langen Nonstop-Fahrt Rosario – Buenos Aires nur 172 Minuten (Vr 105,6 km/h). Die Höchstgeschwindigkeit stieg bis annähernd 160 km/h.

Australien: Auf dem fünften Kontinent betrug die Höchstgeschwindigkeit lange Zeit nur 70 mph (112,65 km/h), zuwenig für Durchschnittsgeschwindigkeiten von 100 km/h oder mehr. Ab 23. November 1937 setzte die Victorian Government Railway ihren neuen Stromlinienzug „Spirit of Progress" zwischen Melbourne und Albury ein. Mit 190,25 Meilen (306,18 km) nonstop war dies der längste Dampfzuglauf südlich des Äquators. Die Reisegeschwindigkeit lag trotz schwierigen Geländes und 70 mph Limit bei 53,2 mph (85,62 km/h). Dreizylinder-Pacific-Lokomotiven der Klasse „S" beförderten den bis zu 525 t schweren Zug. Zwischen Wyong und Warnervale am Meilenstein 64 wurden bei einer Vorstellungsfahrt immerhin 80 mph (128,74 km/h) gemessen. Als höchste nachgewiesene Geschwindigkeit hat das auf der Lok installierte Flaman-Gerät während einer planmäßigen Fahrt 138,4 km/h (86 mph) registriert. 1938 legte der „Spirit of Progress" die 60 Meilen lange Strecke Seymour – Banalla in 61 Minuten zurück (59,0 mph bzw. 95,0 km/h Reisegeschwindigkeit). 1952 übernahmen Diesellokomotiven den Zug.

Die Baureihe A 36 wird gerne als eine 100-mph-Lok gelobt. Loknummer und Datum einer Fahrt mit solch hoher Geschwindigkeit sind aber nicht nachgewiesen. Einen Rekord darf Australien aber für sich beanspruchen: 1989 dampfte die britische A3-Pacific-Lok *Flying Scotsman* zwei Monate lang über den fünften Kontinent. Dabei holte sie am 8. August mit 442 Meilen (711,3 km) Nonstop-Fahrt von Parkes nach Broken Hill den Nonstop-Rekord zurück, den sie 1923 aufgestellt hatte, und der ab 17. November 1936 mit 401,4 Meilen (Euston – Glasgow) der Stanier Pacific Nr. 6201 *Princess Elizabeth* gehörte, um dann am 24. August 1948 von der A4 Nr. 60028 *Walter K. Wigham* mit nonstop 408,65 Meilen (657,66 km) von Edinburgh über die Waverley Route nach Kings Cross noch getoppt zu werden.

Erst die Jahrtausendwende bescherte den australischen Dampflokomotiven mit Planzügen, die sie samstags von April/Mai bis Dezember bespannen durften, außerordentliche Reisegeschwindigkeiten (siehe Kapitel 7).

Südafrika (1.067-mm-Kapspur): Einer 2'C 1'-Lok der von Henschel gebauten Klasse 16E der South African Railways wird der Rekord für Schmalspurlokomotiven zugesprochen. Bei einer Versuchsfahrt nach einer Reparatur wurden 92 mph gleich 148,06 km/h erreicht. Auf die Normalspur bezogen entspricht dies 199,1 km/h.

6. Dezember 1991: Am Regler der 4.000 PS starken Class 26 (ex Henschel Class 25 NC) Nr. 3450 *Red Devil* vor dem 21 (!) Wagen schweren – nur freitags verkehrenden – „Trans Orange Express" notierte Peter J. Odell zwischen Belmont und Witput (km 93 bis 96) 78 mph (128,75 km/h).

Vr 58,27 mph (93,78 km/h) als StS-Bestwert vermeldet er für den 20 Wagen und über 800 t schweren „Trans Orange Express" Nr. 16003 am 10. März 1992, wenige Wochen vor dem Ende der Dampfreisezüge. Mit der modifizierten 25NC Nr. 3454 verließ Lokführer John Bamford De Aar um 8:16 Uhr fast pünktlich. Außerplanmäßig hielt der Zug 94 Sekunden in Houtkraal. Dann donnerte die Lok nach Orange River über 82,5 Kilometer in 52:47 Minuten (Spitze 73,25 mph/117,88 km/h).

Fahrplanmäßige 100 km/h zwischen zwei Halten wurden in Südafrika nicht erreicht.

Für **Japan** liegt die Bestleistung bei 128,75 km/h (80 mph), gefahren am 15. Dezember 1954 von der JNR C62 17 auf der alten Tokaido Kapspur Linie.

Bild 60
Diese Zugbegegnung zwischen
Kimberley und de Aar (Südafrika)
hat Peter J. Odell anno 1991
vom Dach seiner Lok festgehalten.

China: Der klimatisierte und mit Panoramafenstern ausgestattete „Aija" (Asia-Express) verkehrte ab März 1934 bis Februar 1943 auf der damals von Japan kontrollierten Südmandschurischen Eisenbahn zwischen den Metropolen Dairen/Dalian und Xinjing/Changchun mit einer Höchstgeschwindigkeit von 134 km/h. Die Reisegeschwindigkeit lag bei 82 km/h für die Gesamtstrecke, bei Zwischenhalten in Dashiqiao, Fengtian und Sipingjie. Die zwölf als Pashina bekannten Lokomotiven wurden mit der Übernahme der Bahnlinie durch China als SL 7 eingereiht.

Die schnellste Dampflokfahrt des 21. Jahrhunderts

Am 5. Mai 2002 fiel nochmals die „100": Die außergewöhnliche Schnellfahrt der (damals roten) 18 201 von Gloggnitz nach Wiener Neustadt (– Wien Südbahnhof) ist Dank Bryan Benn und John Barnes mit GPS und Stoppuhr dokumentiert. Handgestoppte 102,1 mph (164,31 km/h) sind Landesrekord. Das GPS-Gerät blieb bei 101 mph (162,54 km/h) stehen (ab 100 mph ohne Anzeige der Dezimalstellen).

Bild 61 – Als der Autor mit seinen Freunden am 11. November 2000 in Sujiatun (China) der SL 751 begegneten, hatte sie jeglichen Glanz vergangener Jahre verloren und rostete im „Freilichtmuseum" Sujiatun vor sich hin. Inzwischen strahlt wieder ihre „Asia"-blaue Stromlinienverkleidung, und die Lok steht nun geschützt in Shenyangs Eisenbahnmuseum.

Bild 62
Selten sind Einsätze von 18 201 im Süden Deutschlands zu erleben. Am 5. November 2011 ist sie für Dampf-plus – anlässlich einer Geburtstagsfeier – vor einem Sonderzug von München nach Garmisch-Partenkirchen im Einsatz, hier im geraden Abschnitt zwischen München-Westkreuz und Gräfelfing.

Aufnahme: Norman Kampmann

Fahrtprotokoll vom Streckenabschnitt Gloggnitz – Wiener Neustadt: E 32598 am Sonntag, den 5. Mai 2002
Eisenbahnfreunde-Sonderzug, Zuglok 18 201 ex DR, Vmax 160 km/h, 7 Wagen mit netto 279 t/brutto 292 t
Quelle: Bryan Benn's Fastest Runs (in km und km/h umgerechnet)

Messpunkt/Ort	[km]	h : min : s	Ank./Abf. [km/h]	[km/h]	Bemerkungen/eff. [km/h]
Gloggnitz	75,10	16 : 51 : 34	GPS-Messung	Stoppuhr	
km 73,7		16 : 53 : 55	74,35		
km 73,3		16 : 54 : 12	85,46		
km 72,9		16 : 54 : 28	92,54		
km 72,5		16 : 54 : 43	94,47		
km 72,0		16 : 55 : 00	103,80		
km 71,3		16 : 55 : 23	113,62		
Pottschach	69,86	16 : 56 : 06	127,78		
km 69,0		16 : 56 : 29	132,61		
km 68,6		16 : 56 : 40	134,70		
km 68,2		16 : 56 : 50	135,83		
Ternitz	67,11	16 : 57 : 19	140,01		
km 66,8		16 : 57 : 27	140,50		
km 66,4		16 : 57 : 37	144,84		
km 65,8		16 : 57 : 52	146,93		
km 65,2		16 : 58 : 07	149,35		
km 64,0		16 : 58 : 35	150,80		
km 63,0		16 : 58 : 59	151,44		
Neunkirchen	62,60	16 : 59 : 08	151,28		
km 62,0		16 : 59 : 23	153,05		
km 60,3		17 : 00 : 02	155,95		
km 59,0		17 : 00 : 32	158,04		
km 58,0		17 : 00 : 55	160,45		
km 57,2		17 : 01 : 13	162,54	164,15	
St. Egyden	56,77	17 : 01 : 22	162,54		
km 56,6		17 : 01 : 26	162,54	162,89	
km 56,4		17 : 01 : 30	162,54	**164,31**	
km 55,8		17 : 01 : 44	160,77		Bremse
km 54,0		17 : 02 : 26	151,76		
km 53,0		17 : 02 : 49	154,18		
km 52,0		17 : 03 : 13	141,46		Bremse
km 50,4		17 : 03 : 57	109,76		
Wiener Neustadt	48,30	17 : 06 : 44			106,02

Bild 63
02 0201-0 ist am 2. Juni 2011
nach ihrer Schnellfahrt mit dem
ALEX-Zug in Lutherstadt Wittenberg
angekommen.

Bild 64 (unten)
Aufgerundete 161 km/h registriert
das GPS-Gerät. Die exakten Koordi-
naten lauten: N 51 45.909 E 12 31.170

Aufnahmen (2): Martin Bergner

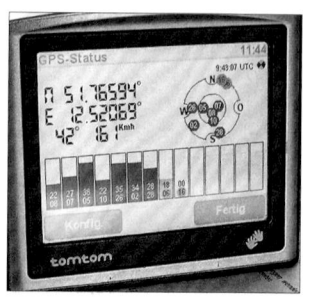

Am 2. Juni 2011 „kratzte" die 18 201 nochmal an der 100-Mei-len-Marke: Mit drei Bomz-Wagen und einer „Taurus"-Bremslok im Schlepp (200 Tonnen Last) wurden nordöstlich von Radis auf der Strecke Bitterfeld – Lutherstadt Wittenberg mit verschiede-nen GPS-Geräten 160 km/h, 99,7 mph (160,45 km/h) und über drei Sekunden als Spitze maximal 160,8 km/h gemessen. „Unge-schicktheiten im Betriebsablauf" (ein verspäteter ICE bremste zwei Mal den Dampfzug aus) verhinderten eine höhere Ge-schwindigkeit und damit eine gesicherte 100-mph-Fahrt, sehr zum Leidwesen der zahlreichen britischen Fahrgäste.

Fahrtprotokoll vom Schnellfahrtabschnitt Leipzig – Lutherstadt Wittenberg: DPE 80377 am 2. Juni 2011

Lok 02 0201-0 (18 201) (Bremslok 183 003)
Leipzig Hbf – Lutherstadt Wittenberg (– Berlin Schöneweide)
3 Wagen (Bom Alex) + Bremslok 183 (Alex) Last 200 t, Vmax 160 km/h

Messpunkt/Ort	[km]	Vmax < >	h : min : s	Ank./Abf. [km/h]	eff. [km/h]
Leipzig Hbf Gl.15	81,3	ab	**11 : 04 : 10**	11 : 04	
	80,5	<		40,0	
	77,0	<		65,0	
Leipzig Messe	74,3	<	11 : 12 : 00	80,0	
	71,4	<		121,2	
Rackwitz	70,0	<	11 : 15 : 00		
	68,4	<		131,9	
	65,4	<		144,0	
Zschortau	65,1	<	11 : 17 : 08	146,3	
	63,0			148,1	
	62,6	>			Sig Vr 80
Außerplanm. Halt	61,6	an	**11 : 18 : 58**	79,86	
Freie Strecke	61,6	ab	**11 : 19 : 57**		
	61,0			30,0	
Delitzsch unt Bf	60,4	an	**11 : 23 : 30**	durch 11 : 17	Überholung
Delitzsch unt Bf	60,4 + 1,4 ab		**11 : 26 : 18**		
Petersroda	55,0	<	11 : 31 : 10	142,9	
	53,4	<		151,3	
	50,4	<		155,9	

Messpunkt/Ort	[km]	Vmax < >	h : min : s	Ank./Abf. [km/h]	eff. [km/h]
Bitterfeld	48,5/ 131,6		11 : 34 : 00	durch 11 : 24	
	130,6	<		158,6	
„leichte Rechtskurve"	130,0	<		160,0	GPS
	128,6	>		152,0	Bremsen
Muldebrücke	127,6			130,0	
Muldenstein	126,2	<	11 : 36 : 15	135,0	
Burgkemnitz	121,5	<		138,0	
	119,6	<		145,1	
	118,0	<		151,0	
	117,0			155,0	
Gräfenhainichen	116,1	>	11 : 40 : 40	151,0	Abstand
	115,4	>		150,0	ICE
	113,4	<		148,0	
Radis	111,6	<	11 : 42 : 35	156,5	
	111,0	<		159,0	
„Freies Feld"	110,0		GPS 11 : 43	160,0	GPS
„Wald"	109,5	>	GPS 11 : 44	**160,45 (161)**	GPS
	106,6	>			Bremsen
Bergwitz	104,2		11 : 45 : 45	120,0	
	100,0			119,0	
Pratau	98,3	>	11 : 50 : 05	70,0	Bremsen
	97,0	>			Bremsen
Elbbrücke (333 m)	95,7		11 : 52 : 25	40,0	Gegengl.
Lutherst. Wittenb.	94,8	an	**11 : 55 : 05**	11 : 44	104,25

3 Streckenhöchstgeschwindigkeiten für Dampfzüge

3.1 Deutschland

Die zulässige Geschwindigkeit einer (einwandfrei unterhaltenen) Strecke hängt im Wesentlichen von zwei Faktoren ab: dem Kurvenradius, und dem Bremsweg, der durch den Vorsignalabstand und die Streckenneigung bestimmt wird. Radien von 400 m erlaubten etwa 90 km/h, 720 m 120 km/h und 900 m 135 km/h.

Der in den zwanziger Jahren weit verbreitete Vorsignalabstand von 700 m ließ grundsätzlich nur 100 km/h zu. Einige Schnellzüge liefen 110 km/h, Triebwagen bis zu 120 km/h. In den dreißiger Jahren verstärkte die DRG ihre Bemühungen, den Vorsignalabstand auf 1.000 m zu verlängern, auf dem Streckenabschnitt Hamburg – Nauen bis 1.200 m. Schnelltriebwagen durften dann 160 km/h fahren (siehe Tabelle rechts oben).

Mit dem Sommerfahrplan 1933 und der Beschleunigung der FD 23/24 auf der Magistrale Hamburg – Berlin ließ die Deutsche Reichsbahn für die Baureihe 03 als Zuglok 125 km/h zu. Nach positiven Versuchsfahrten erhöhte die DRG bereits im Herbst 1933 die Geschwindigkeit auf 140 km/h.

Besondere Kontrollen und verkürzte Wartungsintervalle für diese „ausgesuchten" 03 sollten unliebsamen Störungen vorbeugen. Auf den anderen Strecken blieb es grundsätzlich bei 120 km/h. Die Hapag-Sonderzüge nach und von Bremerhaven erreichten bereits 1934 mit 03 des Bw Bremen 130 km/h. Dafür standen auch ausgewählte preuß. S 10 zur Verfügung, die für 135 km/h zugelassen worden waren. Mit Schreiben vom 13. November 1934 wurde diese Zulassung aufgehoben. Bei Ausfall des Fliegenden Hamburgers SVT 877 liefen die 03 in einem Ersatzplan mit verlängerten Fahrzeiten und Vmax 140 km/h.

Im prestigeträchtigen Olympiajahr 1936 übernahmen 05 001 und 002 das Zugpaar FD 23/24 mit 145 km/h Höchstgeschwindigkeit. Zwischen Berlin und Dresden bespannte die 61 001 den neu eingeführten Henschel-Wegmannzug mit Vmax 135 km/h. Einige FD-Züge durften mit 130 km/h fahren. Grundsätzlich galten für die Schnellzüge aber weiterhin 120 km/h.

Im amtlichen Nachrichtenblatt der DRG vom 25. November 1936 auf die anstehende Änderung der Eisenbahn-Bau- und Betriebsordnung hingewiesen, und ab sofort galt für Reisezüge mit durchgehenden Bremsen 120 km/h. Die Hauptverwaltung wurde aber ermächtigt, Geschwindigkeiten bis 135 km/h zuzulassen, wenn Strecken und Fahrzeuge mit Indusi ausgerüstet waren.

Bis Ende August 1939 änderte sich an diesen Werten nichts mehr. Mit der Mobilmachung und dem Ausbruch des Krieges im Spätsommer 1939 beendete die Reichsbahn ihren Schnellverkehr, und die herabgesetzten Streckenhöchstgeschwindigkeiten erlaubten keine Reisegeschwindigkeiten mehr, die die Kriterien dieses Buches erfüllen.

1945 war das erste Ziel, die Strecken so herzurichten, dass überhaupt wieder gefahren werden konnte. Tempo spielte da eine untergeordnete Rolle. Einige Jahre lag die Streckenhöchstgeschwindigkeit bei 85 km/h, die erst im Dezember 1948 mit Einführung der FD-Zugpaare 285/286 und 289/290 wieder auf 100 km/h erhöht wurde und somit auch noch bei Gründung der Deutschen Bun-

Die Streckenhöchstgeschwindigkeiten 130 km/h bis 160 km/h mit Stand vom Sommer 1937	
Nauen – Hamburg zugelassen 180 km/h,	gefahren mit SVT 160 km/h und mit Dampfzügen 145 km/h
Berlin – Breslau – Oppeln – Gleiwitz	160 km/h mit SVT
Berlin – Bitterfeld – Leipzig / Halle – Weißenfels	160 km/h mit SVT
Berlin – Stendal – Hannover – Hamm – Duisburg	160 km/h mit SVT
Frankfurt (M) – Hanau – Bebra (wenige Abschnitte)	160 km/h mit SVT
Magdeburg – Dessau – Bitterfeld	160 km/h mit SVT
Köln – Oberhausen – Wanne Eickel – Hamburg	160 km/h mit SVT
Köln – Hagen – Hamm – Münster	160 km/h mit SVT
München – Ingolstadt – Nürnberg	160 km/h mit SVT
Berlin – Nauen 150 km/h mit SVT	140 km/h mit Dampfzug
Berlin – Elsterwerda – Dresden	135 km/h mit Dampfzug
Weißenfels – Erfurt – Bebra	130 km/h
Wunstorf – Bremen – Bremerhaven	130 km/h

Strecken mit 120 km/h (Vorsignalabstand 1.000 m)
Berlin – Angermünde – Stettin
Berlin – Küstrin – Schneidemühl – Königsberg
Gassen – Kohlfurt – Sagan
Breslau – Niedersalzbrunn
Dresden – Leipzig – Magdeburg
Jüterbog – Falkenberg – Röderau
Berlin – Cottbus – Görlitz
Löhne – Osnabrück – Bentheim
Münster – Emden
Wanne Eickel – Dortmund
Oberhausen – Emmerich
Aachen – Köln – Koblenz – Mainz – Frankfurt (M)
Köln – Kranenburg
Aachen – Rheydt
Mönchengladbach – Krefeld / Neuß
Köln – Troisdorf
Mainz – Ludwigshafen
Mannheim – Goddelau – Frankfurt (M)/Mainz-Bischofsheim
Frankfurt (M) – Heidelberg – Karlsruhe – Basel
Mannheim – Heidelberg
Mannheim – Karlsruhe
Stuttgart – München – Salzburg
Ulm – Friedrichshafen
Plochingen – Tübingen
Frankfurt (M) – Offenbach – Aschaffenburg
Nürnberg – Lichtenfels – Münchberg
Treuchtlingen – Augsburg – Buchloe

desbahn am 7. September 1949 galt, bevor sie bis 1951 wieder auf 120 km/h anstieg.

Ab 1. Juni 1958 erlaubte die Deutsche Bundesbahn als erste den TEE „Saphir", „Rhein-Main", „Helvetia" und „Paris-Ruhr" mit ihren VT 11-Garnituren wieder 140 km/h Höchstgeschwindigkeit. Für die Dampfzüge blieb es bei 120 km/h – bis zum Sommer 1963: Die dreizylindrigen 01¹⁰ des Bw Osnabrück Hbf durften jetzt auf der Rollbahn über lange Abschnitte 135 km/h laut Buchfahrplan fahren. Neben den leichten, besonders schnellen D 195/196 im Abschnitt Hamburg – Osnabrück waren dies sechs Schnellzüge mit 500 bis 550 t Last: D 95, 97, 98, 393, 394 und 396. Dazu beförderten die 01¹⁰ Öl den morgendlichen D 468 von Osnabrück nach Münster mit 130 km/h. Genauso schnell rannten auch Ludwigshafener 01⁰ mit den zwei A4üm-Wagen leichten F 47/48 „Konsul" über die Riedbahn.

Am 22. Mai 1964 hatten Lokführer Erhard Sturm und Heizer Rudolf Remy vom Bw Ludwigshafen die Ehre, in einer Dienstschicht beide F-Züge zu fahren. Mit 01 123 und der neubekesselten 01 181 standen an diesem Tag auch zwei Loks zur Verfügung, die für 130 km/h zugelassen waren. Oft kamen 01 der Ordnungsnummern

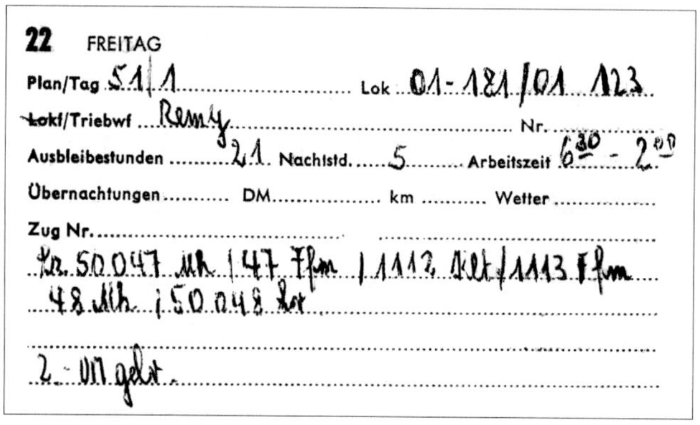

Bild 65 – Hier der Auszug aus dem Taschenkalender 1964 von Lokführer Sturm, der die Dienstschicht 51/1 vom 22. Mai belegt.

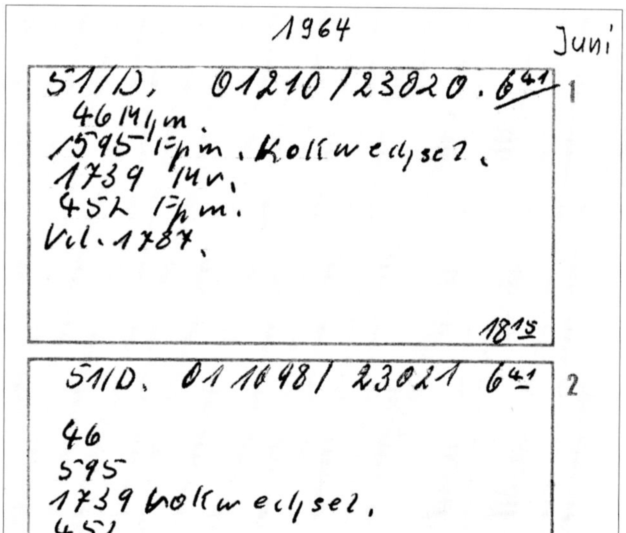

Bild 66 – Außergewöhnlich war am 2. Juni 1964 die Bespannung des D 46 mit der Kasseler 01 1098 im Dienstplan 51 am Tag D, wie Lokführer Alfred Münch vom Bw Frankfurt (M) 1 in seinem Kalender vermerkte: Mit D 46 nach Mannheim und mit dem Freiburger E 595 zurück nach Frankfurt (M), dann auf der 23er mit dem P 1739 nach Marburg und mit dem Bremer Heckeneilzug 452 zurück nach Frankfurt (M), anschließend Vorbereitungsdienst an der 23 021 für den P 1787.

Abbildungen (2): Sammlung Ronald Krug

bis 101 zum Einsatz, die nur 120 km/h fahren durften, was aber das Personal nicht hinderte, bei Verspätung „eine Schippe draufzulegen", um pünktlich anzukommen. *„Die Kohle brauchten wir nicht vorziehen, die kam bei 130 km/h von selbst"*, so der Tenor der alten Konsul-Lokführer zur Laufruhe des Tenders bei Höchstgeschwindigkeit.

Die Dampflokomotiven waren mit der Elektrifizierung des Abschnitts Ludwigshafen – Kaiserslautern am 15. März 1964 zum Bw Kaiserslautern umbeheimatet worden, Ludwigshafen fuhr aber weiterhin im neu aufgestellten Personalplan 51 die beiden Paradezüge. Die Dienstschicht von fast 20 Stunden begann in Ludwigshafen um 6:30 Uhr mit der Übernahme der 01 181 und anschließender Lokleerfahrt nach Mannheim Hbf, wo die beiden A4üm-Wagen bereitstanden. Nach Ankunft mit F 47 in Frankfurt (M) blieben exakt 103 Minuten zum Wasserfassen und Drehen der Lok, bevor es mit dem Pariser Schnellzug 1112 über Mainz – Bad Kreuznach nach Kaiserslautern ging. Dort hatte das Personal gut acht Stunden Tagesruhe, bevor um 19:44 Uhr der D 1113 mit der 01 123 auf dem selben Weg nach Frankfurt (M) auf dem Plan stand. In der Mainmetropole standen 84 Minuten zum Herrichten der Lok für die Schnellfahrt mit dem F 47 zur Verfügung. Um 23:05 Uhr war im Hauptbahnhof Abfahrt aus Gleis 5 über die Riedbahn nach Mannheim Hbf, das um 23:56 Uhr Ziel des Zuges war. Als Leerreisezug ging es über den Rhein nach Ludwigshafen. Gegen 2 Uhr war dann „Zapfenstreich".

Im Sommerfahrplans 1964 gesellte sich zwischen Frankfurt (M) und Mannheim D 46/45 „Schauinsland" mit Gießener 01⁰ dazu, mit 130 km/h gefahren von Frankfurter Personal. Diese beiden Namenszüge blieben auch die einzigen planmäßigen 01⁰-Züge der DB mit 130-km/h-Abschnitten im Buchfahrplan.

Die Renommierzüge auf der Main-Weserbahn, D 41/42 „Senator" und F 43/44 „Roland", erst 1963 von VT 08 auf Altonaer V 200 übergegangen, waren im gesamten Fahrplanjahr 1964/65 in der Hand der Kasseler 01¹⁰ Öl. Der Senator verlor im Zugbildungsplan seinen dritten Stern und wurde wieder auf 120 km/h heruntergestuft. Der Roland aber behielt seine drei Sterne, was eine Höchstgeschwindigkeit von 121 bis 140 km/h (im Abschnitt der BD Ffm) bedeutete.

Die Mindestbremshundertstel reichten für 140 km/h. Ob 120, 135 oder 140 km/h – darüber können nur die Buchfahrpläne Heft 6A vom Sommer oder Winter 1964 Auskunft geben. Die sind aber bislang unauffindbar.

Spätestens ab Mai 1965 galt endlich 140 km/h – mit historischem Wert: Die ersten Dampfzüge auf dem europäischen Festland, die nach 1940 wieder mit annähernd der alten Höchstgeschwindigkeit verkehrten. Nach Einstellung der mit 05 geführten FD Hamburg – Berlin Ende August 1939 wurde letztmals im Winterfahrplan 1939/40 von den SNCB mit der Reihe 12 ein Zugpaar zwischen Bruxelles und Oostende planmäßig mit 145 km/h gefahren.

1965 und 1966 während der Sommersaison hatte auch die Bundesbahndirektion Essen einen 140-km/h-Dampfzug zu bieten: Der morgendliche D 464 verkehrte mit 01¹⁰ ab Osnabrück nach Dortmund. Auf zwei Abschnitten hinter Hamm sind 140 km/h im Buchfahrplan vermerkt, die zur Einhaltung des Fahrplans aber nicht notwendig waren und als Verspätungspuffer gedacht waren.

Mit der Elektrifizierung der Main-Weserbahn im Südabschnitt spannten ab Mai 1965 die Reisezüge in Gießen um – bis auf die beiden schnellen Zugpaare „Senator" und „Roland", die mit Limburger V 200 ab/bis Frankfurt (M) durchliefen. Gleichzeitig erhöhte die BD Ffm auch auf ihrer 23,6 km langen, noch nicht elektrifizierten Strecke von Gießen bis zur BD-Grenze in Niederwalgern die Höchstgeschwindigkeit für weitere Züge auf 140 km/h. Das betraf auf dem nur 4,2 km langen Abschnitt vor Niederwalgern auch zwei mit 01¹⁰ Öl geführte Züge: D 183 (1965 auch mit der starken Baureihe 10 als Zuglok) und E 529, der einzige Eilzug, der jemals in Deutschland mit Dampflok und 140 km/h gefahren wurde. Fahrplanmäßig bestand kein Bedarf, so schnell zu fahren. Weil vor den 140 km/h zwei Abschnitte mit 135 und 130 km/h lagen, waren die 140 km/h aber in der Praxis zu erreichen. Neben dem D 183 sah der Buchfahrplan jetzt auch in der Gegenrichtung zwischen Lollar und Gießen bei den D 74, 184 und 530 Vmax 140 km/h vor.

Der absolute „Star" im Winter 1966/67 aber hieß „Senator", der am Wochenende wieder mit 01^{10} Öl vom Bw Kassel bespannt wurde. Ursache war – konjunkturbedingt – die Streichung des „Roland", F 43 an Samstagen und F 44 an Sonntagen. Damit fehlten die Limburger V 200 samstags in Kassel dem D 42, und sonntags gab es in Kassel keine passende Rückleistung nach Frankfurt (M). Eine 01^{10} Öl übernahm deshalb samstags den D 42 bis Frankfurt (M), übernachtete dort und kehrte mit dem D 41 am Sonntagmorgen nach Kassel zurück. D 41 hatte zwei 140-km/h-Abschnitte im Plan, bei Bad Nauheim und bei Butzbach, die mit dem sieben Wagen schweren Zug auch erreicht wurden. Beim D 42 (acht Wagen) dagegen gab es gleich drei 140-km/h-Abschnitte, ab Niederwalgern, zwischen Lollar und Gießen und von Großen Linden bis Kirch Göns. Letztmals in diesem Winterfahrplan 1966/67 gab es – weltweit – planmäßige 140-km/h-Dampfzüge, genau gesagt bis zur Elektrifizierung der gesamten Main-Weserbahn am Montag, den 20. März 1967, als 01 1104 mit dem D 74 letztmals nach Gießen fuhr. 01 1061 hatte am Vortag mit dem D 41 den letzten planmäßigen Dampfschnellzug ab Frankfurt (Main) Hbf gefahren.

In den folgenden Tagen endete für die 01^{10} Öl die Kasseler Zeit, und hinter einer E 10 fuhren sie mit dem Planzug D 177 in ihre neue Heimat Hamburg-Altona. Einzig 01 1061 verharrte noch gut zwei Monate in Kassel, bevor auch sie am 27. Mai vom Altonaer Lokführer von Riegen im D 177 überführt wurde.

Ab 1964 zählte auch die Magistrale Hannover – Hamburg zu den Dampfstrecken über 120 km/h: Die Kasseler 01^{10} Öl hatten mit dem Fahrplanwechsel ab 31. Mai den D 487 von den Altonaer V 200 übernommen, der mit buchfahrplanmäßigen 130 km/h gefahren werden durfte.

Auf der Rollbahn wurde weiterhin mit 135 km/h „gedampft". Herausragendes Zugpaar war dabei der „Merkur", der im Winter 1966/1967 samstags (F 3) und sonntags (F 4) wieder mit Osnabrücker 01^{10} Öl bespannt wurde und Europas letztes 1.-Klasse-Dampfzugpaar war. Der Fahrdraht hatte von Westen kommend Osnabrück erreicht und den Hammer V 200 die Möglichkeit genommen, mit regulären Zügen Osnabrück zu erreichen. V 200^{0} und V 200^{1} aus Altona mussten die schnellen F-Zugleistungen übernehmen. Dabei passte der „Merkur" am Wochenende offensichtlich nicht in den Diesellok-Umlauf.

Auf der Rollbahn verkehrten in den sechziger Jahren auch Schnellgüterzüge mit Vmax 100 km/h, anfangs bespannt mit 03^{0}, dann mit 01^{10} und 800 bis 1.000 t Last. Sg 5513 benötigte z.B. im Sommer 1967 von Osnabrück nonstop über 220 km nach Hamburg Hgbf 2:53 Stunden (Vr 76,3 km/h).

Mit Ablauf des Sommerfahrplans 1968 und der Elektrifizierung der Rollbahn sank die Höchstgeschwindigkeit für Dampfzüge bei der Deutschen Bundesbahn vorübergehend auf 120 km/h ab, die neben 01^{0} und 01^{10} auch von den 03^{0} u.a. auf der Südbahn Ulm – Friedrichshafen gefahren wurde.

Die von Kassel und Osnabrück nach Hamburg-Altona umbeheimateten 012 (01^{10} Öl) durften ab Sommer 1969 wieder richtig ran: Die Strecke Kiel – Hamburg-Altona wurde für 135 km/h ertüchtigt. Der D 436 mit 012 als Zuglok und 450 t Last begnügte sich im Sommer 1969 ab Westerland mit 115 km/h, bevor für ihn im Abschnitt Elmshorn – Pinneberg und nach Thesdorf bis ins Hamburger Stadt-

Bild 67 – Die Elektrifizierung des nördlichen Teils der Main-Weserbahn würdigte die Bundesbahn am Montag, den 20. März 1967, mit zwei Sonderzügen, die sich in Gießen trafen: Ab Frankfurt (M) präsentierte die E 03 003 die moderne Bahn, während 10 001 mit geladenen Gästen in Kassel begann (Kassel ab 8:20 Uhr, Marburg 9:23 Uhr nach Gießen). Die 104,3 km lange, kurvenreiche Strecke bis Marburg wurde in 62,5 Minuten mit einem Schnitt von 100,13 km/h (62,22 mph) durchfahren. Hier steht der Zug vor der Abfahrt am Bahnsteig in Kassel Hbf. Die mit 3.030 PS stärksten Schnellzuglokomotiven der DB waren wegen ihres hohen Reibungsgewichtes und der großen Vorräte primär vor schweren, weniger schnellen Reisezügen eingesetzt. Mit den D 289/290 „Adria-Express" erzielte sie im Sommer 1960 als Bestwert Vr 92,66 km/h (Abschnitt Hannover – Göttingen).

Aufnahme: Helmut Dahlhaus

D 42 (10,1) 1. 2. Klasse „Senator"
nicht 24., 25., 31. XII., 25., 26. III.

(Bremerhaven·Lehe—Hannover—Kassel)

—Niederwalgern— Gießen—Frankfurt (M) Hbf *)
(Wiesbaden)

Zlok V 200 · α ſα   **Last 350 t**   141 Mindestbr

01.10 öl: Ja

F 44 [So] (13,1) 1. Klasse „Roland" oG
nicht 26.—31. XII., 25., 27. III., 15. V.

(Bremen—Hannover—Kassel)

—Niederwalgern— Gießen Pbf—Frankfurt (M) Hbf—
(Darmstadt—Mannheim—Basel SBB)

Zlok V 200   **Last 200 t**   141 Mindestbr

			42		44			
1	2	3	4	5	4	5	4	5
115,4	140	BD-Grenze Niederwalgern		21 59		12 10		
118,9		Fronhausen (Lahn) .		22 01		11		
		119,6 ⌢						
122,9	130	Bk Friedelhausen Hp		03		13		
		125,3 ⌢						
125,9	100	Lollar		05		15		
		126,3 ⌢						
128,9		Bk Badenburg		06		16		
131,4	140	Bk Rodberg		08		18		
		133,4 ⌢						
134,0	80	Gießen Pbf	22 10	22 11	12 20	12 21		
		SBk 1						
		135,7 ⌢						

*) Ffm—Wiesbaden = Ea (21,1)

			Noch 42		Noch 44			
1	2	3	4	5	4	5	4	5
134,0	80	Gießen Pbf	22 10	22 11	12 20	12 21		
		SBk 1						
		135,7 ⌢						
136,6	120	Gießen Bergwald Stw Gvf.............		14		23		
		SBk 3						
		139,1 ⌢						
139,9		Großen Linden		17		25		
		SBk 5, 7						
143,4	140	Lang Göns		19		27		
		SBk 9, 11						
146,1	135	Kirch Göns Hp		21		29		
		SBk 13, 15						
		148,3 ⌢						
	125	SBk 17						
		151,0 ⌢						
	90	151,6 ⌢						
151,9	120	Butzbach		24		33		
		SBk 19						
154,6		Osth b Butzb Hp Ag		26		34		
		SBk 21						
		155,4 ⌢						
		SBk 23, 25, 27						
161,9	135	Bad Nauheim		30		38		
		164,0 ⌢						
	105	SBk 31						
	70	164,8 ⌢ 165,4						
166,1	100	Friedberg (Hess) ...		22 33		12 41		
		167,0 ⌢						

Bild 68 – Fahrpläne der beiden Spitzenzüge D 42 und F 44 auf der Main-Weserbahn im Winter 1966/67. Während der „Senator" samstags planmäßig mit 01^{10} Öl bespannt war, blieb der „Roland" der V 200 vorbehalten. In Einzelfällen gab es Ersatzgestellung durch 01^{10} Öl für die ausgefallene Diesellok, z. B. am 11. Juni 1966. Abb.: Slg. R. Krug

			Noch 42		Noch 44			
1	2	3	4	5	4	5	4	5
166,1	100	Friedberg (Hess) ...		22 33		12 41		
		167,0 ⌢						
168,5	120	Abzw Görbelheim ..		34		42		
170,1		Bk Bruchenbrücken Hp		35		43		
173,0		Niederwöllstadt		37		45		
	105	173,1 173,8 ⌢						
176,2		Bk Okarben Hp		39		47		
178,4	120	Groß Karben		40		48		
181,4		Dortelweil Hp......		42		49		
183,6		Bad Vilbel		43		50		
		184,5 ⌢						
184,9	90	Bk Bad Vilbel Süd Hp		44		51		
		185,4 ⌢						
187,5		Bk Ff·Berkersheim Hp		46		53		
189,4	115	Ff·Bonames		47		54		
		190,6 ⌢						
191,6		Bk Ff·Eschersheim Hp		48		55		
193,5	120	Ff·Ginnheim		50		57		
196,4		195,4 ⌢ Frankfurt (M) West.		51		59		
3,4								
2,2	80	Bksig 406 (Abzw Heller- hof, Fdl Fzf Nord) ..		52		13 00		
	70	1,5 ⌢ SBk 404,1						
0,8		Sig F (Esig Ffm·Hbf) .						
	30	E ⊢						
0,0		Frankfurt (M) Hbf..		22 56 (2303)		13 03 (1309)		

D 74 (10,1) 1. 2. Klasse
(Hamburg·Altona—Hannover—Kassel)

—Niederwalgern—Gießen—Frankfurt (M) Hbf—
(Heidelberg—Karlsruhe—Basel SBB)

Zlok 01 (Öl), ab Gs E 10   **Last 600 t**   129 Mindestbr   ab Gs 137 Mindestbr

D 184 (10,1) 1. 2. Klasse
(Wilhelmshaven—Bremen—Hannover—Kassel)

—Niederwalgern—Gießen—Frankfurt (M) Hbf—
(Heidelberg—Karlsruhe—Basel SBB)

Zlok 01 (Öl), ab Gs E 10   **Last 600 t**   129 Mindestbr   ab Gs 137 Mindestbr

D 530 (10,1) 1. 2. Klasse
(Kassel)

—Niederwalgern—Gießen—Frankfurt (M) Hbf—
(Heidelberg—Stuttgart—München)

Zlok 01 Öl, ab Gs E 10   **Last 500 t, ab Gs 600 t**   129 Mindestbr   ab Gs 137 Mindestbr

			74		184		530	
1	2	3	4	5	4	5	4	5
115,4	135	BD-Grenze Niederwalgern		13 54		13 02		8 19
118,9		Fronhausen (Lahn) .		55		03		21
		119,6 ⌢						
122,9	130	Bk Friedelhausen Hp		58		06		23
		125,3 ⌢						
125,9	100	Lollar		59		07		25
		126,3 ⌢						
128,9		Bk Badenburg		14 02		09		27
131,4	140	Bk Rodberg		03		11		28
		133,4 ⌢						
134,0	80	Gießen Pbf	14 06	14 14	13 13	13 21	8 31	8 39
		SBk 1						
		135,7 ⌢						

Bild 69 – Winterfahrplan 1966/67 mit den D 74, 184 und 530 mit Vmax 140 km/h. Im Kopf sind als Zuglok 01^{10} Öl ausgewiesen, tatsächlich wurde der D 184 von der Baureihe 10 befördert. Abbildung: Sammlung Ronald Krug

gebiet (Stellwerk Est) 135 km/h erlaubt waren. D 836 folgte zum Winterfahrplan 1969 mit der gleichen Höchstgeschwindigkeit.

E 2075 S und E 2077 W von Altona nach Kiel zählten 1970 zu den ersten Eilzügen, die mit 012 wieder 135 km/h liefen. Der „Raketenzug" E 2054 (wie ihn respektvoll das Altonaer Personal nannte) gehörte auch zu diesen 012-Leistungen. Mit knappen Fahrzeiten im Berufsverkehr stand der Zug unter Zugüberwachung, denn die pünktliche Ankunft um 7:52 Uhr in Altona war Voraussetzung für die zahlreichen mitfahrenden Bundesbahn-Beamten, im nahegelegenen Direktionsgebäude um 8 Uhr mit dem Dienst beginnen zu können. Die letzten beiden 003 halfen in dieser Relation einige Male aus und wurden mit 130 km/h gefahren. Ansonsten hatten die 03⁰ während der Bundesbahnzeit planmäßig nur Züge mit Vmax 120 km/h am Haken.

Ab Winter 1969 bis Mai 1972 (mit Ausnahme des Sommers 1970) beförderten die 012 – ebenfalls mit 135 km/h – den Montagsschnellzug von Westerland nach Hamburg-Altona. Im Sommer 1971 kamen dann noch sonntags D 832 Kiel – Neumünster, vier Wagen, und samstags D 591 „Konsul" Kiel – Altona, sieben Wagen, als 012-Leistungen dazu. Die drei schnellsten Dampfzüge der Deutschen Bundesbahn waren in der Hand der Altonaer 012. Daneben standen auch der „Kattegatt-Expreß" (Flensburg –) Neumünster – Hamburg-Altona und die bis zu 600 t schweren Schnellzüge nach Westerland im 135-km/h-Programm der 012. Schließlich kam zum Winterfahrplan 1971 außer samstags der D 828 Altona – Kiel hinzu.

Mit Ablauf des Sommerfahrplan 1972 endete auch die 135-km/h-Zeit. Dampfzüge liefen noch mit 120 km/h beim Bw Hof (001 bis Mai 1973) und beim Bw Rheine (011/012 bis 31. Mai 1975).

Bei der **Reichsbahn** in der DDR blieb die fahrplanmäßige Höchstgeschwindigkeit nicht nur der Dampfzüge bei 120 km/h. Mehrmals war eine Anhebung auf 140 km/h angedacht. Dies drückte sich in den Höchstgeschwindigkeiten der neuen Diesellokomotiven aus: Die Prototypen der V 180 (1964) und 130[1] (1972) waren für 140 km/h zugelassen, die Serienlokomotiven nur für 120 km/h, nachdem Pläne für Geschwindigkeitserhöhungen wiederholt verworfen worden waren.

3.2 Streckenhöchstgeschwindigkeiten anderer Länder

In **Frankreich** durften die ab 1934 gelieferten TAR (Schnelltriebwagen) 150 km/h schnell fahren. Für Dampfzüge waren dagegen per Gesetz grundsätzlich nur 120 km/h erlaubt. Dies galt sowohl bei den verschiedenen Bahnverwaltungen, als auch nach dem Zusammenschluss am 1. Januar 1938 bei der SNCF. Einzelne Bahnverwaltungen erlaubten aber in eigener Verantwortung ihren Lokführern eine Toleranz von 5 km/h (Nord und P.O.) bzw. 3 km/h (Est). Für die 231 genehmigte die Compagnie du Nord bei Verspätung 130 km/h, jedoch nur zwischen Creil und Arras, da der Abschnitt mit dem Block Automatique Lumineux gesichert war. Zwischen Paris und Belfort bzw. Avricourt galten 1937 maximal 125 km/h als Limit.

Eine Ausnahme blieben die 1937 eingeführten Bugatti-Stromlinienzüge mit der Reihe 221 B, sie erreichten 140 km/h. Ab 1938 hob die SNCF für ausgesuchte Strecken die Geschwindigkeit auf 130 km/h an. Die acht Maschinen der Baureihen 232.R S und U waren zwar für 140 km/h zugelassen, liefen diese aber nicht im planmäßigen Zugdienst. Die französischen Lokomotiven waren seit Beginn des 20. Jahrhunderts mit dem „bande Flaman" ausgerüstet, das die Geschwindigkeit und die Position der Signale registrierte. Ver-

stöße wurden umgehend bestraft. So ist es nicht verwunderlich, dass „100 mph runs" – wie im Vereinigten Königreich gefahren wurden – in Frankreich weitgehend unbekannt sind. In den sechziger Jahren galt für die Pacifics vor ihren Rapides 130 km/h als Maximum.

In **Großbritannien** trieb der ständige Konkurrenzkampf der vier großen Bahngesellschaften Great Western (GWR), Southern Railway (SR), London, Midland an Scottish (LMS) und London North Eastern (LNER) die Streckenhöchstgeschwindigkeiten nach oben: 90 mph (144,84 km/h) waren in den dreißiger Jahren generell zulässig, z.B. für den 1937 eingeführten „Coronation Scot". Anderen Quellen zufolge hat die LNER für den konkurrierenden „Coronation" 100 mph (160,93 km/h) erlaubt.

Dass gerade in den dreißiger Jahren in der Praxis erheblich schneller und damit neue Rekordzeiten gefahren wurden, die Prestigegewinne für die Gesellschaften bedeuteten, ist kein Geheimnis. Manches Mal stand die Tachonadel jenseits der „100"!

Nach dem Krieg dauerte es einige Jahre, bis der Streckenzustand wieder die alten Höchstgeschwindigkeiten erlaubte.

Eine Meldung von 1956 besagt, dass auf den Hauptstrecken der London Midland Region wieder mit 85 mph und auf einigen Teilstücken der Eastern Region wieder bis zu 90 mph gefahren werden durfte. Die Western Region erlaubte sogar unbegrenzte Höchstgeschwindigkeiten auf vorgegebenen Abschnitten! Der Posttransport, besonders die pünktliche Anlieferung von Zeitungen nahmen in Großbritannien und vor allem in den USA innerhalb der Zugförderung einen besonderen Stellenwert ein. „Fast Mail" oder „Newspaper Express" hießen Züge, die besonders schnell unterwegs waren und durchaus die „Mile a Minute"-Grenze übersprangen.

Heizer R. D. Caroll berichtete von einer „Höllenfahrt" an Heiligabend 1964:

Sein Lokführer hatte allen Ehrgeiz, mit seiner Lok 73082 *Camelot* den Postzug von Salisbury deutlich vor Plan in seine Heimatstadt Basingstoke zurückzubringen, weil er Sorge hatte, dass seine Verwandtschaft bei der Weihnachtsfeier zuhause seine alkoholischen Vorräte allzu sehr dezimieren könnte. Mit offenem Regler und 50 % Steuerung jagte er durch die Nacht. Die 57,8 km lange Distanz wurde in 28 Minuten bewältigt bei einer Reisegeschwindigkeit von 123,86 km/h. Heizer Caroll schaufelte unentwegt Kohle in die gefräßige Feuerbüchse. Bei Andover Junction zeigte der Speedometer die Spitzengeschwindigkeit von 107 mph (172,20 km/h) an. Nach der Ankunft in Basingstoke hatten die Begleiter in den Postwagen mit dem „Aufräumen" alle Hände voll zu tun …

In **Belgien** präsentierten die NMBS zum 1. Juli 1939 zwei mit den neuen stromlinienverkleideten Atlantics der Type 12 bespannte, leichte Zugpaare zwischen Bruxelles Midi und Oostende Kai mit einer Höchstgeschwindigkeit von 145 km/h. Andere schnelle Züge mit der starken Type 1 begnügten sich mit 120 km/h.

Wie in Großbritannien galt auch in **Kanada** 90 mph als planmäßig zu fahrendes Limit auf den topografisch geeigneten Streckenabschnitten. Mit der Class 2800 sind aber in der Praxis auf der Linie Montreal – Quebec mit acht Wagen starken Zügen die 100 mph erreicht worden.

In den **USA** finden wir die absolut schnellsten Dampfzüge: Die Milwaukee Railroad erlaubte ihrem Starzug „Hiawatha" eine planmäßige Höchstgeschwindigkeit von 100 mph (160,93 km/h), die auf der welligen Strecke auch ausgefahren werden musste, um die Reisegeschwindigkeiten von mehr als 120 km/h, 1940 für kurze Zeit sogar mehr als 130 km/h zwischen zwei Halten zu erzielen. Hier fuhr die MRR mit der F7 Hudson bis zu 120 mph (193,12 km/h), ebenso durfte der „Chippewa" mit 100 mph fahren. Auch mit der urigen GG1-Ellok (2. Serie, ab 1937 gebaut) wurden die 100 mph erreicht.

4 Reisegeschwindigkeit 100 km/h und mehr – gesamter Bespannungsabschnitt

4.1 DRG/DRB

Mitte der zwanziger Jahre wuchs der Deutschen Reichsbahn-Gesellschaft ein neuer Konkurrent, die Deutsche Luft Hansa AG. 1926 standen 56.000 Fluggästen 631.000 Reisenden der 1. Klasse gegenüber, 1933 lag das Verhältnis bei 110.000 zu 176.000. Die Eisenbahn war gefordert, massiv in schnelle Zugverbindungen zu investieren, die 1933 auch einen Meilenstein bei den Fahrzeiten brachte.

Ein Blick auf die Tabelle wirkt zunächst irritierend: Ein Schnellzug der Deutschen Bundesbahn auf Platz 1 vor den renommierten FD-Zügen aus der Glanzzeit der DRG?

Zum gesamten Bespannungsabschnitt zählen auch langsame Streckenteile, z.B. im Hamburger und Berliner Stadtgebiet. So erreichte der FD 24 von Berlin Lehrter Bahnhof bis Hamburg Hbf in den dreißiger Jahren 119,50 km/h Reisegeschwindigkeit. Durch den Aufenthalt von 6 Minuten in Hamburg Hbf und weitere 12 Mi-

nuten Fahrzeit für die 6,5 km nach Altona mit Halt in Dammtor fiel der Wert aber auf 108,63 km/h.

D 832 hatte den extrem kurzen Laufweg von Kiel nach Neumünster. Die Lokführer mussten schon aus dem Bahnhof Kiel heraus maximal beschleunigen und anschließend „volles Rohr" die leichte Steigung angehen. Mit 135 km/h Höchstgeschwindigkeit (und etwas mehr) reichte es rechnerisch gerade so, den Zug plan nach Neumünster zu bringen. Dort setzte die Zuglok ihre vier Wagen auf die Zugspitze des D 332 um, der mit Diesellok 220 und neun Wagen aus (Aalborg –) Flensburg gleichzeitig in Neumünster eintraf. Mit 13 Wagen lief die 012 um 14:01 Uhr am D 332 weiter bis Hamburg Hbf. Nur an Sonntagen war der D 832 dampfbespannt. Zudem tauchten 220 und neuangelieferte 218 vor den D 832/332 auf. Bilder dieses schnellsten Dampfzuges liegen auch deshalb nicht vor. Immerhin sind von fünf Sonntagen Aufschreibungen mit Hinweisen auf den Einsatz der 012 061-8, 012 071-7, 012 080-8, 012 081-6 und 012 100-4 vorhanden.

Die schnellsten deutschen Dampfzüge: Reisegeschwindigkeit mind. 100 km/h auf dem gesamten Bespannungsabschnitt												
Fahrplan	Zug	Nr.	Tage	Bespannungsabschnitt	ab	an	Lok	Bw	[km]	[km/h]	Verw.	Bemerkungen
1971	So	D	832	So	Kiel Hbf – Neumünster	13:34	13:51	012	H-Altona	30,9	109,06	DB	Mo-Sa mit BR 220
1936	So	FD	23	W	H-Altona – Berlin Lehrter Bf	06:52	09:34	05	H-Altona	293,3	108,63	DRG	
1936	So	FD	24	W	Berlin Lehrter Bf – H-Altona	18:15	20:57	05	H-Altona	293,3	108,63	DRG	
1936	Wi	FD	23	W	Altona – Berlin Lehrter Bf	06:52	09:34	05	H-Altona	293,3	108,63	DRG	
1936	Wi	FD	24	W	Berlin Lehrter Bf – H-Altona	18:15	20:57	05	H-Altona	293,3	108,63	DRG	
1937	So	FD	23	W	H-Altona – Berlin Lehrter Bf	06:52	09:34	05	H-Altona	293,3	108,63	DRB	
1937	Wi	FD	23	W	H-Altona – Berlin Lehrter Bf	06:52	09:34	05	H-Altona	293,3	108,63	DRB	
1939	So	FD	21	W	H-Altona – Berlin Lehrter Bf	06:46	09:30	05	H-Altona	293,3	107,30	DRB	
1936	So	D	53		Dresden Hbf – Berlin Anh Bf	09:31	11:12	61	Dre-Alt	179,9	106,87	DRG	
1936	So	D	57		Dresden Hbf – Berlin Anh Bf	17:26	19:07	61	Dre-Alt	179,9	106,87	DRG	
1936	Wi	D	53		Dresden Hbf – Berlin Anh Bf	09:31	11:12	61	Dre-Alt	179,9	106,87	DRG	
1935	So	FD	80		Berlin Anh Bf – Halle	10:50	12:21	03		161,6	106,55	DRG	
1937	So	FD	24	W	Berlin Lehrter Bf – H-Altona	18:13	20:59	05	H-Altona	293,3	106,01	DRB	
1937	Wi	FD	24	W	Berlin Lehrter Bf – H-Altona	18:13	20:59	05	H-Altona	293,3	106,01	DRB	
1936	So	D	58		Berlin Anh Bf – Dresden Hbf	22:10	23:52	61	Dre-Alt	179,9	105,82	DRG	
1937	So	D	53		Dresden Hbf – Berlin Anh Bf	09:30	11:12	61	Dre-Alt	179,9	105,82	DRB	
1937	Wi	D	53		Dresden Hbf – Berlin Anh Bf	09:30	11:12	61	Dre-Alt	179,9	105,82	DRB	
1938	So	D	53		Dresden Hbf – Berlin Anh Bf	09:30	11:12	61	Dre-Alt	179,9	105,82	DRB	
1938	Wi	D	53		Dresden Hbf – Berlin Anh Bf	09:30	11:12	61	Dre-Alt	179,9	105,82	DRB	
1935	So	FD	6		Berlin Anh Bf – Leipzig Hbf	09:25	10:59	01/03		164,3	104,87	DRG	
1933	So	FD	20	W	Berlin Lehrter Bf – H-Altona	11:00	13:48	03	H-Altona	293,3	104,75	DRG	SVT-Ersatz bei Bedarf
1938	So	FD	23	W	H-Altona – Berlin Lehrter Bf	06:52	09:40	05	H-Altona	293,3	104,75	DRB	
1938	So	FD	24	W	Berlin Lehrter Bf – H-Altona	18:11	20:59	05	H-Altona	293,3	104,75	DRB	
1938	Wi	FD	23	W	H-Altona – Berlin Lehrter Bf	06:52	09:40	05	H-Altona	293,3	104,75	DRB	
1938	Wi	FD	24	W	Berlin Lehrter Bf – H-Altona	18:11	20:59	05	H-Altona	293,3	104,75	DRB	

Fahrplan		Zug	Nr.	Tage	Bespannungsabschnitt	ab	an	Lok	Bw	[km]	[km/h]	Verw.	Bemerkungen
1939	So	FD	26	W	Berlin Lehrter Bf – H-Altona	18:11	20:59	05	H-Altona	293,3	104,75	DRB	
1934	So	FD	5		Leipzig – Berlin Anhalter Bf	19:31	21:06	01/03		164,4	103,83	DRG	
1934	Wi	FD	5		Leipzig – Berlin Anhalter Bf	19:31	21:06	01/03		164,4	103,83	DRG	
1936	So	D	54		Berlin Anh Bf – Dresden Hbf	15:10	16:54	61	Dre-Alt	179,9	103,79	DRG	Henschel-Wegmann-Zug
1936	Wi	D	58		Berlin Anh Bf – Dresden Hbf	22:08	23:52	61	Dre-Alt	179,9	103,79	DRG	Henschel-Wegmann-Zug
1937	So	D	58		Berlin Anh Bf – Dresden Hbf	22:08	23:52	61	Dre-Alt	179,9	103,79	DRB	Henschel-Wegmann-Zug
1937	Wi	D	58		Berlin Anh Bf – Dresden Hbf	22:08	23:52	61	Dre-Alt	179,9	103,79	DRB	Henschel-Wegmann-Zug
1938	So	D	58		Berlin Anh Bf – Dresden Hbf	22:08	23:52	61	Dre-Alt	179,9	103,79	DRB	Henschel-Wegmann-Zug
1938	Wi	D	58		Berlin Anh Bf – Dresden Hbf	22:08	23:52	61	Dre-Alt	179,9	103,79	DRB	Henschel-Wegmann-Zug
1971	So	D	823	Mo	Westerland – H-Altona	06:21	08:39	012	H-Altona	236,9	103,00	DB	
1971	Wi	D	823	Mo	Westerland – H-Altona	06:20	08:38	012	H-Altona	236,9	103,00	DB	
1936	Wi	D	54		Berlin Anh Bf – Dresden Hbf	13:10	14:55	61	Dre-Alt	179,9	102,80	DRG	Henschel-Wegmann-Zug
1936	Wi	D	57		Dresden Hbf – Berlin Anh Bf	16:22	18:07	61	Dre-Alt	179,9	102,80	DRG	Henschel-Wegmann-Zug
1937	So	D	57		Dresden Hbf – Berlin Anh Bf	16:22	18:07	01	Dre-Alt	179,9	102,80	DRB	Henschel-Wegmann-Zug
1937	Wi	D	57		Dresden Hbf – Berlin Anh Bf	16:22	18:07	61	Dre-Alt	179,9	102,80	DRB	Henschel-Wegmann-Zug
1938	So	D	57		Dresden Hbf – Berlin Anh Bf	16:22	18:07	61	Dre-Alt	179,9	102,80	DRB	Henschel-Wegmann-Zug
1938	Wi	D	57		Dresden Hbf – Berlin Anh Bf	16:22	18:07	61	Dre-Alt	179,9	102,80	DRB	Henschel-Wegmann-Zug
1935	So	FD	5		Leipzig Hbf – Berlin Anh Bf	19:17	20:53	01/03		164,3	102,69	DRG	
1935	So	D	10		Berlin Anh Bf – Leipzig Hbf	09:35	11:11	01/03		164,3	102,69	DRG	
1937	So	D	54		Berlin Anh Bf – Dresden Hbf	13:09	14:55	61	Dre-Alt	179,9	101,83	DRB	Henschel-Wegmann-Zug
1937	Wi	D	54		Berlin Anh Bf – Dresden Hbf	13:09	14:55	61	Dre-Alt	179,9	101,83	DRB	Henschel-Wegmann-Zug
1938	So	D	54		Berlin Anh Bf – Dresden Hbf	13:09	14:55	61	Dre-Alt	179,9	101,83	DRB	Henschel-Wegmann-Zug
1938	Wi	D	54		Berlin Anh Bf – Dresden Hbf	13:09	14:55	61	Dre-Alt	179,9	101,83	DRB	Henschel-Wegmann-Zug
1937	Wi	FD	5		Leipzig Hbf – Berlin Anh Bf	19:18	20:55	01/03		164,3	101,63	DRB	
1970	Wi	D	826	Mo	Westerland – H-Altona	06:30	08:50	012	H-Altona	236,9	101,53	DB	
1971	So	D	591	Sa	Kiel Hbf – H-Altona	15:33	16:35	012	H-Altona	104,9	101,52	DB	Konsul, So-Fr mit V-Lok
1971	Wi	D	591	Sa	Kiel Hbf – H-Altona	15:35	16:37	012	H-Altona	104,9	101,52	DB	Konsul, So-Fr mit V-Lok
1963	So	D	195		Osnabrück Hbf – Hamburg Hbf	20:10	22:31	01^{10}Öl	Osn Hbf	238,0	101,28	DB	
1963	Wi	D	195		Osnabrück Hbf – Hamburg Hbf	20:10	22:31	01^{10}Öl	Osn Hbf	238,0	101,28	DB	
1933	Wi	FD	24	W	Berlin Lehrter Bf – H-Altona	18:07	21:01	03	H-Altona	293,3	101,14	DRG	
1934	So	FD	24	W	Berlin Lehrter Bf – H-Altona	18:07	21:01	03	H-Altona	293,3	101,14	DRG	
1934	Wi	FD	24	W	Berlin Lehrter Bf – H-Altona	18:07	21:01	03	H-Altona	293,3	101,14	DRG	
1937	Wi	FD	79		Halle – Berlin Anh Bf	18:26	20:02	03	Halle	161,6	101,00	DRB	
1937	Wi	FD	80		Berlin Lehrter Bf – Halle	10:21	11:57	03	Halle	161,6	101,00	DRB	
1935	So	FD	24	W	Berlin Lehrter Bf – H-Altona	18:06	21:01	03	H-Altona	293,3	100,56	DRG	
1933	Wi	FD	23	W	H-Altona – Berlin Lehrter Bf	07:07	10:02	03	H-Altona	293,3	100,56	DRG	
1934	So	FD	23	W	H-Altona – Berlin Lehrter Bf	07:07	10:02	03	H-Altona	293,3	100,56	DRG	
1934	Wi	FD	23	W	H-Altona – Berlin Lehrter Bf	07:07	10:02	03	H-Altona	293,3	100,56	DRG	
1937	Wi	FD	6		Berlin Anh Bf – Leipzig Hbf	09:20	10:58	01/03		164,3	100,59	DRB	
1939	So	FD	6		Berlin Anh Bf – Leipzig Hbf	09:20	10:58	01/03		164,3	100,59	DRB	
1939	So	FD	7		Leipzig Hbf – Berlin Anh Bf	19:02	20:40	01/03		164,3	100,59	DRB	
1966	Wi	F	2	S/vF	Hamburg Hbf – Osnabrück	17:30	19:52	01^{10}Öl	Osn Hbf	238,0	100,56	DB	Hanseat, Feiertagsregel.
1969	Wi	D	836	nS	Westerland – H-Altona	06:30	08:52	012	H-Altona	236,9	100,10	DB	

Die weitaus höchsten Geschwindigkeiten auf dem gesamten Laufweg wurden zu DRG/DRB-Zeiten jedoch auf den mit SVT gefahrenen FDt-Verbindungen erreicht. FDt 1 begann im Sommer 1938 erst im Hamburger Hauptbahnhof. Den Laufweg über – nonstop – 286,8 km nach Berlin Lehrter Bahnhof bewältigte er in 140 Minuten – mit 122,91 km/h damals Weltbestleistung.

Ein Blick zur elektrischen Traktion, gesamter Bespannungsabschnitt: Mit E 18 als Zuglok übertraf einzig der FD 79 von München (ab 12:05 Uhr) in das 199,1 km entfernte Nürnberg (an 14:04 Uhr) vom Winter 1935 bis August 1939 mit 100,39 km/h die 100-km/h-Marke. Im Blockabstand davor verkehrte im Sommerfahrplan 1936 ab München der Dt 722 mit dem elektrischen Triebwagen elT 1900.

Fahrplan	Zug	Nr.	Tage	Bespannungsabschnitt	ab	an	Lok	Bw	[km]	[km/h]	Verw.	Bemerkungen
1936	So	Dt	722	tägl.	München – Stuttgart	12:00	14:24	elT 1900	München	241,5	100,63	DRG	(ET 11)

D 832 Kiel (13.34)—Köln (19.45)
(822)
1. 2.   **   133%   200 t
Hmb   Neumünster—Köln vereinigt mit D 332

	Bm	3+		Kiel—Neumünster (—Köln)	1833	332	Köl	1591
1)	Bm	4		„	„	(„)	„	„	„	„
	Bm	5		„	„	(„)	598 / 1831	„	„	1590
	ABm	6		„	„	(„)	„	„	„	„

¹) Abt 1 u. 12 Kb

Bild 70
Der „Tabellenführer":
Im Zugbildungsplan ist der Laufweg Kiel – Köln genannt. Tatsächlich endete der Zug lt. Kursbuch (und betrieblich) in Neumünster.
Mit der Ausweitung der Höchstgeschwindigkeiten auf 160 km/h anno 1968 hatte sich die Definition der Sterne im Zugbildungsplan geändert:
* stand für Vmax 101 bis 120 km/h,
** 121 bis 140 km/h und
*** für mehr als 140 km/h.

Abbildung: Sammlung Ronald Krug

Bild 71
17 120 vom Versuchsamt Grunewald leistet am 23. Juni 1935 außerplanmäßigen Vorspanndienst am schnellen FD 80.
Hinter der Zuglok 03 074 läuft der Kurswagen nach Rom.

Aufnahme (bei Berlin-Lichterfelde): Carl Bellingrodt/EK-Verlag

Bild 72
61 001 mit dem D 57 passiert am 31. Mai 1936 im Gleisvorfeld Dresden Hbf die wartende 19 017. Der D 57 zählte im Olympiajahr zu den schnellsten Dampfzügen.

Aufnahme: Carl Bellingrodt/EK-Verlag

4.2 DB

4.2.1 Schnellzüge ab 100 km/h

Mit dem wirtschaftlichen Aufschwung in den fünfziger und sechziger Jahren stand die Deutsche Bundesbahn in starker Konkurrenz zum auflebenden Straßenverkehr. Mit neuen Zugverbindungen, vor allem aber durch Fahrzeitverkürzungen hielt die DB dagegen. Der Höhepunkt wurde im Jahresfahrplan 1971/72 erreicht. Die Fahrzeitreserven schrumpften bis auf 3 %, entsprechend 1,8 Minuten pro Stunde. Zudem rief der Streckenzustand nach Sanierung. Zahlreiche Baustellen mussten dringend eingerichtet werden, die im Fahrplan nicht mehr berücksichtigt werden konnten. Die Pünktlichkeit ließ deutlich nach, besonders, als im Herbst 1971 das IC-Netz eingeführt wurde.

Auch die dampfgeführten Reisezüge waren von den Beschleunigungsbestrebungen betroffen.

So ist es nicht verwunderlich, dass die drei schnellsten Dampfzüge der Deutschen Bundesbahn im Kursbuch Sommer 1971 zu finden sind, alle mit Altonaer 012 bespannt:

- D 591, samstags zwischen Kiel und Hamburg-Altona mit Dampflok bespannt (6 Büm, Aüm).
- D 823, der legendäre Montag-Schnellzug Westerland – Hamburg-Altona (2 Büm, 3 ABüm).
- D 832, Flügelzug zum D 332 mit dem kurzen Laufweg Kiel – Neumünster, nur sonntags dampfbespannt (Zugbildung: 3 Büm, ABüm).

Die im Folgenden aufgeführten Züge sind es wert, detaillierter betrachtet zu werden:

D 591 „Konsul" war im Sommer 1971 mit sieben Wagen der schwerste Zug (Winter 1971/72 fünf Wagen). Für eine 012 bedeutete das sicherlich keine übermäßige Last, aber der Fahrplan hatte es in sich: Von Kiel bis Neumünster bereiteten die 19 Minuten Fahrzeit keine Mühe. Dann aber sah der Fahrplan für die 73,9 Kilometer nach Altona nur 41 Minuten Fahrzeit vor: 108,15 km/h im Durchschnitt bei 135 km/h Höchstgeschwindigkeit laut Buchfahrplan. Nichts mit „Warmwasser-Fahren", „Heißdampf-Personal" war gefragt. Nicht nur bei den Eisenbahnfreunden aus Großbritannien hatte der Zug einen guten Ruf. Fast jeden Samstag standen Fans mit Stoppuhr und Notizblock im Seitengang des ersten Wagens, notierten exakt die Durchfahrzeiten und errechneten die Geschwindigkeiten. Bauarbeiten bei Horst und eine Langsamfahrstelle bei Halstenbek erschwerten zusätzlich das Einhalten des Fahrplans. Die Meister am Regler ließen manchmal „Fünfe gerade sein" und brachten den Zug plan in Altona am Prellbock zum Stehen.

Klaus Hopf notierte im Sommer 1971 für die Fahrt im „Konsul" von Kiel nach Hamburg-Altona 59 Minuten Fahrzeit und „exzellente Blasrohrmusik" für die Ohren.

Lokführer Bernhard Schicke hat am 4. September 1971 den Mitreisenden eine flotte Fahrt beschert: Ein kleiner Stutzer in Wrist, und die genannten Geschwindigkeitsbeschränkungen hinderten ihn nicht, in 40 Minuten und 11 Sekunden die Strecke zurückzulegen – 110,49 km/h im Schnitt!

Am selben Morgen hatten Peter J. Odell und seine Freunde im D 1130 „Kattegatt-Expreß" (012 082 und sechs Wagen) bei Brokstedt mehrfach 147,25 km/h gemessen. „What a Day!" hat er euphorisch notiert. Am Samstag, 11. September, zog erneut die 012 104-6 den Konsul. 87,5 mph (140,82 km/h) vermerkte Odell als größte Geschwindigkeit. Doch pünktlich erreichte der Zug sein Ziel nicht: Bei Halstenbek kam es zu einer Zugtrennung hinter dem ersten Wagen – ungewöhnlich für einen nicht allzu schweren Reisezug.

Bild 73 – Am 11. September 1971 steht der „Konsul" wenige Minuten vor der Abfahrt im Kieler Hauptbahnhof.   Aufnahme: Peter J. Odell

Drei „Timings" auf der Strecke Kiel – Hamburg (Quelle: Peter Odell's Fastest Runs, in km/h übersetzt) Leergewicht Messpunkt/Ort	[km]	Sa, 24.07.1971 D 591 Konsul Kiel ab 15:33 Uhr Hamburg-Altona an 16:35 Uhr 012 085-7 7 Wagen mit 260 t			Sa, 21.08.1971 D 591 Konsul Kiel ab 15:33 Uhr Hamburg-Altona an 16:35 Uhr 012 061-8 7 Wagen mit 258 t			Sa, 04.09.1971 D 591 Konsul Kiel ab 15:33 Uhr Hamburg-Altona an 16:35 Uhr 012 104-6 7 Wagen mit 259 t		
		min:s	[km/h]	eff. [km/h]	min:s	[km/h]	eff. [km/h]	min:s	[km/h]	eff. [km/h]
Kiel Hbf	0,0	00:00	0,00							
Meimersdorf	5,6		106,22							
Flintbek	10,3	08:18	94,95	Baustelle						
Bordesholm	19,0	13:02	80,47	Bremsen						
Einfeld	24,9	16:47	127,14							
Neumünster	30,9	21:00	Fz. 19 min	88,28						
Neumünster	0,0	00:00	0,00		00:00	0,00		00:00	0,00	
Arpsdorf	9,1	06:23	125,53		06:16	131,97		06:08	123,11	
Brokstedt	14,2	08:36	140,82		08:26	137,60		08:24	137,60	
Wrist	22,5	12:13	125,53		12:21	137,60		12:06	125,53	Bremsen
Dauenhof	32,3	16:35	137,60		16:46	125,53		16:42	130,36	
Horst	37,3	18:52	96,56	Baustelle	19:08	91,73	Baustelle	19:02	93,34	Baustelle
Elmshorn	44,0	22:45	119,90 <133,58		23:09	119,90		22:58	120,70	
Elmshorn										
Tornesch	51,5	26:17	130,36		26:39	135,18		26:33	131,97	
Prisdorf	55,4	27:56	140,01		28:21	131,16		28:12	140,82	
Pinneberg	58,7	29:40	88,51		29:57	130,36		29:38	144,04	
Thesdorf	60,9	30:42	103,00		30:44	130,36		30:21	140,01	
Halstenbek	62,7	31:54	88,51	Baustelle	31:45	80,47	Baustelle	31:18	85,30	Baustelle
Hamburg-Eidelstedt	68,5	35:27			35:22	105,41		34:57		
Hamburg-Altona	74,0	40:59	Fz. 41 min	108,30	41:07	Fz. 41 min	107,98	40:11	Fz. 41 min	110,49

Der **D 823** hatte in nahezu gleicher Fahrplanlage im Winterfahrplan 1969/70 mit dem **D 836** und im Winter 1970/71 mit dem **D 826** schnelle Vorgänger, die ebenfalls mit Altonaer 012 bespannt waren. **D 836** hält zudem einen außergewöhnlichen Rekord:

Er ist der **einzige Dampfzug** in Deutschland, der auf dem **gesamten Laufweg und in jeden der drei Halte-Abschnitte** mehr als 100 km/h Reisegeschwindigkeit erzielte (vgl. „The Coronation" London – Edinburgh 1937 bis 1939 und Type 12 bespannte Züge Bruxelles – Oostende 1939/1940):

D 836 Winterfahrplan 1969/1970		Lok: 012, Wagen: 3 Büm, 2 ABüm		
km	Bahnhof		Uhrzeit	Reisegeschwindigkeit
0,0	Westerland	ab	06:30	
79,4	Husum	an	07:17	101,36 km/h
79,4	Husum	ab	07:18	
113,2	Heide	an	07:38	101,40 km/h
113,2	Heide	ab	07:39	
236,9	Hamburg-Altona	an	08:52	102,49 km/h
Gesamtstrecke				100,10 km/h

D 823 war zum Sommer 1971 nochmals beschleunigt worden und bei 2 Stunden 18 Minuten Fahrzeit mit insgesamt 53 Geschwindigkeitswechseln zwischen Westerland und Hamburg-Altona anspruchsvoll zu fahren. Nur zwei 135-km/h-Abschnitte bis Heide (bei Langenhorn und bei Struckum) gaben den Lok-Personalen kaum Möglichkeiten, ein oder zwei Minuten „wegzufahren". Ab Heide Richtung St. Michaelisdonn tobten die 012 dann richtig los, galt es doch schon vorab Sekunden einzusparen, denn die Hochdonnbrücke war den ganzen Sommer über Baustelle mit eingleisigem Betrieb.

Die beiden Weichenverbindungen lagen auf dem Damm etwa 3,5 km auseinander. Das Wechseln ins Gegengleis und wieder zurück (in Nord-Süd-Richtung) erfolgte mit 60 statt der vorgesehen

120 km/h im geraden Strang: Fahrzeitverlust für den leichten D 823 etwa zweieinhalb Minuten.

Peter J. Odell hat den Zug drei Mal protokolliert – am 23. August 1971 leider mit einem Lokführer, der keine Anstalten machte, die vier Minuten Verspätung, verursacht durch eine weitere, 20 km lange 90-km/h-Baustelle hinter Husum, wegzufahren. Bis Heide lag die Höchstgeschwindigkeit nur einmal über 120 km/h (bei Struckum 125,5 km/h). Die Hochdonnbrücke kostete weitere drei Minuten. Nur zwischen Tornesch und Pinneberg wurde mit 136 km/h die erlaubte Höchstgeschwindigkeit ein Mal voll ausgenutzt.

Ergebnis: Neun Minuten plus bei der Ankunft in Hamburg-Altona. Dass es rassiger ging, ist von einem Reisenden überliefert, der 1971/72 jeden Montag als Pendler den D 823 von Westerland nach Altona benutzte. Zwei bis drei Minuten Verspätung wegfahren war durchaus möglich. Er berichtete, dass auch noch im Sommer 1972 statt der planmäßigen 218 hin und wieder eine 012 vor dem D 823 lief.

Die Anfahrten in Heide waren in der Regel ein Ohrenschmaus. Die Beschleunigung der 012 mit dem D 823 auf 149 km/h (bei Meldorf) ist bekannt. Bis zur Durchfahrt in St. Michaelisdonn (23,3 km von Heide entfernt) stoppte Odell als Bestwert 12:05 min (115,7 km/h im Schnitt). Nach der 90°-Linkskurve (120 km/h) durfte nach Burg und den Damm hinauf bis zur Brücke wieder mit 135 km/h gefahren werden. Vergleicht man die beiden Timings der Fahrten vom 26. Juli und 23. August im Abschnitt Heide – Hamburg-Altona, wird klar, wie perfekt gefahren werden musste, um in den vorgegebenen 78 Minuten Altona zu erreichen. Legt man die beiden tatsächlichen Fahrzeiten „übereinander", ergibt sich etwa eine Minute Einsparung. Mit den 2,5 Minuten Fahrzeitverlängerung an der Baustelle Hochdonnbrücke bleibt immer noch knapp eine Minute, um die eingefahrene 4:22 Minuten Verspätung zu kompensieren. Hier half nur extrem scharfes Fahren und Tempo 140 km/h, um die fehlenden Sekunden „einzufangen".

Westerland – Hamburg Messungen 1971 (Quelle: Peter Odell's Fastest Runs, in km/h übersetzt)		Mo, 26.07.1971 D 823 (Westerland –) Husum 07:11 Uhr Hamburg-Altona an 08:39 Uhr 012 104-6 5 Wagen mit 182 t			Mo, 23.08.1971 D 823 Westerland ab 06:21 – Husum 7:11 Uhr Hamburg-Altona an 08:39 Uhr 012 075-8 5 Wagen mit 186 t			Mo, 30.08.1971 D 823 (Westerland –) Husum 07:11 Uhr Hamburg-Altona an 08:39 Uhr 012 001-4 4 Wagen mit 145 t		
Leergewicht Messpunkt/Ort	[km]	min:s	[km/h]	eff. [km/h]	min:s	[km/h]	eff. [km/h]	min:s	[km/h]	eff. [km/h]
Westerland	0,0				00:00	0,00				
Keitum	4,3				04:17	93,34				
Morsum	8,9				06:57	111,85<119,90>111,39				
Hindenburgdamm	17,5					115,45				
Klanxbüll	26,0				15:58	105,41				
Emmelsbüll	29,5				18:07	99,78				
Niebüll	39,2		Fz. 24 min		24:32	Fz. 24 min	95,95		Fz. 24 min	
Niebüll	39,2				00:00	0,00				
Lindholm	43,6				03:40					
Stedesand	47,4				05:38	114,26>111,04				
Langenhorn	53,4				08:48	117,48>115,87<119,90				
Bredstedt	60,9				12:33	99,78				
Struckum	65,0					125,53				
Hattstedt	71,9				18:11	101,39 < 103,00				
Husum	79,4			Fz. 23 min	24:02	Fz. 23 min	100,44		Fz. 23 Min.	
Husum	79,4	00:00	0,00		00:00	0,00		00:00	0,00	
						96,56>90,12	Baustelle			
Friedrichstadt	90,3	06:56	99,78<120,70	Brücke	07:58	88,51< 90,12	Baustelle	08:17	91,73<93,34	Baustelle
Lunden	96,9	10:19	119,90<123,12>74,8	Signal, Bremsen	12:11	90,12	Baustelle	12:19	90,12<99,78	Baustelle
Wittenwurth	103,8	14:26	112,65<122,31		16:43	90,12	Baustelle	16:36	94,95	Baustelle
Weddingstedt	108,4	16:45	115,87<119,90		19:32	107,83<115,87		19:23	98,17<109,44	Baustelle
Heide	113,2	19:39	Fz. 19 min	103,20	22:34	Fz. 19 min	89,87	22:47	Fz. 19 min	89,04
Heide	113,2	00:00	0,00		00:00	0,00		00:00	0,00	
	116,5				02:42	106,22				
Hemmingstedt	118,1	03:47	115,87		03:35	115,87		03:55	111,05	
Meldorf	125,2	07:07	138,40		06:57	130,36<131,97		07:21	133,58	
Windbergen	130,6	09:23	137,60	Bremse	09:21	130,36<131,97	Bremse	09:34	138,40	Bremse
St Michaelisdonn	136,6	12:05	125,53>117,48<130,36		12:06	122,31>119,90<129,55		12:16	119,90<134,38	
Burg	146,3	17:03			17:02			17:17		
Gleiswechsel 1-gl.	148,0		61,16	Baustelle		57,13	Baustelle		72,42	Baustelle
Hochdonnbrücke	149,7		88,51	Baustelle		65,18	Baustelle		80,48	Baustelle
Gleiswechsel 1-gl.	151,4		65,18	Baustelle		57,13	Baustelle		67,59	Baustelle
Vaale	154,6	23:13	113,46<140,82		23:38	122,31<135,99		23:24	111,05<137,60	
Wilster	163,5	27:21	96,56<106,22		27:51	106,22		27:44	106,22	
Bekdorf	166,7	29:06	103		29:32	104,61		29:22	104,61	
Heiligenstedten	169,5	30:44	99,78		31:07	103,00		30:56	106,22	
Itzehoe	172,8	33:08	41,84	Weiche	33:20	69,20	Weiche	33:12	54,72	Weiche
Kremperheide	178,3	37:33	104,61<107,83>99,78		37:15	111,04		37:28	103,00	
Krempe	183,5	40:35	101,39		00:14			40:23	109,44	
Glückstadt	190,3	44:40	99,78		44:14	103,00		44:00	111,05	
Herzhorn	194,3	46:49	123,12<125,53		46:20	123,11		46:05	122,31	
Siethwende	200,0	49:36	119,90		48:59	127,14		48:42	130,36	
Elmshorn	206,9	53:08	56,33	Weiche	53:08	59,55	Weiche	52:41	61,16	
Tornesch	214,4	58:32	130,36		57:40	125,53<136,79		57:37	126,33	
Prisdorf	218,3	60:11	138,40		59:27	135,18>131,97		59:19	131,97	
Pinneberg	221,7	62:02	82,08	Baustelle	60:54	135,18		60:55	119,90	
Thesdorf		63:11	96,56		61:39	130,36		61:46	123,12	
Halstenbek	225,6	64:28	103,00>78,86<106,22	Baustelle	62:39	126,33>91,73<112,65	Baustelle	62:48	83,69	Baustelle
Elbgaustraße	230,1									
Hamburg-Eidelstedt	231,5	68:12			66:01	107,83		66:32	106,22	
Hamburg-Altona	236,9	74:47	Fz. 68 min	99,24	72:22	Fz. 68 min	102,56	73:03	Fz. 68 min	101,58
					Gesamtverspätung ca. 9 min					

< Beschleunigung   > Geschwindigkeit vermindern

Bild 74 – Am 2. Juni 1971 (Dienstag nach Pfingsten) hat 012 071-7 die Blockstelle Himmel passiert und jagt mit dem 25 Minuten verspäteten D 823 bei Tornesch dem Fahrplan hinterher. Nicht die beiden planmäßigen ABüm-Wagen, die bereits freitags mit dem D 822 nach Westerland kamen, sondern zwei ABn-Silberlinge bilden hier den Zugschluss.

Aufnahme: Hans-Jürgen Eggerstedt

Vom Winter 1971/72 ist die Ankunft des Zuges in Altona eine Minute vor Plan bekannt. Die Fahrplantrasse des Zuges lag gegenüber dem Sommer eine Minute später, und nur noch vier Wagen waren zu befördern. Dafür wies der Buchfahrplan auf zwölf (!) Abschnitten eine geringere Geschwindigkeit als im Sommer auf. Im Vergleich mit dem 40 Jahre später fahrenden schnellsten Zug, dem IC 2001, der ebenfalls nur montags verkehrte, die gleichen Halte in Niebüll, Husum und Heide hatte und mit zwei 218 bespannt war, lief der Dampfzug um 21 Minuten schneller! Im Fahrplanjahr 2013/2014 hat sich die Differenz nahezu verdoppelt, denn der IC 2001 verkehrt nicht mehr …

MÄRZ 1971		**11. Woche**
7 Sonntag		
Blz-Nr.	Schicht	
Pl/Tg. od. Auftr-Nr. *01/2*	Arbeitszeit *9⁵⁰*	
Lok-Nr. *01 1080*	Dienstbeg. *11⁵³*	
01 1105	Dienstende *22¹⁹*	
Lokf/Twf. *G. Theil*	Pausen	
E 2103 Westerland		
D 820 Husum		
Fg E 1571 Westerland		
Montag 8		
Blz-Nr.	Schicht	
Pl/Tg. od. Auftr-Nr. *01/3*	Arbeitszeit *8⁵³*	
Lok-Nr.	Dienstbeg. *5¹⁵*	
01 1080	Dienstende *15¹⁹*	
Lokf/Twf. *G. Theil*	Pausen	
D 826 Altona		
Fg E 2107 Husum		
52 *A 27*	*N 1*	*W 11*

22. Woche		**MAI 1971**
		Sonntag 23
Blz-Nr.	Schicht	
Pl/Tg. od. Auftr-Nr. *01/4*	Arbeitszeit *3³⁶*	
Lok-Nr.	Dienstbeg. *20²⁴*	
01 1071	Dienstende *23⁰⁰*	
Lokf/Twf. *J. Lönne*	Pausen	
E 1570 Westerland		
		Montag 24
Blz-Nr.	Schicht	
Pl/Tg. od. Auftr-Nr. *01/5*	Arbeitszeit *11⁴²*	
Lok-Nr. *01 1100*	Dienstbeg. *5²⁰*	
01 1080	Dienstende *18²⁵*	
Lokf/Twf. *J. Lönne*	Pausen	
D 823 Altona		
D 674 Husum		
A·22	*N.2*	*W 4*
		95

Bilder 75 und 76 – Lokführer Jochen Lawrenz vom Bw Husum hatte mehrmals den Montags-Schnellzug im Plan. Er konnte sich mit der EDV-Bezeichnung nicht anfreunden und verwendete weiter die alten Loknummern. Ausbleibe-, Nacht- und Wechseldienststunden sind vermerkt.

11 Sonntag

Blz-Nr.	Schicht
Pl/Tg. od. Auftr-Nr. *01/8*	Arbeitszeit $2^{58}/1^{22}$
Lok-Nr.	Dienstbeg. $8^{40}/20^{35}$
01 1001	Dienstende $11^{33}/22^{11}$
~~Lokf~~/Twf. *J. Lönne*	Pausen

D 673 Husum

Fg E 1570 Westerland
A 18   *N 2*   *W 10*

12 Montag

Blz-Nr.	Schicht
Pl/Tg. od. Auftr-Nr. *01/9*	Arbeitszeit 10^{02}
Lok-Nr.	Dienstbeg. 5^{20}
01 1100	Dienstende 16^{45}
~~Lokf~~/Twf. *J. Lönne*	Pausen

D 823 Altona
D 672 Husum

A 20   *N 1*   *W 3*

124

D 575 S u Sa (14,1) 1. 2. Klasse sowie tgl 26. VI.–5. IX.   131
Westerland (Sylt)—Hmb-Altona—(Basel)
Last 550 t

Er 1964 [So] (23,1) 1. 2. Klasse 26. VI. – 4. IX.
Westerland (Sylt)—Hmb-Altona—(Bremen)
Last 400 t

D 823 Mo (14,1) 1. 2. Klasse oG, auch 1. VI., nicht 31.V.
Westerland (Sylt)—Hmb-Altona

D 823 = 012
Tfz 218 , *D 575 auch 012*   **Last 200 t**   **134** Mindestbremshundertstel

			575		1964		823	
1	2	3	4	5	4	5	4	5
		Ein Zugbegleiter zwischen Westerland und Niebüll nahe Zugschluß aufhalten, bei Halt auf den Zwischenbahnhöfen sofort „Grenzzeichenfreimeldung" gemäß AzFV Spalte 4 an Fdl geben						
39,2	40	**Westerland** .... A		**1958**		**1612**		**621**
34,9	100	Keitum		**2002**		**16**		**24**
30,3		Morsum (Sylt) ...... A		05	**1620+**	**32**		**27**
	120	22,1 ⌢						
	100	22,0						
21,7	120	Hindenburgdamm ..		**11**		**38**		**32**
13,2		Klanxbüll		**15**		**43**		**36**
9,7	100	Emmelsbüll Hst u		**17**		**45**		**38**
6,6		Lehnshallig		**19**		**47**		**40**
2,4		Bk Süderende 1,0		**22**		**50**		**43**
	80	⌢ E						
	60							
0,0 162,0		**Niebüll**	**2025**	**2029**	**1652**	**1655**	**645**	**646**

132

		noch	575		1964		823	
1	2	3	4	5	4	5	4	5
0,0 162,0	100	**Niebüll** 160,9	**2025**	**2029**	**1652**	**1655**	**645**	**646**
157,6	120 130 120	Lindholm .... E		**33**		**59**		**50**
153,8		Stedesand		**36**		**1701**		**52**
147,9	135	Langenhorn(Schlesw) 143,0 141,0		**39**		**04**		**54**
140,3	130 120 100	Bredstedt .... ⌢ A 138,0		**44**		**08**		**58**
136,2	130 135 120	Struckum .... 130,3 E		**46**	**1710+**	**13**		**700**
129,3	100 120 110	Hattstedt .... 124,5 E		**50**		**18**		**03**
123,3	90 75 45 65	⌢ Husum Nord ...... A ⌢ 122,5 ⌢		**54**		**22**		**07**
121,8	85 100	**Husum** 121,0 120,6	**57**	**2102**	**24**	**27**	**709**	**11**
117,2	120	Abzw Hörn .... 110,8 ⌢		**06**		**31**		**14**
110,7	100	Friedrichstadt		**2110**		**1735**		**717**

133

		noch	575		1964		823	
1	2	3	4	5	4	5	4	5
110,7	100	Friedrichstadt 110,1		**2110**		**1735**		**717**
104,3		Lunden		**14**		**38**		**21**
97,4	120	Bk Wittenwurth Hp		**18**		**43**		**24**
92,8		BkWeddingstedtHp u E		**20**		**45**		**27**
88,0	100 130	**Heide** (Holst) 86,8 86,2	**2125**	**28**	**1749**	**54**	**730**	**31**
83,1		Hemmingstedt		**32**		**58**		**34**
76,0	135	Meldorf		**37**	**1803**	**1804**		**37**
70,7		Bk Windbergen Hst .		**41**		**09**		**40**
64,7	120	**St Michaelisdonn** 62,6		**46**	**15**	**16**		**42**
54,9	135 120	Burg (Dithm) .... 52,6 ⌐ 50,3		**52**		**24**		**47**
46,7	130 135 120	Vaale .... 43,8 39,2 ⌢ 38,1		**56**		**29**		**51**
37,7		**Wilster**		**2201**	**34**	**35**		**55**
37,6 +2678	100	Bekdorf Hp u		**02**		**38**		**57**
37,4	90	Bk Heiligenst ...... 36,0 ⌢		**04**		**40**		**59**
34,2		**Itzehoe**	**2207**	**2209**	**1844**	**1845**		**802**

Bild 77 (oben links) – Zwölf Stunden Sonntagsruhe in der Heimat folgte die Gastfahrt nach Sylt zur Nachtruhe, bevor J. Lawrenz und Heizer J. Lönne in Rekordzeit nach Altona und mit dem schweren, schnellen D 673 wieder gen Norden bis Husum fuhren.

Bilder 78 (oben rechts) bis 80 (Seite 52 oben) – Buchfahrplan BD Hmb 7a, gültig vom 23. Mai 1971 mit dem schnellen D 823.   Abbildungen (6): Slg. Ronald Krug

1	2	3	noch 575		1964		823	
			4	5	4	5	4	5
34,2	75	**Itzehoe** .... ⌒ 33,3	2207	2209	1844	1845		802
32,4 28,7	100	Abzw Alsen .... Kremperheide		11 14		47 50		03 06
23,5 16,7		Krempe .... Glückstadt 15,7		17 21	56	52 57		08 12
12,7 6,9	120	Bk Herzhorn Hp .... Siethwende		23 26		1901 05		14 17
1,3		Stw Elw 1,0		29		08		19
0,0 30,7	100 55	E ⌒ **Elmshorn**		32	1910	11		21
29,7 27,2		Stw Els .... Bk Lieth		33 35		13 15		22 24
25,5 23,2		Bk Himmel .... Tornesch		36 37		16 18		25 26
19,3 16,0	135	Prisdorf .... Pinneberg		40 42		20 21		28 29
13,8		Bk Thesdorf		43		23		30
12,0 10,5		Bk Halstenbek ...... Stw En		44 45		24 24		31 32
9,9 7,8		Stw Egn .... Stw Ew		45 2246		25 1926		32 833

1	2	3	noch 575		1964		823	
			4	5	4	5	4	5
7,8	135	Stw Ew .... SBk 28 5,5		2246		1926		833
4,1	110	Hmb-Langenfelde ... 3,1 ⌒		50		28		35
	80							
		10,2 ⌒						
9,9	65	Stw Egn 9,8						
7,8	Gz-Gleis	Stw Ew						
6,9	100	Hmb-Eidelst Es						
		SBk 48 5,1						
	50	⌒ 4,6						
4,1	110	Hmb-Langenfelde ... 3,1 ⌒						
	80							
	80	3,1 ⌒ 2,8						
2,5	60	Stw An		51		30		36
2,0		Stw Ap 1,6		52		31		37
0,7	40 30	E ⊢ **Hmb-Altona**		2254 (2328)		1933 (1944)		839

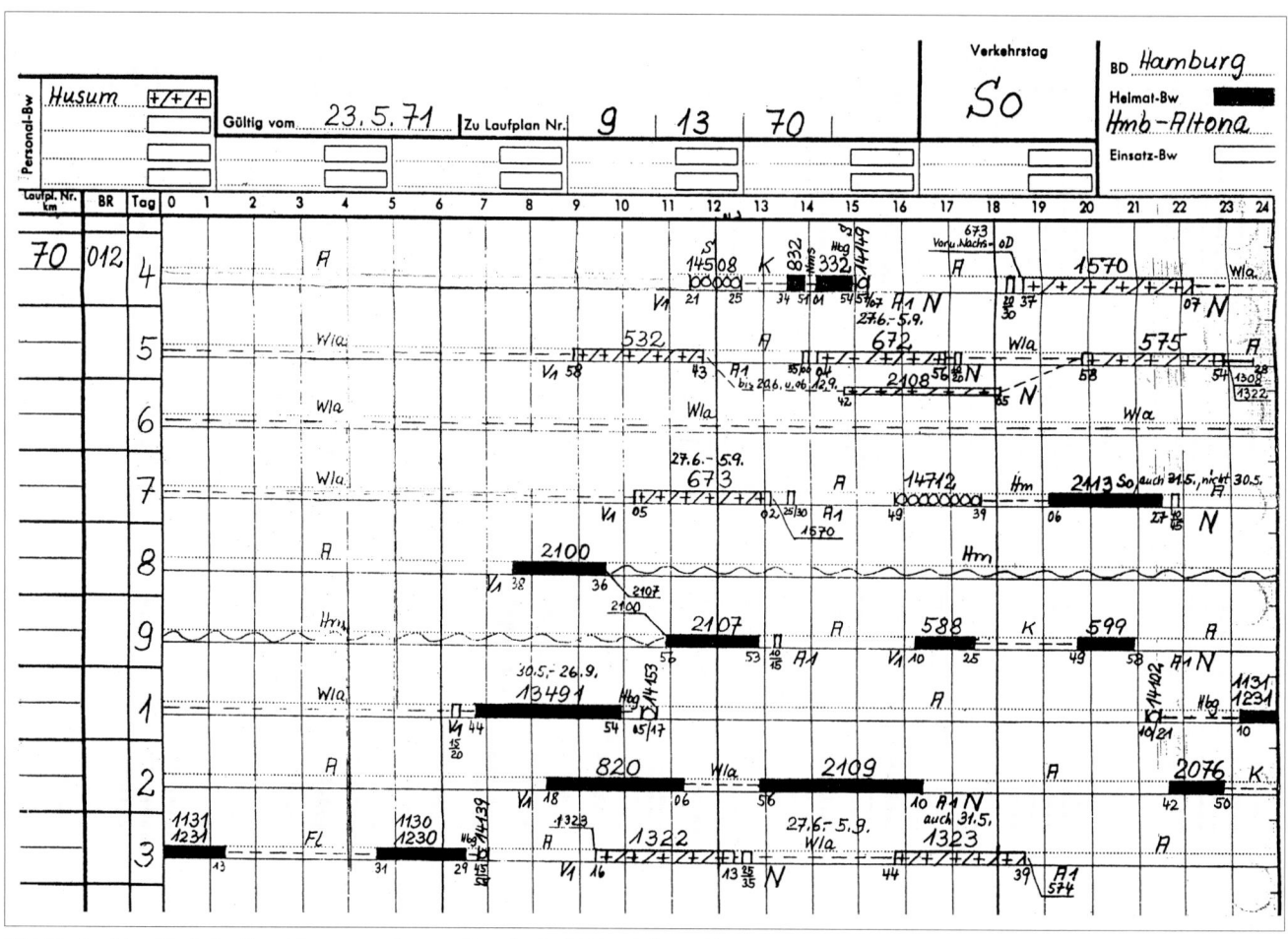

Bild 81 – Laufplan 70 mit den Abweichungen am Sonntag: Der schnelle D 832 verkehrt im Plan 70 Tag 4.

Abbildung: Sammlung Olaf Ott

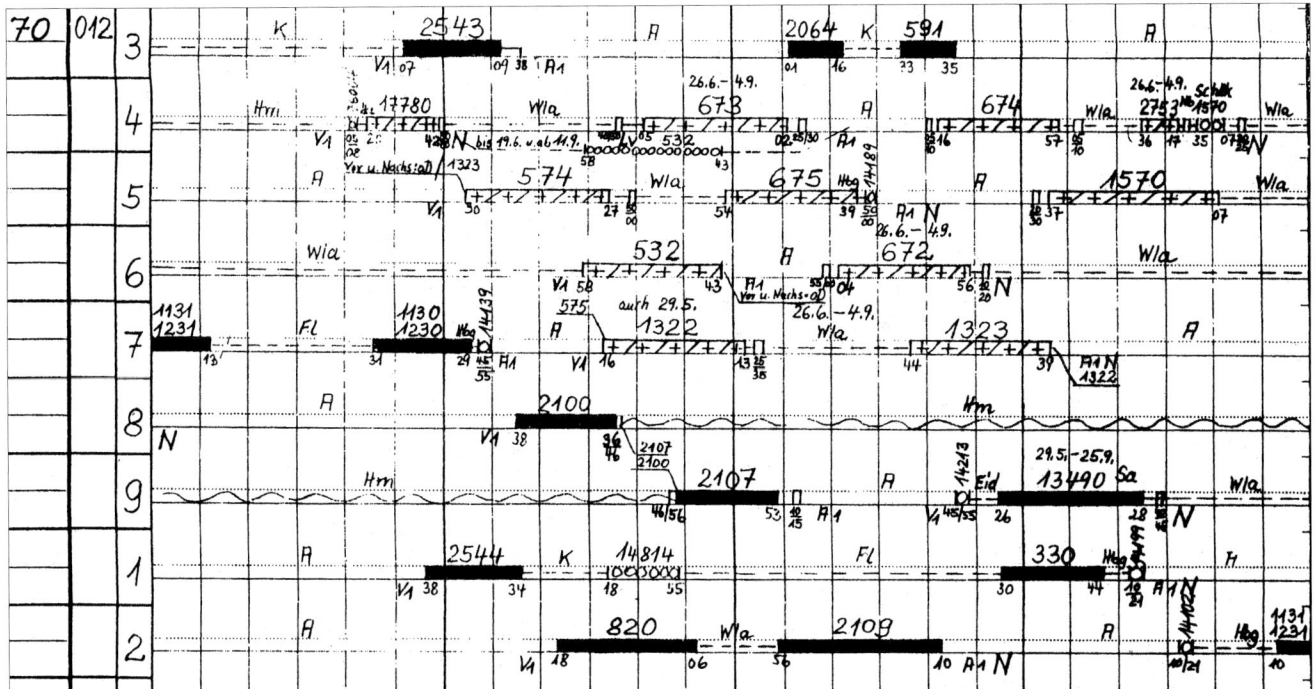

Bild 82 – Plan 70 Abweichung Samstag: D 591 Konsul wird im Tag 3 gefahren.

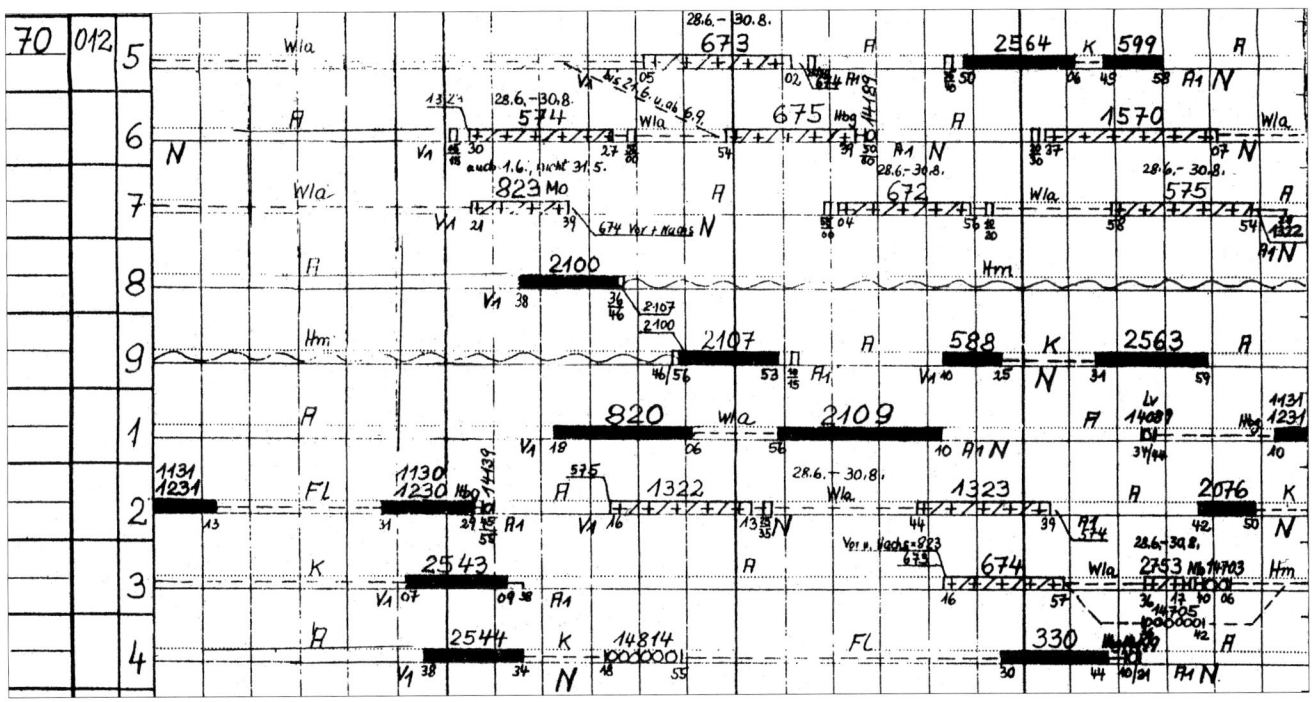

Bild 83 – Plan 70 Abweichung Montag: D 823 findet sich im Tag 7.

Abbildungen (2): Sammlung Olaf Ott

Bleibt noch der **D 195**, den nach seiner Einführung im Mai 1963 ein Jahr lang Osnabrücker 01[10] bespannten, bevor er zum Schnelltriebwagen (VT 08/12) mutierte. Von Hengelo bis Osnabrück waren Rheiner 01[0] und 03[0] mit Vmax 120 km/h am Zug. Den unteren Personenbahnhof („Pu") ohne Halt durchfahren, wurde über die Stahlwerks-/Schinkelkurve am Bahnbetriebswerk vorbei in sieben Minuten Osnabrück „Po" erreicht. Nach dem Kopfmachen begann um 20:10 Uhr in Osnabrück die schnelle Fahrt über die Rollbahn. 102,9 km im Abschnitt bis Bremen und noch einmal 83,7 km bis Hamburg durften mit 135 km/h gefahren werden. Einziger Zwischenhalt war in Bremen Hbf um 21:19/21:21 Uhr, denn der Zug endete bereits in Hamburg Hbf. Als Leerzug zog die 012 die Wagen in den Abstellbahnhof Langenfelde. Dieser Umstand hievte den

Zug als ersten DB-Dampfzug über die 100-km/h-Schwelle. Der Gegenzug D 196 (mit den selben Baureihen bespannt) begann bereits in Dammtor und ließ damit entscheidende Minuten im Hamburger Stadtgebiet liegen.

Der Laufplan mit den D 195 und 196 war für Öllok aufgestellt worden. 01[10] Kohle, aber auch 01[0] ergänzten beim Bw Osnabrück Hbf den Lokbestand und kamen auch vor diesem Zugpaar zum Einsatz. Der 01[10]-Bestand des Bw Osnabrück Hbf belief sich mit Stand November 1963 auf 21 Öl- und zwölf Kohlelokomotiven.

Aus Lokführer-Taschenkalendern sind 43 Fahrten mit dem schnellen Zugpaar D 195/196 bekannt, 29 mit Öllok, zehn mit Kohlelok (01 1065, 1069, 1078, 1095, 1099) und vier mit 01[0] (01 180, 196, 197). Naturgemäß waren die kurzen Züge mit der leistungsfähigen 01^{10} als Zuglok und vier bis fünf – beim Konsul sieben – Wagen die schnellsten der Deutschen Bundesbahn. Zweizylinder-Dampfloks blieben unter 100 km/h. Der schnellste Zug, F 48 „Konsul", durchlief im Fahrplanjahr 1963/64 den 80,9 km langen Bespannungsabschnitt Frankfurt (M) – Mannheim in 51 Minuten Fahrzeit. 01^0 (Bw Ludwigshafen, ab 15. März 1964 Kaiserslautern) erzielten mit den zwei A4üm-Wagen und Vmax 130 km/h die Reisegeschwindigkeit von 95,18 km/h. Der Fernsteuerbereich des Zentralstellwerkes in Frankfurt (M) Hbf, der bis ins 6,1 km entfernte Sportfeld reichte, erlaubte nur 60 km/h. Das verhinderte Reisetempo 100 km/h.

F 44 anno 1951/52 darf ebenfalls zu den 100-km/h-Zügen gezählt werden, wenn in Hannover Lokwechsel war (siehe Kapitel 5).

```
D 195  (Rotterdam—) Hengelo (18.42)—Bentheim (19.05/07)—Osnabrück—Bremen—
[Sa]   Hamburg (22.31) (—Lr Langenfelde)
1. 2.
West   ***      136%      250 t

       nicht 25. XII., 29. III., 17. V.

       ▲ ab Bentheim
   BDüm      80+        Hengelo—Hamburg        196   196   Hmb   629   1016
   Büm       81            "        "           "     "     "     "     "
1) Aüm       82            "        "           "     "     "     "     "
   Büm       83            "        "           "     "     "     "     "
▲  Büm       84            "        "           "     "     "     "     "
       ▼ ab Osnabrück                         ¹) Abt 10 Paß u Zoll bis Rheine
```

Bild 84 – Drei Sterne im Zugbildungsplan zeigen an, dass für den Zug Wagenmaterial mit einer Höchstgeschwindigkeit zwischen 121 und 140 km/h benötigt wurde. Ein Halbgepäckwagen, mittig ein blauer 1.-Klasse-Abteilwagen und drei 2.-Klasse-Wagen bildeten ab Hengelo den Zug. Abbildung: Slg. Ronald Krug

Zum Vergleich: Mit Altbau-Ellok bespannte Züge der DB (schnellster Zug je Baureihe, gesamter Bespannungsabschnitt)									
Baureihe	Bw	Jahr	Fahrplan	Zug-Nr.	Bespannungsabschnitt	[km]	[min]	[km/h]	Bemerkungen
E 04 (104)	Osn	1968	So	E 4544	Osnabrück – Münster	50,2	29	103,86	
E 17	Augsb	1964	So	D 188	Treuchtlingen – Augsburg	75,4	43	105,21	
E 18	Nür H	1967	So	F 38	Nürnberg – München	198,6	107	111,36	„Hans Sachs", nur vS mit E 18
E 19	Nür H	1962	So	F 38	Nürnberg – München	198,6	110	108,33	„Hans Sachs"

4.2.2 DB-Eilzüge ab 85 km/h

Wolfgang Kohlmeier berichtete von einer extrem schnellen Fahrt mit dem „besten Pferd im Stall" des Bw Friedberg, der 78 321: Als Schüler besaß er eine Monatskarte (mit Schnellzugberechtigung!), die er von Frankfurt (M) zur Schule nach Friedberg (Hess) benutzte. An einem Mittag im Herbst 1964 kam der stark verspätete E 570 (Zuglast D4y, 6 4n-Wagen und Di-Sa ein Postwagen) aus Richtung Kassel mit defekter 01^{10} Öl nach Friedberg, wo die Lok vom Zug genommen und gegen besagte 78 321 getauscht werden musste. In begeistertem Tempo mit nur einer Bremsung vor der Friedberger Kurve, die mit über 90 km/h genommen wurde, knüppelte das Personal die T 18 auf der leicht abfallenden Strecke nach Frankfurt (M). Kaum mehr als 20 Minuten Fahrzeit registrierte Wolfgang Kohlmeier, was für die 33,7 km einen Schnitt von fast 100 km/h, mit Sicherheit aber „Mile a

Minute" ergab. Großvater Kohlmeier, der in Friedberg als Werkmeister arbeitete, bestätigte, dass mit der 78er „in besonderen Fällen" schon mal 120 km/h gefahren wurde, auch rückwärts.

Nachfolgende Aufstellung der schnellsten Eilzüge zeigt, dass der Baureihe 23, trotz ihres unruhigen Laufverhaltens ab etwa 100 km/h, Fahrzeiten zugemutet wurden, die konstantes Fahren mit der Höchstgeschwindigkeit von 110 km/h verlangten. Da seien auch die Krefelder 23 genannt, die mit D 365 (Sommer 1963 und 1964) und D 366 (Sommer 1962) zwischen den Bahnhöfen Krefeld und Kleve 95,12 km/h erreichten. Oldenburger 23 fuhren mit dem E 492 von 1962 bis 1964 noch etwas schneller: 95,52 km/h von Leer nach Bad Zwischenahn. Die 001 auf der Moselstrecke (E 825/1867) brauchen den Vergleich mit den Intercity-Zügen anno 2014 nicht zu scheuen: Sie fuhren in der Relation Trier – Koblenz (bei ebenfalls drei Zwischenhalten) neun Minuten schneller!

Mit Dampflok bespannte Eilzüge der DB, Reisegeschwindigkeit über 85 km/h auf dem gesamten Bespannungsabschnitt												
Fahrplan	Zug	Nr.	Tage	Bespannungsabschnitt	ab	an	Lok	Bw	[km]	[km/h]	Bemerkungen	
1969	So	E	1652	W	Kiel – Hamburg-Altona	11:48	12:54	003	H-Altona	104,9	95,36	Diesel-Ersatzplan
1970	Wi	E	2075	S	Hamburg-Altona – Kiel	21:17	22:23	012	H-Altona	104,9	95,36	Last: 80 t: AB, B
1966	Wi	E	601	W	Rheine – Osnabrück	09:30	10:00	01^{10}	Rheine	47,6	95,20	Halt in Ibbenbüren
1964	So	E	4590	tägl.	Osnabrück – Münster	15:26	15:58	01^{10}Öl	Osnabrück Hbf	50,2	94,13	Wg: B4yg, AB4yg, S: Tkkh
1968	So	E	682	tägl.	Schwerte – Hagen	13:11	13:20	023	Bestwig	14,0	93,33	
1968	Wi	E	682	tägl.	Schwerte – Hagen	13:11	13:20	023	Bestwig	14,0	93,33	ab 02/1969 auch 218
1969	Wi	E	1896	tägl.	Schwerte – Hagen	13:11	13:20	023	Bestwig	14,0	93,33	Diesel-Ersatzplan
1964	Wi	E	607	tägl.	Hamm – Münster	07:58	08:21	03^0	Rheine	35,7	93,13	
1968	Wi	E	1773	Sa	Hamburg-Altona – Westerland	13:47	16:20	012	H-Altona	236,9	92,90	
1967	So	E	539	tägl.	Neumünster – Kiel	16:11	16:31	03^0	H-Altona	30,90	92,70	
1967	Wi	E	539	tägl.	Neumünster – Kiel	16:11	16:31	01^{10}Öl	H-Altona	30,9	92,70	auch 003 (Hmb-Altona)
1970	Wi	E	2077	WaSa	Hamburg-Altona – Kiel	21:22	22:30	012	H-Altona	104,9	92,56	
1972	Wi	E	870	tägl.	Kulmbach – Bamberg	06:00	06:41	001	Hof	62,0	90,73	
1968	Wi	E	354	tägl.	Emden West – Leer	12:15	12:33	023	Emden	27,0	90,00	
1964	Wi	E	736	tägl.	Münster – Hamm	20:36	21:00	01^0	Rheine	35,7	89,25	
1964	So	E	613	W	Rheine – Osnabrück	09:29	10:01	012	Osnabrück Hbf	47,6	89,25	Halt in Ibbenbüren
1967	Wi	E	601	WaSa	Rheine – Osnabrück	09:28	10:00	023	Emden	47,6	89,25	Halt in Ibbenbüren
1966	So	E	957	W	Neumünster – Kiel	18:09	18:30	03^0	H-Altona	30,9	88,29	
1972	Wi	E	1732	W	Emden Hbf – Rheine	17:15	18:53	012	Rheine	141,4	86,57	Wagen: Bn, ABn, Bn, Bn
1968	Wi	E	825	W	Trier – Koblenz	14:45	16:03	001	Ehrang	111,6	85,85	ab 02/1969 Bw Sbr
1969	Wi	E	1867	W	Trier – Koblenz	14:45	16:03	001	Ehrang	111,6	85,85	ab Mitte 10/1969
1971	Wi	E	1645	aMo	Mannheim – Heidelberg	07:59	08:11	023	Crailsheim	17,1	85,50	

Der schnellste planmäßig von einer Länderbahn-Dampflok gezogene Eilzug (gesamter Laufweg)

Fahrplan	Zug	Nr.	Tage	Bespannungsabschnitt	ab	an	Lok	Bw	[km]	[km/h]	Bemerkungen
1965	So	E	205	tägl.	Marktredwitz – Hof	13:16	13:47	38^{10}	Hof	41,5	80,32	Wagen: B4n, AB4n

Schneller liefen die P 8 vom Bw Neumünster vor dem Fernschnellzug „Hanseat"

Fahrplan	Zug	Nr.	Tage	Bespannungsabschnitt	ab	an	Lok	Bw	[km]	[km/h]	Bemerkungen
1955	So	F	2	tägl.	Kiel – Hamburg-Altona	15:19	16:35	38^{10}	Neumünster	104,9	82,82	Wagen: B4ü, B4ü

4.2.3 DB-Baureihen und ihre schnellsten Züge

Andere Länderbahn-Lokomotiven wie die Darmstädter 18$^{5/6}$, Heidelberger 39^{0}, aber auch Gronauer 38^{10} lagen noch darüber, wie die nachfolgende Tabelle verrät. Die schnellsten Züge für jede Baureihe herauszufinden bedeutet, alle Kursbücher komplett durchzusehen und mit dem vorhandenen Informationsmaterial (Bespannungsübersichten, mehr als 8.000 Laufpläne, Lokführeraufzeichnungen) abzugleichen.

Trotz jahrzehntelangem Aufbau kann diese Tabelle deshalb keinen Anspruch auf Vollständigkeit erheben.

Dampflok-Baureihen und andere ausgesuchte Triebfahrzeuge mit ihren schnellsten DB-Zügen

Tfz	Bw	Fahrplan	Zug	Nr.	Bespannungsabschnitt	[km]	[min]	[km/h]	Bemerkungen
01^{0}	Kaiserslautern	1963	Wi	F	48	Frankfurt (M) – Mannheim	80,9	51	95,18	
01^{10} Öl/Ko	Osnabrück Hbf	1963	So	D	195	Osnabrück Hbf – Hamburg Hbf	238,0	141	101,28	
012	Hamburg-Altona	1971	So	D	832	Kiel – Neumünster	30,9	17	109,06	nur sonntags mit 012
003	Ulm	1963	So	D	254	Ulm – Friedrichshafen Stadt	103,6	66	94,18	
03^{10}	Hamburg-Altona	1955	Wi	F	56	Hamburg-Altona – Hannover	185,0	122	90,98	
05	Hamm	1955	So	F	1	Hamm – Hamburg-Altona	329,4	226	87,45	
10	Kassel	1965	So	D	846	Kassel – Gießen	134,0	99	81,21	
18^{1}	Heilbronn	1953	So	D	514	Ulm – Friedrichshafen Stadt	103,6	84	74,00	
18^{3}	BZA Minden	1961	So	D	81	Würzburg – Bebra	177,2	150	70,88	einmaliger 01^{10} Öl-Ersatz
18^{5}/18^{6}	Darmstadt	1955	So	F	4	Frankfurt (M) – Heidelberg	87,0	60	87,00	
023	Bestwig	1968	So	E	682	Schwerte – Hagen	14,0	9	93,33	bis 01/1969
24	Kleve	1962	Wi	E	295	Neuß – Nijmegen	111,0	111	60,00	
38^{10}	Groningen	1961	So	D	464	Münster – Dortmund	55,8	38	88,11	
39	Heidelberg	1957	So	D	283	Karlsruhe – Mannheim	60,7	43	84,70	
41	Osnabrück Hbf	1957	So	D	492	Bremen – Osnabrück	122,1	88	83,25	Do, Sa in der Saison
42	Offenburg	1951	So	P	106	Appenweier – Kehl	13,6	20	40,80	geeignete Vergleichszüge fehlen
44 Ko	Ottbergen	1965	So	E	4620	Altenbeken – Paderborn	17,4	14	74,57	Vmax 80 km/h
44 Öl	Kassel	1964	Wi	D	197	Kassel – Bebra	58,2	48	72,75	
50	Nürnberg Rbf	1967	So	P	1576	Schwandorf – Amberg	26,6	21	76,00	Vmax 80 km/h
50^{40}	Bingerbrück	1963	Wi	N	2414	Bingerbrück – Bad Kreuznach	16,1	15	64,40	Leervorspann 50
54^{15}	Hof	1962	So	P	1294	Marktredwitz – Wiesau	17,8	21	50,86	Ast Marktredwitz
55^{25}	Frankfurt (M) 2	1961	So	N	4824	Offenbach – Frankfurt (M)	10,1	13	46,62	Vmax 55 km/h
56^{2}	Gießen	1960	So	P	3936	Dillenburg – Wetzlar	28,5	30	57,00	nur Sa mit 56^{2}
56^{20}	Rheydt	1958	So	P	2427	Dalheim – Mönchengladbach	23,9	35	40,97	
57^{10}	Villingen	1957	So	P	1449	Hausach – Offenburg	33,4	42	47,71	
58^{10}	Kaiserslautern	1950	So	P	3461	Hettenleidelheim – Ebertsheim	4,1	9	27,33	geeignete Vergleichszüge fehlen
62	Krefeld	1955	So	E	296	Kranenburg – Köln	131,2	131	60,09	
65	Darmstadt	1956	Wi	E	747	Mannheim – Frankfurt (M)	80,9	83	58,50	
66	Gießen	1961	So	D	235	Frankfurt (M) – Gießen	65,8	52	75,92	
70^{0}	Schwandorf	1959	So	P	4554	Furth im Wald – Cham	19,2	28	41,14	
70^{1}	Trier	1950	So	P	2413	Trier – Hetzerath	19,2	38	30,32	geeignete Vergleichszüge fehlen
71	Kaiserslautern	1953	So	S	585	Kaiserslautern – Bad Münster a. St.	59,6	65	55,02	Lr 905 Homburg – Bruchm.: 68,0 km/h
74^{4}	Karlsruhe	1957	So	N	3553	Karlsruhe – Graben Neudorf	20,9	17	73,76	Vmax 80 km/h
75^{0}	Aulendorf	1958	So	P	3470	Eutingen – Horb	10,0	10	60,00	
75^{1}	Bruchsal	1955	Wi	N	3248	Bruchsal – Karlsruhe	21,3	24	53,25	
75^{4}	Radolfzell	1957	So	D	9	Schaffhausen – Singen	19,7	18	65,67	
78	Wiesbaden?	1960	So*	F	4	Wiesbaden – Frankfurt (M)	41,4	31	80,13	*od. Wi 1959 dgl. 32 min: 77,63 km/h
82	Koblenz Mosel	1967	So	N	2421	Kobern Gondorf – Koblenz	15,0	19	47,37	
85	Freiburg	1959	Wi	P	1576	Seebrugg – Freiburg	50,0	80	37,50	2-Tages-Mischplan mit E 244

Tfz	Bw	Fahrplan		Zug	Nr.	Bespannungsabschnitt	[km]	[min]	[km/h]	Bemerkungen
86	Gießen	1962	Wi	E	3244	Gießen – Limburg	64,7	59	65,80	Nur S, auch Sommer 1962
91^3	Heide	1950	So	P	1470	St. Michaelisdonn – Brunsbüttelkoog	12,1	20	36,30	Lt. Buchfahrplan
92^2	Mannheim	1960	Wi	P	2581	Ketsch – Mannheim-Rheinau	6,8	13	31,38	
93^0	Cochem	1952	Wi	P	2468	Koblenz – Cochem	47,6	74	38,59	geeignete Vergleichszüge fehlen
93^5	Mannheim	1957	So	P	3243	Heidelberg – Mannheim	17,2	16	64,50	Vmax 70 km/h
94^5	Mannheim	1962	Wi	P	1916	Bensheim – Weinheim	14,9	19	47,05	
98^3	Nürnberg Hbf	1962	So	P	3080	Spalt – Georgsgmünd	6,9	13	31,85	
98^5	Nürnberg Rbf	1959	So	P	2815	Freystadt – Greißelbach	9,8	18	32,67	
98^8	Schweinfurt	1966	So	P	3943	Bad Neustadt/S – Königshofen	23,2	45	30,93	
98^{10}	Plattling	1959	So	P	1100	Straubing – Neufahrn	35,8	54	39,78	nur Mo
98^{11}	Bamberg	1959	So	P	3278	Hofheim – Haßfurt	15,5	27	34,44	
DT 8	Freiburg	1951	So	T	646	Neuenburg – Müllheim	3,3	5	39,60	Kittel-Dampftriebw., T 656 desgl.
104	Osnabrück Hbf	1968	So	E	4544	Osnabrück – Münster	50,2	29	103,86	
$E\ 10^0$	Nürnberg Hbf	1967	So	E	873	Bamberg – Lichtenfels	31,9	19	100,74	auch Wi 67/68
E 16	Freilassing	1962	Wi	D	689	München – Treuchtlingen	136,8	86	95,44	Abschnitt Mü – Ing: 105,7 km/h
E 17	Augsburg	1964	So	D	188	Treuchtlingen – Augsburg	75,4	43	105,21	
E 18	Nürnberg Hbf	1967	So	F	38	Nürnberg – München	198,6	107	111,36	nur vS mit E 18
E 19	Nürnberg Hbf	1962	So	F	38	Nürnberg – München	198,6	110	108,33	
E 32	Rosenheim	1956	Wi	P	1878	Kufstein – Rosenheim	34,2	41	50,05	
E 41	Offenburg	1962	So	D	284	Bruchsal – Karlsruhe	21,3	12	106,50	
E 44	Pressig-Rothenkirchen	1963	Wi	E	816	Lichtenfels – Bamberg	31,9	24	79,75	
E 50	Nürnberg Rbf	1961	So	D	383	Nürnberg – Würzburg	102,2	65	94,34	Vmax 100 km/h
E 52	Regensburg	1967	So	P	1424	Regensburg – Plattling	65,1	60	65,10	auch Wi 67/68
169	Garmisch	1981	So	P	5426	Garmisch – Griessen	13,3	19	42,00	
E 75	Ingolstadt	1963	Wi	P	4396	Treuchtlingen – Solnhofen	11,6	13	53,54	
E 91	Pressig-Rothenkirchen	1963	Wi	D	151	Ludwigsstadt – Probstzella	7,0	8	52,50	Vmax 55 km/h
193	Kornwestheim	1977	So	N	5962	Herrenberg – Böblingen	15,7	16	58,88	
E 94	Würzburg	1957	So	D	1063	Nürnberg – Würzburg	102,2	70	87,60	Vmax 90 km/h
194^5	Nürnberg 2	1986	So	E	3071	Crailsheim – Nürnberg	90,4	61	88,92	
V 20	Passau	1956	So	P	1459	Passau – Vilshofen	21,4	31	41,42	P 1458 Vilshofen – Passau desgl.
V 36	Flensburg	1957	So	P	2622	Flensburg – Jübek	26,8	32	50,25	
V 65	Marburg	1960	Wi	Lr	1732	Kirchhain – Marburg	15,1	13	69,69	
V 100	Krefeld	1965	So	E	405	Krefeld – Kleve	65,0	41	95,12	Vmax 100 km/h
V 188	Gemünden	1961	So	P	1855	Schlüchtern – Fulda	29,3	40	43,95	Drucklok (Zuglok 38^{10})
220	Hamm	1968	So	F	16	Hannover – Hamm	176,5	93	113,87	
ET 11	München Hbf	1953	So	Dt	143	München – Nürnberg	199,1	125	95,57	So 36: Dt 722 Mü – Stg: 100,62 km/h
ET 25	Heidelberg	1967	So	T	2060	Mannh. Friedrichsf. – Heidelberg	9,4	7	80,57	
ET 26	Regensburg	1966	So	T	1136	Regensburg – Landshut	62,0	48	77,50	
ET 32	Nürnberg Hbf	1967	Wi	Et	673	Regensburg – Nürnberg	100,2	72	83,50	
456	Heidelberg	1978	Wi	Et	3440	Heidelberg – Weinheim	22,7	14	97,29	Sa, S
ET 85	Regensburg	1964	So	T	1431	Straubing – Regensburg	40,7	40	61,05	So
ETA 150	Bremen	1957	So	Et	762	Bremerhaven – Bremen	62,2	45	82,93	
VT 08	Frankfurt-Griesheim	1962	Wi	Ft	46	Basel SBB – Frankfurt (M)	341,5	195	105,08	
612/613	Hamburg-Altona	1974	Wi	DCt	826	Hamburg-Altona – Kiel	104,9	59	106,68	aSa m. V-Lok
$VT\ 12^6$	Braunschweig	1963	Wi	Dt	367	Hannover – Bremen	122,2	71	103,27	
$VT23/24^5$	Braunschweig	1964	So	Dt	367	Hannover – Bremen	122,2	73	100,44	
624	Osnabrück Rbf	1968	So	Dt	352	Hannover – Osnabrück	132,6	78	102,00	
VT 25	Köln Bbf	1957	So	Dt	845	Köln – Kassel	307,8	281	65,72	
VT 32	München Hbf	1958	So	Et	1935	München – Ingolstadt Hbf	84,3	68	74,38	
VT 33	Flensburg	1957	So	Et	991	Kiel – Neumünster	31,0	24	77,50	auch Et 992 Gegenrichtung
VT 45	Bielefeld	1957	So	Et	880	Lüneburg – Hannover	128,7	106	72,85	Mischplan mit $VT\ 33^2$
VT 60	Kassel	1962	Wi	Et	883	Bebra – Kassel	58,2	55	63,49	S: ETA 150
$VT\ 75^9$	Schwandorf	1958	So	T	1565	Amberg – Schwandorf	26,6	26	61,38	VT solo
VT 92	Nürnberg Hbf	1962	So	E	793	Nürnberg – Furth i Wald	161,7	162	59,89	Ersatzw. 01^0
795	Tübingen	1973	Wi	Nt	3238	Göppingen – Plochingen	19,3	13	89,08	Vmax 90 km/h

Dampflok-Baureihen und andere ausgesuchte Triebfahrzeuge mit ihren schnellsten DB-Zügen

Auch im Personenzugdienst musste kräftig zugefahren werden, wie die folgende Aufstellung zeigt. Als zusätzliches Kriterium gilt ein durchschnittlicher Haltestellenabstand (mkm) von weniger als neun Kilometern, damit eilzugmäßig geführte Züge das Tabellenbild nicht verfälschen. Naturgemäß liegen die besten Leistungen im norddeutschen Flachland mit seiner dünnen Besiedelung und den großen Distanzen von Halt zu Halt. Mehr als 80 Zugfahrten erreichen auf dem gesamten Bespannungsabschnitt über 60 km/h Reisetempo. Auffallend ist in diesen führenden 20 Positionen die Dominanz der Baureihe 23.

Die schnellsten Personenzüge der DB – auf dem gesamten Bespannungsabschnitt mit Dampflok befördert

Fahrplan		Zug-Nr.	Tage	Bespannungsabschnitt	mkm	min	Lok	Bw	[km]	[mph]	[km/h]	Bemerkungen
1970	So	3137	Sa	Rheine – Leer	8,8	100	023	Emden	114,2	42,58	68,52	Vmax 100 km/h
1971	So	3102		Norden – Emden West	7,1	25	023	Emden	28,4	42,35	68,16	Vmax 90 km/h
1971	So	3104		Emden West – Leer	8,9	24	023	Emden	26,9	41,79	67,25	Vmax 90 km/h
1972	So	3104		Emden West – Leer	8,9	24	012/042	Rheine	26,9	41,79	67,25	
1971	So	2248		Leer – Münster	8,5	137	012	Rheine	153,5	41,77	67,23	Vmax 100 km/h
1969	Wi	2750		Westerland – Niebüll	7,8	35	012	Hamburg-Altona	39,2	41,76	67,20	
1970	Wi	3137		Rheine – Leer	8,8	102	011/012	Rheine	114,2	41,74	67,18	Vmax 100 km/h
1966	Wi	3389		Osnabrück – Diepholz	8,8	47	23	Osnabrück Rbf	52,5	41,64	67,02	
1971	So	2038		Leer – Emden Süd	8,5	23	023	Emden	25,4	41,17	66,26	100 km/h, Sa mit 042
1969	So	3237	W	Rheine – Leer	8,8	104	012/042	Rheine	114,2	40,94	65,89	
1968	So	1168		Löhne – Bielefeld	8,0	22	041	Löhne	24,1	40,84	65,73	Vmax 90 km/h
1968	So	2743	S	Niebüll – Westerland	7,8	36	012	Hamburg-Altona	39,3	40,70	65,50	
1970	Wi	3122		Leer – Rheine	7,6	105	023	Emden	114,2	40,55	65,26	
1970	So	3137	WaSa	Rheine – Emden West	8,8	130	011/012	Rheine	141,1	40,46	65,12	Sa bis Leer, mit 023
1971	So	2498		Bentheim – Rheine	7,2	20	042	Rheine	21,7	40,45	65,10	Vmax 90 km/h
1959	So	1308	Mo-Fr	Koblenz – Boppard	3,9	18	23	Koblenz Mosel	19,5	40,39	65,00	Fahrzeit für E-Lok berechnet
1967	So	2220	S	Leer – Rheine	7,6	106	23	Emden	114,2	40,17	64,64	
1972	So	2248	Mo-Fr	Leer – Münster	8,5	143	011	Rheine	153,5	40,02	64,41	Saison
1966	So	1163		Minden – Hannover	8,1	60	23	Minden	64,4	40,02	64,40	
1963	Wi	2414		Bingerbrück – Bad Kreuznach	8,1	15	50 + 50[40]	Bingerbrück	16,1	40,02	64,40	50: Leervorspann

4.3 DR Ost

Bei der **Deutschen Reichsbahn (Ost)** gab es keine Dampfzüge, die unter diesen Prämissen 100 km/h liefen, sehr wohl aber welche, die **zwischen zwei Halten mehr als 100 km/h** erreichten (siehe Kapitel 5.4).

Mit Reisetempo 97,44 km/h lag im Winter 1973/1974 der D 244, bespannt mit Wittenberger 01[05], über der „Mile a Minute". Zu Vr 100 km/h fehlte nur wenig mehr als eine Minute.

Fahrplan		Zug	Nr.	Bespannungsabschnitt	ab	an	Lok	Bw	[km]	[mph]	[km/h]
1973	Wi	D	244	Frankfurt/Oder – Berlin Ostbf	21:47	22:37	01[05]	Wittenberge	81,2	60,55	97,44

Ein Blick in das DB-Kursbuch Winter 1971/72, Auslandsverbindung B1, lässt den D 103, bespannt mit 03[20] des Bw Frankfurt (Oder), als Rekordhalter vermuten: 41 Minuten Fahrzeit wären fast 119 km/h Reisetempo. Das DR-Kursbuch schweigt sich über Transitzüge aus, Klarheit bringt aber die Bespannungsübersicht: 74 Minuten Fahrzeit reichen lediglich zu 65,8 km/h Reisegeschwindigkeit. Einige wenige Triebwagenläufe schafften es, über den gesamten Laufweg respektable 100 km/h zu fahren: Beteiligt waren die beiden Einzelgänger ET 25 012 und 201 (ab 1970 Baureihe 285) und der SVT 18[16] (175).

Fahrplan		Zug	Nr.	Bespannungsabschnitt	ab	an	Tfz	Bw	[km]	[mph]	[km/h]
1968	Wi	Dt	42	Halle – Erfurt	10:49	11:52	ET 25	Leipzig West	108,4	64,15	103,24
1968	Wi	Dt	45	Erfurt – Halle	12:03	13:08	ET 25	Leipzig West	108,4	62,17	100,06
1971	So	Ext	7	Leipzig – Berlin Ostbahnhof	19:15	21:04	175	Berlin-Karlshorst	182,0	62,25	100,18
1976	So	Ext	168	Leipzig – Berlin Ostbahnhof	19:44	21:32	175	Berlin-Karlshorst	182,0	62,83	101,11

4.4 Andere Bahnen in Europa und Übersee

In **Frankreich** galt der Sud-Express bereits um 1900 mit einer Durchschnittsgeschwindigkeit von 91,2 km/h als schnellster Zug Europas. Als schnellster Dampfzug der SNCF lief der Rapide 41 von 1958 bis 1962 auf dem Bespannungsabschnitt Paris Est – Troyes mit 107,23 km/h Reisegeschwindigkeit (Vmax 130 km/h), gezogen von 231 des Depot Troyes. Die Weiterfahrt über Chaumont – Vesoul – Belfort nach Mulhouse (Mülhausen) erfolgte mit Pacifics des Depot Belfort.

Kaum langsamer war der mit SNCF 231 bespannte, internationale Express Paris Nord – Bruxelles. Für die Entfernung von 309,3 km waren schon in den dreißiger Jahren exakt drei Stunden Fahrzeit festgelegt. 1954 standen nur noch 2 Stunden und 54 Minuten mit 106,66 km/h Reisegeschwindigkeit im Kursbuch.

Der Rapide 2 Strasbourg (Straßburg) – Paris, 1956/57 mit 97,2 km/h unterwegs, und der Rapide 101 Paris – Le Havre anno 1959 mit 98,4 km/h haben immerhin die „Mile a Minute" übertroffen.

Fahrplan	Tage	Zug	Bespannungsabschnitt	ab	an	Lok	Meilen	[km]	[min]	[mph]	[km/h]
So 1958 – Wi 1961	tägl.	Rapide 41	Paris – Troyes	07:45	09:18	231 G,K	103,27	66,20	93	66,63	107,23

In **Belgien**, zwischen Brüssel und Oostende, finden wir die absolut schnellsten Dampfzüge Europas.

Die ab 1. Juli 1939 mit der Type 12 bespannten beiden leichten Zugpaare (mit drei, maximal vier Wagen) wurden zum Winterfahrplan 1939/40 – nach Kriegsbeginn – auf das Zugpaar 401/404 reduziert. 114,30 km/h Reisegeschwindigkeit für den **gesamten Laufweg** bedeuten: Auch heute noch gültiger Weltrekord! Zwischen Bruxelles Midi und Brugge halten die Züge 401 und 405 mit 120,46 km/h den auch heute noch gültigen, fahrplanmäßigen „Start to Stop"-Europarekord. Bis zur Anlieferung der Type 12 standen die schweren Pacifics Type 1 an der Spitze (siehe Tabelle auf Seite 59).

De NMBS halt de blauwe wimpel

In 1939 legt de NMBS in juli en augustus dagelijks in één uur twee treinen in tussen Brussel en Oostende (naast de « klokvaste » treinen) die alleen stoppen in Brugge. Die twee treinen, met drie rijtuigen eerste en tweede klas, worden getrokken door een loc type 12 en leggen het traject Brussel-Zuid – Brugge af in 46 minuten, d.wz. met een commerciële snelheid van 120,5 km/h waardoor nipt het record wordt gebroken van de «Hiawatha», een trein van de Chicago – Milwaukee – St.-Paul and Pacific – spoorweg. België haalt zo de blauwe wimpel voor de snelste stoomtrein in de wereld ! *(aus zeitgenössischem Fachjournal)*

Übersetzt: Die NMBS holt das „blaue Band"

Im Juli und August 1939 legen die NMBS zwei Züge mit einer Stunde Fahrzeit zwischen Brüssel und Oostende ein, die nur in Brügge halten. Die beiden Züge mit drei Wagen 1. und 2. Klasse werden von einer Lok Type 12 gezogen und legen Brüssel – Brügge mit einer Reisegeschwindigkeit von 120,5 km/h in 46 Minuten zurück, was bedeutet, dass der Rekord des „Hiawatha" der Milwaukee Road gebrochen wurde. Belgien hält somit das Blaue Band des Welt schnellsten Dampfzuges.

50 Bruxelles - Gand - Bruges - Ostende - Londres 50

1° SERVICE EXPRESS

K		168	411	55 ✕ (LUXE NORD-EXPRESS)	413 2·3	721 (vers La Panne Adinkerke 73)	401 1-2	51 1-2 LUXE ✕ ◆	415	1 ✕ ◆	417
—	Bruxelles (Midi) .....D.	—	7. 0	—	8. 0	—	8.25	—	9. 0	—	10. 0
0	Bruxelles (Nord) .....D.	6.34	↓	7.51	↓	8. 8	↓	8.46	↓	9. 9	↓
56	Gand (St-Pierre) ....A.	7.10	7.32	8.24	8.32	8.44	↓	9.19	9.32	9.42	10.32
	D.	7.12	7.34	8.27	8.34		↓	9.19	9.34	9.44	10.34
99	Bruges ....A.	7.37	7.58	↓	8.58		9.11	↓	9.58	10. 8	10.58
	D.	7.39	8. 0	↓	9. 0		9.12	↓	10. 0	10. 9	11. 0
122	Ostende (Quai) .....A.	7.55	8.15	9. 4	9.15		9.25	9.56	10.15	10.24	11.15
—	Londres (Victoria) ..A.	16.20	—	16.20	—		—	16.20	—	16.20	—

	419	421	116 ✕	P 116 (PULLMAN-EXPRESS COLOGNE-OSTENDE)	423	425	427	429	717 2·3
Bruxelles (Midi) .....D.	11. 0	12. 0	—	—	13. 0	14. 0	15. 0	16. 0	16.29
Bruxelles (Nord) .....D.	|	|	12.23	12.23	|	|	|	|	|
Gand (St-Pierre) ....A.	11.32	12.32	12.56	12.56	13.32	14.32	15.32	16.32	17. 1
D.	11.34	12.34	12.58	12.58	13.34	14.34	15.34	16.34	—
Bruges ....A.	11.58	12.58	13.22	13.22	13.58	14.58	15.58	16.58	—
D.	12. 0	13. 0	13.23	13.23	14. 0	15. 0	16. 0	17. 0	—
Ostende (Quai) .....A.	12.15	13.15	13.38	13.38	14.15	15.15	16.15	17.15	—
Londres (Victoria) ..A.	—	—	20.48	20.48	—	—	—	—	—

	431	583 2·3	433	723 (vers La Panne Adinkerke 73)	435	437	439 2·3	441 ⚒	441 †
Bruxelles (Midi) .....D.	17. 0	17.30	18. 0	—	19. 0	20. 0	21. 0	22. 0	23. 0
Bruxelles (Nord) .....D.	|	|	|	18.31	|	|	|	|	|
Gand (St-Pierre) ....A.	17.32	18. 2	18.32	19. 9	19.32	20.32	21.32	22.32	23.32
D.	17.34	—	18.34		19.34	20.34	—	22.34	23.34
Bruges ....A.	17.58	—	18.58		19.58	20.58	—	22.58	23.58
D.	18. 0	—	19. 0		20. 0	21. 0	—	23. 0	0. 0
Ostende (Quai) .....A.	18.15	—	19.15		20.15	21.15	—	23.15	0.15
Londres (Victoria) ..A.	—	—	—		—	—	—	—	—

◆ Le train 1 n'est accessible qu'aux voyageurs pour Ostende et au delà.
Le train 51 OSTENDE - VIENNE - ORIENT - EXPRESS circule les mercredi, vendredi et dimanche.
Les trains 429, 435 et 441 sont accessibles aux militaires et gendarmes de rang inférieur à celui de sous-officier voyageant isolément en débet ou à prix réduit.
Traversée maritime via Ostende-Douvres (voir feuillet rouge).

50 Londres-Ostende-Bruges-Gand-Bruxelles 50

1° SERVICE EXPRESS

K		576 2·3	724 2·3	3352 ⚒	720	414	578	416	418	420
—	Londres (Victoria) .D.	—	—	—	—	—	—	—	—	—
0	Ostende (Quai) .....D.	—	5.56	—	—	7.20	—	8.20	9.20	10.20
23	Bruges ....A.	—	6.11	—	—	7.35	—	8.35	9.35	10.35
	D.	—	6.13	7. 8	—	7.37	—	8.37	9.37	10.37
64	Gand (St-Pierre ....A.	—	6.44	7.36	—	8. 1	—	9. 1	10. 1	11. 1
	D.	6. 0	6.46	—	7.41	8. 3	8.20	9. 3	10. 3	11. 3
122	Bruxelles (Nord) ....A.	↓	↓	—	8.17	↓	↓	↓	↓	↓
—	Bruxelles (Midi) ....A.	6.32	7.20	—	—	8.35	8.52	9.35	10.35	11.35

	422	424	426	428	430	P117 (PULLMAN-EXPRESS OSTENDE-COLOGNE)	117 ✕ (vers Cologne, 36)	432	404 1·2
Londres (Victoria) ....D.	—	—	—	—	—	10. 0	10. 0	—	—
Ostende (Quai) ....D.	11.20	12.20	13.20	14.20	15.20	16. 8	16. 8	16.20	17. 0
Bruges ....A.	11.35	12.35	13.35	14.35	15.35	16.23	16.23	16.35	17.12
D.	11.37	12.37	13.37	14.37	15.37	16.24	16.24	16.37	17.13
Gand (St-Pierre) ....A.	12. 1	13. 1	14. 1	15. 1	16. 1	16.43	16.48	17. 1	|
D.	12. 3	13. 3	14. 3	15. 3	16. 3	16.50	16.50	17. 3	|
Bruxelles (Nord) ......A.	↓	↓	↓	↓	↓	17.25	17.25	↓	|
Bruxelles (Midi) ......A.	12.35	13.35	14.35	15.35	16.35	—	—	17.35	18. 0

	434	376 2·3 (vers Liège (G.) 36)	722	436	2 ✕ (vers Bâle 162)	438	52 1·2 LUXE ◆ ✕	54 ✕ (vers Cologne, 36)	440	169 ◆ (vers Cologne 36)
Londres (Victoria) ...D.	—	—	—	—	—	—	14. 0	14. 0	—	—
Ostende (Quai) ....D.	17.20	—	—	18.20	18.47	19.20	19.42	20.20	21.20	22.20
Bruges ....A.	17.35	—	—	18.35	19. 2	19.35	|	20.35	21.35	22.35
D.	17.37	—	—	18.37	19. 4	19.37	|	20.37	21.37	22.37
Gand (St-Pierre) ......A.	18. 1	—	—	19. 1	19.28	20. 1	[illegible]	21. 1	22. 1	23. 3
D.	18. 3	18.28	18.54	19. 3	19.30	20. 3	20.19	21. 3	22. 3	23. 5
Bruxelles (Nord) .....A.	|	19. 1	19.31	↓	20. 5	↓	20.54	21.38	↓	23.41
Bruxelles (Midi) ......A.	18.35	—	—	19.35	—	20.35	—	—	22.35	—

◆ Train 52 : NORD-EXPRESS (Journalier) et OSTENDE-VIENNE-ORIENT-EXPRESS (mardi, jeudi, samedi).
Le train 169 prend également au départ d'Ostende (Quai) et de Bruges, les militaires voyageant isolément en débet ou à prix réduit.
Les trains 416 et 424 sont accessibles aux militaires et gendarmes de rang inférieur à celui de sous-officier voyageant isolément en débet ou à prix réduit.
Traversée maritime via Douvres-Ostende (voir feuillet rouge).

Bild 85
Strecke 50 vom Winterfahrplan 1939/40 mit dem verbliebenen schnellen Zugpaar 401/404, Streckenlänge Bruxelles Midi – Ostende Kai: 114,3 km/h.

Abbildung: Sammlung Reiner Bimmermann

Fahrplan		Zug-Nr./Laufweg	Bespannungsabschnitt	ab	an	Lok	[km]	[min]	[mph]	[km/h]	Bemerkungen
1936	So	Bruxelles – Oostende	Bruxelles Midi – Oostende Kai	11:50	12:57	Type 1	114,30	67	63,60	102,36	nonstop
1936	So	Oostende – Bruxelles	Oostende Kai – Bruxelles Midi	19:13	20:21	Type 1	114,30	68	62,67	100,85	nonstop
1937	So	408	Oostende Kai – Bruxelles Midi	19:14	20:18	Type 1	114,30	64	66,58	107,16	nonstop
1937	So	407	Bruxelles Midi – Oostende Kai	11:54	12:59	Type 1	114,30	65	65,56	105,51	nonstop
1937	So	Köln-Oostende-Pullm.	Bruxelles N. – Oostende Kai	14:34	15:43	Type 1	116,00	69	62,68	100,87	Halt in Gent
1937	So	Oostende-Köln-Pullm.	Oostende Kai – Bruxelles N.	16:52	18:01	Type 1	116,00	69	62,68	100,87	Halt in Gent
1938	So	407	Bruxelles Midi – Oostende Kai	11:54	12:57	Type 1	114,30	63	67,64	108,85	nonstop
1938	So	408	Oostende Kai – Bruxelles Midi	19:15	20:18	Type 1	114,30	63	67,64	108,85	nonstop
1939	So	401 (ab Juli 1939)	Bruxelles Midi – Oostende Kai	08:50	09:50	Type 12	114,30	60	71,02	114,30	Brugge 9:36/37
1939	So	402 (ab Juli 1939)	Oostende Kai – Bruxelles Midi	08:50	09:50	Type 12	114,30	60	71,02	114,30	Brugge 9:02/03
1939	So	405 (ab Juli 1939)	Bruxelles Midi – Oostende Kai	17:50	18:50	Type 12	114,30	60	71,02	114,30	Brugge 18:36/37
1939	So	404 (ab Juli 1939)	Oostende Kai – Bruxelles Midi	17:50	18:50	Type 12	114,30	60	71,02	114,30	Brugge 18:02/03
1939	So	L 176	Bruxelles N. – Oostende Kai	14:34	15:43	Type 1	117,80	69	63,88	102,81	auch mit Type 12
1939	So	L 175	Oostende Kai – Bruxelles N.	16:50	18:00	Type 1	117,80	70	62,97	101,34	auch mit Type 12
1939	Wi	401	Bruxelles Midi – Oostende Kai	08:25	09:25	Type 12	114,30	60	71,02	114,30	Brugge 9:11/12
1939	Wi	404	Oostende Kai – Bruxelles Midi	17:00	18:00	Type 12	114,30	60	71,02	114,30	Brugge 17:12/13

In **Großbritannien** führte „The Bristolian" der Great Western Railway jahrelang als schnellster Dampfzug, bezogen auf den gesamten Bespannungsabschnitt, die Rangliste an. Lokomotiven der Castle und der King Class beförderten den Zug ab 1935.

Der im Herbst 1935 eingeführte „Silver Jubilee" London – Newcastle mit Zwischenhalt in Darlington lag mit 107,95 km/h minimal darunter.

Ab Juli 1937 stellte die LNER mit dem „Coronation" in der Relation Kings Cross – Edinburgh den bemerkenswertesten Zug in Großbritannien: Zuglok war wie beim „Silber Jubilee" die berühmte A4. Die Gesamtfahrzeit für die 392,80 Meilen lange Strecke Edinburgh – Kings Cross betrug exakt sechs Stunden. Die Lok blieb dabei über die gesamte Strecke von 632,15 Kilometern am Zug, bei Zwischenhalten von je drei Minuten in York (nur in Richtung Norden) und Newcastle. Das Reisetempo 105,36 km/h bedeutete für diese Distanz Weltrekord.

Die Zugpaare verkehrten in unveränderten Fahrzeiten bis zum Spätsommer 1939.

Bild 86 – King Class 6015 *King Edward III* hat den „Bristolian" pünktlich zum Endbahnhof Bristol Temple Meads gebracht. R. O. Tuck lichtete den Zug am 17. Juni 1954 nach der Ankunft um 10:33 Uhr ab.
Aufnahme: Sammlung Rail Archive Stephenson

Fahrplan		Zug	Bespannungsabschnitt	ab	an	Lok	Meilen	[km]	[min]	[mph]	[km/h]	Bemerkungen
1935	So	The Bristolian	Paddington – Bristol	10:00	11:45	KC/CC	118,30	190,39	105	67,60	108,79	GWR via Bath
1935	So	The Bristolian	Bristol – Paddington	16:30	18:15	KC/CC	117,60	189,26	105	67,20	108,15	GWR via Badminton
1935	Wi	Silver Jubilee	Newcastle – Kings Cross	10:00	14:00	A4	268,30	431,79	240	67,08	107,95	LNER
1935	Wi	Silver Jubilee	Kings Cross – Newcastle	17:30	21:30	A4	268,30	431,79	240	67,08	107,95	LNER
1937	So	The Coronation	Kings Cross – Edinburgh	16:00	22:00	A4	392,80	632,15	360	65,47	105,36	LNER, ab 04.07.1937
1937	So	The Coronation	Edinburgh – Kings Cross	16:30	22:30	A4	392,80	632,15	360	65,47	105,36	LNER, ab 04.07.1937

Stolz nennt die London & North Eastern Railway die Reisegeschwindigleit von 67,08 mph im Fahrplanblatt ihres neu eingeführten „Silver Jubilee". Werbewirksam und einprägend war auch die Gesamtfahrzeit von genau vier Stunden.

„The Elizabethan", der ab 1954 beschleunigt wurde und die 393 Meilen von London nach Edinburgh in 6 ½ Stunden nonstop zurücklegte, verdient ebenfalls erwähnt zu werden. Ein ausgezeichneter 20-minütiger Film aus dem Jahre 1954 mit dem Titel „Elizabethan Express" dokumentiert – in gepflegter Sprache – die Fahrt mit der A4 *Silver Fox*. Für diesen Langlauf standen A4 mit Korridortendern zur Verfügung, die den Personalwechsel während der Fahrt ermöglichten. Außerdem ergänzten die Lokomotiven während der Fahrt aus Wassertrögen ihre Vorräte. Der „Elizabethan" verkehrte ausschließlich in den Sommermonaten, letztmals am 8. September 1961 mit Dampflok.

„Deltics" übernahmen anschließend den Zug – allerdings nicht mehr nonstop, sondern mit Betriebshalten in Newcastle zum Personal wechseln.

Ab 1954 stand mit dem erneut eingeführten „Bristolian" wieder ein würdiger Dampfzug an der Spitze. Die Fahrzeiten des „Bristolian" blieben bis zur Umstellung auf Diesellok anno 1959 unverändert.

Fahrplan		Zug	Bespannungsabschnitt	ab	an	Lok	Meilen	[km]	[min]	[mph]	[km/h]	Bemerkungen
1954	So	The Elizabethan	Kings Cross – Edinburgh	09:30	16:00	A4	392,70	632,47	390	60,42	97,23	British Railways
1954	So	The Bristolian	Paddington – Bristol	08:45	10:30	KC/CC	118,30	190,39	105	67,60	108,79	British Railways
1954	So	The Bristolian	Bristol – Paddington	16:30	18:15	KC/CC	117,60	189,26	105	67,20	108,15	British Railways

Für **Italien** gilt wie für die DDR: Auf dem gesamten Bespannungsabschnitt schafften es keine Dampfzüge über die „Mile a Minute", aber zwischen zwei Halten waren einige wenige Züge dabei (siehe Kapitel 5).

Kanadas Topografie lässt auf relativ wenigen Streckenabschnitten hohe Geschwindigkeiten zu. Den „Rennstrecken" schließen sich Kurven- und steigungsreiche Abschnitte an und drücken die Reisegeschwindigkeiten der Dampfzüge deutlich unter die 100 km/h. Zwischen zwei Halten gemessen aber gab es bemerkenswerte Resultate (siehe Kapitel 5).

Die **Vereinigten Staaten von Amerika** mit den meisten 100-km/h-„Start to Stop"-Dampfzügen blieben in der Kategorie **Gesamter Bespannungsabschnitt** in der Regel unter dem hier gesetzten Limit. Das lag an den großen Entfernungen, die Dampflokomotiven vor einem Zug zurücklegten. Irgendwann durchfuhr jeder Zug langsame Streckenabschnitte, die sich auf die Reisegeschwindigkeit negativ auswirkten. Selbst dem Starzug „Hiawatha" drückte die 10,9 Meilen kurze Stadttrasse zwischen St. Paul und Minneapolis mit unbeschrankten Bahnübergängen bei 30 Minuten Fahrzeit den Schnitt auf 60,34 mph (97,11 km/h). Anfang 1940 senkte die PRR die Fahrzeit des „Hiawatha" auf 6 Stunden 45 Minuten für die 422,4 Meilen lange Gesamtstrecke. Damit stieg auch die Reisegeschwindigkeit auf 62,58 mph oder 100,71 km/h.

Der „20th Century Limited" war im Juni 1938 modernisiert und als Stromlinienzug mit den NYC J3A-Hudson bespannt worden. Den 1.494,3 Kilometer langen Bespannungsabschnitt von Harmon bis Chicago La Salle Station durchfuhr der Dampfzug in exakt 15 Stunden. Dies ergab eine Reisegeschwindigkeit von 99,62 km/h. Wenn unterwegs Lokwechsel stattfanden, lag die Vr im schnellsten Bespannungsabschnitt knapp über 100 km/h.

Der Laufweg des Stromlinienzuges „Mercury" war auffallend kurz. Dazu änderte er in Toledo die Zugnummern. Damit ergibt sich für den Zug 75 – ähnlich wie beim D 832 der DB – einen Nonstop-Bespannungsabschnitt mit 63,96 mph oder 102,93 km/h.

The Mercury			New York Central System		August 1938	
761			**Zug-Nummer**			**750**
tägl.		**Miles**	**Zuglokomotiven:** **K5 Pacific 4915 oder 4916**	**[km]**		**tägl.**
17:30	ab	0,0	Detroit, MI (ET)	0,00	an	10:30
18:30	an	58,0	Toledo, OH	93,34	ab	09:25
76			**Weiterführende Zug-Nummer**			**75**
18:30	ab	58,0	Toledo, OH	93,34	an	09:25
20:20	an	164,6	Cleveland, OH (Union Terminal) (ET)	264,90	ab	07:45

Es ist nicht ausgeschlossen, dass sich bei der Vielzahl schneller Züge einzelne Dampfzüge „verstecken", die dem Kriterium „100 km/h auf dem gesamten Bespannungsabschnitt" entsprachen. Mehr als 100 Bahngesellschaften gaben ihre eigenen Fahrpläne heraus, die – oft nur für eine Streckenverbindung gültig – nicht mehr als Faltblattstärke hatten. Diese alle aufzuspüren, ist heute praktisch nicht mehr möglich.

5 Reisegeschwindigkeit 100 km/h und mehr zwischen zwei Halten („Start to Stop")

„Mile a Minute Start to Stop" hat eine Tradition, die tief ins 19. Jahrhundert zurückreicht. Weltweit waren und sind diese 96,56 km/h „das Maß aller Dinge". In Großbritannien, auf dem amerikanischen Kontinent und anderen Ländern, die in Meilen rechnen, war es Wunsch und Ziel der Eisenbahn-Gesellschaften, zum erlauchten Kreis derjenigen zu gehören, die solch schnelle Züge in ihren Reihen hatten. Medienwirksam verbreitet war dies eine Werbung erster Klasse für jede Bahn. Es entwickelte sich zu Beginn der dreißiger Jahre ein richtiger „Transatlantischer Wettbewerb". Unterlagen in alten Fachzeitschriften sind reichlich vorhanden. Entsprechend ausführlich kann dieses Kapitel behandelt werden.

In **Deutschland** dürfte kaum ein Zug, der zwischen zwei Halten planmäßig 100 km/h erreicht hat, der intensiven Suche „entkommen" sein. Die Aufstellung darf als vollständig angesehen werden.

5.1 Länderbahnen (Züge über 85 km/h)

Bereits mehr als Vr 80 km/h weist der Fahrplan, gültig ab 1. Mai 1897, für den Nachtzug Berlin – Hamburg für den Abschnitt von Boizenburg nach Bergedorf (44,3 km) aus: 33 Minuten Fahrzeit ergeben 80,55 km/h, wobei für Bergedorf nur die Abfahrtszeit genannt ist. Bei einer Minute Aufenthalt erhöht sich die mittlere Geschwindigkeit auf 83,06 km/h.

Seit dem Planwechsel am 1. Mai 1911 glänzten die badischen 2'C1'-Schnellzuglokomotiven, Gattung IVf, die bis dato ausschließlich in der oberrheinischen Tiefebene verkehrten, mit Langläufen: Sie befuhren nun auch die Schwarzwaldbahn ohne Wechsel von

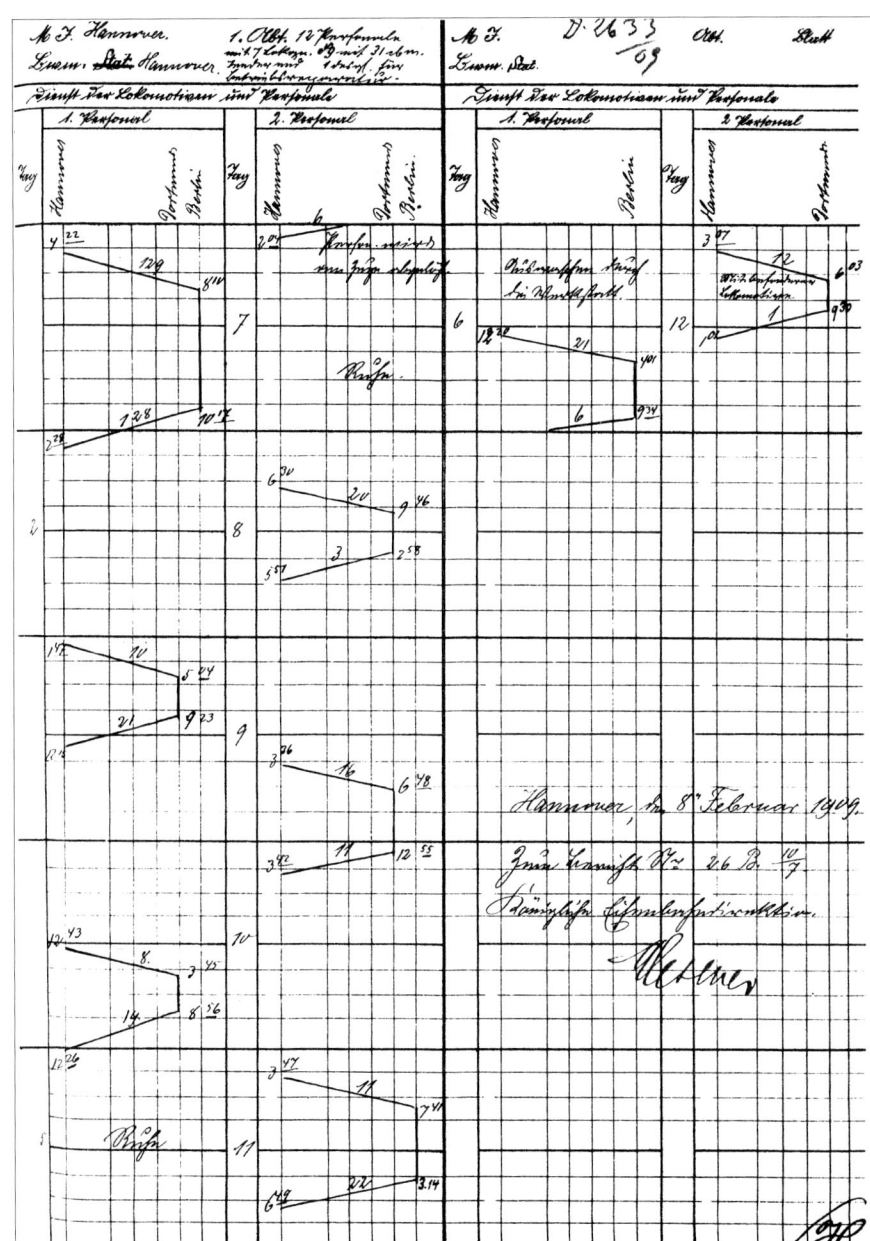

Bild 87
Am 26. November 1908 lief der Schnellzug D 21 zum ersten Mal auf der 254,1 km langen Strecke Hannover – Berlin Zoologischer Garten ohne Zwischenhalt „mit einem Wasser" durch. Zuglok war die planmäßige Vierzylinder-Atlanticlokomotive Nr. 901, die den ersten 31,5-m³-Tender erhalten hatte. Seit Februar 1909 waren dann preußische S 9 mit diesen Tendern im Durchlauf Berlin – Hannover regelmäßig unterwegs. Mit dem D 22 kamen sie von Berlin Zoologischer Garten bis Hannover auf immerhin 80 km/h Reisegeschwindigkeit. Ab Sommer 1909 waren Durchläufe vor den D 21, 22, 128 und 129 planmäßig.

Abbildung: Sammlung Klaus Hopf

Bild 88 – Badische IV f 757, die spätere 18 214 während einer Probefahrt anno 1909 bei Karlsruhe.

Heidelberg über Offenburg 306 Kilometer weit bis Konstanz. Auf der Rückfahrt verlängerte sich die Fahrtstrecke auf 313 Kilometer mit dem Schnellzugdurchlauf 161/107 von Konstanz über Offenburg – Karlsruhe – Schwetzingen nach Mannheim.

Einen – vorerst – letzten Höhepunkt brachte das Reichskursbuch vom Sommer 1914: Die Spitzengeschwindigkeit der Reisezüge lag grundsätzlich bei 100 km/h. Wenige Züge durften 110 km/h fahren, anno 1906 mit der badischen II d nur im Verspätungsfalle. Die preußische S 10 war dafür gut geeignet. Neben den ersten, 115 km/h schnellen württembergischen C, hatte einzig Bayern mit den S 3/6 eine ausreichende Anzahl Lokomotiven zur Verfügung, die für 120 km/h auch über längere Strecken prädestiniert war.

So lagen die Reisegeschwindigkeiten der schnellsten Züge unter 90 km/h – nicht wesentlich höher als die Spitzenreiter von 1905 und 1906. Herausragend war neben dem D 8 der D 79 mit zwei Abschnitten über 88 km/h.

Mit Einführung der FD-Züge anno 1923 aufgewertet, zählte er auch weiterhin zu den schnellsten Zügen Deutschlands. Im Abschnitt München – Nürnberg setzte die Königlich Bayerische Staatseisenbahn S 3/6 mit 2.000-mm-Treibrädern vor diesem Zug ein. 22 Abschnitte lagen über Vr 85 km/h, eine beträchtliche Steigerung gegenüber 1912, als neben D 20, 79, 130 nur noch D 107 (Freiburg – Appenweier) diesen Schnitt erreichten, und gegenüber 1913 mit neun Zügen.

Fahrplan	Zug	Nr.	Bespannungsabschnitt	ab	an	Lok	[km]	[min]	[mph]	[km/h]	Vmax
1905	So	D	5	Hamburg Klosterthor – Wittenberge	12:32	14:23	pr. S 7	159,2	111	53,47	86,05	100 km/h
1906	So	D	6	Berlin Anhalter Bahnhof – Halle				161,7	110	54,81	88,20	100 km/h
1906	So	D	109	Freiburg – Offenburg			bad. II d	62,9	43	54,54	87,77	95/110 km/h
1914	So	D	8	Hannover – Minden	12:45	13:28		64,1	43	55,58	89,44	110 km/h
1914	So	D	20	Berlin Lehrter Bahnhof – Hamburg Hbf	20:55	00:09	pr. S 10	286,8	194	55,12	88,70	110 km/h
1914	So	D	79	München – (Ingolstadt –) Nürnberg	08:15	10:30	bay. S 3/6	198,7	135	54,87	88,31	115 km/h
1914	So	D	79	Halle – Berlin Anhalter Bahnhof	15:06	16:56		161,7	110	54,80	88,20	
1914	So	D	129	Halle – Berlin Anhalter Bahnhof	13:44	15:34		161,7	110	54,80	88,20	
1914	So	D	19	Hamburg Hbf – Berlin Lehrter Bahnhof	18:09	21:25		286,8	196	54,55	87,80	
1914	So	D	3	Hannover – Stendal	18:01	19:44		150,5	103	54,48	87,67	
1914	So	D	6	Berlin Anhalter Bahnhof – Halle	07:58	09:50		161,7	112	53,83	86,63	
1914	So	D	130	Berlin Anhalter Bahnhof – Halle	14:13	16:05		161,7	112	53,83	86,63	
1914	So	D	139	Berlin Anhalter Bahnhof – Halle	14:13	16:05		161,7	112	53,83	86,63	
1914	So	D	232	Berlin Anhalter Bahnhof – Halle	07:48	09:40		161,7	112	53,83	86,63	

Fahrplan	Zug	Nr.	Bespannungsabschnitt	ab	an	Lok	[km]	[min]	[mph]	[km/h]	Vmax
1914	So	D	5	Hamburg Hbf – Wittenberge	12:32	14:23		160,0	111	53,74	86,49	
1914	So	D	11	Hamburg Hbf – Wittenberge	20:27	22:18		160,0	111	53,74	86,49	
1914	So	D	13	Hamburg Hbf – Wittenberge	07:17	09:08		160,0	111	53,74	86,49	
1914	So	D	8	Königsberg – Elbing	12:01	13:22		116,7	81	53,71	86,44	
1914	So	D	16	Spandau – Wittenberge	15:23	16:43		115,0	80	53,59	86,25	
1914	So	D	3	Wittenberge – Spandau	10:58	12:19		115,0	81	52,93	85,19	
1914	So	D	4	Spandau – Wittenberge	09:17	10:38		115,0	81	52,93	85,19	
1914	So	D	15	Hannover – Berlin Zoologischer Garten	15:01	18:00		254,1	179	52,92	85,17	
1914	So	D	6	Wittenberge – Hagenow Land	14:53	15:39		65,2	46	52,84	85,04	
1914	So	D	225	Leipzig – Berlin Anhalter Bahnhof	08:35	10:31		164,4	116	52,84	85,03	
1914	So	D	227	Leipzig – Berlin Anhalter Bahnhof	18:45	20:41		164,4	116	52,84	85,03	

Das Reichs-Kursbuch 1914 enthält auch zahlreiche Auslandsstrecken. Zug 197 fällt als schnellster in Frankreich auf, der mit 96,63 km/h die „Mile a Minute" übertraf:

Fahrplan	Zug	Nr.	Bespannungsabschnitt	ab	an	Meilen	[km]	[min]	[mph]	[km/h]	Vmax
1914	So	Z	197	Paris Nord – St. Quentin	07:50	09:25	95,07	153,0	95	60,04	96,63	

5.2 DRG / DRB

Der Erste Weltkrieg verhinderte die Weiterentwicklung und den Neubau schneller, leistungsfähiger Lokomotiven. Nach Kriegsende 1918 war an höhere Geschwindigkeiten nicht zu denken. Die Strecken hatten gelitten, und zahlreiche Lokomotiven gingen laut Vertrag von Compiègne als Waffenstillstandslokomotiven an ausländische Bahnen. 1923 lag die Reisegeschwindigkeit von Halt zu Halt bei maximal 76,8 km/h (FD 22/23 zwischen Hamburg Hbf und Berlin Lehrter Bf). 1925 erreichte der FD 24 schließlich 80,8 km/h. Bester war ein Schnellzug zwischen Stendal und Hannover mit 82,1 km/h. Auch in den folgenden Jahren belegte das Zugpaar FD 23/24 einen Spitzenplatz.

- 1926 FD 23 mit 83,5 km/h
- 1927 FD 24 mit 81,9 km/h
- 1928 FD 23 und 24 mit 86,0 km/h

Der schnellste Zug im Sommer 1928 lief nonstop zwischen Hamm und Hannover mit Vr 88,3 km/h. Das Niveau von 1914 war wieder erreicht.

1929 bis 1931 hatten sich die Fahrzeiten zwischen Hamburg und Berlin auf 3 Stunden und 14 Minuten reduziert, entsprechend 88,7 km/h. Vorn lag aber im Sommer 1929 der FD 26 Berlin – Dortmund – Paris, dessen Fahrzeit von Hannover nach Hamm den Schnitt von 90,5 km/h ergab. Der mit E 17 bespannte Schnellzug von Breslau ab 7 : 22 Uhr nach Königszelt brachte es im Sommer 1931 gar auf Vr 93,5 km/h.

Schließlich gab es zum Sommerfahrplan 1932 eine deutliche Steigerung. Mit der Baureihe 03 hatte die DRB eine Lokomotive, die für lange schnelle Fahrten vor nicht allzu schweren Zügen gut geeignet war. Sie schaffte die Strecke Hamburg – Berlin in fahrplanmäßigen 3 : 01 Stunden beim FD 23 und 2 : 59 Stunden beim FD 24, der mit 96,13 km/h die „100" in greifbare Nähe rücken ließ. Mit Beginn des Sommerfahrplans 1933 war es dann soweit: Die ersten Züge in Deutschland mit einer Reisegeschwindigkeit über 100 km/h zwischen zwei Halten waren in der Kursbuchtabelle 100 zu finden. Für den bereits im Dezember 1932 vorgestellten FDt 1/2 „Fliegender Hamburger" galt bei Ausfall des SVT 877 ein Ersatzfahrplan. Als Bedarfs-FD 20 mit Baureihe 03 und drei Stahlwagen war der Zug 135 km/h schnell auf dem 286,8 Kilometer langen Weg von Berlin nach Hamburg unterwegs – trotz auf 152 Minuten entspannter Fahrzeit eine Herausforderung für Maschine und Personal. Dem Planbetrieb gingen Schnellfahrtests im Januar und Februar 1933 voraus. Die Versuchsabteilung für Lok beim RAW Grunewald führte insgesamt fünf Fahrten auf der Strecke Charlottenburg – Altona durch. 17 1202 musste am 24. Januar am Kilometer 104,9 kapitulieren. Der Einguss am rechten äußeren Treibstangenlager war gebrochen. Zwei Tage später wurde wieder in Brieselang begonnen. Mit Vmax 136 km/h hinter Wittenberge gelang es, die 18 Achsen und 198 t nach Friedrichsruh zu bringen, bevor auf dem Rückweg (Vmax 138 km/h) am Kilometer 160,7 der gleiche Schaden am rechten inneren Treibstangenlager auftrat. 03 033 glänzte am 28. Januar mit 145 km/h Spitzengeschwindigkeit, bevor sie wegen Dampfmangel nur noch mit 95 km/h weiterfuhr. Der Zug bestand wieder aus dem 6-achsigen Messwagen und drei Vierachsern. Für die beiden Fahrten am 31. Januar und 3. Februar sind keine Höchstgeschwindigkeiten angegeben, weil eine Bremslok eingesetzt wurde, die wegen Dampfmangel Unterstützung leistete.

Zwei Fahrten des FD 20 sind dank Mr. Charlewood überliefert: 03 038 hielt mit 152 : 30 Minuten die Fahrzeit, und 03 073 kam nach 150 : 25 Minuten in Hamburg Hbf zum Halten, was einer Reisegeschwindigkeit von 114,42 km/h entspricht. Auch die FD 23/24 lagen nun deutlich über 100 km/h.

Der nächste Fahrplanwechsel im Herbst 1933 brachte den FD 23/24 weitere Beschleunigung, nachdem Versuchsfahrten mit der 03 positiv verlaufen waren, mit dem Ergebnis, dass ausgesuchte Maschinen für 140 km/h zugelassen wurden.

Der Wettbewerb um die schnellsten Züge bei den Bahnverwaltungen in Europa und auf dem amerikanischen Kontinent war in vollem Gange. In den Fachzeitschriften und in der Tagespresse berichtete man auf beiden Seiten des Atlantiks von immer neuen Bestleistungen.

Auch 1935 und 1936 – weiterhin nicht im amtlichen Kursbuch, jedoch in den innerbetrieblichen Fahrplanunterlagen vermerkt – waren die BFD 11 und BFD 20 als Ersatz für die FDt 1 und 2 häufig im Einsatz, bis im Herbst 1935 weitere Schnelltriebwageneinheiten zur Verfügung standen. FD 23/24 mussten im Sommerplan 1935 in der Regel mit der 03 193 vorlieb nehmen, die in ihrer Stromlinien-

schale den noch im Versuchsbetrieb stehenden 05 001 und 002 recht ähnlich sah.

Im Winter 1935/36 übernahmen SVT der Bauart Hamburg dieses Zugpaar.

Im Olympiasommer 1936, als die Platzkapazität der SVT nicht ausreichte, kamen die Bedarfs-FD wieder zum Einsatz. Als Zuglok waren die für 140 km/h zugelassenen 03 bestimmt. Die Fahrplanunterlagen weisen für das Zugpaar – wie im Sommer 1935 – zwischen Berlin Lehrter Bf und Hamburg Hbf 148 Minuten Fahrzeit aus. Mit 116,27 km/h lag die Reisegeschwindigkeit für eine Zweizylinderlok extrem hoch.

Nicht ausgeschlossen werden darf vor diesem Zugpaar auch der Einsatz der nagelneuen 05, die ab Mai 1936 dem Betrieb zur Verfügung standen und endgültig die FD 23/24 mit deutlich verkürzten Fahrzeiten übernahmen.

Das Fahrplanjahr 1936/1937 war sicherlich der Höhepunkt. Die erste Serie der SVT Bauart Hamburg und die leistungsfähigen, formschönen E 18 standen zur Verfügung. Mit den Olympischen Spielen in Berlin stand Deutschland ohnehin im Blickpunkt. Da passte es gut, mit der Baureihe 05 die Reisegeschwindigkeiten weiter zu verbessern. FD 24 lag mit 119,5 km/h zwischen Berlin Lehrter Bahnhof und Hamburg Hbf weltweit in der Spitzengruppe. Dazu sorgte der neu eingeführte Henschel-Wegmannzug mit der 61 001 als Zuglok für Aufsehen. Mit den zweiklassigen D 53, 54, 57 und 58 verband er zwei Mal am Tag Dresden mit Berlin. Bei Ausfall der 61er setzte die RBD Berlin 01 oder 03 ein. Die RBD Dresden hielt die für 140 km/h zugelassene 01 123 in Reserve, aber auch die Baureihe 18^0 und die 19 007 kamen gelegentlich zum Einsatz. Mit 120 km/h Höchstgeschwindigkeit blieben sie rund zehn Minuten hinter dem Fahrplan zurück, was man aber in Kauf nahm.

Im Sommerfahrplan 1937 beschleunigte die DRB den im Kursbuch nicht veröffentlichten Bedarfs-FD, Ersatzzug für den „Fliegenden Hamburger", in der Relation Berlin Lehrter Bahnhof – Hamburg Hbf auf 142 Minuten – nur fünf Minuten mehr als der FDt-Plan. Mit Vr 121,18 km/h stellt dies den heute noch gültigen Spitzenwert in Europa dar – und die Fahrzeiten sind von den Altonaer 03 auch tatsächlich eingehalten worden!

Im Winterfahrplan 1937/1938 war der Zenit erreicht: 28 Zugfahrten übersprangen zwischen zwei Halten die 100-km/h-Marke.

Deutsche Reichsbahn

Reichsbahndirektion Dresden

Absender:
Reichsbahndirektion Dresden
Dresden A 1,
Wiener Straße 4

Fernruf:
24131
44191

Bankverbindungen
der Hauptkasse der Reichsbahndirektion Dresden:
Deutsche Verkehrs-Kredit-Bank AG Zweigniederlassung Dresden, Wiener Straße 14
Reichsbankhauptstelle Dresden
Postscheckkonto Dresden 6579

An die
Deutsche Reichsbahn
Eisenbahnabteilung des
Reichsverkehrsministeriums

Berlin

[Stempel: Reichs- und Preußisches Verkehrsministerium Eing. 16. JAN. 1938 Eisenb.-Abteilungen]

Ihre Zeichen	Ihre Nachricht vom	Unsere Zeichen	Dresden
31 Fkl 730	7.1.1938	21 M 17 Ful	den 15. Januar 1938

Es wird gebeten, bei der Antwort Tag und Zeichen dieses Schreibens anzugeben.

Betreff:
Henschel-Wegmann-Zug

Hierzu: 3 Anlagen

Sachbearbeiter: OR v Littrow für Dez 21

Mitbearbeiter: OR Maager
B Fahlberg

Über die bisherigen Erfahrungen mit dem Henschel-Wegmann-Zug berichten wir:

I) Der Zug mußte durch einen gewöhnlichen Dampfzug ersetzt werden im:

Sommer 1936 (beginnend ab 15. Mai 1936)
1 mal mit 65 Tagen
Winter 1936/37
9 mal mit 112 Tagen
Sommer 1937 3 mal mit 105 Tagen
Winter 1937/38 (endigend am 15. Januar 1938)
3 mal mit 40 Tagen

Die Gründe sind für Lok und Wagenzug in der Anlage 1 aufgeführt. Die Ausfalltage des Wagenzuges wären höher gewesen, wenn der Zug nicht sehr häufig von einem techn Überwachungsbeamten begleitet worden wäre.

II) Die Mängel, die sich außerdem im Betriebe gezeigt haben, sind aufgeführt für die Lok in der Anlage 2 a), für den Wagenzug in der Anlage 2 b). Hier sind auch die Verbesserungsvorschläge mit aufgenommen.

III) Wie über das Fassungsvermögen des Zuges bereits am 7. September 1937 berichtet wurde, fehlen häufig etwa 60/70 Plätze, besonders in der 3. Klasse bei D 54 Sa, bei D 53 und 57 in der Hauptreisezeit täglich. Die 2. Klasse ist nur ausnahmsweise überfüllt. Hieran hat sich in der Zwischenzeit nichts geändert. Nachdem mit Erlaß 30 Fewpv 104 vom 3. Dezember 1937 die Verstärkung um einen Wagen BC4ü genehmigt ist, wird das Platzangebot voraussichtlich ausreichend sein. In Zeiten des Spitzenverkehrs (Weihnachten, Ostern usw) wird auch in Zukunft der Ersatzzug (400 t mit 2 Lok 01) eingesetzt werden müssen.

IV) Die Reisenden sind mit dem Zug und seinen Einrichtungen zufrieden. Der Zug erfreut sich großer Beliebtheit. Klagen werden nur gelegentlich wegen der Überfüllung laut, die in Einzelfällen trotz Zulassungskarten auftrat.

Das Mitropa-Personal äußerte sich wiederholt dahingehend, daß die Platzzahl im Speisewagen oft nicht ausreicht; ebenso wird die Enge der Küche bemängelt.

Deutsche Reichsbahn
Reichsbahndirektion Dresden

Bild 89 – Nicht nur technische Gründe, sondern auch die Beliebtheit des Henschel-Wegmannzuges und damit Kapazitätsprobleme führten zu Ersatzgestellungen, im Spitzenverkehr mit zwei Maschinen der Baureihe 01, wie das amtliche Schreiben der Rbd Dresden belegt.

Deutsche Reichsbahn
Der Vorstand
des Reichsbahn-Versuchsamts
für Lokomotiven und Triebwagen
in Grunewald
Fklvs 967 VL 2

Berlin, den 8. April 1938

Abschrift

An
Reichsbahn-Zentralamt
Berlin

Betrifft: Betriebsmeßfahrt mit beschleunigtem Rheingoldzug,
RBD'en Essen, Köln, Wuppertal, Mainz, Karlsruhe
Lok 01 197.
Vorgang: 2202/31 Fklvb 13 vom 8.2.38

7 Anlagen.

Mit dem Sommerfahrplan 1938 beginnend soll der Rheingoldzug wesentlich beschleunigt zwischen Emmerich und Basel verkehren. Da der Zug aber außerdem v e r h ä l t n i s m ä ß i g schwer sein wird und er überdies häufig seine Fahrgeschwindigkeit wegen ungünstiger Streckenverhältnisse ändern muß, bedarf es einer besonders leistungsfähige Lok. Er soll deshalb künftig mit einer Lok der Reihe 01 befördert werden.

Die Abfahrts- und Ankunftszeiten des neuen Zuges in Emmerich bzw Basel lagen bereits fest: durch die Betriebsmeßfahrt sollte festgestellt werden, wo Schwierigkeiten im Fahrplan oder hinsichtlich der Lok- oder Kesselleistung zu erwarten sind und welche Hilfsmittel vorgesehen werden können, um dem Zuglauf von der maschinentechnischen Seite aus keine Hindernisse zu bereiten.

Bild 90 – Im Sommerkursbuch 1938 fällt die deutliche Beschleunigung des FFD 101/102 „Rheingold" auf. Betriebsmessfahrten mit der 01 197 vom 16. bis 18. März 1938 gingen der Fahrplanänderung voraus.

Abbildungen (2): Sammlung Klaus Hopf

Bild 91 – 01 194 beschleunigt den FFD 102 „Rheingold" am 4. August 1938 aus Bonn heraus. Den schnellsten Abschnitt von Duisburg nach Düsseldorf hat die Lok schon gemeistert.

Aufnahme: Carl Bellingrodt/EK-Verlag

Tabellarische Auswertung

Spaltenköpfe:

1	2 · 3	4 · 5	6 · 7	8 · 9 · 10	11 · 12	13 · 14 · 15 · 16	17 · 18 · 19 · 20 · 21	22 · 23 · 24 · 25	26
Streckenabschnitt	Entfernung (von Ort zu Ort / unter Dampf)	Abfahrtzeit (planmäßig / tatsächlich)	Ankunftzeit (planmäßig / tatsächlich)	Fahrzeit (planmäßig / kürzeste / tatsächliche)	Aufenthalt (planmäßig / tatsächlich)	Geschwindigkeiten mittlere (von Ort zu Ort für die Fahrzeiten) planmäßig / kürzeste / tatsächliche / auf dem Fahrabschnitt als höchste erreicht	Fahrt unter Dampf: Weg / Zeit / mittlere Geschwindigkeit / Zugkraft (bremsend) / Leistung	Dampfverbrauch u. Wasserverbr. ohne Heizung, Lichtmaschine u. Luftpumpe, mit Wasserpumpe: im ganzen / für 1 h	Bemerkungen
	km	Uhrzeit	Uhrzeit	min	min	km/h	km · min · km/h · kg · PSe	kg · kg/h · kg/m²h · %	

16. März 1938 — Prlw 4102 Emmerich–Mannheim — 26 Achsen/333,6 t — Wetter: schön — SO: trocken, morgens z.T. feucht — Barometerstand: 767 mm Hg — Windrichtung u. -stärke: 2,25 m/sek ← Mannheim

Streckenabschnitt	v.O.z.O.	u.D.	Abf. pl.	Abf. tats.	Ank. pl.	Ank. tats.	Fz pl.	Fz kürz.	Fz tats.	Auf. pl.	Auf. tats.	Gw pl.	Gw kürz.	Gw tats.	höchste	Weg	Zeit	mittl. Gw	Zugkr.	Leist.	Dampf ges.	für 1h	kg/m²h	%	Bemerkungen
Emmerich—Duisburg	68,4	58,5	8³²	8³²	9⁴¹	9⁴⁴	42,1	37,1	42,0	24,9	24,5	97,3	110,6	97,3	133	58,5	34,2	102,6	2508	953	7367	12 940	52,4	91,8	1. Laufachse rechts warm! 2 La: 30.70km
Duisburg—Düsseldorf	23,6	20,1	9³⁹	9³⁸,⁵	9⁵³,⁸	9⁵³	15,0	13,2	14,5	6,9	6,5	94,3	107,3	97,5	131	20,1	11,6	1040	2654	1028	2392	12 380	50,1	88,0	
Düsseldorf—Köln	40,1	34,0	10⁰⁰,⁷	9⁵⁹,⁵	10³⁰	10²⁸,⁵	29,0	25,5	29,0	12,8	13,0	83,0	94,4	83,0	120	34,0	22,6	90,2	2026	677	2396	6 350	25,8	45,2	
Köln—Koblenz	92,6	75,4	10⁴²,⁸	10⁴¹,⁵	11⁴³	11⁴²	60,0	55,8	60,5	0,5	1,5	92,6	99,7	91,8	130	75,4	47,6	95,0	2410	743	8050	10 150	41,1	72,0	
Koblenz—Mainz	91,9	83,0	11¹³,⁵	11⁴³,⁶	12⁴⁴	12⁴⁵	60,5	51,7	61,5	12,0	10,5	91,2	106,6	89,7	133	83,0	54,3	91,7	1955	664	8160	9 020	36,5	64,0	2 La: 30 u. 20 km/h
Mainz—Mannheim	75,9	64,3	12⁵⁶	12⁵⁵,⁹	13⁴⁸	13⁴⁹,⁵	52,0	45,9	54,0			87,6	99,3	84,3	120	64,3	43,8	88,0	2118	690	8480	8 470	34,3	60,2	1 La: 40 km/h
Emmerich—Mannheim	392,5						258,6		261,5	57,1	56,0						244,1				34 545				

17. März 1938 — Prlw 20 228 Mannheim–Basel RB. — 26 Achsen/333,6 t — Wetter: schön — SO: trocken — Barometerstand: 768 mm Hg — Windrichtung u. -stärke: fast still

Streckenabschnitt	v.O.z.O.	u.D.	Abf. pl.	Abf. tats.	Ank. pl.	Ank. tats.	Fz pl.	Fz kürz.	Fz tats.	Auf. pl.	Auf. tats.	Gw pl.	Gw kürz.	Gw tats.	höchste	Weg	Zeit	mittl. Gw	Zugkr.	Leist.	Dampf ges.	für 1h	kg/m²h	%	Bemerkungen
Mannheim—Karlsruhe	60,7	57,2	8²¹	8²¹	8⁵⁶,⁵	8⁵⁷,⁵	35,5	32,5	36,5	1,5	1,5	102,5	112,0	100,0	130	57,2	34,0	101,0	2397	897	6980	12 340	50,0	87,8	
Karlsruhe—Baden-Oos	30,7	26,1	8⁵⁸	8⁵⁹	9¹⁷,⁵	9¹⁸,³	19,5	16,7	19,3	1,0	1,7	94,4	110,2	95,5	130	26,1	16,2	96,1	2753	980	2900	10 680	43,2	76,0	
Baden-Oos—Freiburg	103,0	95,5	9¹⁸,⁵	9²⁰	10¹⁸,⁵	10¹⁸,⁷	60,0	54,0	58,7	1,0	1,7	103,0	114,3	105,2	134	95,5	53,0	108,2	2647	1060	11 555	13 060	52,8	92,6	1 La: 50km/h Fahrzeitverlust in Steigung vor Freiburg aufgeholt
Freiburg—Basel R.B.	61,3	49,1	10¹⁹,⁵	10²⁰,⁴	11⁰¹,⁵	11⁰¹	42,0	38,0	40,6	1,0	1,7	87,5	96,9	90,7	130	49,1	31,5	93,6	2390	828	5730	10 900	44,2	77,5	
Mannheim—Basel R.B.	255,7						157,0		155,1	3,5	4,9						134,7				27 165				

17. März 1938 — Prlw 20 229 Basel R.B.–Mannheim — 26 Achsen/333,6 t — Wetter: schön — SO: trocken — Barometerstand: 766 mm Hg — Windrichtung u. -stärke: fast still

Streckenabschnitt	v.O.z.O.	u.D.	Abf. pl.	Abf. tats.	Ank. pl.	Ank. tats.	Fz pl.	Fz kürz.	Fz tats.	Auf. pl.	Auf. tats.	Gw pl.	Gw kürz.	Gw tats.	höchste	Weg	Zeit	mittl. Gw	Zugkr.	Leist.	Dampf ges.	für 1h	kg/m²h	%	Bemerkungen
Basel R.B.—Freiburg	61,3	53,5	14⁰⁸	14⁰⁷,⁵	14⁵¹,⁵	14⁵⁰,⁵	43,5	38,6	43,0	1,0	1,0	85,6	101,4	85,5	130	53,5	36,3	88,5	2027	664	2820	7970	32,3	55,7	Anfahrt m. Schiebelok. 1 La: km
Freiburg—Baden-Oos	103,0	99,1	14⁵²,⁵	14⁵¹,⁵	15⁵³	15⁴⁹,⁶	60,5	53,5	58,1	1,0	3,9	102,2	115,4	106,6	134	99,1	55,2	107,8	1408	562	7368	8 020	32,5	56,0	
Baden-Oos—Karlsruhe	30,7	24,6	15⁵⁴	15⁵³,⁵	16¹⁵	16¹⁶,⁸	21,0	16,9	23,3	1,0	1,6	87,7	109,0	79,1	124	24,6	18,2	81,1	3300	992	3688	12 180	49,2	84,7	2 La: 30 u. 20 km/h, 1x gestutzt
Karlsruhe—Mannheim	60,7	53,4	16¹⁷	16¹⁸,⁴	16⁵³	16⁵⁵,⁴	37,0	32,4	37,6	2,0	1,6	98,5	112,4	97,8	132	53,4	30,0	106,8	2140	845	5447	10 894	44,0	76,0	1 La: 30 km/h
Basel R.B.—Mannheim	255,7						162,0		158,5	4,0	6,5						139,7				24 323				

18. März 1938 — Prlw 4101 Mannheim–Duisburg — 26 Achsen/333,6 t — Wetter: schön — SO: trocken — Barometerstand: 767 mm Hg — Windrichtung u. -stärke: fast still

Streckenabschnitt	v.O.z.O.	u.D.	Abf. pl.	Abf. tats.	Ank. pl.	Ank. tats.	Fz pl.	Fz kürz.	Fz tats.	Auf. pl.	Auf. tats.	Gw pl.	Gw kürz.	Gw tats.	höchste	Weg	Zeit	mittl. Gw	Zugkr.	Leist.	Dampf ges.	für 1h	kg/m²h	%	Bemerkungen
Mannheim—Mainz	75,9	63,2	11⁰²	11⁰²	11⁵⁵	11⁵⁶	53,0	46,4	54,0	5,0	4,0	86,0	98,2	80,3	123	63,2	42,1	90,0	2460	818	7792	11 100	45,0	79,0	3 La: 30, 40 u. 60 km/h
Mainz—Koblenz	91,9	83,9	12⁰⁰	12⁰⁰	13⁰²	13⁰⁵,⁴	62,0	54,6	65,4	47,2	43,1	88,9	106,8	84,4	130	83,9	57,6	87,3	2400	679	7945	8 270	33,4	58,5	2 La: 30 km/h
Koblenz—Köln	92,6	82,3	13⁴⁹	13⁴⁸,⁵	14⁵⁰,²	14⁵⁰,³	61,0	57,6	61,8	3,4	3,2	91,2	96,4	90,0	132	82,3	51,3	96,3	2205	787	8978	10 500	43,0	75,5	1x gestutzt
Köln—Düsseldorf	40,1	38,0	14⁵³,⁶	14⁵³,⁵	15²⁰,⁹	15²¹,⁶	27,3	25,1	28,1	5,6	4,4	88,2	95,8	85,6	110	38,0	26,0	87,7	1845	610	3125	7 200	29,1	51,0	
Düsseldorf—Duisburg	23,6	20,4	15²⁶,⁵	15²⁶	15⁴³,¹	15⁴³	16,6	13,6	17,0			85,3	104,0	83,2	125	20,4	13,7	89,3	2405	795	2240	9 810	39,7	69,6	
Mannheim—Duisburg	324,1						219,9		226,3	61,2	54,7						190,7				30 080				

Schriftfeld unten rechts:

Deutsche Reichsbahn ... für Lokomotiv... in Gr...

Lok 01 197

Betriebsmeßfahrt mit bertl. Rheingoldzug d. RBDen Essen, Wuppertal, Köln, Mainz u. Karlsruhe

Emmerich – Basel R.B. – Duisburg

Anl. 1 — z. Bericht: Fklvs 967 V22 vom 8. April 1938 — Bearb. ...

Bild 92 – Die tabellarische Auswertung der vier Messzüge Prlw 4102, 20228, 20229 und 4101.

Abbildung: Sammlung Klaus Hopf

Bild 93 – Am 17. Juni 1941 bewundern und begutachten die Herren bei einer der ersten Probefahrten in Gensingen-Felsberg die ungewöhnliche 19 1001.

Aufnahme: Rudolf Kreutzer, Sammlung Eisenbahnstiftung

Bei den Messfahrten mit der 01 197 vom 16. bis 18. März 1938 stellte sich heraus, dass im kontinuierlich ansteigenden Abschnitt Karlsruhe – Freiburg die planmäßige Fahrzeit des „Rheingold" minimal unter den Ergebnissen der Versuchsfahrt lag. Ein einwandfreies Feuer und ein guter Allgemeinzustand der 01 waren beim Rheingold Bedingung für das Einhalten der Fahrzeiten. So ordnete die Reichsbahn an, die Zuglok des FFD 102 auf diesem Abschnitt mit einem zweiten Heizer zu besetzen.

Im Sommer 1939 verkehrte mit dem FD 5/6 endlich auch ein Fernschnellzugpaar zwischen Berlin und Königsberg, nachdem die schon 1935 geplante Schnelltriebwagenverbindung bei der polnischen Regierung bis dato keinen Zuspruch gefunden hatte. Mit der 06 001 stand seit 23. März 1939 auch die größte deutsche Schnellzugdampflok im Betrieb. Planmäßige Einsätze vor den schnellsten Zügen gab es nicht, da ihr Einsatz auf der kurvenreichen Strecke Frankfurt (M) – Erfurt vor schweren Zügen erfolgte. Die Schwesterlok 06 002 kam erst zwei Tage vor Kriegsausbruch zur DRG, als Schnellfahren nicht mehr gefragt war. Zu spät kam auch die Dampfturbinenlok 19 1001. Die Firma Henschel übergab die Lok am 13. Juni 1941 der Deutschen Reichsbahn. Nach Behebung der „Kinderkrankheiten" unternahm das Lokomotiv-Versuchsamt Berlin-Grunewald im Frühjahr 1942 zahlreiche Testfahrten, bei denen einmal kurzzeitig 186 km/h erreicht wurde. Als in Deutschland anno 1951 wieder akzeptable Geschwindigkeiten gefahren wurden, rostete die inzwischen nach Fort Eustis, Virginia, verschiffte Lok ihrer Zerlegung entgegen.

Fahrplan	Zug	Nr.	Tage	Bespannungsabschnitt	ab	an	Lok	[km]	[min]	[mph]	[km/h]	Bemerkungen
1933	So	FD	20	Bed.	Berlin Lehrter Bf – Hamburg Hbf	11:00	13:32	03	286,8	152	71,94	113,21	SVT-Ersatz
1933	So	FD	23	W	Hamburg Hbf – Berlin Lehrter Bf	07:18	10:03	03	286,8	165	64,80	104,29	Vmax 125 km/h
1933	So	FD	24	W	Berlin Lehrter Bf – Hamburg Hbf	18:05	20:48	03	286,8	163	65,60	105,57	Vmax 125 km/h
1933	Wi	FD	23	W	Hamburg Hbf – Berlin Lehrter Bf	07:25	10:02	03	286,8	157	68,11	109,61	Vmax 140 km/h
1933	Wi	FD	24	W	Berlin Lehrter Bf – Hamburg Hbf	18:07	20:41	03	286,8	154	69,43	111,74	Vmax 140 km/h
1934	So	D	1	tägl.	Lehrte – Gardelegen	12:59	14:00		101,8	61	62,22	100,13	Vmax 120 km/h
1934	So	FD	3	tägl.	Halle – Berlin Anhalter Bf	11:56	13:30		161,7	94	64,13	103,21	bis 30.09.1934
1934	So	FD	4	tägl.	Berlin Anhalter Bf – Halle	17:10	18:44		161,7	94	64,13	103,21	bis 30.09.1934

Table title (spanning header): **Alle dampfbespannten Züge in Deutschland bis 1. September 1939, Vr 100 km/h und höher zwischen zwei Halten**

Fahrplan		Zug	Nr.	Tage	Bespannungsabschnitt	ab	an	Lok	[km]	[min]	[mph]	[km/h]	Bemerkungen
1934	So	FD	5	tägl.	Leipzig – Berlin Anhalter Bf	19:31	21:06		164,4	95	64,52	103,83	
1934	So	FD	21	tägl.	Hannover – Berlin Zoologischer Garten	15:27	17:59		254,1	152	62,33	100,30	
1934	So	FD	22	tägl.	Hannover – Hamm	18:41	20:23		176,4	102	64,48	103,76	
1934	So	FD	23	W	Hamburg Hbf – Berlin Lehrter Bf	07:25	10:02	03	286,8	157	68,11	109,61	Vmax 140 km/h
1934	So	FD	24	W	Berlin Lehrter Bf – Hamburg Hbf	18:07	20:41	03	286,8	154	69,43	111,74	Vmax 140 km/h
1934	So	FD	25	tägl.	Hannover – Berlin Zoologischer Garten	20:47	23:15		254,1	148	64,01	103,01	
1934	So	FD	79	tägl.	Halle – Berlin Anhalter Bf	18:09	19:42		161,6	93	64,78	104,26	
1934	So	FD	80	tägl.	Berlin Anhalter Bf – Halle	10:50	12:22		161,6	92	65,49	105,39	
1934	So	FD	111	tägl.	Hannover – Berlin Zoologischer Garten	13:42	16:10		254,1	148	64,01	103,01	
1934	Wi	D	1	tägl.	Lehrte – Gardelegen	12:59	14:00		101,8	61	62,22	100,13	
1934	Wi	FD	5	tägl.	Leipzig – Berlin Anhalter Bf	19:31	21:06		164,4	95	64,52	103,83	
1934	Wi	FD	21	tägl.	Hannover – Berlin Zoologischer Garten	15:27	17:59		254,1	152	62,33	100,30	
1934	Wi	FD	22	tägl.	Hannover – Hamm	18:41	20:23		176,4	102	64,48	103,76	
1934	Wi	FD	23	W	Hamburg Hbf – Berlin Lehrter Bf	07:25	10:02	03	286,8	157	68,11	109,61	Vmax 140 km/h
1934	Wi	FD	24	W	Berlin Lehrter Bf – Hamburg Hbf	18:07	20:41	03	286,8	154	69,43	111,74	Vmax 140 km/h
1934	Wi	FD	25	tägl.	Hannover – Berlin Zoologischer Garten	20:47	23:15		254,1	148	64,01	103,01	
1934	Wi	FD	79	tägl.	Halle – Berlin Anhalter Bf	18:09	19:42		161,6	93	64,78	104,26	
1934	Wi	FD	80	tägl.	Berlin Anhalter Bf – Halle	10:50	12:22		161,6	92	65,49	105,39	
1934	Wi	FD	111	tägl.	Hannover – Berlin Zoologischer Garten	13:42	16:10		254,1	148	64,01	103,01	
1935	So	D	1	tägl.	Lehrte – Gardelegen	12:59	14:00		101,8	61	62,22	100,13	
1935	So	FD	5	tägl.	Leipzig – Berlin Anhalter Bf	19:17	20:53		164,3	96	63,81	102,69	
1935	So	FD	6	tägl.	Berlin Anhalter Bf – Leipzig	09:25	10:59		164,3	94	65,16	104,87	
1935	So	D	9	tägl.	Bielefeld – Minden	01:12	01:39		45,1	27	62,28	100,22	
1935	So	D	10	tägl.	Berlin Anhalter Bf – Leipzig	09:35	11:11		164,3	96	63,81	102,69	
1935	So	FD	21	tägl.	Hannover – Berlin Zoologischer Garten	15:28	17:59		254,1	151	62,74	100,97	
1935	So	FD	22	tägl.	Hannover – Hamm	18:40	20:23		176,4	103	63,85	102,76	
1935	So	FD	23	W	Hamburg Hbf – Berlin Lehrter Bf	07:25	10:02	03	286,8	157	68,11	109,61	Vmax 140 km/h
1935	So	FD	24	W	Berlin Lehrter Bf – Hamburg Hbf	18:06	20:41	03	286,8	155	68,98	111,02	Vmax 140 km/h
1935	So	D	32	tägl.	Oppeln – Brieg	09:24	09:48		40,1	24	62,29	100,25	
1935	So	FD	79	tägl.	Halle – Berlin Anhalter Bf	18:01	19:34	01	161,6	93	64,78	104,26	Durchlauf v. Nür
1935	So	FD	80	tägl.	Berlin Anhalter Bf – Halle	10:50	12:21		161,6	91	66,21	106,55	
1935	So	FD	111	tägl.	Hannover – Berlin Zoologischer Garten	13:40	16:10		254,1	150	63,16	101,64	
1935	So	D	177	tägl.	Magdeburg – Potsdam	21:12	22:21	03	115,8	69	62,57	100,70	
1935	So	D	178	tägl.	Potsdam – Magdeburg	08:18	09:23		115,8	65	66,42	106,89	
1935	Wi	D	1	tägl.	Lehrte – Gardelegen	12:59	14:00		101,8	61	62,22	100,13	
1935	Wi	FD	5	tägl.	Leipzig – Berlin Anhalter Bf	19:17	20:53		164,3	96	63,81	102,69	
1935	Wi	FD	6	tägl.	Berlin Anhalter Bf – Leipzig	09:25	10:59		164,3	94	65,16	104,87	
1935	Wi	D	9	tägl.	Bielefeld – Minden	01:12	01:39		45,1	27	62,28	100,22	
1935	Wi	D	10	tägl.	Berlin Anhalter Bf – Leipzig	09:35	11:11		164,3	96	63,81	102,69	
1935	Wi	FD	21	tägl.	Hannover – Berlin Zoologischer Garten	15:28	17:59		254,1	151	62,74	100,97	
1935	Wi	FD	22	tägl.	Hannover – Hamm	18:40	20:23		176,4	103	63,85	102,76	
1935	Wi	D	32	tägl.	Oppeln – Brieg	09:24	09:48		40,1	24	62,29	100,25	
1935	Wi	FD	79	tägl.	Halle – Berlin Anhalter Bf	18:01	19:34	01	161,6	93	64,78	104,26	
1935	Wi	FD	80	tägl.	Berlin Anhalter Bf – Halle	10:50	12:21		161,6	91	66,21	106,55	
1935	Wi	FD	111	tägl.	Hannover – Berlin Zoologischer Garten	13:40	16:10		254,1	150	63,16	101,64	
1936	So	VD	1	tägl.	Landsberg – Kreuz	10:51	11:26		59,1	35	62,95	101,31	Vorzug
1936	So	D	2	tägl.	Berlin Spandau – Stendal	09:55	10:49		93,3	54	64,42	103,67	

Fahrplan	Zug	Nr.	Tage	Bespannungsabschnitt	ab	an	Lok	[km]	[min]	[mph]	[km/h]	Bemerkungen
1936	So	D	4	tägl.	Schneidemühl – Küstrin Neustadt Hbf	19:44	21:16		161,0	92	65,24	105,00	
1936	So	D	5	tägl.	Landsberg – Schneidemühl	18:16	19:25		117,5	69	63,49	102,17	
1936	So	FD	5	tägl.	Leipzig – Berlin Anhalter Bf	19:18	20:55		164,3	97	63,15	101,63	
1936	So	FD	6	tägl.	Berlin Anhalter Bf – Leipzig	09:20	10:58		164,3	98	62,50	100,59	
1936	So	D	9	tägl.	Bielefeld – Minden	01:10	01:37		45,1	27	62,28	100,22	
1936	So	FD	22	tägl.	Hannover – Hamm	18:38	20:23		176,4	105	62,63	100,80	
1936	So	FD	23	W	Hamburg Hbf – Berlin Lehrter Bf	07:09	09:34	05	286,8	145	73,74	118,68	Vmax 145 km/h
1936	So	FD	24	W	Berlin Lehrter Bf – Hamburg Hbf	18:15	20:39	05	286,8	144	74,25	119,50	Vmax 145 km/h
1936	So	D	27	tägl.	Magdeburg – Brandenburg	19:47	20:35		80,6	48	62,60	100,75	
1936	So	D	31	tägl.	Magdeburg – Brandenburg	15:28	16:14		80,6	46	65,33	105,13	
1936	So	D	32	tägl.	Oppeln – Brieg	09:23	09:47		40,1	24	62,29	100,25	
1936	So	D	34	tägl.	Breslau – Liegnitz	06:08	06:47		65,1	39	62,23	100,15	
1936	So	D	34	tägl.	Liegnitz – Sagan	06:49	07:32		74,3	43	64,42	103,67	
1936	So	D	53	tägl.	Dresden-Neustadt – Berlin Lehrter Bf	09:37	11:12	61	176,0	95	69,07	111,16	Vmax 135 km/h
1936	So	D	54	tägl.	Berlin Anhalter Bf – Dresden-Neustadt	15:10	16:47	61	176,0	97	67,65	108,87	Vmax 135 km/h
1936	So	D	57	tägl.	Dresden-Neustadt – Berlin Anhalter Bf	17:32	19:07	61	176,0	95	69,07	111,16	Vmax 135 km/h
1936	So	D	58	tägl.	Berlin Anhalter Bf – Dresden-Neustadt	22:10	23:45	61	176,0	95	69,07	111,16	Vmax 135 km/h
1936	So	FD	79	tägl.	Halle – Berlin Anhalter Bf	18:14	19:48	01	161,6	94	64,09	103,15	Durchlauf v. Nür
1936	So	FD	80	tägl.	Berlin Anhalter Bf – Halle	10:35	12:08		161,6	93	64,78	104,26	
1936	So	D	118	tägl.	Breslau – Liegnitz	06:00	06:39		65,1	39	62,23	100,15	
1936	So	D	161	tägl.	Hamburg Hbf – Ludwigslust	07:43	08:52		115,9	69	62,62	100,78	
1936	So	D	178	tägl.	Potsdam – Magdeburg	08:17	09:23	03	115,8	66	65,41	105,27	
1936	So	D	211	tägl.	Bremen – Hamburg-Wilhelmsburg	13:51	14:52		103,5	61	63,26	101,80	
1936	Wi	VD	1	b.V.	Landsberg – Kreuz	10:51	11:26		59,1	35	62,95	101,31	verk. b. 31.10.36
1936	Wi	D	4	tägl.	Schneidemühl – Küstrin Neustadt Hbf	19:45	21:19		161,0	94	63,86	102,77	
1936	Wi	FD	5	tägl.	Leipzig – Berlin Anhalter Bf	19:18	20:55		164,3	97	63,15	101,63	
1936	Wi	FD	6	tägl.	Berlin Anhalter Bf – Leipzig	09:20	10:58		164,3	98	62,50	100,59	
1936	Wi	D	9	tägl.	Bielefeld – Minden	01:10	01:37		45,1	27	62,28	100,22	
1936	Wi	FD	22	tägl.	Hannover – Hamm	18:38	20:23		176,4	105	62,63	100,80	
1936	Wi	FD	23	W	Hamburg Hbf – Berlin Lehrter Bf	07:09	09:34	05	286,8	145	73,74	118,68	Vmax 145 km/h
1936	Wi	FD	24	W	Berlin Lehrter Bf – Hamburg Hbf	18:15	20:39	05	286,8	144	74,25	119,50	Vmax 145 km/h
1936	Wi	D	31	tägl.	Magdeburg – Brandenburg	15:28	16:14		80,6	46	65,33	105,13	
1936	Wi	D	32	tägl.	Oppeln – Brieg	09:23	09:47		40,1	24	62,29	100,25	
1936	Wi	D	34	tägl.	Breslau – Liegnitz	06:08	06:47		65,1	39	62,23	100,15	
1936	Wi	D	34	tägl.	Liegnitz – Sagan	06:49	07:32		74,3	43	64,42	103,67	
1936	Wi	D	53	tägl.	Dresden-Neustadt – Berlin Anhalter Bf	09:37	11:12	61	176,0	95	69,07	111,16	Vmax 135 km/h
1936	Wi	D	54	tägl.	Berlin Anhalter Bf – Dresden-Neustadt	13:10	14:48	61	176,0	98	66,96	107,76	Vmax 135 km/h
1936	Wi	D	57	tägl.	Dresden-Neustadt – Berlin Anhalter Bf	16:28	18:07	61	176,0	99	66,28	106,67	Vmax 135 km/h
1936	Wi	D	58	tägl.	Berlin Anhalter Bf – Dresden-Neustadt	22:08	23:45	61	176,0	97	67,65	108,87	Vmax 135 km/h
1936	Wi	FD	79	tägl.	Halle – Berlin Anhalter Bf	18:14	19:48		161,6	94	64,09	103,15	
1936	Wi	FD	80	tägl.	Berlin Anhalter Bf – Halle	10:35	12:08		161,6	93	64,78	104,26	
1936	Wi	D	118	tägl.	Breslau – Liegnitz	06:00	06:39		65,1	39	62,23	100,15	
1936	Wi	D	161	tägl.	Hamburg Hbf – Ludwigslust	07:43	08:52		115,9	69	62,62	100,78	fallweise mit 05
1936	Wi	D	178	tägl.	Potsdam – Magdeburg	08:17	09:23	03	115,8	66	65,41	105,27	
1937	So	D	2	tägl.	Schneidemühl – Küstrin Neustadt Hbf	18:02	19:36		161,0	94	63,86	102,77	
1937	So	D	2	tägl.	Berlin Spandau – Stendal	09:54	10:49	01	93,4	55	63,31	101,89	
1937	So	FD	5	tägl.	Leipzig – Berlin Anhalter Bf	19:18	20:55		164,3	97	63,15	101,63	

Fahrplan	Zug	Nr.	Tage	Bespannungsabschnitt	ab	an	Lok	[km]	[min]	[mph]	[km/h]	Bemerkungen
1937	So	FD	6	tägl.	Berlin Anhalter Bf – Leipzig	09:20	10:58		164,3	98	62,50	100,59	
1937	So	D	9	tägl.	Bielefeld – Minden	01:10	01:37		45,1	27	62,28	100,22	
1937	So	D	16	tägl.	Schneidemühl – Kreuz	12:35	13:10		58,4	35	62,21	100,11	
1937	So	FD	22	tägl.	Hannover – Bielefeld	18:35	19:40		109,5	65	62,81	101,08	
1937	So	FD	23	W	Hamburg Hbf – Berlin Lehrter Bf	07:09	09:34	05	286,8	145	73,74	118,68	Vmax 145 km/h
1937	So	FD	24	W	Berlin Lehrter Bf – Hamburg Hbf	18:13	20:37	05	286,8	144	74,25	119,50	Weltrekord 1937
1937	So	FD	25	tägl.	Hamm – Hannover	18:46	20:31		176,4	105	62,63	100,80	
1937	So	D	27	tägl.	Magdeburg – Brandenburg	19:47	20:35		80,6	48	62,60	100,75	
1937	So	D	31	tägl.	Magdeburg – Brandenburg	15:28	16:14		80,6	46	65,33	105,13	
1937	So	D	32	tägl.	Oppeln – Brieg	09:23	09:47	03	40,1	24	62,29	100,25	
1937	So	D	34	tägl.	Liegnitz – Sagan	06:50	07:34	03	74,3	44	62,96	101,32	
1937	So	D	53	tägl.	Dresden-Neustadt – Berlin Anhalter Bf	09:37	11:12	01	176,0	95	69,07	111,16	61 001 L2-Unt.
1937	So	D	54	tägl.	Berlin Anhalter Bf – Dresden-Neustadt	13:09	14:48	01	176,0	99	66,28	106,67	14.05. bis 25.10.37
1937	So	D	57	tägl.	Dresden-Neustadt – Berlin Anhalter Bf	16:28	18:07	01	176,0	99	66,28	106,67	Wagenzug bis
1937	So	D	58	tägl.	Berlin Anhalter Bf – Dresden-Neustadt	22:08	23:45	01	176,0	97	67,65	108,87	09.08.37 im RAW
1937	So	FD	79	tägl.	Halle – Berlin Anhalter Bf	18:26	20:02		161,6	96	62,76	101,00	
1937	So	FD	80	tägl.	Berlin Anhalter Bf – Halle	10:21	11:57		161,6	96	62,76	101,00	
1937	So	D	118	tägl.	Breslau – Liegnitz	06:00	06:39		65,1	39	62,23	100,15	
1937	So	D	161	tägl.	Hamburg Hbf – Ludwigslust	07:43	08:52		115,9	69	62,62	100,78	fallweise mit 05
1937	So	D	342	tägl.	Breslau – Liegnitz	07:15	07:54		65,1	39	62,23	100,15	
1937	So	D	178	tägl.	Potsdam – Magdeburg	08:17	09:23	03	115,8	66	65,41	105,27	
1937	Wi	D	1	tägl.	Lehrte – Gardelegen	12:59	14:00		101,8	61	62,22	100,13	
1937	Wi	D	2	tägl.	Schneidemühl – Küstrin Neustadt Hbf	18:02	19:36		161,0	94	63,86	102,77	
1937	Wi	D	2	tägl.	Berlin Spandau – Stendal	09:54	10:49	01	93,4	55	63,31	101,89	
1937	Wi	D	5	tägl.	Berlin Schlesischer Bf – Schneidemühl	16:50	19:04		246,5	134	68,58	110,37	
1937	Wi	FD	5	tägl.	Leipzig – Berlin Anhalter Bf	19:18	20:55		164,3	97	63,15	101,63	
1937	Wi	D	6	tägl.	Schneidemühl – Berlin Schlesischer Bf	12:20	14:44		246,5	144	63,82	102,71	
1937	Wi	FD	6	tägl.	Berlin Anhalter Bf – Leipzig	09:20	10:58		164,3	98	62,50	100,59	
1937	Wi	D	9	tägl.	Bielefeld – Minden	01:10	01:37		45,1	27	62,28	100,22	
1937	Wi	D	15	tägl.	Landsberg – Kreuz	17:45	18:20		59,1	35	62,95	101,31	
1937	Wi	D	16	tägl.	Schneidemühl – Kreuz	12:35	13:09		58,4	34	64,04	103,06	
1937	Wi	FD	22	tägl.	Hannover – Bielefeld	18:35	19:40		109,5	65	62,81	101,08	
1937	Wi	FD	23	W	Hamburg Hbf – Berlin Lehrter Bf	07:09	09:34	05	286,8	145	73,74	118,68	Vmax 145 km/h
1937	Wi	FD	24	W	Berlin Lehrter Bf – Hamburg Hbf	18:13	20:37	05	286,8	144	74,25	119,50	Weltrekord 1937
1937	Wi	D	27	tägl.	Magdeburg – Brandenburg	19:47	20:35		80,6	48	62,60	100,75	
1937	Wi	D	31	tägl.	Magdeburg – Brandenburg	15:28	16:14		80,6	46	65,33	105,13	
1937	Wi	D	32	tägl.	Oppeln – Brieg	09:23	09:47		40,1	24	62,29	100,25	
1937	Wi	D	34	tägl.	Liegnitz – Sagan	06:50	07:34	03	74,3	44	62,96	101,32	
1937	Wi	D	53	tägl.	Dresden-Neustadt – Berlin Anhalter Bf	09:37	11:12	61	176,0	95	69,07	111,16	
1937	Wi	D	54	tägl.	Berlin Anhalter Bf – Dresden-Neustadt	13:09	14:48	61	176,0	99	66,28	106,67	
1937	Wi	D	57	tägl.	Dresden-Neustadt – Berlin Anhalter Bf	16:28	18:07	61	176,0	99	66,28	106,67	
1937	Wi	D	58	tägl.	Berlin Anhalter Bf – Dresden-Neustadt	22:08	23:45	61	176,0	97	67,65	108,87	
1937	Wi	FD	79	tägl.	Halle – Berlin Anhalter Bf	18:26	20:02		161,6	96	62,76	101,00	
1937	Wi	FD	80	tägl.	Berlin Anhalter Bf – Halle	10:21	11:57		161,6	96	62,76	101,00	
1937	Wi	D	118	tägl.	Breslau – Liegnitz	06:00	06:39		65,1	39	62,23	100,15	
1937	Wi	D	161	tägl.	Hamburg Hbf – Ludwigslust	07:43	08:52	01	115,9	69	62,62	100,78	fallweise mit 05
1937	Wi	D	178	tägl.	Potsdam – Magdeburg	08:17	09:23	03	115,8	66	65,41	105,27	

Fahrplan	Zug	Nr.	Tage	Bespannungsabschnitt	ab	an	Lok	[km]	[min]	[mph]	[km/h]	Bemerkungen
1937	Wi	D	342	tägl.	Breslau – Liegnitz	07:15	07:54		65,1	39	62,23	100,15	
1937	Wi	D	1	tägl.	Lehrte – Gardelegen	12:59	14:00		101,8	61	62,22	100,13	
1938	So	FD	5	tägl.	Leipzig – Berlin Anhalter Bf	19:18	20:55		164,3	97	63,15	101,63	
1938	So	FD	6	tägl.	Berlin Anhalter Bf – Leipzig	09:20	10:58		164,3	98	62,50	100,59	
1938	So	FD	7	tägl.	Leipzig – Berlin Anhalter Bf	19:02	20:40		164,3	98	62,50	100,59	
1938	So	FD	23	W	Hamburg Hbf – Berlin Lehrter Bf	07:09	09:40	05	286,8	151	70,81	113,96	Vmax 145 km/h
1938	So	FD	24	W	Berlin Lehrter Bf – Hamburg Hbf	18:11	20:40	05	286,8	149	71,76	115,49	Vmax 145 km/h
1938	So	D	27	tägl.	Magdeburg – Brandenburg	19:50	20:37	01	80,6	47	63,94	102,89	max. 11 Wagen
1938	So	D	35	tägl.	Magdeburg – Potsdam	20:35	21:44		115,8	69	62,57	100,70	
1938	So	D	53	tägl.	Dresden-Neustadt – Berlin Anhalter Bf	09:37	11:12	61	176,0	95	69,07	111,16	
1938	So	D	54	tägl.	Berlin Anhalter Bf – Dresden-Neustadt	13:09	14:48	61	176,0	99	66,28	106,67	
1938	So	D	57	tägl.	Dresden-Neustadt – Berlin Anhalter Bf	16:28	18:07	61	176,0	99	66,28	106,67	
1938	So	D	58	tägl.	Berlin Anhalter Bf – Dresden-Neustadt	22:08	23:45	61	176,0	97	67,65	108,87	
1938	So	FD	80	tägl.	Berlin Anhalter Bf – Halle	10:15	11:51		161,6	96	62,76	101,00	
1938	So	D	91	tägl.	Magdeburg – Brandenburg	06:46	07:32		80,6	46	65,33	105,13	
1938	So	FD	101	tägl.	Freiburg – Baden-Oos	13:18	14:19	01	103,0	61	62,95	101,31	Rheingold
1938	So	FD	102	tägl.	Duisburg – Düsseldorf	10:20	10:34	01	23,7	14	63,11	101,57	Rheingold
1938	So	FD	102	tägl.	Mannheim – Karlsruhe	14:08	14:44	01	60,7	36	62,86	101,17	Rheingold
1938	So	FD	102	tägl.	Baden-Oos – Freiburg	15:06	16:07	01	103,0	61	62,95	101,31	Rheingold
1938	So	D	116	tägl.	Breslau – Liegnitz	05:57	06:36		65,1	39	62,23	100,15	
1938	So	E	126	W	Magdeburg-Sudenburg – Eilsleben	07:51	08:07		26,9	16	62,68	100,88	
1938	So	D	177	tägl.	Magdeburg – Potsdam	21:19	22:26		115,8	67	64,44	103,70	
1938	So	D	178	tägl.	Potsdam – Magdeburg	08:05	09:14		115,8	69	62,57	100,70	
1938	So	D	1	tägl.	Lehrte – Gardelegen	12:59	14:00		101,8	61	62,22	100,13	
1938	So	D	342	tägl.	Breslau – Liegnitz	07:06	07:45		65,1	39	62,23	100,15	
1938	Wi	FD	5	tägl.	Leipzig – Berlin Anhalter Bf	19:18	20:55		164,3	97	63,15	101,63	6 Wagen
1938	Wi	FD	6	tägl.	Berlin Anhalter Bf – Leipzig	09:20	10:58		164,3	98	62,50	100,59	6 Wagen
1938	Wi	FD	7	tägl.	Leipzig – Berlin Anhalter Bf	19:02	20:40		164,3	98	62,50	100,59	5 Wagen
1938	Wi	FD	23	W	Hamburg Hbf – Berlin Lehrter Bf	07:09	09:40	05	286,8	151	70,81	113,96	6 Wagen
1938	Wi	FD	24	W	Berlin Lehrter Bf – Hamburg Hbf	18:11	20:40	05	286,8	149	71,76	115,49	6 Wagen
1938	Wi	D	27	tägl.	Magdeburg – Brandenburg	19:50	20:37	01	80,6	47	63,94	102,89	max. 9 Wagen
1938	Wi	D	53	tägl.	Dresden-Neustadt – Berlin Anhalter Bf	09:37	11:12	61	176,0	95	69,07	111,16	4-teilig. HW-Zug
1938	Wi	D	54	tägl.	Berlin Anhalter Bf – Dresden-Neustadt	13:09	14:48	61	176,0	99	66,28	106,67	4-teilig. HW-Zug
1938	Wi	D	57	tägl.	Dresden-Neustadt – Berlin Anhalter Bf	16:28	18:07	61	176,0	99	66,28	106,67	4-teilig. HW-Zug
1938	Wi	D	58	tägl.	Berlin Anhalter Bf – Dresden-Neustadt	22:08	23:45	61	176,0	97	67,65	108,87	4-teilig. HW-Zug
1938	Wi	FD	80	tägl.	Berlin Anhalter Bf – Halle	10:15	11:51		161,6	96	62,76	101,00	6 Wagen
1938	Wi	FD	101	tägl.	Freiburg – Baden-Oos	13:18	14:19	01	103,0	61	62,95	101,31	Rheingold
1938	Wi	FD	102	tägl.	Baden-Oos – Freiburg	15:06	16:07	01	103,0	61	62,95	101,31	dgl., 2. Heizer
1938	Wi	D	116	tägl.	Breslau – Liegnitz	05:57	06:36		65,1	39	62,23	100,15	
1938	Wi	D	177	tägl.	Magdeburg – Potsdam	21:19	22:26		115,8	67	64,44	103,70	max. 7 Wagen
1938	Wi	D	178	tägl.	Potsdam – Magdeburg	08:05	09:14	01	115,8	69	62,57	100,70	max. 8 Wagen
1939	So	D	1	tägl.	Lehrte – Gardelegen	12:59	14:00		101,8	61	62,22	100,13	
1939	So	FD	5	tägl.	Berlin Schlesischer Bf – Schneidemühl	16:50	19:16		246,5	146	62,95	101,30	
1939	So	FD	6	tägl.	Schneidemühl – Berlin Schlesischer Bf	20:22	22:44		246,5	142	64,72	104,15	
1939	So	FD	6	b.a.w.	Berlin Anhalter Bf – Leipzig	09:20	10:58		164,3	98	62,50	100,59	bis auf weiteres
1939	So	FD	7	tägl.	Leipzig – Berlin Anhalter Bf	19:02	20:40		164,3	98	62,50	100,59	
1939	So	FD	21	W	Hamburg Hbf – Berlin Anhalter Bf	07:03	09:30	05	286,8	147	72,74	117,06	Vmax 145 km/h

Fahrplan	Zug	Nr.	Tage	Bespannungsabschnitt	ab	an	Lok	[km]	[min]	[mph]	[km/h]	Bemerkungen
1939	So	FD	26	W	Berlin Lehrter Bf – Hamburg Hbf	18:11	20:40	05	286,8	149	71,76	115,49	Vmax 145 km/h
1939	So	D	27	tägl.	Magdeburg – Brandenburg	19:50	20:37	01	80,6	47	63,94	102,89	
1939	So	D	53	tägl.	Dresden-Neustadt – Berlin Anhalter Bf	08:37	10:19	61	176,0	102	64,33	103,53	
1939	So	D	91	tägl.	Magdeburg – Brandenburg	06:46	07:33		80,6	47	63,94	102,89	
1939	So	FD	101	tägl.	Freiburg – Baden-Oos	13:21	14:20	01	103,0	59	65,09	104,75	Rheingold
1939	So	D	118	tägl.	Breslau – Liegnitz	05:57	06:36		65,1	39	62,23	100,15	
1939	So	E	126	W	Magdeburg-Sudenburg – Eilsleben	07:51	08:07		26,9	16	62,68	100,88	
1939	So	D	177	tägl.	Magdeburg – Potsdam	21:19	22:28		115,8	69	62,57	100,70	
1939	So	D	342	tägl.	Breslau – Liegnitz	07:06	07:45		65,1	39	62,23	100,15	

Ohne Tfz-Angabe: Einheitslok (Baureihe 01 oder 03). Die FD-Züge zwischen Hamburg und Berlin (Baureihe 03 und 05) wurden mit Altonaer Lok gefahren, der Henschel-Wegmann-zug (D 53, 54, 57 und 58) mit der Baureihe 61 001 (Dresden-Altstadt),der „Rheingold" mit 01 des Bw Köln-Deutzerfeld, südlich von Mannheim mit Offenburger 01.

1	2	3	4	5	6	7
D 27 1. 2. 3. (11)	**Frankfurt (M)**—Friedberg—Gießen—**Kassel**—Nordhausen— **Magdeburg**—**Berlin Pof** (Kks-Bremse) 500/500 t					
	Ab Kassel					
	1 Post4ü	108	Kassel—Berlin	108	2/20a	W
	1 Pw4ü	127	Wiesbaden— „	28	1401	↻ Friedberg
	ABC4ü	227	Luxemburg— „	28	398	↻ Gießen
	1 C4ü	227	Trier— „	28	396	2. VII. bis 16. IX.
	1 C4ü	227	„ „	28	1734	
	1 C4ü ⎫ 1 ABC4ü ⎬	127	Wiesbaden— „	28	1401	↻ Friedberg
	1 WR	28	Frankfurt (M)— „	30	1444	
	2 C4ü ⎫ 1 AB4ü ⎬	28	„ „	28	1131	

Bild 94
Im Sommer 1938 bedeutete der D 27 ab Kassel bis Berlin mit elf Wagen und fast 500 t Gewicht Schwerst-arbeit für die 01, besonders auf dem schnellsten Abschnitt von Magdeburg nach Brandenburg.

FD 23 W 1. 2.	**Hamburg-Altona**—**Berlin L** (Kks-Bremse) 250/200 t					
	1 B4ü	24	Hamburg-Altona—Berlin L	24	1216	2 Abteile für Dienstzwecke
	1 AB4ü*	24	„ „	24	1219	* Di bis Fr
	1 AB4ü	24	„ „	24	1219	
	1 WR	24	„ „	24	1546	
	2 AB4ü	24	„ „	24	1219	(Funkabt)

Bild 95
Diese sechs Wagen des FD 23 bildeten 1938/39 – umgekehrt gereiht – den Gegenzug FD 24.
Abbildungen (2):
Sammlung Ronald Krug

Die kürzesten Fahrzeiten hatten naturgemäß die Schnelltriebwagenverbindungen. Da lag im Sommer 1939 der FDt 15 „Fliegender Kölner" (SVT Hamburg) mit 133,97 km/h von Hamm nach Hannover in Europa an der Spitze. Bei den mit Ellok bespannten Zügen führend blieb vom Winterfahrplan 1935 bis Ende des Sommerfahrplans 1939 der D 192. Anfangs mit E 17, ab Frühjahr 1936 mit Hirschberger E 18 als Zuglok fuhr er in 27 Minuten auf dem 48,4 km langen Abschnitt von Breslau nach Königszelt – ein Mittel von 107,56 km/h. Beachtenswert sind auch die beiden Abschnitte von München nach Ulm, die mit elektrischen Triebwagen gefahren wurden.

Fahrplan	Zug	Nr.	Laufweg	ab	an	Tfz	Bw	[km]	[min]	[km/h]
1936	So	Dt	722	München – Augsburg	12:00	12:33	elT 1900	München	61,9	33	112,55
1936	So	Dt	722	Augsburg – Ulm	12:34	13:20	elT 1900	München	86,0	46	112,17

Bild 96
FD 23 mit 05 002 geht auf
die Reise. Ausfahrt Hamburg Hbf
am 4. Mai 1938.

Aufnahme: Carl Bellingrodt,
Sammlung Jörg Sauter

Die Sortierung nach Geschwindigkeit zeigt: Die schnellsten Dampfzüge oberhalb 110 km/h gehörten den Stromlinien-Lokomotiven der Baureihen 05 und 61. Der SVT-Ersatzzug FD 20 und der FD 24 sind mit 03 als Zuglok vertreten. Dazu kommt noch im Sommer 1937 die 01 als 61-Ersatz und der D 5 auf der Ostbahn, 1937/38 von 01 oder 03 befördert.

Fahrplan	Zug	Nr.	Bespannungsabschnitt	ab	an	Lok	Meilen	[km]	[min]	[mph]	[km/h]
1936	So	FD	24	Berlin Lehrter Bf – Hamburg Hbf	18:15	20:39	05	178,21	286,8	144	74,25	119,50
1936	Wi	FD	24	Berlin Lehrter Bf – Hamburg Hbf	18:15	20:39	05	178,21	286,8	144	74,25	119,50
1937	So	FD	24	Berlin Lehrter Bf – Hamburg Hbf	18:13	20:37	05	178,21	286,8	144	74,25	119,50
1937	Wi	FD	24	Berlin Lehrter Bf – Hamburg Hbf	18:13	20:37	05	178,21	286,8	144	74,25	119,50
1936	So	FD	23	Hamburg Hbf – Berlin Lehrter Bf	07:09	09:34	05	178,21	286,8	145	73,74	118,68
1936	Wi	FD	23	Hamburg Hbf – Berlin Lehrter Bf	07:09	09:34	05	178,21	286,8	145	73,74	118,68
1937	So	FD	23	Hamburg Hbf – Berlin Lehrter Bf	07:09	09:34	05	178,21	286,8	145	73,74	118,68
1937	Wi	FD	23	Hamburg Hbf – Berlin Lehrter Bf	07:09	09:34	05	178,21	286,8	145	73,74	118,68
1939	So	FD	21	Hamburg Hbf – Berlin Lehrter Bf	07:03	09:30	05	178,21	286,8	147	72,74	117,06
1938	So	FD	24	Berlin Lehrter Bf – Hamburg Hbf	18:11	20:40	05	178,21	286,8	149	71,76	115,49
1938	Wi	FD	24	Berlin Lehrter Bf – Hamburg Hbf	18:11	20:40	05	178,21	286,8	149	71,76	115,49
1939	So	FD	26	Berlin Lehrter Bf – Hamburg Hbf	18:11	20:40	05	178,21	286,8	149	71,76	115,49
1938	So	FD	23	Hamburg Hbf – Berlin Lehrter Bf	07:09	09:40	05	178,21	286,8	151	70,81	113,96
1938	Wi	FD	23	Hamburg Hbf – Berlin Lehrter Bf	07:09	09:40	05	178,21	286,8	151	70,81	113,96
1933	Wi	FD	24	Berlin Lehrter Bf – Hamburg Hbf	18:07	20:41	03⁰	178,21	286,8	154	69,43	111,74
1933	So	FD	24	Berlin Lehrter Bf – Hamburg Hbf	18:07	20:41	03⁰	178,21	286,8	154	69,43	111,74
1935	Wi	FD	24	Berlin Lehrter Bf – Hamburg Hbf	18:07	20:41	03⁰	178,21	286,8	154	69,43	111,74
1936	So	D	53	Dresden-Neustadt – Berlin Anhalter Bf	09:37	11:12	61	109,36	176,0	95	69,07	111,16
1936	Wi	D	53	Dresden-Neustadt – Berlin Anhalter Bf	09:37	11:12	61	109,36	176,0	95	69,07	111,16
1937	So	D	53	Dresden-Neustadt – Berlin Anhalter Bf	09:37	11:12	01	109,36	176,0	95	69,07	111,16
1937	Wi	D	53	Dresden-Neustadt – Berlin Anhalter Bf	09:37	11:12	61	109,36	176,0	95	69,07	111,16
1938	So	D	53	Dresden-Neustadt – Berlin Anhalter Bf	09:37	11:12	61	109,36	176,0	95	69,07	111,16
1938	Wi	D	53	Dresden-Neustadt – Berlin Anhalter Bf	09:37	11:12	61	109,36	176,0	95	69,07	111,16
1936	So	D	57	Dresden-Neustadt – Berlin Anhalter Bf	17:32	19:07	61	109,36	176,0	95	69,07	111,16
1936	So	D	58	Berlin Anhalter Bf – Dresden-Neustadt	22:10	23:45	61	109,36	176,0	95	69,07	111,16
1935	So	FD	24	Berlin Lehrter Bf – Hamburg Hbf	18:06	20:41	03⁰	178,21	286,8	155	68,98	111,02
1935	Wi	FD	24	Berlin Lehrter Bf – Hamburg Hbf	18:05	20:40	03⁰	178,21	286,8	155	68,98	111,02
1937	So	D	5	Berlin Schlesischer Bahnhof – Schneidemühl	16:50	19:04	01⁰/03⁰	153,17	246,5	134	68,58	110,37
1937	Wi	D	5	Berlin Schlesischer Bahnhof – Schneidemühl	16:50	19:04	01⁰/03⁰	153,17	246,5	134	68,58	110,37

DRG/DRB-Regelzüge über 110 km/h Reisegeschwindigkeit zwischen zwei Halten (Sortierung: km/h)

5.3 DB

Die Nachkriegszeit

Die Bahnen in Deutschland waren 1945 ungleich stärker in Mitleidenschaft gezogen worden, als dies 1918 der Fall gewesen war. Erstes Ziel musste sein, überhaupt wieder fahren zu können. An hohe Geschwindigkeiten dachte damals niemand. 85 km/h war in der Vor-Bundesbahnzeit das Maximum.

Am 7. September 1949 wurde die Deutsche Bundesbahn gegründet. Im Winterfahrplan 1949/50 erreichte FDt 78 zwischen Freiburg und Offenburg über 80 km/h Reisegeschwindigkeit bei Vmax 100 km/h. Der Spitzenwert für den gesamten Laufweg von Frankfurt (M) bis Basel Bad Bf lag bei 69,9 km/h. Des Öfteren wurde anstatt des planmäßigen SVT 04 000 (ex SVT 877 „Fliegender Hamburger") mit Dampflok bespanntem Zug gefahren. Lokführer Eckerle vom Bw Offenburg hatte am 27./28. Februar 1950 FD(t) 78/77 von Offenburg nach Basel Bad Bf und zurück mit der 03 048 zu fahren und am 1. März 1950 mit der selben Lok den FDt 77 nach Mannheim und mit FD(t) 78 zurück nach Offenburg.

Die Anhebung der Streckenhöchstgeschwindigkeit auf 120 km/h ermöglichte ab 1951 endlich wieder Reisegeschwindigkeiten über 100 km/h von Halt zu Halt.

Diese Ehre wurde dem F 44 zuteil, der im Sommer 1951 zwischen Bremen und Hannover 73 Minuten benötigte. Allerdings trug er in der Kursbuchtafel 215 und im Buchfahrplan den Vermerk: *„Verkehrt voraussichtlich ab 1. Juli 1951."*

Bis Hannover war der Fahrplan für die Gattung S 36^{18} (03) berechnet worden und im Buchfahrplan vom Sommer 1951 entsprechend vermerkt, ab Hannover bis Kassel dagegen S 36^{20} (01). In der Praxis sah man Kasseler 01^{10} vor diesem Zug. Im Winterfahrplan 1951/1952 fuhr der Zug dann täglich in 72 Minuten Fahrzeit bis Hannover (101,92 km/h).

Im Sommer 1952 erhielt das Zugpaar F 43/44 den Namen „Roland". Ursprünglich hatte man gehofft, das Zugpaar von Beginn an mit Schnelltriebwagen fahren zu können. Im Buchfahrplan 1951 existierte ein gesonderter Fahrplan mit nur 69 Minuten Fahrzeit von der Hansestadt in die Landeshauptstadt. Tatsächlich übernahmen erst ab Winterfahrplan 1952 fabrikneue VT 08^5 diese Fernschnellzugleistung.

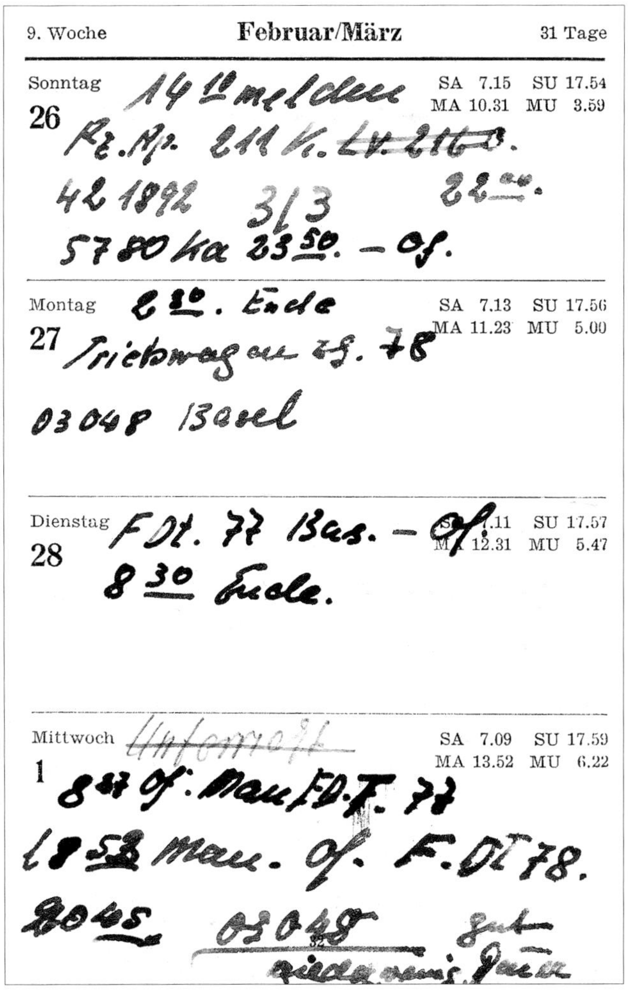
9. Woche — Februar/März — 31 Tage

Sonntag 26 — SA 7.15 SU 17.54 — MA 10.31 MU 3.59

14⁰⁰ melden
Rz.Nr. 211 K. ~~Lv. 2160~~.
42 1892 3/3 22⁰⁰.
5780 km 23⁵⁰. – Of.

Montag 27 — SA 7.13 SU 17.56 — MA 11.23 MU 5.00

6⁰⁰. Ende
Triebwagen zg. 78
03 048 Basel

Dienstag 28 — SA 7.11 SU 17.57 — MA 12.31 MU 5.47

FDt. 77 Bas. – Of.
8³⁰ Ende.

Mittwoch 1 — SA 7.09 SU 17.59 — MA 13.52 MU 6.22

[illegible]
8⁴⁷ Of.: Man. FD.T. 77
18⁵⁸ Man. – Of. F.DT 78.
20⁴⁵ 03 048 gut [illegible]

Bild 97 – Auszug aus dem Taschenkalender 1950 von Lokführer Karl Eckerle.

F 44 (11,I) 2. Klasse
Verkehrt voraussichtlich ab 1. Juli 1951
Bremen Hbf—**Hannover**—(Kassel—Frankfurt (M))
Last 150 t

D 174 (10,I) 1. 2. 3. Klasse
Bremen—Hannover—Würzburg—München

Höchstgeschwindigkeit **100** km/h
Ab Bremen **120** km/h
S 36.17 (03)
Last { **500 t** / **Ab Brm 600 t**
Mindestbremshundertstel **101**

1	2	3	44: 4	44: 6	4	6	174: 4	174: 6
122,3		**Bremen** Hbf	—	**7 26**			**21**	**35**
	50	**121,4** — **121,2**						
119,1		Bk Vahr	—	**29_9**			—	**41_5**
116,7		Bremen-Sebaldsbrück	—	**31_5**			—	**44**
111,9		Bremen-Mahndorf	—	**34**			—	**47_3**
108,2		Bk Uphusen	—	**35_9**			—	**49_6**
105,7		Achim	—	**37_2**			—	**51_3**
103,7		Stellwerk Bwt	—	**38_3**			—	**52_8**
102,2		Baden (Kr Verden)	—	**39_1**			—	**54**
99,3		Etelsen	—	**40_7**			—	**56**
97,1		Bk Kluvenhagen	—	**41_9**			—	**57_3**
93,8		**Langwedel**	—	**43_7**			—	**59_2**
90,4		Bk Dauelsen	—	**45_5**			—	**$8\ 02_2$**
86,6		**87,1 VA ▽** **Verden** (Aller)	—	**47_5**			**8 05**	**07**
83,1		Wahnebergen	—	**49_3**			—	**12**
78,1		Dörverden	—	**51_9**			—	**15_5**
74,4		Bk Rübeland	—	**53_9**			—	**18**
71,1		**Eystrup**	—	**55_7**			—	**20_5**
66,8		Bk Haßbergen	—	**58**			—	**23_1**
62,1		Rohrsen b Nienburg	—	**$8\ 00_4$**			—	**26**
58,9		Bk Holtorf	—	**02_1**			—	**29**
55,3		**Nienburg** (Weser)	—	**8 04**			**8 32**	**8 34**

1	2	3	44: 4	44: 6	4	6	174: 4	174: 6
55,3		**Nienburg** (Weser)	—	**8 04**			**8 32**	**8 34**
51,3		Bk Westerbruch	—	**06_1**			—	**39_8**
46,2		Linsburg	—	**08_7**			—	**43**
43,2		Bk Rüthebach	—	**10_5**			—	**45_8**
40,2	—	Hagen (Han)	—	**12_3**			—	**48_2**
36,2		Eilvese	—	**15**			—	**50_9**
31,0	100	Neustadt a Rbg	—	**$8\ 18_3$**			—	**54_2**
27,0		Poggenhagen	—	**21**			—	**56_7**
21,4	—	**Wunstorf** A ⌒	—	**25**			**9 00**	**9 02**
19,4		Bk Luthe	—	**26_3**			—	**06_3**
17,5		Abzw Gümmerwald	—	**27_7**			—	**08_1**
14,8		Bk Lohnde	—	**28_5**			—	**10_2**
12,0		Seelze Stw Srf	—	**30_5**			—	**12_3**
9,3		,, ,, Sob	—	**31_9**			—	**14**
8,2		Abzw Letter	—	**33**			—	**15_3**
5,5	—	Han-Leinhausen	—	**33_9**			—	**16_5**
3,1	105	Abzw Burg	—	**35_3**			—	**18_1**
	—	1,1 ⌒						
0,9	80	Abzw Hv	—	**37**			—	**19_4**
0,0	30	E ⊢ **Hannover** Hbf	**8 39**	**8 55**			**$9\ 21_6$**	**9 45**

Bild 98
Buchfahrplan für den nördlichen Streckenabschnitt in der BD Hannover. Zwei lange Abschnitte von 81 und 15 Kilometern Länge waren für 120 km/h zugelassen.

Abbildungen (2): Sammlung Ronald Krug

Der D 826 (Last 200 t), schnellster „Start to Stop"-Dampfzug der Deutschen Bundesbahn, hatte zwischen Niebüll und Husum 18 Geschwindigkeitswechsel auf 40,2 Kilometer Länge. „Heißgestrickte" 22 Minuten Fahrzeit forderten vom Lokführer volle Konzentration und scharfes Fahren, um den Schnitt von fast 110 km/h zu erreichen, denn auch die Geschwindigkeitsbeschränkung von 45 km/h über die Klappbrücke vor der Husumer Einfahrt kostete wertvolle Sekunden. Zwischen Bredstedt und Hattstedt lag mit Vmax 135 km/h der schnellste von Dampfzügen befahrene eingleisige Abschnitt in Deutschland.

Auflistung aller Dampfzüge mit mindestens 100 km/h Reisegeschwindigkeit zwischen zwei Halten, Sortierung: Vmax absteigend

Fahrplan	Zug	Nr.	Tage	Bespannungsabschnitt	ab	an	Lok	Bw	[km]	[min]	[km/h]	Bemerkungen
1970	Wi	D	826	Mo	Niebüll – Husum	06:56	07:18	012	Hamburg-Altona	40,2	22	109,64	Vmax 135 km/h
1963	So	D	196	Mo-Fr	Bremen – Osnabrück	09:16	10:23	01^{10}Öl	Osnabrück Hbf	122,2	67	109,43	Vmax 135 km/h
1963	Wi	D	196	Mo-Fr	Bremen – Osnabrück	09:16	10:23	01^{10}Öl	Osnabrück Hbf	122,2	67	109,43	Vmax 135 km/h
1971	So	D	823	Mo	Heide – Hamburg-Altona	07:31	08:39	012	Hamburg-Altona	123,7	68	109,15	Vmax 135 km/h
1971	Wi	D	823	Mo	Heide – Hamburg-Altona	07:30	08:38	012	Hamburg-Altona	123,7	68	109,15	Vmax 135 km/h
1971	So	D	832	So	Kiel – Neumünster	13:34	13:51	012	Hamburg-Altona	30,9	17	109,06	Vmax 135 km/h
1970	So	D	636	b.V.	Heide – Itzehoe	21:05	21:38	012	Hamburg-Altona	59,6	33	108,36	10 Wg. 135 km/h
1970	Wi	D	636	So	Heide – Itzehoe	21:05	21:38	012	Hamburg-Altona	59,6	33	108,36	10 Wg. 135 km/h
1971	So	D	591	Sa	Neumünster – Hamburg-Altona	15:54	16:35	012	Hamburg-Altona	73,9	41	108,15	Vmax 135 km/h
1971	Wi	D	591	Sa	Neumünster – Hamburg-Altona	15:56	16:37	012	Hamburg-Altona	73,9	41	108,15	Vmax 135 km/h
1971	Wi	D	828	aSa	Hamburg-Altona – Neumünster	21:49	22:30	012	Hamburg-Altona	73,9	41	108,15	Vmax 135 km/h
1960	Wi	D	194	b.V.	Bremen – Diepholz	10:17	10:56	01^{10}	Osnabrück Hbf	69,7	39	107,23	Vmax 120 km/h
1961	So	D	194	Saison	Bremen – Diepholz	10:15	10:54	01^{10}	Osnabrück Hbf	69,7	39	107,23	Vmax 120 km/h
1962	So	D	194		Bremen – Diepholz	10:15	10:54	01^{10}	Osnabrück Hbf	69,7	39	107,23	Vmax 120 km/h
1962	Wi	D	194		Bremen – Diepholz	10:15	10:54	01^{10}	Osnabrück Hbf	69,7	39	107,23	Vmax 120 km/h
1961	Wi	E	841		Bremen – Rotenburg	09:20	09:44	03^0	Hamburg-Altona	42,8	24	107,00	auch V-Lok
1966	Wi	E	841		Bremen – Rotenburg	08:56	09:20	01^{10}Öl	Osnabrück Hbf	42,8	24	107,00	Vmax 120 km/h
1960	So	D	194	tägl.	Bremen – Diepholz	10:17	10:56	01^{10}	Osnabrück Hbf	69,5	39	106,92	Vmax 120 km/h
1970	Wi	D	823	Mo	Husum – Heide	07:19	07:38	012	Hamburg-Altona	33,8	19	106,74	Vmax 120 km/h
1971	So	D	823	Mo	Husum – Heide	07:11	07:30	012	Hamburg-Altona	33,8	19	106,74	Vmax 120 km/h
1971	Wi	D	823	Mo	Husum – Heide	07:10	07:29	012	Hamburg-Altona	33,8	19	106,74	Vmax 120 km/h
1963	So	D	138		Paderborn – Lippstadt	08:24	08:42	01^{10}Öl	Kassel	32,0	18	106,67	Vmax 120 km/h
1963	Wi	D	138		Paderborn – Lippstadt	08:24	08:42	01^{10}Öl	Kassel	32,0	18	106,67	Vmax 120 km/h
1964	So	D	138		Paderborn – Lippstadt	08:24	08:42	01^{10}Öl	Kassel	32,0	18	106,67	Vmax 120 km/h
1964	Wi	D	138		Paderborn – Lippstadt	08:24	08:42	01^{10}Öl	Kassel	32,0	18	106,67	Vmax 120 km/h
1970	So	E	1794	W	Lichtenfels – Bamberg	17:29	17:47	001	Hof	31,9	18	106,33	Vmax 120 km/h
1970	Wi	E	1794		Lichtenfels – Bamberg	17:29	17:47	001	Hof	31,9	18	106,33	Vmax 120 km/h
1971	So	E	1794		Lichtenfels – Bamberg	17:29	17:47	001	Hof	31,9	18	106,33	Vmax 120 km/h
1971	So	E	1885	W	Bamberg – Lichtenfels	19:36	19:54	001	Hof	31,9	18	106,33	Vmax 120 km/h
1971	Wi	E	1649		Bamberg – Lichtenfels	16:22	16:40	001	Hof	31,9	18	106,33	Vmax 120 km/h
1971	Wi	E	1794	WaSa	Lichtenfels – Bamberg	17:29	17:47	001	Hof	31,9	18	106,33	Vmax 120 km/h
1971	Wi	E	1863	W	Bamberg – Lichtenfels	12:14	12:32	001	Hof	31,9	18	106,33	Vmax 120 km/h
1971	Wi	E	1885	WaSa	Bamberg – Lichtenfels	19:36	19:54	001	Hof	31,9	18	106,33	Vmax 120 km/h
1972	So	E	1794		Lichtenfels – Bamberg	17:23	17:41	001	Hof	31,9	18	106,33	Vmax 120 km/h
1972	So	E	1863		Bamberg – Lichtenfels	11:28	11:46	001	Hof	31,9	18	106,33	Vmax 120 km/h
1972	Wi	E	1794		Lichtenfels – Bamberg	17:23	17:41	001	Hof	31,9	18	106,33	Vmax 120 km/h
1963	So	D	195		Osnabrück – Bremen	20:10	21:19	01^{10}Öl	Osnabrück Hbf	122,2	69	106,26	Vmax 135 km/h
1963	Wi	D	195		Osnabrück – Bremen	20:10	21:19	01^{10}Öl	Osnabrück Hbf	122,2	69	106,26	Vmax 135 km/h
1966	Wi	F	4	S	Bremen – Osnabrück	08:31	09:40	01^{10}Öl	Osnabrück Hbf	122,2	69	106,26	Vmax 135 km/h
1963	So	E	841		Rotenburg – Buchholz	09:27	09:50	01^{10}Öl	Osnabrück Hbf	40,7	23	106,17	Vmax 120 km/h

Fahrplan	Zug	Nr.	Tage	Bespannungsabschnitt	ab	an	Lok	Bw	[km]	[min]	[km/h]	Bemerkungen
1963	Wi	E	841		Rotenburg – Buchholz	09:27	09:50	01^{10}Öl	Osnabrück Hbf	40,7	23	106,17	Vmax 120 km/h
1969	Wi	D	436	b.V.	Heide – Hamburg-Altona	10:32	11:42	012	Hamburg-Altona	123,7	70	106,03	10 Wg. 135 km/h
1970	So	E	2075	S	Hamburg-Altona – Elmshorn	21:17	21:34	012	Hamburg-Altona	30,0	17	105,88	Vmax 135 km/h
1970	Wi	E	2075	S	Hamburg-Altona – Elmshorn	21:17	21:34	012	Hamburg-Altona	30,0	17	105,88	Vmax 135 km/h
1966	So	D	497		Bremen – Hamburg Harburg	10:44	11:43	01^{10}Öl	Osnabrück Hbf	103,7	59	105,46	Vmax 135 km/h
1967	So	D	497		Bremen – Hamburg Harburg	10:44	11:43	01^{10}Öl	Osnabrück Hbf	103,7	59	105,46	Vmax 135 km/h
1971	So	D	636	b.V.	Heide – Itzehoe	21:04	21:38	012	Hamburg-Altona	59,6	34	105,18	Vmax 135 km/h
1971	So	D	823	Mo	Niebüll – Husum	06:46	07:09	012	Hamburg-Altona	40,2	23	104,87	Vmax 135 km/h
1972	So	D	823	Mo	Niebüll – Husum	06:37	07:00	012	Hamburg-Altona	40,2	23	104,87	V-Lok-Ers. 135 km/h
1955	Wi	F	49	b.V.	Freiburg – Baden-Oos	22:21	23:20	01^{10}Öl	Offenburg	103,0	59	104,75	VT10-Ers. 120 km/h
1956	Wi	F	49	b.V.	Freiburg – Baden-Oos	22:21	23:20	01^{0}	Offenburg	103,0	59	104,75	VT10-Ers. 120 km/h
1968	So	D	497		Osnabrück – Bremen	09:11	10:21	012	Osnabrück Hbf	122,2	70	104,74	Vmax 135 km/h
1955	Wi	F	2		Bremen – Osnabrück	18:39	19:49	05	Hamm	122,1	70	104,66	Vmax 120 km/h
1970	Wi	D	826	Mo	Heide – Hamburg-Altona	07:39	08:50	012	Hamburg-Altona	123,7	71	104,54	Vmax 135 km/h
1972	So	D	823	Mo	Heide – Hamburg-Altona	07:23	08:34	012	Hamburg-Altona	123,7	71	104,54	V-Lok-Ers. 135 km/h
1964	So	D	138		Soest – Unna	08:58	09:15	01^{10}Öl	Kassel	29,5	17	104,12	Vmax 120 km/h
1964	Wi	D	138		Soest – Unna	08:58	09:15	01^{10}Öl	Kassel	29,5	17	104,12	Vmax 120 km/h
1971	So	D	1130	tägl.	Neumünster – Hamburg Hbf	05:44	06:29	012	Hamburg-Altona	77,9	45	103,87	Vmax 135 km/h
1973	So	D	715	Saison	Leer – Rheine	10:20	11:26	012	Rheine	114,2	66	103,82	Vmax 120 km/h
1970	So	E	2054		Neumünster – Wrist	07:04	07:17	012	Hamburg-Altona	22,5	13	103,85	Vmax 135 km/h
1970	Wi	E	2054		Neumünster – Wrist	07:04	07:17	012	Hamburg-Altona	22,5	13	103,85	Vmax 135 km/h
1974	So	D	715	Saison	Leer – Rheine	10:20	11:26	012	Rheine	114,2	66	103,82	Vmax 120 km/h
1974	Wi	D	715	Saison	Leer – Rheine	10:20	11:26	012	Rheine	114,2	66	103,82	Vmax 120 km/h
1968	So	D	497		Bremen – Hamburg Harburg	10:23	11:23	012	Osnabrück Hbf	103,7	60	103,70	Vmax 135 km/h
1971	Wi	E	1990	WaSa	Laupheim West – Ulm	16:05	16:18	003	Ulm	22,4	13	103,38	Vmax 120 km/h
1966	Wi	F	3	Sa	Osnabrück – Bremen	20:29	21:40	01^{10}Öl	Osnabrück Hbf	122,2	71	103,27	Vmax 135 km/h
1968	So	D	396		Bremen – Osnabrück	08:23	09:34	012	Osnabrück Hbf	122,2	71	103,27	Vmax 135 km/h
1968	So	D	494		Bremen – Osnabrück	13:44	14:55	012	Osnabrück Hbf	122,2	71	103,27	Vmax 135 km/h
1955	So	F	2		Bremen – Osnabrück	18:38	19:49	05	Hamm	122,1	71	103,18	Sais. an S mit 03^{0}
1955	Wi	F	2		Bremen – Osnabrück	18:38	19:49	05	Hamm	122,1	71	103,18	Vmax 120 km/h
1969	So	E	1868	Fr	Neumünster – Hamburg-Altona	17:19	18:02	01^{10}Öl	Hamburg-Altona	73,9	43	103,12	Vmax 120 km/h
1959	So	D	178		Hamburg Harburg – Lüneburg	14:40	15:02	01^{0}	Hannover Hgbf	37,8	22	103,09	Vmax 120 km/h
1959	Wi	D	178		Hamburg Harburg – Lüneburg	14:40	15:02	01^{0}	Hannover Hgbf	37,8	22	103,09	Vmax 120 km/h
1960	So	D	178		Hamburg Harburg – Lüneburg	14:51	15:13	01^{0}	Hannover Hgbf	37,8	22	103,09	Vmax 120 km/h
1960	Wi	D	178		Hamburg Harburg – Lüneburg	14:51	15:13	01^{0}	Hannover Hgbf	37,8	22	103,09	Vmax 120 km/h
1956	So	E	539		Emmendingen – Lahr-Dinglingen	14:22	14:39	01^{10}	Offenburg	29,2	17	103,06	Vmax 120 km/h
1956	Wi	E	539		Emmendingen – Lahr-Dinglingen	14:22	14:39	01^{10}	Offenburg	29,2	17	103,06	Ersatzweise 01^{0}
1963	So	E	755		Rotenburg – Tostedt	17:19	17:36	01^{10}Öl	Osnabrück Hbf	29,2	17	103,06	Vmax 120 km/h
1963	Wi	E	755		Rotenburg – Tostedt	17:19	17:36	01^{10}Öl	Osnabrück Hbf	29,2	17	103,06	Vmax 120 km/h
1955	So	F	54		Hannover – Göttingen	15:45	16:48	01^{10}	Bebra	108,2	63	103,05	Vmax 120 km/h
1955	So	F	56		Hannover – Göttingen	08:58	10:01	01^{10}	Bebra	108,2	63	103,05	Vmax 120 km/h
1955	Wi	F	54		Hannover – Göttingen	15:45	16:48	01^{10}	Bebra	108,2	63	103,05	Vmax 120 km/h
1956	So	F	56		Hannover – Göttingen	08:58	10:01	01^{10}	Bebra	108,2	63	103,05	Vmax 120 km/h
1956	Wi	F	56		Hannover – Göttingen	08:58	10:01	01^{10}	Bebra	108,2	63	103,05	auch V200
1973	So	D	714		Rheine – Lingen	16:55	17:13	012	Rheine	30,9	18	103,00	Vmax 120 km/h
1973	Wi	D	714		Rheine – Lingen	16:55	17:13	012	Rheine	30,9	18	103,00	Vmax 120 km/h

Fahrplan	Zug	Nr.	Tage	Bespannungsabschnitt	ab	an	Lok	Bw	[km]	[min]	[km/h]	Bemerkungen
1974	So	D	1737		Rheine – Lingen	16:50	17:08	012	Rheine	30,9	18	103,00	Vmax 120 km/h
1974	Wi	D	714		Rheine – Lingen	16:50	17:08	012	Rheine	30,9	18	103,00	Vmax 120 km/h
1963	So	D	128	S	Wunstorf – Minden	21:54	22:19	01^0	Hannover Hgbf	42,9	25	102,96	Vmax 120 km/h
1963	Wi	D	128	S	Wunstorf – Minden	21:54	22:19	01^0	Hannover Hgbf	42,9	25	102,96	Vmax 120 km/h
1964	So	D	128	S	Wunstorf – Minden	21:54	22:19	01^0	Hannover Hgbf	42,9	25	102,96	Vmax 120 km/h
1966	So	E	523		Bremen – Rotenburg	20:18	20:43	01^{10} Öl	Osnabrück Hbf	42,8	25	102,72	Vmax 120 km/h
1962	Wi	E	747	W	Bremen – Rotenburg	12:49	13:14	03^0	Hamburg-Altona	42,8	25	102,72	Vmax 120 km/h
1963	So	E	747	W	Bremen – Rotenburg	13:02	13:27	03^0	Hamburg-Altona	42,8	25	102,72	Vmax 120 km/h
1962	So	E	843		Bremen – Rotenburg	21:58	22:23	03^0	Hamburg-Altona	42,8	25	102,72	Vmax 120 km/h
1963	Wi	E	755		Bremen – Rotenburg	16:52	17:17	01^{10} Öl	Osnabrück Hbf	42,8	25	102,72	Vmax 120 km/h
1966	Wi	E	755	W	Bremen – Rotenburg	16:49	17:14	01^{10} Öl	Osnabrück Hbf	42,8	25	102,72	Vmax 120 km/h
1966	Wi	E	755	S	Bremen – Rotenburg	16:49	17:14	03^0	Bremen	42,8	25	102,72	Vmax 120 km/h
1967	So	E	755		Bremen – Rotenburg	16:49	17:14	01^{10} Öl	Osnabrück Hbf	42,8	25	102,72	Vmax 120 km/h
1963	So	E	841		Bremen – Rotenburg	09:00	09:25	01^{10} Öl	Osnabrück Hbf	42,8	25	102,72	Vmax 120 km/h
1963	Wi	E	841		Bremen – Rotenburg	09:00	09:25	01^{10} Öl	Osnabrück Hbf	42,8	25	102,72	Vmax 120 km/h
1967	Wi	E	841		Bremen – Rotenburg	08:56	09:21	01^{10} Öl	Osnabrück Hbf	42,8	25	102,72	Vmax 120 km/h
1968	So	E	841		Bremen – Rotenburg	08:53	09:18	01^{10} Öl	Osnabrück Hbf	42,8	25	102,72	Vmax 120 km/h
1962	So	E	843		Bremen – Rotenburg	21:58	22:23	03^0	Hamburg-Altona	42,8	25	102,72	Vmax 120 km/h
1962	Wi	E	843		Bremen – Rotenburg	21:58	22:23	03^0	Hamburg-Altona	42,8	25	102,72	auch V 160 u. V 200
1967	Wi	E	755		Bremen – Rotenburg	16:49	17:14	01^{10} Öl	Osnabrück Hbf	42,8	25	102,72	Vmax 120 km/h
1968	So	E	755		Bremen – Rotenburg	16:48	17:13	01^{10} Öl	Osnabrück Hbf	42,8	25	102,72	Vmax 120 km/h
1961	So	D	121		Hamm – Gütersloh	08:41	09:10	01^0	Hannover Hgbf	49,6	29	102,62	Vmax 120 km/h
1953	So	S	741	W	Bremen – Rotenburg	07:16	07:41	03^0	Bremen	42,7	25	102,48	Vmax 120 km/h
1953	Wi	S	741	W	Bremen – Rotenburg	07:16	07:41	03^0	Bremen	42,7	25	102,48	Vmax 120 km/h
1955	So	E	743		Bremen – Rotenburg	08:15	08:40	03^0	Bremen	42,7	25	102,48	Vmax 120 km/h
1955	So	E	745		Bremen – Rotenburg	13:44	14.09	03^0	Bremen	42,7	25	102,48	Vmax 120 km/h
1955	Wi	E	743		Bremen – Rotenburg	08:15	08:40	03^0	Bremen	42,7	25	102,48	Vmax 120 km/h
1955	Wi	E	745		Bremen – Rotenburg	13:44	14.09	03^0	Bremen	42,7	25	102,48	Vmax 120 km/h
1956	So	D	266		Freiburg – Müllheim	20:25	20:42	01^{10}	Offenburg	29,0	17	102,35	Vmax 120 km/h
1956	Wi	D	266		Freiburg – Müllheim	20:25	20:42	01^{10}	Offenburg	29,0	17	102,35	Ers. 01^0, 120 km/h
1961	So	E	526	tägl.	Münster – Dülmen	08:30	08:47	01^{10} Öl	Osnabrück Hbf	29,0	17	102,35	Vmax 120 km/h
1961	Wi	E	526	tägl.	Münster – Dülmen	08:30	08:47	01^{10} Öl	Osnabrück Hbf	29,0	17	102,35	Vmax 120 km/h
1971	So	D	730	Saison	Papenburg – Meppen	20:16	20:43	012	Rheine	46,0	27	102,22	Vmax 120 km/h
1973	Wi	DC	913	WaSa	Papenburg – Meppen	07:17	07:44	012	Rheine	46,0	27	102,22	ab 01.04.74, 120 km/h
1973	Wi	DC	917	Sa	Papenburg – Meppen	17:29	17:56	012	Rheine	46,0	27	102,22	ab 06.04.74, 120 km/h
1968	Wi	E	1773	Sa	Itzehoe – Heide	14:29	15:04	012	Hamburg-Altona	59,6	35	102,17	Vmax 115 km/h
1968	Wi	D	462	So	Heide – Itzehoe	20:54	21:29	012	Hamburg-Altona	59,6	35	102,17	Vmax 115 km/h
1970	So	D	672	Saison	Heide – Itzehoe	11:39	12:14	012	Hamburg-Altona	59,6	35	102,17	Vmax 135 km/h
1971	So	D	672	Saison	Itzehoe – Heide	14:47	15:22	012	Hamburg-Altona	59,6	35	102,17	Vmax 135 km/h
1963	So	D	497		Bremen – Hamburg Harburg	12:33	13:34	01^{10} Öl	Osnabrück Hbf	103,7	61	102,00	Vmax 120 km/h
1963	So	D	95		Bremen – Hamburg Harburg	21:06	22:07	01^{10} Öl	Osnabrück Hbf	103,7	61	102,00	Vmax 135 km/h
1964	So	D	95		Bremen – Hamburg Harburg	21:06	22:07	01^{10} Öl	Osnabrück Hbf	103,7	61	102,00	Vmax 135 km/h
1964	Wi	D	95		Bremen – Hamburg Harburg	21:06	22:07	01^{10} Öl	Osnabrück Hbf	103,7	61	102,00	Vmax 135 km/h
1968	So	D	496		Hamburg Harburg – Bremen	11:21	12:22	012	Osnabrück Hbf	103,7	61	102,00	Vmax 135 km/h
1967	Wi	E	4711		Mönchengladbach – Neuß	09:19	09:29	03^0	Mönchengladbach	17,0	10	102,00	Vmax 120 km/h
1951	Wi	F	44	tägl.	Bremen – Hannover	07:26	08:38	01^{10}	Kassel	122,3	72	101,92	Vmax 120 km/h

Fahrplan	Zug	Nr.	Tage	Bespannungsabschnitt	ab	an	Lok	Bw	[km]	[min]	[km/h]	Bemerkungen
1961	So	D	114		Hannover – Minden	06:48	07:26	01^0	Hannover Hgbf	64,5	38	101,84	Vmax 120 km/h
1962	So	D	396		Bremen – Osnabrück	08:04	09:16	01^{10} Öl	Osnabrück Hbf	122,2	72	101,83	Vmax 120 km/h
1962	Wi	D	396		Bremen – Osnabrück	08:04	09:16	01^{10} Öl	Osnabrück Hbf	122,2	72	101,83	Vmax 120 km/h
1954	So	F	2	tägl.	Bremen – Osnabrück	18:38	19:50	05	Hamm	122,1	72	101,75	Vmax 120 km/h
1954	So	F	4	tägl.	Bremen – Osnabrück	08:38	09:50	03^{10}	Dortmund Bbf	122,1	72	101,75	Vmax 120 km/h
1954	So	F	34	Mo	Bremen – Osnabrück	11:14	12:26	03^{10}	Hamburg-Altona	122,1	72	101,75	Vmax 120 km/h
1954	Wi	F	2	tägl.	Bremen – Osnabrück	18:38	19:50	05	Hamm	122,1	72	101,75	Vmax 120 km/h
1954	Wi	F	4	tägl.	Bremen – Osnabrück	08:38	09:50	03^{10}	Dortmund Bbf	122,1	72	101,75	Vmax 120 km/h
1954	Wi	F	34	Mo	Bremen – Osnabrück	11:14	12:26	03^{10}	Hamburg-Altona	122,1	72	101,75	Vmax 120 km/h
1955	So	F	4	tägl.	Bremen – Osnabrück	08:39	09:51	03^{10}	Dortmund Bbf	122,1	72	101,75	Vmax 120 km/h
1955	Wi	F	4	tägl.	Bremen – Osnabrück	08:39	09:51	03^{10}	Dortmund Bbf	122,1	72	101,75	Vmax 120 km/h
1964	So	E	841	tägl.	Rotenburg – Buchholz	09:27	09:51	01^{10} Öl	Osnabrück Hbf	40,7	24	101,75	Vmax 120 km/h
1964	Wi	E	841	tägl.	Rotenburg – Buchholz	09:27	09:51	01^{10} Öl	Osnabrück Hbf	40,7	24	101,75	Vmax 120 km/h
1964	So	E	590		Bremerhaven – Osterholz	11:22	11:46	01^0	Bremen	40,7	24	101,75	Vmax 120 km/h
1964	So	E	884		Bremerhaven – Osterholz	17:48	18:12	03^0	Bremen	40,7	24	101,75	Vmax 120 km/h
1964	Wi	E	590		Bremerhaven – Osterholz	11:22	11:46	01^0	Bremen	40,7	24	101,75	Vmax 120 km/h
1964	Wi	E	884		Bremerhaven – Osterholz	17:48	18:12	03^0	Bremen	40,7	24	101,75	Vmax 120 km/h
1965	So	E	590		Bremerhaven – Osterholz	11:06	11:30	01^0	Bremen	40,7	24	101,75	Vmax 120 km/h
1965	So	E	884		Bremerhaven – Osterholz	17:50	18:14	01^0	Bremen	40,7	24	101,75	Vmax 120 km/h
1965	Wi	E	590		Bremerhaven – Osterholz	11:06	11:30	01^0	Bremen	40,7	24	101,75	Vmax 120 km/h
1965	Wi	E	884		Bremerhaven – Osterholz	17:50	18:14	01^0	Bremen	40,7	24	101,75	Vmax 120 km/h
1953	So	F	14	tägl.	Hannover – Minden	06:30	07:08	05	Hamm	64,4	38	101,68	Vmax 120 km/h
1953	Wi	F	14	tägl.	Hannover – Minden	06:30	07:08	05	Hamm	64,4	38	101,68	Vmax 120 km/h
1954	So	F	14	tägl.	Hannover – Minden	06:37	07:15	05	Hamm	64,4	38	101,68	Vmax 120 km/h
1954	Wi	F	14	tägl.	Hannover – Minden	06:37	07:15	05	Hamm	64,4	38	101,68	Vmax 120 km/h
1955	So	F	14	tägl.	Hannover – Minden	06:39	07:17	05	Hamm	64,4	38	101,68	Vmax 120 km/h
1955	Wi	F	14	tägl.	Hannover – Minden	06:39	07:17	05	Hamm	64,4	38	101,68	Vmax 120 km/h
1956	So	F	14	W	Hannover – Minden	06:46	07:24	05	Hamm	64,4	38	101,68	Vmax 120 km/h
1956	Wi	F	14	W	Hannover – Minden	06:46	07:24	05	Hamm	64,4	38	101,68	auch V 200 Hamm
1969	Wi	D	836	Mo	Heide – Hamburg-Altona	07:39	08:52	012	Hamburg-Altona	123,7	73	101,67	Vmax 135 km/h
1968	Wi	D	139	Fr	Hamburg-Altona – Husum	17:10	18:43	012	Hamburg-Altona	157,5	93	101,61	Vmax 115 km/h
1969	So	D	139	Fr	Hamburg-Altona – Husum	17:16	18:49	012	Hamburg-Altona	157,5	93	101,61	Vmax 115 km/h
1969	Wi	D	139	Fr	Hamburg-Altona – Husum	17:16	18:49	012	Hamburg-Altona	157,5	93	101,61	Vmax 115 km/h
1954	So	F	42		Hannover – Göttingen	18:45	19:49	03^0 *	Hannover Hgbf	108,2	64	101,44	05.-31.07.54: VT 10 501
1954	Wi	F	42		Hannover – Göttingen	18:45	19:49	03^0	Hannover Hgbf	108,2	64	101,44	ab 16.12.54: VT 10 501
1954	So	F	53		Göttingen – Hannover	13:10	14:14	01^{10}	Bebra	108,2	64	101,44	Vmax 120 km/h
1954	So	F	54		Hannover – Göttingen	15:44	16:48	01^{10}	Bebra	108,2	64	101,44	Vmax 120 km/h
1954	So	F	55		Göttingen – Hannover	19:35	20:39	01^{10}	Bebra	108,2	64	101,44	Vmax 120 km/h
1954	So	F	56		Hannover – Göttingen	09:00	10:04	01^{10}	Bebra	108,2	64	101,44	Vmax 120 km/h
1954	Wi	F	53		Göttingen – Hannover	13:10	14:14	01^{10}	Bebra	108,2	64	101,44	Vmax 120 km/h
1954	Wi	F	54		Hannover – Göttingen	15:44	16:48	01^{10}	Bebra	108,2	64	101,44	Vmax 120 km/h
1954	Wi	F	55		Göttingen – Hannover	19:35	20:39	01^{10}	Bebra	108,2	64	101,44	Vmax 120 km/h
1954	Wi	F	56		Hannover – Göttingen	09:00	10:04	01^{10}	Bebra	108,2	64	101,44	Vmax 120 km/h
1955	So	F	55		Hannover – Göttingen	19:39	20:43	01^{10}	Bebra	108,2	64	101,44	Vmax 120 km/h
1955	Wi	F	55		Göttingen – Hannover	19:39	20:43	01^{10}	Bebra	108,2	64	101,44	Vmax 120 km/h
1956	So	F	53		Göttingen – Hannover	13:10	14:14	01^{10}	Bebra	108,2	64	101,44	Vmax 120 km/h

Fahrplan		Zug	Nr.	Tage	Bespannungsabschnitt	ab	an	Lok	Bw	[km]	[min]	[km/h]	Bemerkungen
1956	So	F	54		Hannover – Göttingen	15:45	16:49	01¹⁰	Bebra	108,2	64	101,44	Vmax 120 km/h
1956	So	F	55		Göttingen – Hannover	19:39	20:43	01¹⁰	Bebra	108,2	64	101,44	Vmax 120 km/h
1956	Wi	F	53		Göttingen – Hannover	13:10	14:14	01¹⁰	Bebra	108,2	64	101,44	auch V 200
1956	Wi	F	54		Hannover – Göttingen	15:45	16:49	01¹⁰	Bebra	108,2	64	101,44	auch V 200
1956	Wi	F	55		Göttingen – Hannover	19:39	20:43	01¹⁰	Bebra	108,2	64	101,44	auch V 200
1968	Wi	D	462	So	Husum – Heide	20:33	20:53	012	Hamburg-Altona	33,8	20	101,40	Vmax 115 km/h
1968	Wi	E	1773	Sa	Heide – Husum	15:05	15:25	012	Hamburg-Altona	33,8	20	101,40	Vmax 120 km/h
1969	Wi	D	836	Mo	Husum – Heide	07:18	07:38	012	Hamburg-Altona	33,8	20	101,40	Vmax 120 km/h
1970	So	D	636	So	Husum – Heide	20:42	21:02	012	Hamburg-Altona	33,8	20	101,40	Vmax 120 km/h
1970	Wi	D	636	b.V.	Husum – Heide	20:42	21:02	012	Hamburg-Altona	33,8	20	101,40	Vmax 120 km/h
1972	So	D	823	Mo	Husum – Heide	07:02	07:22	012	Hamburg-Altona	33,8	20	101,40	V-Lok-Ers. 120 km/h
1969	Wi	D	836	Mo	Westerland – Husum	06:30	07:17	012	Hamburg-Altona	79,4	47	101,36	Vmax 135 km/h
1972	So	E	1732		Emden Hbf – Leer	17:15	17:31	012	Rheine	27,0	16	101,25	Vmax 120 km/h
1972	Wi	E	1732		Emden Hbf – Leer	17:15	17:31	012	Rheine	27,0	16	101,25	Vmax 120 km/h
1973	Wi	DC	913	WaSa	Emden Hbf – Leer	06:48	07:04	012	Rheine	27,0	16	101,25	ab 01.04.74, 120 km/h
1973	Wi	DC	917	Sa	Emden Hbf – Leer	17:00	17:16	012	Rheine	27,0	16	101,25	ab 06.04.74, 120 km/h
1965	So	D	248	Sa	Lüneburg – Celle	16:53	17:45	03⁰	Hamburg-Altona	87,5	52	100,96	Vmax 120 km/h
1970	So	E	2101		Wilster – St Michaelisdonn	08:35	08:51	012	Hamburg-Altona	26,9	16	100,88	Vmax 120 km/h
1970	So	E	2106		St. Michaelisdonn – Wilster	12:23	12:39	012	Hamburg-Altona	26,9	16	100,88	Vmax 120 km/h
1971	So	E	2100		Wilster – St. Michaelisdonn	08:35	08:51	012	Hamburg-Altona	26,9	16	100,88	Vmax 120 km/h
1971	So	E	2107		St. Michaelisdonn – Wilster	11:38	11:54	012	Hamburg-Altona	26,9	16	100,88	Vmax 120 km/h
1967	Wi	E	664	aSa	Neumünster – Hamburg-Altona	16:22	17:06	012	Hamburg-Altona	73,9	44	100,77	Vmax 115 km/h
1971	So	D	715	Saison	Leer – Rheine	10:21	11:29	012	Rheine	114,2	68	100,76	Vmax 120 km/h
1973	So	D	1337	Sa	Rheine – Leer	09:12	10:20	012	Rheine	114,2	68	100,76	Vmax 120 km/h
1974	So	D	1731		Rheine – Leer	09:12	10:20	012	Rheine	114,2	68	100,76	Vmax 120 km/h
1969	So	E	509		Bamberg – Lichtenfels	13:04	13:23	001	Hof	31,9	19	100,74	Vmax 120 km/h
1969	So	E	871		Bamberg – Lichtenfels	07:35	07:54	001	Hof	31,9	19	100,74	Vmax 120 km/h
1969	So	E	459		Bamberg – Lichtenfels	14:08	14:27	001	Hof	31,9	19	100,74	Vmax 120 km/h
1969	So	E	866		Lichtenfels – Bamberg	17:29	17:48	001	Hof	31,9	19	100,74	Vmax 120 km/h
1969	Wi	E	459		Bamberg – Lichtenfels	14:06	14:25	001	Hof	31,9	19	100,74	Vmax 120 km/h
1969	Wi	E	1645		Bamberg – Lichtenfels	13:04	13:23	001	Hof	31,9	19	100,74	Vmax 120 km/h
1969	Wi	E	1649		Bamberg – Lichtenfels	16:16	16:35	001	Hof	31,9	19	100,74	Vmax 120 km/h
1969	Wi	E	1790		Lichtenfels – Bamberg	22:12	22:31	001	Hof	31,9	19	100,74	Vmax 120 km/h
1969	Wi	E	1791		Bamberg – Lichtenfels	07:35	07:54	001	Hof	31,9	19	100,74	Vmax 120 km/h
1969	Wi	E	1794		Lichtenfels – Bamberg	17:29	17:48	001	Hof	31,9	19	100,74	Vmax 120 km/h
1969	Wi	E	1885		Bamberg – Lichtenfels	19:35	19:54	001	Hof	31,9	19	100,74	Vmax 120 km/h
1970	So	E	659		Bamberg – Lichtenfels	14:06	14:25	001	Hof	31,9	19	100,74	Vmax 120 km/h
1970	So	E	1623		Lichtenfels – Bamberg	08:12	08:31	001	Hof	31,9	19	100,74	Vmax 120 km/h
1970	So	E	1645		Bamberg – Lichtenfels	13:04	13:23	001	Hof	31,9	19	100,74	Vmax 120 km/h
1970	So	E	1648		Lichtenfels – Bamberg	10:10	10:29	001	Hof	31,9	19	100,74	Vmax 120 km/h
1970	So	E	1649		Bamberg – Lichtenfels	16:16	16:35	001	Hof	31,9	19	100,74	Vmax 120 km/h
1970	So	E	1790	W	Bamberg – Lichtenfels	22:12	22:31	001	Hof	31,9	19	100,74	Vmax 120 km/h
1970	So	E	1791		Bamberg – Lichtenfels	07:35	07:54	001	Hof	31,9	19	100,74	Vmax 120 km/h
1970	So	E	1885		Bamberg – Lichtenfels	19:35	19:54	001	Hof	31,9	19	100,74	Vmax 120 km/h
1970	Wi	E	659		Bamberg – Lichtenfels	14:06	14:25	001	Hof	31,9	19	100,74	Vmax 120 km/h
1970	Wi	E	1623		Lichtenfels – Bamberg	14:06	14:25	001	Hof	31,9	19	100,74	Vmax 120 km/h

Fahrplan	Zug	Nr.	Tage	Bespannungsabschnitt	ab	an	Lok	Bw	[km]	[min]	[km/h]	Bemerkungen
1970	Wi	E	1645		Bamberg – Lichtenfels	13:04	13:23	001	Hof	31,9	19	100,74	Vmax 120 km/h
1970	Wi	E	1648		Lichtenfels – Bamberg	14:06	14:25	001	Hof	31,9	19	100,74	Vmax 120 km/h
1970	Wi	E	1649		Bamberg – Lichtenfels	16:16	16:35	001	Hof	31,9	19	100,74	Vmax 120 km/h
1970	Wi	E	1791		Bamberg – Lichtenfels	07:35	07:54	001	Hof	31,9	19	100,74	Vmax 120 km/h
1970	Wi	E	1885		Bamberg – Lichtenfels	19:35	19:54	001	Hof	31,9	19	100,74	Vmax 120 km/h
1971	So	E	659		Bamberg – Lichtenfels	14:06	14:25	001	Hof	31,9	19	100,74	Vmax 120 km/h
1971	So	E	1622		Lichtenfels – Bamberg	08:12	08:31	001	Hof	31,9	19	100,74	Vmax 120 km/h
1971	So	E	1648	WaSa	Lichtenfels – Bamberg	10:10	10:29	001	Hof	31,9	19	100,74	Vmax 120 km/h
1971	So	E	1649		Bamberg – Lichtenfels	16:21	16:40	001	Hof	31,9	19	100,74	Vmax 120 km/h
1971	So	E	1790		Lichtenfels – Bamberg	22:12	22:31	001	Hof	31,9	19	100,74	Vmax 120 km/h
1971	So	E	1791		Bamberg – Lichtenfels	07:35	07:54	001	Hof	31,9	19	100,74	Vmax 120 km/h
1971	Wi	E	659		Bamberg – Lichtenfels	14:06	14:25	001	Hof	31,9	19	100,74	Vmax 120 km/h
1971	Wi	E	1622		Lichtenfels – Bamberg	08:12	08:31	001	Hof	31,9	19	100,74	Vmax 120 km/h
1971	Wi	E	1648		Lichtenfels – Bamberg	10:10	10:29	001	Hof	31,9	19	100,74	Vmax 120 km/h
1971	Wi	E	1790		Lichtenfels – Bamberg	22:12	22:31	001	Hof	31,9	19	100,74	Vmax 120 km/h
1971	Wi	E	1791		Bamberg – Lichtenfels	07:35	07:54	001	Hof	31,9	19	100,74	Vmax 120 km/h
1972	So	E	1622		Lichtenfels – Bamberg	08:07	08:26	001	Hof	31,9	19	100,74	Vmax 120 km/h
1972	So	E	1648		Lichtenfels – Bamberg	10:04	10:23	001	Hof	31,9	19	100,74	Vmax 120 km/h
1972	So	E	1649		Bamberg – Lichtenfels	16:38	16:57	001	Hof	31,9	19	100,74	Vmax 120 km/h
1972	So	E	1790		Lichtenfels – Bamberg	22:12	22:31	001	Hof	31,9	19	100,74	Vmax 120 km/h
1972	So	E	1791		Bamberg – Lichtenfels	07:35	07:54	001	Hof	31,9	19	100,74	Vmax 120 km/h
1972	So	E	1799		Bamberg – Lichtenfels	21:15	21:34	001	Hof	31,9	19	100,74	Vmax 120 km/h
1972	So	E	1885	WaSa	Bamberg – Lichtenfels	19:37	19:56	001	Hof	31,9	19	100,74	Vmax 120 km/h
1972	Wi	E	870		Lichtenfels – Bamberg	06:22	06:41	001	Hof	31,9	19	100,74	Vmax 120 km/h
1972	Wi	E	1622		Lichtenfels – Bamberg	08:07	08:26	001	Hof	31,9	19	100,74	Vmax 120 km/h
1972	Wi	E	1648		Lichtenfels – Bamberg	10:05	10:24	001	Hof	31,9	19	100,74	Vmax 120 km/h
1972	Wi	E	1790		Lichtenfels – Bamberg	22:12	22:31	001	Hof	31,9	19	100,74	Vmax 120 km/h
1972	Wi	E	1863	W	Bamberg – Lichtenfels	11:28	11:47	001	Hof	31,9	19	100,74	Vmax 120 km/h
1972	Wi	E	1886		Lichtenfels – Bamberg	07:14	07:33	001	Hof	31,9	19	100,74	Vmax 120 km/h
1955	So	F	17	tägl.	Hamm – Bielefeld	08:59	09:39	03^0	Hannover Hgbf	67,1	40	100,65	Vmax 120 km/h
1955	Wi	F	17	tägl.	Hamm – Bielefeld	08:59	09:39	03^0	Hannover Hgbf	67,1	40	100,65	Vmax 120 km/h
1956	So	F	16	W	Bielefeld – Hamm	15:44	16:24	05	Hamm	67,1	40	100,65	Vmax 120 km/h
1956	So	F	18		Bielefeld – Hamm	20:18	20:58	03^0	Hannover Hgbf	67,1	40	100,65	Vmax 120 km/h
1956	So	F	14	W	Bielefeld – Hamm	07:58	08:38	05	Hamm	67,1	40	100,65	Vmax 120 km/h
1956	Wi	F	14	W	Bielefeld – Hamm	07:58	08:38	05	Hamm	67,1	40	100,65	auch V 200 Hamm
1956	Wi	F	16	W	Bielefeld – Hamm	15:48	16:28	05	Hamm	67,1	40	100,65	auch V 200 Hamm
1956	Wi	F	18		Bielefeld – Hamm	20:18	20:58	03^0	Hannover Hgbf	67,1	40	100,65	auch V 200 Hamm
1957	So	F	16	W	Bielefeld – Hamm	15:48	16:28	03^{10}	Dortmund Bbf	67,1	40	100,65	auch V 200 Hamm
1971	Wi	E	1990	WaSa	Ravensburg – Aulendorf	15:22	15:35	003	Ulm	21,8	13	100,62	Vsp. V-Lok 120 km/h
1971	Wi	E	1991	WaSa	Aulendorf – Ravensburg	16:19	16:32	003	Ulm	21,8	13	100,62	Vmax 120 km/h
1973	So	E	1933	b.V.	Lathen – Aschendorf	08:04	08:17	012	Rheine	21,8	13	100,62	Vmax 120 km/h
1961	So	D	466	Saison	Münster – Recklinghausen	19:55	20:29	03^0	Rheine	57,0	34	100,59	Vmax 120 km/h
1970	So	D	823	Fr	Hamburg-Altona – Husum	17:17	18:51	012	Hamburg-Altona	157,5	94	100,53	Vmax 120 km/h
1951	So	F	44		Bremen – Hannover	07:26	08:39	01^{10}	Kassel	122,3	73	100,52	Vmax 120 km/h
1952	So	F	44		Bremen – Hannover	07:19	08:32	01^{10}	Kassel	122,3	73	100,52	Vmax 120 km/h
1961	So	D	505	Fr	Hamm – Bielefeld	23:56	00:36	03^{10}	Hagen-Eckesey	67,0	40	100,50	Vmax 120 km/h

Fahrplan	Zug	Nr.	Tage	Bespannungsabschnitt	ab	an	Lok	Bw	[km]	[min]	[km/h]	Bemerkungen
1961	Wi	D	505	Fr	Hamm – Bielefeld	23:56	00:36	03^{10}	Hagen-Eckesey	67,0	40	100,50	Vmax 120 km/h
1964	So	D	401	Fr	Hamm – Bielefeld	18:03	18:43	03^{10}	Hagen-Eckesey	67,0	40	100,50	Vmax 120 km/h
1964	Wi	D	401	Fr	Hamm – Bielefeld	18:03	18:43	03^{10}	Hagen-Eckesey	67,0	40	100,50	Vmax 120 km/h
1969	Wi	E	1570		Niebüll – Husum	07:29	07:53	012	Hamburg-Altona	40,2	24	100,50	Vmax 120 km/h
1970	So	D	636	So	Niebüll – Husum	20:15	20:39	012	Hamburg-Altona	40,2	24	100,50	Vmax 135 km/h
1970	Wi	D	636	b.V.	Niebüll – Husum	20:15	20:39	012	Hamburg-Altona	40,2	24	100,50	Vmax 135 km/h
1970	So	D	637	Sa	Husum – Niebüll	08:05	08:29	012	Hamburg-Altona	40,2	24	100,50	Vmax 135 km/h
1971	So	D	637	b.V.	Husum – Niebüll	08:05	08:29	012	Hamburg-Altona	40,2	24	100,50	Vmax 135 km/h
1971	Wi	D	823	Mo	Niebüll – Husum	06:45	07:09	012	Hamburg-Altona	40,2	24	100,50	Vmax 135 km/h
1960	Wi	D	396	tägl.	Bremen – Osnabrück	07:58	09:11	01^{10} Öl	Osnabrück Hbf	122,2	73	100,44	Vmax 120 km/h
1961	So	D	396	tägl.	Bremen – Osnabrück	08:03	09:16	01^{10} Öl	Osnabrück Hbf	122,2	73	100,44	Vmax 120 km/h
1961	Wi	D	396	tägl.	Bremen – Osnabrück	08:03	09:16	01^{10} Öl	Osnabrück Hbf	122,2	73	100,44	Vmax 120 km/h
1962	So	D	312	tägl.	Bremen – Osnabrück	04:46	05:59	01^{10} Öl	Osnabrück Hbf	122,2	73	100,44	Vmax 120 km/h
1962	Wi	D	312	tägl.	Bremen – Osnabrück	04:46	05:59	01^{10} Öl	Osnabrück Hbf	122,2	73	100,44	Vmax 120 km/h
1962	Wi	D	393	tägl.	Bremen – Osnabrück	11:57	13:10	01^{10} Öl	Osnabrück Hbf	122,2	73	100,44	Vmax 120 km/h
1964	Wi	D	393	tägl.	Bremen – Osnabrück	12:00	13:13	01^{10} Öl	Osnabrück Hbf	122,2	73	100,44	Vmax 135 km/h
1966	So	D	172	tägl.	Bremen – Osnabrück	04:34	05:47	01^{10} Öl	Osnabrück Hbf	122,2	73	100,44	Vmax 120 km/h
1961	So	D	394	tägl.	Bremen – Osnabrück	13:47	15:00	01^{10} Öl	Osnabrück Hbf	122,2	73	100,44	Vmax 120 km/h
1961	Wi	D	394	tägl.	Bremen – Osnabrück	13:47	15:00	01^{10} Öl	Osnabrück Hbf	122,2	73	100,44	Vmax 120 km/h
1962	So	D	394	tägl.	Bremen – Osnabrück	13:47	15:00	01^{10} Öl	Osnabrück Hbf	122,2	73	100,44	Vmax 120 km/h
1968	So	D	395	tägl.	Osnabrück – Bremen	14:03	15:16	012	Osnabrück Hbf	122,2	73	100,44	135 km/h, Mo-Fr 220
1968	So	D	939	tägl.	Osnabrück – Bremen	12:16	13:29	012	Osnabrück Hbf	122,2	73	100,44	Vmax 135 km/h
1954	So	F	1	tägl.	Osnabrück – Bremen	10:05	11:18	05	Hamm	122,1	73	100,36	Vmax 120 km/h
1954	So	F	3	tägl.	Osnabrück – Bremen	20:18	21:31	03^{10}	Dortmund Bbf	122,1	73	100,36	Vmax 120 km/h
1954	So	F	33	tägl.	Osnabrück – Bremen	17:36	18:49	03^{10}	Hamburg-Altona	122,1	73	100,36	auch 03^0, 120 km/h
1954	Wi	F	1	tägl.	Osnabrück – Bremen	10:05	11:18	05	Hamm	122,1	73	100,36	Vmax 120 km/h
1954	Wi	F	3	tägl.	Osnabrück – Bremen	20:18	21:31	03^{10}	Dortmund Bbf	122,1	73	100,36	Vmax 120 km/h
1954	Wi	F	33	tägl.	Osnabrück – Bremen	17:36	18:49	03^{10}	Hamburg-Altona	122,1	73	100,36	Vmax 120 km/h
1955	So	F	1	tägl.	Osnabrück – Bremen	10:05	11:18	05	Hamm	122,1	73	100,36	Vmax 120 km/h
1955	So	F	3	tägl.	Osnabrück – Bremen	20:08	21:21	03^{10}	Dortmund Bbf	122,1	73	100,36	Vmax 120 km/h
1955	So	F	33	tägl.	Osnabrück – Bremen	17:31	18:44	03^{10}	Hamburg-Altona	122,1	73	100,36	Vmax 120 km/h
1955	Wi	F	1	tägl.	Osnabrück – Bremen	10:05	11:18	05	Hamm	122,1	73	100,36	Vmax 120 km/h
1955	Wi	F	3	tägl.	Osnabrück – Bremen	20:08	21:21	03^{10}	Dortmund Bbf	122,1	73	100,36	Vmax 120 km/h
1956	So	F	2	tägl.	Bremen – Osnabrück	18:34	19:47	05	HamP	122,1	73	100,36	Vmax 120 km/h
1956	So	F	4	tägl.	Bremen – Osnabrück	08:36	09:49	03^{10}	Dortmund Bbf	122,1	73	100,36	Vmax 120 km/h
1956	Wi	F	2	tägl.	Bremen – Osnabrück	18:34	19:47	05	Hamm	122,1	73	100,36	auch V 200 Hamm
1956	Wi	F	4	tägl.	Bremen – Osnabrück	08:36	09:49	03^{10}	Dortmund Bbf	122,1	73	100,36	auch V 200 Hamm
1960	So	D	396	tägl.	Bremen – Osnabrück	07:58	09:11	01^{10}	Osnabrück Hbf	122,1	73	100,36	Vmax 120 km/h
1961	So	D	395	tägl.	Bremen – Hamburg Harburg	15:26	16:28	01^{10}	Osnabrück Hbf	103,7	62	100,35	Vmax 120 km/h
1961	So	D	497		Bremen – Hamburg Harburg	12:34	13:36	01^{10}	Osnabrück Hbf	103,7	62	100,35	Vmax 120 km/h
1965	So	D	497		Bremen – Hamburg Harburg	10:41	11:43	01^{10} Öl	Osnabrück Hbf	103,7	62	100,35	Vmax 120 km/h
1971	Wi	D	10821	b.V.	Heide – St Michaelisdonn	19:38	19:52	012	Hamburg-Altona	23,4	14	100,29	Vmax 120 km/h
1954	So	F	1	tägl.	Münster – Osnabrück	09:29	09:59	05	Hamm	50,1	30	100,20	Vmax 120 km/h
1954	So	F	2	tägl.	Osnabrück – Münster	19:57	20:27	05	Hamm	50,1	30	100,20	Vmax 120 km/h
1954	So	F	3	tägl.	Münster – Osnabrück	19:41	20:11	03^{10}	Dortmund Bbf	50,1	30	100,20	Vmax 120 km/h
1954	So	F	33	tägl.	Münster – Osnabrück	17:02	17:32	03^{10}	Hamburg-Altona	50,1	30	100,20	auch 03^0, 120 km/h

Fahrplan	Zug	Nr.	Tage	Bespannungsabschnitt	ab	an	Lok	Bw	[km]	[min]	[km/h]	Bemerkungen
1954	Wi	F	1	tägl.	Münster – Osnabrück	09:29	09:59	05	Hamm	50,1	30	100,20	Vmax 120 km/h
1954	Wi	F	2	tägl.	Osnabrück – Münster	19:57	20:27	05	Hamm	50,1	30	100,20	Vmax 120 km/h
1954	Wi	F	3	tägl.	Münster – Osnabrück	19:41	20:11	03^{10}	Dortmund Bbf	50,1	30	100,20	Vmax 120 km/h
1954	Wi	F	33	tägl.	Münster – Osnabrück	17:02	17:32	03^{10}	Hamburg-Altona	50,1	30	100,20	Vmax 120 km/h
1955	So	F	3	tägl.	Münster – Osnabrück	19:31	20:01	03^{10}	Dortmund Bbf	50,1	30	100,20	Vmax 120 km/h
1955	So	F	33	tägl.	Münster – Osnabrück	16:57	17:27	03^{10}	Hamburg-Altona	50,1	30	100,20	Vmax 120 km/h
1955	Wi	F	3	tägl.	Münster – Osnabrück	19:31	20:01	03^{10}	Dortmund Bbf	50,1	30	100,20	Vmax 120 km/h
1970	So	E	2077	W	Hamburg-Altona – Elmshorn	21:22	21:40	012	Hamburg-Altona	30,0	18	100,00	Vmax 135 km/h
1970	Wi	E	2077	WaSa	Hamburg-Altona – Elmshorn	21:22	21:40	012	Hamburg-Altona	30,0	18	100,00	Vmax 135 km/h
1971	So	E	2064	Sa	Hamburg-Altona – Elmshorn	13:01	13:19	012	Hamburg-Altona	30,0	18	100,00	Vmax 135 km/h
1971	So	E	2076	aSa	Hamburg-Altona – Elmshorn	21:42	22:00	012	Hamburg-Altona	30,0	18	100,00	Vmax 135 km/h
1971	Wi	E	1991	WaSa	Biberach – Bad Schussenried	15:59	16:11	003	Ulm	20,0	12	100,00	Vmax 120 km/h

* F 42 ab 13.9.1954 versuchsweise mit 18^6 Bw Darmstadt

zu E 664: Ab Dezember 1967 mit 01^{10} Öl bespannt. Abschnitt Kiel – Neumünster 120 km/h.

zu DC 913, 917: 012-Sonderplan, gültig ab 1. April 1974 (Grund: Drehscheibenreparatur in Norddeich)

Zugnamen: F 1/2 „Hanseat", F 3/4 „Merkur", F 14 „Dompfeil", F 15/16 „Sachsenroß", F 17/18 „Germania", F 33, 34 „Gambrinus", F 42 „Senator", F 44 „Roland", F 49 „Komet", F 53/54 „Domspatz", F 55/56 „Blauer Enzian", D 172 „Nord-West-Expreß", D 591 „Konsul", E 659 „Frankenland", DC 913 „Münsterland", DC 917 „Ostfriesland", D 1130/1230 „Kattegatt-Expreß"

Rechnerisch zählt auch der E 1838 im Sommer 1971 mit zwei Abschnitten (Geseke – Lippstadt 102,0 km/h und Lippstadt – Bad Sassen 108,0 km/h) dazu.

Samstags war eine 044 vom Bw Hamm vorgesehen. Die Fahrzeiten, mit 120 km/h für Ellok berechnet, waren aber von der Dampflok nicht einzuhalten.

Bild 99 – Zwischen den beiden „Hanseat"-Leistungen (F 1 Hamburg-Altona an 12:42 und F 2 ab 16:52 Uhr) wird 05 002 im Bahnbetriebswerk Hamburg-Altona restauriert, Oktober 1955.
Aufnahme: Walter Hollnagel, Sammlung Eisenbahnstiftung

Bild 100
05 003 nimmt am 8. Juni 1954 mit dem F 1 „Hanseat" die letzten Kilometer hinter Hamburg-Dammtor in gemächlicher Fahrt.

Bild 101
Die Altonaer 03 293 vertritt eine 03^{10} am F 33 „Gambrinus", in Königsmoor fotografisch festgehalten am 23. Juni 1954.

Aufnahmen (2): Walter Hollnagel, Sammlung Eisenbahnstiftung

Bild 102
03 1043 passiert im September 1956 mit dem F 3 „Merkur" gegen 14:20 Uhr den einsamen Bahnübergang bei Flörsheim. Noch 660 Kilometer weit muss ihr Feuer ausreichend Dampf liefern, bevor in Hamburg-Altona um 23:03 Uhr ihre Fahrt enden wird.

Aufnahme: Kurt Eckert, Sammlung Robin Garn

Das Kursbuch Winter 1961/1962 verzeichnete erstmals **Messezüge**, die jeweils Ende April/Anfang Mai das weltgrößte Messegelände in Hannover (mit eigenem Kopfbahnhof) anfuhren. Am südlichen Ende des Bahnhof Hannover-Wülfel bogen die Züge – als Rangierfahrt – in die 180°-Linkskurve zum Messebahnhof ein.

Die Messezüge aus dem Ruhrgebiet hatten östlich von Hamm generell Dieselbespannung (V 200 und V 300 001). Die Zuglast lag deutlich über den bekannten F-Zügen, weshalb nur F 25 im Frühjahr 1962 zwischen Hamm und Bielefeld mit 108,6 km/h eine beachtenswerte Reisegeschwindigkeit erreichte.

Der Höhepunkt lag zweifelsfrei im Winterfahrplan 1962/63: F 441/442 verbanden die Industriezentren Ludwigshafen/Mannheim und Frankfurt (M) mit der Messe. In Fulda endete der Fahrdraht. Für den Abschnitt über Göttingen – Hannover-Wülfel (Betriebshalt, geschoben zum Messebahnhof) war die V 200 vorgesehen, die mit aufwendigen Leerfahrten bereitgehalten werden musste oder bis zu 58 Stunden Stilllager hatte. Die Vmax lag bei 135/140 km/h, weshalb allenfalls Bebraer 01[10] als Ersatz in Frage kamen. Laufpläne sind nicht bekannt. Die Kursbuchangaben zeigen, dass auf der Hinfahrt in Wülfel sofort nach der Ankunft mit der Zuglok auf das Messegelände zurückgedrückt wurde, auf dem Rückweg aber der Zug in Wülfel umfahren wurde. Das ergibt für die 101,2 km lange Strecke nach Göttingen beim F 441 Vr 105,31 km/h und für den F 442 Vr 100,13 km/h. Zugkomposition ab Ludwigshafen laut Zugbildungsplan: 4 A4üm, ab Ffm an der Zugspitze noch ein Speisewagen (WR4ü). Zur nächsten Messe im Frühjahr 1964 genügten Verstärkungswagen im neuen F-Zugpaar „Konsul".

Das Zugpaar D 456/455 verband Hamburg mit der Messe. Mit der Erhöhung der Vmax auf 135 km/h hatten V 200 die 03[0] aus dem Vorjahr als Zuglok abgelöst. D 455 hatte im Abschnitt Hannover Hbf – Lüneburg (128,7 km) 76 Minuten Fahrzeit und 101,6 km/h zu bieten. Die Wagenfolge ab Hannover: 6 B4üm, WR4ü, 4 A4üm.

Schließlich hatte auch die Hansestadt Bremen mit den D 444/443 ihr Messe-Zugpaar. Neun bis zehn „Silberlinge", davon nicht weniger als sieben AB4n, und an fünfter Stelle ein Halbspeisewagen (BR4üm) bildeten den D 443. 120 km/h genügten für den 130 km langen Laufweg. Zwei schnelle, aufeinanderfolgende Abschnitte mussten von der Zuglok V 200 (oder 01[0]) bewältigt werden: Hannover Hbf – Nienburg mit 101,1 km/h und nach einer Minute Aufenthalt weiter nach Bremen Hbf mit Vr 102,9 km/h stellten Ansprüche an Lok und Personal. Auch hier ist der nur wenige Tage gültige Umlaufplan bzw. die Fahrplananordnung) nicht mehr auffindbar.

Turnuszüge hatten in aller Regel großzügig bemessene Fahrzeiten, die das Kriterium 100 km/h nicht erfüllen. Nachgewiesen sind zwei mit 012 bespannte Züge, denen nur je eine Minute fehlten: im Sommer 1968 bespannte das Bw Osnabrück Hbf D 892 Mi/894 Do von Hamburg-Harburg nach Bremen über die Distanz von 103,7 km in 63 Minuten, ergibt 98,76 km/h Reisetempo.

Im Sommer 1971 verkehrten mittwochs in der Saison Altonaer 012 mit dem D 13431. Zwischen den 22,9 km entfernten Halten Heide und Friedrichstadt waren nur 14 Minuten eingeplant (Vr 98,14 km/h).

Peter J. Odells schnellste Fahrt am 4. September 1971 mit dem „Kattegatt-Expreß" (012 082-4 und sechs Wagen, Vmax 147,25 km/h) dauerte 43:50 Minuten von Neumünster nach Hamburg Hbf statt der fahrplanmäßigen 45 Minuten (siehe Tabelle rechts).

012 082-4 verließ in der Nacht davor mit dem Gegenzug D 1131 und neun Wagen den Hamburger Hauptbahnhof etwas verspätet. Statt der planmäßigen 50 Minuten hat Odell 45:12 Minuten bis Neumünster notiert (103,40 km/h). Entscheidend für die kurze Fahrzeit war nicht die Höchstgeschwindigkeit von 131,16 km/h,

			D 636 So (10,1) 1. 2. Klasse 28. VI.—6. IX.							
	Tfz 012		Westerland (Sylt)—Hmb-Altona—(Köln)							
			Last 350 t				133 Mbr			

Bild 103 – „Volles Rohr fahren" hieß es im Fahrplanjahr 1970/71 auch beim D 636, der sonntags in der Sommersaison und an besonderen Verkehrstagen im Winter verkehrte. Der Zug hatte ab Niebüll gleich drei Abschnitte über 100 km/h im Fahrplan, den letzten und spektakulärsten von Heide über die Hochdonnbrücke nach Itzehoe mit Vr 108,4 km/h! Zugbildungsplan und Buchfahrplan nennen 350 t maximale Last, die in der Praxis mit den planmäßigen zehn Wagen (Düm, 3 Büm, ABüm, Aüm, 2 Büm, Bcüm und WLABüm) regelmäßig überschritten wurden. Im Buchfahrplan war als Zuglok eine 220 angegeben, die aber mit dem Zug noch mehr Mühe hätte als die planmäßige 012. Die tatsächliche Entfernung Heide – Itzehoe beträgt 59,6 km. Kilometersprünge an der Hochdonnbrücke und bei Bekdorf begründen die Differenz. Abbildung: Sammlung Ronald Krug

D 1130 mit Lok 012 082-4 am 4. September 1971
6 Wagen mit 198 t Leergewicht (Wagengewichtsangabe ohne Reisende)

Messpunkt/Ort	km	min:s	[km/h]	eff. [km/h]
Neumünster	0,0	00:00	0,00	
Arpsdorf	9,1	06:16	137,60	
Brokstedt	14,2	08:18	147,25	
Wrist	22,5	12:05	123,92	
Dauenhof	32,3	16:29	140,01	
Horst	37,3	18:46	88,51	Baustelle
Elmshorn	44,0	22:29	135,18	
Tornesch	51,5	25:51	133,58	
Prisdorf	55,4	27:32	137,60	
Pinneberg	58,7	29:03	127,14	
Thesdorf	60,9	29:53	115,87	
Halstenbek	62,7	31:01	94,95	
Hamburg-Eidelstedt	68,5	34:27		
Holstenstraße		39:35		
Hamburg-Sternschanze	74,9	40:38		
Hamburg-Dammtor	76,6	42:00		
Hamburg Hbf	78,0	43:50	Plan 45 min	106,76 km/h

Bild 104

01 1084 schickt sich an, mit kräftiger Beschleunigung den D 138 auch auf den nächsten 29,5 Kilometern nach Unna im vorgegebenen 104,1-km/h-Plan zu halten. Die Bahnsteiguhr in Soest zeigt 8:58 Uhr, die Abfahrtzeit des Zuges. Den damals weltschnellsten Dampflok-Abschnitt von Paderborn nach Lippstadt hat die Öllok bereits mit Bravour gemeistert.

Aufnahme vom April 1965:
Regin Reuschel

sondern die zügige Fahrt durch die Hansestadt bis Eidelstedt, etwa zwei Minuten schneller als bei anderen Messungen dieses Zuges.

Im Winterfahrplan 1971/1972 erschien mit dem D 828 ein weiterer extrem schneller Zug im Laufplan der Altonaer 012. Gegenläufig zum „Konsul" fahrend, hatte er bei gleicher Last bis Neumünster ebenfalls 41 Minuten Fahrzeit (Vr 108,15 km/h). Alle sieben Wagen gehörten zur BD Frankfurt (M). Sie begannen ihren Tag in Nürnberg und kamen als D 524 über Frankfurt (M) und Köln nach Hamburg-Altona, wo sie am Abend gereinigt wurden. Am nächsten Morgen bildeten sie ab Kiel den „Raketenzug", der inzwischen aber von 012 auf 218 übergegangen war.

Auch das Bw Kassel führte ab Mai 1963 für zwei Jahre einen äußerst schnellen Dampfzug: Mit 01^{10} Öl bespannt hatte der D 138 ab Paderborn zwei Teilstrecken mit 106,67 km/h und (ab 1964) 104,12 km/h Reisegeschwindigkeit. Bei nur 120 km/h Höchstgeschwindigkeit auch mit der geringen Last (vier bis fünf Wagen) keine einfache Fahrt, denn es gab auch Geschwindigkeitbeschränkungen, wie der Buchfahrplan zeigt.

D 138 (10,1) 1. 2. Klasse — 159
(Kassel—Altenbeken—)**Paderborn—**
Soest—Unna—Dortmund—Essen Hbf—Duisburg—Dbg-Hochfeld Süd—
(—Krefeld—Mönchengladbach)
verkehrt **nicht** 25. XII.—2. I., 16.—18. IV.

Zlok 01 ab Dortmund E 41 — **Last 200 t** — 130 Mindestbr
ab Dortmund Hbf 110 Mindestbr

1	2	3	4	5	4	5	4	5
							D 138	
126,8	100	BD-Grenze						
128,3	90	**Paderborn** Hbf					**823**	**824**
		129,8 ⌒						
132,I		Bk Elsen Hp						27
135,		Scharmede						29
13 ,8	120	Bk Thüle						31
141,2		Salzkotten						32
		142,5 ◇ Einschaltstr zu kurz						
	100	143,5						
145,0	120	Bk Verne						34
	105	147,6						
		147,9 ⌒						
148,3	115	Geseke						36
153,0		Ehringhausen						38
156,7		Bk Dedinghaus Hp						40
160,2		**Lippstadt**					42	43
164,8	120	Bk Overhagen ...						46
167,2		Benninghausen						48
171,1		Horn (Westf)						50
		176,5 ⌒						
176,4	95	Bad Sassendorf						53
	100	176,7 ⌒						
		177,0 ⌒						
178,3	120	Abzw So						55
	100	179,4						
180,8	85	E ⌒						
218,4	50	**Soest** Pbf					**857**	58
	70	A ⌒						
		217,6 ⌒						
215,1	120	Bk Hattrop						**901**
	100	214,0 ◇ Einschaltstr zu kurz						
211,4	120	Ostönnen						**903**

160

1	2	3	4	5	4	5	4	5
		Noch					**D 138**	
211,4	120	Ostönnen						**903**
207,9		Westönnen						**05**
	100	207,7 ◇ Einschaltstr zu kurz						
		206,6						
204,6		Werl						07
196,9	120	Hemmerde						11
193,7		Bk Lünen Hg						
	100	189,8						
		189,7						
188,9		**Unna**					**915**	**916**
186,1	120	Bk Massen						18
183,9		Bk Liedbach						19
182,0		**Holzwickede**						22
179,6	100	Dortmund-Sölde						24
176,9		Dortm-Aplerbeck ...						26
	75	175,0						
	85	174,7 ⌒						
		173,3						
173,0		**Dortmund-Hörde** .						28
170,3	100	Abzw Westfalenh .						30
169,9		D.-Westfalenh Hst ..						30
168,9	80	Dfh						31
		168,7 ⌒						
165,1	100	SBk 247						
164,4	80	**Dortmund** Hbf....					**935**	43
		A ⌒						
		SBk 48						
161,3		Dortm-Dorstfeld ...						46
159,2	120	Bk Marten						47
		SBk 40						
155,3		SBk 38						49
153,2		**Boch-Langendreer** .						**950**

Bild 105 – Buchfahrplanauszug der BD Essen, gültig ab 27.September 1964: Im kurvenreichen Abschnitt Kassel – Warburg – Altenbeken – Paderborn (BD Kassel und Wuppertal) betrug die Vmax 100 km/h.

Abbildung: Sammlung Ronald Krug

Bild 106 – 01 206 vom Bw Hannover hat am 6. Juni 1959 mit dem D 178 Hamburg Hbf verlassen. In Harburg noch ein Halt, dann beginnt der schnelle Abschnitt nach Lüneburg. Aufnahme: Walter Hollnagel, Sammlung Eisenbahnstiftung

Bild 107 – 01 149 verlässt am 16. September 1959 mit dem F 3 „Merkur" den Frankfurter Hauptbahnhof aus Gleis 4. Sieben Jahre später, im Winter 1966/67, hatten längst (blaue und grüne) E 41 vom Bw Frankfurt-Griesheim den Part nach Wiesbaden Hbf übernommen. Dafür konnte ab Osnabrück Hbf samstags die exakt gleiche Wagengarnitur (A4üm, A4üm, WR4ü, A4üm) mit 01^{10} Öl auf ihrer Fahrt nach Hamburg-Altona bewundert werden. Aufnahme: Kurt Eckert, Sammlung Robin Garn

Bild 108 – Gleich zwei „107er" sind von Peter J. Odell und seiner Gruppe am 18. August 1968 ab Bremen registriert worden: Mit dem E 842 (sechs Wagen) nach Rotenburg in 24 : 05 Minuten (107,0 km/h) und im D 396 mit zwölf Wagen nach Hamburg-Harburg in 57 : 56 Minuten (107,4 km/h/66,7 mph). 01 1082 hat am 24. August 1968 gerade eine rassige Fahrt hinter sich gebracht. Mit dem zehn Wagen schweren D 496 meisterte sie die 103,7 km lange Strecke von Hamburg-Harburg nach Bremen in 59 Minuten. Trotz der Harburger Berge, die das Beschleunigen aus Harburg heraus verzögern, erzielte die Lok eine durchschnittliche Geschwindigkeit von 105,46 km/h. 135,3 km/h notierte Peter J. Odell als höchsten gefahrenen Wert. Hier steht er (2. v. l.) mit seiner „Mannschaft" vor der 01 1082 nach der Ankunft in Bremen Hbf.   Aufnahme: Peter J. Odell

Bild 109 – 01 1073 hat am 14. September 1968 mit dem D 494 hier in Vehrte den Aufstieg in das Wiehengebirge geschafft und schickt sich an, noch etwas Tempo zuzulegen, damit die 122,2 km lange Strecke Bremen – Osnabrück auch in den vorgesehenen 71 Minuten absolviert wird. Zwölf Tage zuvor bewies 01 1063 am D 395, dass 139,2 km/h, gemessen bei Barrien, selbst mit 13 Wagen und 550 Tonnen Last realistisch waren.
Aufnahme: Hans-Jürgen Eggerstedt

Bild 110 – D 672, ein schwerer Dampfzug, der von Itzehoe nach Heide mit 102,17 km/h einen schnellen Abschnitt hatte. Am 25. August 1971 bestand der Zug aus 13 Wagen. Hinter der Lok hingen zusätzlich die beiden Berliner Wagen, weil der planmäßige Übergang auf den vorausgefahrenen D 532 wegen Verspätung in Altona nicht möglich war. An dritter Stelle eingereiht der ABn nach Esbjerg, gefolgt von ABüm und Büm-Kurswagen nach Dagebüll. Alle drei Wagen werden von der Zuglok in Nie-büll ausrangiert, bevor sie mit den DR-Wagen wieder an den Zug setzt zur Weiterfahrt nach Westerland. Aufnahme: Hans-Jürgen Eggerstedt

Bild 111 – Auch im Sommer 1972, als die Fahrzeiten auf der Marschbahn großzügiger bemessen waren, gab es noch ausgesprochen schnelle Fahrten. Hier kommt 012 001-4 mit dem 300 t schweren D 1223 um 16 : 53 Uhr vier Minuten vor Plan in Niebüll zum Halten. Trotz der auf 120 km/h beschränkten Höchstgeschwindigkeit und längeren 100-km/h-Abschnitten ergibt das für die 39,2 km über den Hindenburgdamm mehr als 102 km/h Reisetempo. Aufn.: Peter Schiffer, Slg. Eisenbahnstiftung

Im Süden der Bundesrepublik Deutschland verkehrten ab Sommer 1969 die Würzburger Eilzüge mit Hofer 001 wieder bis und ab Bamberg. Damit sparte man zusätzliche Lokwechsel in Lichtenfels ein. In Bamberg musste ohnehin wegen des Fahrtrichtungswechsels auf Würzburger 220 umgespannt werden.

Auf der weitgehend ebenen Strecke mit langen Geraden und großzügigen Kurvenradien hatten die Lokführer Gelegenheit, die schwarzen Renner voll auszufahren: Regler auf, ohne zu Schleudern die bestmögliche Beschleunigung (möglichst auf trockenen Schienen) herausholen, mit Höchstgeschwindigkeit fahren bis zur Einfahrt in Lichtenfels und zielgenau scharf abbremsen, dann waren mit den vier bis fünf Wagen (z. B. E 1885) die 18 Minuten Fahrzeit machbar. Peter J. Odell notierte am 6. Februar 1972 mit der 001 111-4 am E 1649 (sechs Wagen) den Bestwert. 18 : 28 Minuten bei Vmax 125,53 km/h ergeben 103,65 km/h Reisegeschwindigkeit. Just in diesem Monat verfügte die BD Nürnberg, dass die ankommenden V 200 im Bahnhofsbereich Bamberg Beschleunigungshilfe zu leisten hatten.

Bryan Benn hatte am 2. April 1972 den E 1790 protokolliert. Im Abschnitt Lichtenfels – Bamberg lief die 001 008 mit Vmax 125,53 km/h und blieb 14 Sekunden unter den im Fahrplan vorgegebenen 19 Minuten, was knapp 102 km/h Reisegeschwindigkeit ergab. Es blieb von zwölf Fahrten (sechs je Richtung) die einzige unter 19 Minuten. Häufig wurden ein bis zwei Minuten zugesetzt. Die beste Fahrt mit dem E 1622 und fünf Wagen machte am selben Tag ein „bad signal" (Hp 0) in Breitengüßbach zunichte. Bis dahin lag der Zug 20 Sekunden besser als der E 1790.

E 1790 Hof – Bamberg (– Würzburg) mit 001 008-2 am So, 2. April 1972
6 Wagen mit 215 t Nettolast, Vmax 120 km/h
Quelle: Bryan Benn Fastest Runs, Messungen 1972

Messpunkt/Ort	[km]	h:min:s	[km/h]	eff. [km/h]
Lichtenfels	31,9	22:13:02	Plan ab 22:12	
km 30,0		22:15:21	80,47	
km 28,1		22:16:40	96,56	
Staffelstein	25,7	22:18:02	112,65	
km 24,1		22:18:53	119,09	
km 22,1		22:19:52	125,53	
Ebensfeld	20,2	22:20:46	120,70	
Zapfendorf	14,3	22:23:43	122,31	
Ebing	12,1	22.24:48	119,09	
km 9,7		22.25:58	117,48/120,71	
Breitengüßbach	7,7	22:27:02	115,87/123,92	
Hallstadt	3,6	22:29:04	115,87	
Bamberg	0,0	22:31:48	Plan an 22:31	101,99

Bild 112 – 001 126 mit dem E 1885 am Freitag, 31. Juli 1970, zwei Kilometer vor dem Ziel bei Döhlau. Schnellfahrt und Schiefe Ebene sind bereits bewältigt, der Heizer braucht das Feuer nicht mehr zu beschicken.
Aufnahme: Burkhard Wollny

Bild 113
Mittägliche Überholung im März 1973 in Kulmbach: 001 180-9 mit dem E 1863 und eine 50er mit dem Nahverkehrszug 2819.

Aufnahme: Manfred Bitzer, Sammlung Ronald Krug

Bild 114
Zugbildungsplan vom Winter 1970/71, mit vier Wagen hatte die 001 keine Mühe, ab Bamberg gleich richtig loszulegen und die 19 Minuten Planfahrzeit nach Lichtenfels einzuhalten oder gar zu unterbieten. Freitags und an Sonntagen lief hinter der Lok noch ein Bn, der während der 10 Minuten Aufenthalt in Lichtenfels von der Zuglok ausrangiert werden musste.

Abbildung: Sammlung Ronald Krug

E 1885	Würzburg (18^{10})–Bamberg–Hof (21^{38})				
1. 2.	⚡ Bamb–Li'fels　*　102 %　250 t, ab Lichtenfels 200 t				
↑ ab Würzburg					
a) Bn	5+	Würzburg–Lichtenfels	658	1790	26010
MD	(Stuttgart–) ,,	–Hof	1865	1962	26002
Bym	(,,) ,,	,,	,,	1654	26001
ABym	(,,) ,,	,,	,,	,,	,,
Bym	(,,) ,,	,,	,,	,,	,,
↓ ab Bamberg					
a) Fr, S, auch 6. I., an Doppelfeiertagen am letzten S					

Bild 115 – 001 111-4 schnauft am 10. September 1972 mit dem E 1648 bei Schödlas durch ansteigendes Gelände. In einer Stunde wird sie Lichtenfels erreichen. Dann stehen noch anstrengende 32 Kilometer Schnellfahrt nach Bamberg an.

Aufnahme: Hans-Jürgen Eggerstedt

Bild 116 – Der Weiße Main verbreitet noch herbstlichen Morgendunst, als 001 180-9 mit dem E 1791 am 1. Oktober 1972 – noch in der Beschleunigungsphase nach dem Halt in Kulmbach – mit ausdrucksvoller Dynamik durch die Kurve unterhalb der Plassenburg jagt.

Aufnahme: Burkhardt Wollny

Bild 117
001 088 ist am 28. November 1972 pünktlich um 9 : 25 Uhr mit dem E 1648 in Neuenmarkt-Wirsberg zum Halten gekommen. In vier Minuten geht es weiter nach Kulmbach und Burgkunstadt. Dann wird auf den folgenden 13,9 Kilometern bis Lichtenfels Vr 92,67 km/h verlangt, und nach zwei Minuten Aufenthalt folgt noch der 100,74-km/h-Abschnitt nach Bamberg.

Aufnahme: Wieland Proske

Das Zugpaar D 852/853 blieb zwischen Nürnberg und Lichtenfels El-lokbespannt. Mit der Höchstgeschwindigkeit von 135 km/h erreichte im Winter 1970/71 die 118 mit dem D 853 ihr Ziel in 17 Minuten (Vr 112,59 km/h). Nach dem Ende des Planeinsatzes beim Bw Hof durfte 001 008 an Stelle der planmäßigen 218 am 8. Oktober 1973 nochmal über die Rennstrecke fahren: Mit dem DC 998 „Saaleland" ab Bamberg 20 : 05 – Lichtenfels 20 : 22/23 – Kulmbach 20 : 41/42 – Neuenmarkt-Wirsberg 20 : 54/54 – Münchberg 21 : 23/24 – Hof 21 : 46 hatte sie gleich zwei schnelle Abschnitte mit Vr 112,59 km/h (bis Lichtenfels) und 100,33 km/h (bis Kulmbach), bevor es – ohne Schiebelok – auf die Schiefe Ebene ging.

Schnelle Dampfzüge erlaubte auch die Trasse der Südbahn von Ulm an den Bodensee. Zwei Drittel der Strecke waren für 120 km/h zugelassen. Das reichte bei den schnellsten, ohne Halt nach Friedrichshafen fahrenden Zügen bei 66 Minuten Fahrzeit für 94,2 km/h. Einzig der im Winter 1969/1970 eingeführte 1.-Klasse-DER-Tagesautoreisezug schaffte in fahrplanmäßigen 62 Minuten mit 100,26 km/h die „Hundert". Im Buchfahrplan mit Tfz 221 bezeichnet und mit zwei 140-km/h-Sequenzen zwischen Ulm und Biberach, gibt es allerdings keinen Hinweis auf eine Dampfbespannung. Exakt diese 62 Minuten und Vr 100,26 km/h benötigte aber 012 066-7 der Ulmer EF mit ihrem acht Wagen langen Gesellschafts-Sonderzug 20286 am 24. Oktober 1976, als sie in Friedrichshafen Stadt verspätet abfuhr und die in der Fahrplananordnung Nr. 2174 vorgegebene Zeit um 16 Minuten unterbot.

Bild 118 – Zum Winterfahrplan 1972/1973 wertete die DB den morgendlichen mit 624 gefahrenen Eiltriebwagen Kulmbach – Würzburg auf: Hofer 001 übernahmen um 6 : 00 Uhr den E 870 bis Bamberg. Nach zwei Mile-a-Minute-Abschnitten (Kulmbach – Burgkunstadt 97,20 km/h und Lichtenfels – Bamberg 100,74 km/h) übernahmen auf der frisch elektrifizierten Strecke Nürnberger 110 den Zug nach Würzburg und weiter bis Fulda. Für den gesamten Bespannungsabschnitt errechnet sich eine Reisegeschwindigkeit von 90,73 km/h. Damit war der E 870 schnellster mit Hofer 001 bespannter Zug.   Abb: Slg Ronald Krug

Ea 870 (21,1) Kulmbach—Bamberg(—Würzburg—Fulda) (ab Würzburg als D)					
Tfz 001		Last 200 t	Mbr 102		
				870	
1	2	3a	3b	4	5
61,9		**Kulmbach**	61,9		6.00
		Mainleus	56,5		04
	100	⟋			
51,4		Mainroth E 60	51,4		07
		Burgkunstadt	45,7	6.10	6.11
	120	⌢			
		Hochstadt- E 60	40,1		16
		Marktzeuln A 60			
32,7		Sbk 26			
	110	⌢			
		Lichtenfels A 60	31,9	21	22
31,5		Staffelstein E 60	25,6		26
	120	A 60			
		Ebensfeld	20,2		29
		Zapfendorf E 60	14,2		32
		A 60			
		Breitengüßbach E 60	7,6		36
		A 60			
		Hallstadt (b Ba) E 60	3,5		38
		A 60			
0,0		**Bamberg**	0,0	6.41	(6.47)
					Forts. Nür 9

Bild 119 – Am Samstag, den 2. Juni 1973 in aller Frühe beschleunigt 001 088-4 den E 870 bei Mainleus.   Aufnahme: Helmut Dahlhaus

Bild 120

Der E 1990 mit der Zuglok 003 131-0 hat am 6. September 1971 Aulendorf erreicht. Das Sperrsignal ist schon gestellt, denn die planmäßige Vorspannlok (Baureihe 210) geht hier vom Zug. Drei Wochen später mit dem Fahrplanwechsel gehörte der Zug mit verkürzten Fahrzeiten für wenige Wochen zu den schnellsten 03-Leistungen, bevor im Winter mit der Z-Stellung der 003 268-0 der Laufplan um einen Tag gekürzt wurde und der Zug an die Dieseltraktion fiel.

Aufnahme: Friedhelm Weidelich

Bild 121

Für 003 088-2 ist am 12. Mai 1972 die Schnellfahrt mit dem E 1991 in Friedrichshafen Stadt beendet. Nach nur zwei Minuten Wendezeit drückt sie um 16:52 Uhr mit Vmax 20 km/h den Zug in den Hafenbahnhof. Hinter der Lok sind „kunterbunt" ein Byg, zwei Bye, ein ABym und der MDy-Packwagen eingereiht.

Aufnahme: Wieland Proske

Bild 122

Die Ulmer 003 268-0, hier am 4. April 1971 in Lauda mit dem sonntäglichen E 1910, gehörte auch zu den Zuglokomotiven, die bis in ihre letzten Tage den straffen Fahrzeiten erfolgreich trotzte.

Aufnahme: Hans W. Fischbach

Bild 123

Außergewöhnlich sind die Vr 100,6 km/h der 012 059-2 am D 438 auf der 141,2 km langen Nonstop-Fahrt von Emden West nach Rheine. Das Ende der Schulferien in Nordrhein-Westfalen ließ den Zug am Samstag, den 23. August 1969 auf volle 15 Wagen mit 620 t Last anwachsen. Trotzdem unterbot die Lok die angesetzten 89 Minuten Fahrzeit: Nach genau 84 Minuten und 13 Sekunden kam der Zug in Rheine zum Stehen, obwohl die Strecke damals nur für 110 km/h zugelassen war. Das Bw Rheine als letzte Dampfbastion der DB bot im Emsland mit der Anhebung der Streckenhöchstgeschwindigkeit von 110 auf 120 km/h ab 1971 die ersten planmäßigen 100-km/h-Züge. 012 066-7 hat am 25. August 1971 den D 715 pünktlich nach Rheine gebracht. Um 11:33 Uhr wartet der Heizer auf das Zp 9-Signal.

Bild 124

Einen Tag später eine außergewöhnliche Bespannung: 011 062-7 hat die Ehre, als 012-Ersatz den D 715 zu befördern. Die Kohle-01^{10} stand doch etwas im Schatten ihrer ölgefeuerten Schwestern. Während ihrer Dienste für das BZA Minden sind mit der 011 098-1 vor einem kurzen Zug als Bestwert immerhin Vmax 150 km/h gemessen worden.

Aufnahmen (2): C. v. Natzmer

Bild 125 (unten)

Am 10. August 1973 fing Burkhard Wollny den D 1337 mit der 012 061-8 als Zuglok in voller Fahrt am Block Deves ein. Der Zug hatte gleich zwei aufeinanderfolgende 100-km/h-Abschnitte im Plan. Den ersten 38,6 km langen Teil zwischen Münster und Rheine meisterte eine betagte Osnabrücker 104 in 23 Minuten (100,70 km/h). Nach achtminütigem Lokwechsel folgte mit Rheiner 012 der Durchlauf nach Leer (68 Minuten Fahrzeit, Vr 100,77 km/h).

Aufnahme: Burkhardt Wollny

Bild 126 – Eilig hat es der Schrankenwärter, als 012 081-6 am 16. August 1973 in Norddeich den D 1334 an den Molenbahnsteig drückt. Mit sieben Wagen geht es dann nach Emden Hbf, wo noch ein ABüm-Kurswagen (planmäßig zwei) vom Außenhafen an die Zugspitze gestellt wird. Der Packwagen trennt den Zugstamm von den Frankfurter Kurswagen (planmäßig sind es vier). Wilfried Kohlmeier hatte an diesem Tag das Vergnügen, den schnellsten Abschnitt von Papenburg nach Meppen auf dem Führerstand zu genießen. Der Lokführer zeigte, dass die „081" gut in Schuss war, und statt der 110 km/h im Buchfahrplan (Zug und Strecke erfüllten die Voraussetzungen für 120 km/h) kletterte der Tacho bis auf 127 km/h. Dementsprechend dauerte die Fahrt über 46,0 Kilometer nur 26 Minuten bei einer Reisegeschwindigkeit von 106,15 km/h! Natürlich kam der Zug auch in Rheine pünktlich an.
Aufnahmen (2): Wilfried Kohlmeier

1	2	3a		3b	4	5	4	5
				noch		1334		
		Petkum (Ostfriesl)		344,4		14.26		
		Oldersum	E 60	339,4		28		
			A 50					
		Bk Rorichum		335,8		30		
		Neermoor	E 60	331,5		33		
			A 60					
	110							
		Sbk 6, 4						
		Leer (Ostfriesl)		323,1	14.39	41		
		Leer Ausfsig P	A 60	321,6		43		
		Sbk 2						
		Ihrhove	E 50	315,5		47		
		Bk Steenfelde Hp		312,3		49		
307,8								
	100	Papenburg (Ems)	E 60	306,1	53	54		
305,1			A 50					
		�						
		Aschendorf	E 50	300,8		15.00		
	110		A 50					
		Abzw Lehe		296,6		02		
296,5								
	100	⌒						
296,3								
		Dörpen	E 60	291,5		05		
			A 50					
		Kluse	E 60	287,1		07		
			A 50					
		Sbk 22						
	110	Lathen		279,0		12		
		Sbk 2						
		Haren (Ems)	E 60	270,4		16		
			A 50					
		Bk Hemsen (Ems)		265,0		19		
260,8		⌒						
	100	**Meppen**	E 50	260,1	15.22	15.24		
			A 50					

Bild 127 (unten links) – 127 km/h zeigt die Tachonadel ...
Bild 128 (unten rechts) – Buchfahrplanauszug des D 1334 vom So 1973.
Abbildung: Sammlung Ronald Krug

94

Bild 129 – Nur acht Wochen dauerte die „letzte Renaissance" der Rheiner 012: Vom 1. April bis zum Fahrplanwechsel Ende Mai 1974 durfte die Drehscheibe in Norddeich wegen Revisionsarbeiten nicht benutzt werden. Die nötige Laufplanänderung bescherte den 012 den Einsatz vor den City-Schnellzügen „Emsland", „Münsterland" und „Ostfriesland", die zuvor mit der Baureihe 216 bespannt waren. DC 913 und 917 zählten mit je 2 Abschnitten über Vr 100 km/h (Emden – Leer und Papenburg – Meppen) zur Elite. 012 061-6 hetzt am 6. April 1974 gegen 8:20 Uhr mit den fünf Wagen des DC 913 „Münsterland" (Aüm, 4 Büm) am Vorsignal des Block Bentlage vorbei. Rauchfahne und Zylinderdampf bestätigen, dass Lokführer und Heizer keinesfalls Regler und Ölschieber geschlossen haben, sondern bis kurz vor Rheine die zulässige Höchstgeschwindigkeit ausnutzen. Aufnahme: Stefan Carstens

Bild 130 – Genau zwei Wochen später fing Helmut Dahlhaus vom Damm der Quakenbrücker Strecke aus den „Münsterland" mit 012 080-8 als Zuglok in Farbe ein. Der Regler ist geschlossen, die Bremsung eingeleitet. Noch 400 Meter bis zur Einfahrt in Rheine, die mit 60 km/h befahren werden darf. Aufnahme: Helmut Dahlhaus

Bild 131 – In diesem Frühjahr durfte 012 066-7, die als letzte 012 noch im Februar 1974 mit einer L2 + H2.1 Zwischenuntersuchung aus dem AW Braunschweig gekommen war, mit dem neun Wagen starken DGEG-Sonderzug „Vom Münsterland zum Weserstrand" richtig loslegen: Die Rückfahrt über die Rollbahn bescherte den zahlreichen Mitreisenden am 21. April 1974 nochmal 140 km/h und von David Sprackland gemessene 107,87 km/h (67 mph). Die 122,1 Kilometer von Bremen nach Osnabrück wurden mit 67 : 56 Minuten praktisch so schnell durchfahren wie der legendäre D 196 anno 1963/1964.   Aufnahme (in Bad Zwischenahn): Helmut Dahlhaus

Bild 132 – 012 055-0 hat am 22. April 1975 den D 714 in 18 Minuten von Rheine nach Lingen gebracht. Der kurze Aufenthalt genügte zum Verlassen des Zuges für diese Aufnahme. Fünf Wochen später, am 31. Mai 1975 beendete 012 081-6 mit diesem Zug an dieser Stelle die letzte planmäßige Fahrtstrecke eines DB-Dampfzuges mit mehr als 100 km/h Reisegeschwindigkeit.

Aufnahme: Ronald Krug

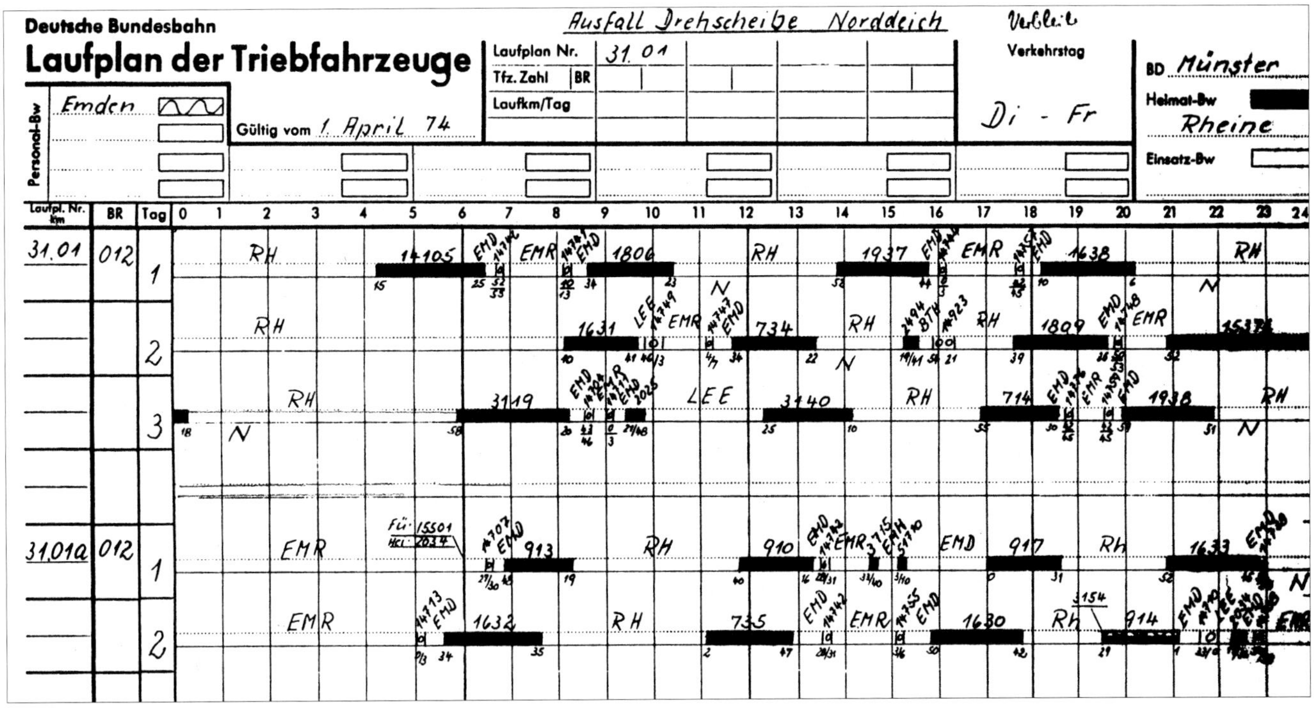

Deutsche Bundesbahn

Laufplan der Triebfahrzeuge

Personal-Bw: Emden

Gültig vom 1. April 74

Laufplan Nr. 31.01

Ausfall Drehscheibe Norddeich — Verbleit

Verkehrstag: Di – Fr

BD Münster

Heimat-Bw: Rheine

Einsatz-Bw:

Bild 133 – Im zweitägigen Ersatzplan 31.01a stehen die DC-Leistungen.

Abbildung: Sammlung Ronald Krug

Im Sommer 1974 bestand die einzigartige Möglichkeit, die Relation Rheine – Leer – Rheine in den Nonstop-Dampfzügen D 1337 und D 715 mit einer Reisegeschwindigkeit über 100 km/h zu bereisen. Dass dies trotz des „Null-Minuten-Übergangs" in Leer gelang, zeigen die Aufschreibungen der Brüder Benn vom 12. Juli 1974. Dabei half die leicht verspätete Abfahrt des D 715 in Leer.

D 1337 mit 012 066-7, Planmäßig ab Rheine 9 : 12, Leer an 10 : 20 Uhr, 9 Wagen/360 t

km +)	Messpunkt	h:min:s	[km/h]
0,0	Rheine	09:12:48	0,00
7,8	Salzbergen	09:20:27	90,12
13,0	Mehringen	09:23:48	96,56
16,7	Leschede	09:26:08	96,56/99,78
23,1	Elbergen	09:29:58	93,34
25,7	Hanekenfähr	09:31:28	93,34
30,9	Lingen	09:34:52	96,56
40,1	Geeste	09:40:16	104,61/112,65
44,0	km 252,9	09:42:39	109,44
51,2	Meppen	09:46:28	115,87/103,00
56,1	Hemsen	09:49:19	103,00
61,5	Haren	09:52:17	114,26/112,65
70,1	Lathen	09:56:40	123,92
73,0	km 281,9	09:57:57	117,48/122,31
77,0	km 285,9	09:59:56	119,09
78,2	Kluse	10:00:39	120,70
82,6	Dörpen	10:02:54	104,61
89,0	km 297,9	10:06:22	107,83/104,61
91,9	Aschendorf	10:08:11	111,04/115,87
97,2	Papenburg	10:10:59	98,17
101,0	km 309,9	10:13:06	109,44
103,4	Steenfelde	10:14:24	115,87
106,6	Ihrhove	10:55:55	120,70
109,0	km 317,9	10:17:06	119,09
114,2	Leer	10:20:59	0,00

+) Kilometerangaben lt. Buchfahrplan – Kursbuchangaben weichen bis 0,3 km ab
Reisegeschwindigkeit D 1337: 100,49 km/h
Reisegeschwindigkeit Rheine – Leer – Rheine: 101,22 km/h
Tatsächliche Fahrzeit: D 1337 Rheine – Leer 68 : 11 min

D 715 mit 012 081, planmäßig ab Leer 10:20, Rheine an 11:26 Uhr, 7 Wagen/285 t

km +)	Messpunkt	h:min:s	[km/h]
0,0	Leer	10:22:53	0,00
7,6	Ihrhove	10:28:53	115,87
10,8	Steenfelde	10:30:30	122,31
13,1	km 310	10:31:36	127,14
17,0	Papenburg	10:33:40	82,08
22,3	Aschendorf	10:36:55	112,65
25,1	km 298	10:38:34	115,87
31,6	Dörpen	10:42:00	91,73
34,1	km 289	10:43:24	117,48
36,0	Kluse	10:44:13	112,65
41,1	km 282	10:47:05	114,26
44,1	Lathen	10:48:38	119,09
49,1	km 274	10:51:16	109,44
52,7	Haren	10:53:03	122,31
58,1	Hemsen	10:55:54	117,48
63,0	Meppen	10:58:30	99,78
71,1	km 252	11:02:55	115,87
74,1	Geeste	11:04:28	123,92
83,3	Lingen	11:09:08	103,00
88,5	Hanekenfähr	11:13:13	70,81
91,1	Elbergen	11:15:01	93,34
97,5	Leschede	11:18:28	120,70
103,1	km 220	11:21:14	128,75
106,4	Salzbergen	11:23:00	98,17/107,83
114,2	Rheine	11:28:11	0,00

+) Kilometerangaben lt. Buchfahrplan – Kursbuchangaben weichen bis 0,3 km ab
Reisegeschwindigkeit D 715: 104,93 km/h
Streckenhöchstgeschwindigkeit: 120 km/h
Tatsächliche Fahrzeit: D 715 Leer – Rheine 65 : 18 min

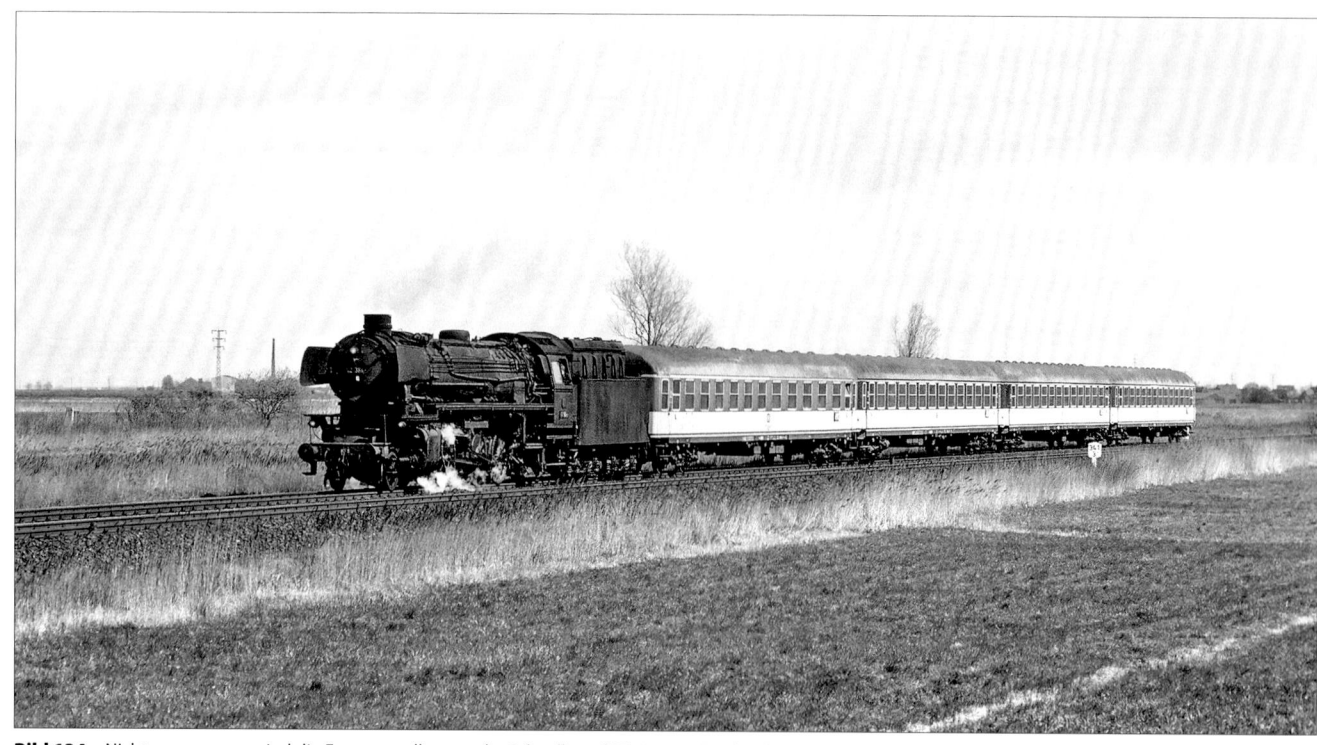

Bild 134 – Nicht zu vergessen sind die Ersatzgestellungen der Schnell- und Eilzüge im Emsland mit der – eigentlich nur für 90 km/h zugelassenen, für diesen Einsatz aber mit 100 km/h gefahrenen – Baureihe 042. Knallhartes Beschleunigen und die 100 als Dauergeschwindigkeit, in der Spitze bis 110 km/h waren nötig und sind nachgewiesen, um den Fahrplan einigermaßen einzuhalten. Mit dem Durchläufer D 1731, der im Sommer 1974 des Öfteren mit 042 lief, war der Abschnitt von Rheine nach Leer (planmäßig 68 Minuten) mit konstanter Vmax von 105 km/h in knapp 71 Minuten oder „Mile a Minute" machbar. Hier müht sich am 23. April 1976 bei Petkum die Rheiner 042 364-0 anstelle einer ausgefallenen 220 mit dem DC 910 „Emsland", die halbstündige Verspätung zu halten, das letzte Bilddokument einer Dampfzugleistung vor einem DC.
Aufnahme: Rolf Schulze

Notizen des Autors von der Mitfahrt auf dem Führerstand am 24. April 1975:

- Zuglok 012 100-4 mit Lokführer Kalb vom Bw Rheine, Zugnummer D 715, Last 6 Wagen.
- Abfahrt Emden Hbf 10:01 +1 min, Leer an 10:18 plan (26,9 km, Fahrzeit 16 Minuten, Vr 100,88 km/h). Leer ab 10:20 +2 min (Wasserfassen, der Heizer ölte nochmal das Innentriebwerk ab), Rheine an 11:26 -1 min, Fahrzeit 63 Minuten für 114,2 Kilometer, Vr 108,76 km/h, Höchstgeschwindigkeit 124 km/h, Minimalgeschwindigkeit 70 km/h (an der Abzweigstelle Hanekenfähr)
- Kaum langsamer war die Fahrt der 012 063-4 mit dem elf Wagen langen D 1335 in der Gegenrichtung. Am 23. Juli 1972 wurden 63:33 Minuten notiert, Vr 107,8 km/h bei 126,33 km/h Höchstgeschwindigkeit.

Juni 1951

13. Mittwoch (164) 03-147
Pl.... Tag.... Lok...... Lokf./Lokh............ Nr....
9[45] Dienstauftragzettel Nr. ....
R.D. 73 Bros 10[06] - 10[41]
F.D. 8 Bros-Br 11[18] - 13[04] (11[36] - 13[22])
Lz Br-Weil-Br 13[30] - 14[05]
F.D. 7 Br-Mannh. 17[12] - 20[01] (17[23] - 21[13])
DM Pfg. km

14. Donnerstag (165) 1 Bett (20[35] - 7[05])
Pl.... Tag.... Lok...... Lokf./Lokh............ Nr....
Dienstauftragzettel Nr. ....
F.D. 8 Mannh - Bros 10[17] - 11[12]
R.D. 476 Bros - Of 13[22] - 14[05]
Ende 14[35]
DM Pfg. km

15. Freitag (166) 03 - 104
Pl.... Tag.... Lok...... Lokf./Lokh............ Nr....
9[30] Dienstauftragzettel Nr. ....
R.D. 73 Bros 10[06] - 10[41]
F.D. 8 Br. 11[18] - 13[04]
F.D. 7 Br-Mannh. 17[12] - 20[01]
DM Pfg. km

98

Juni 1951

16. Samstag (167) 1 Bett
Pl.... Tag.... Lok...... Lokf./Lokh............ Nr....
Dienstauftragzettel Nr. ....
F.D. 8 Bros 10[17] - 11[12]
R.D. 476 Of. 13[22] - 14[04]
14[35]
DM Pfg. km

17. Sonntag (168)
Pl.... Tag.... Lok...... Lokf./Lokh............ Nr....
Dienstauftragzettel Nr 03-1073
9[35] R.D. 73 Of-Bros 10[06] - 10[41]
F.D. 8 Bros - Br 11[18] - 13[04]
F.D. 7 Br - Mannh 17[12] - 20[01]
Mannh. 20[15] - 20[35]
DM Pfg. km

18. Montag (169) 1 Bett
Pl.... Tag.... Lok...... Lokf./Lokh............ Nr....
Dienstauftragzettel Nr. ....
Lv 276 Mannh - Of. 7[35] - 9[54] (7[05] - 10[01])
Ende 11[05]
DM Pfg. km

7* 99

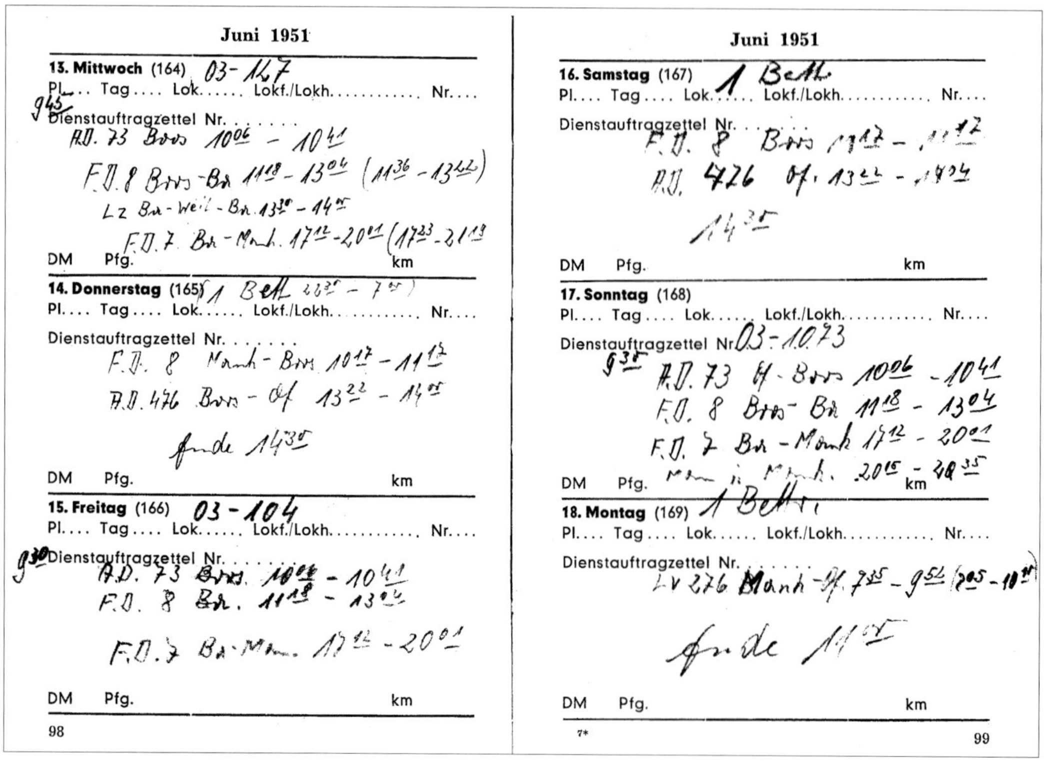

Bild 135
Die allerersten Schnellfahrten der jungen Deutschen Bundesbahn hat Lokführer Eduard Föll vom Bahnbetriebswerk Offenburg festgehalten. Planmäßig waren ab Mai 1951 bei Einführung der Ft 7/8 (noch ohne den Namen „Rheinblitz") VT 06 vorgesehen, aber anfangs kamen wegen Triebwagenmangel auch 03^0 und 03^{10} vom Bw Offenburg zum Einsatz. Ft 7 lief auf der Oberrheinstrecke am schnellsten: Von Freiburg (ab 17:52 Uhr) bis Offenburg (an 18:28 Uhr) erzielte der Zug eine Reisegeschwindigkeit von 104,8 km/h! Lokführer Föll war vom 13. bis 17. Juni 1951 für diesen exklusiven Dienst eingeteilt. Die tatsächlichen Abfahrts- und Ankunftszeiten (beim FD 8 am 13. Juni in Klammern gesetzt) zeigen, dass er die Ft-Fahrzeit auch mit der 03 einhalten konnte.
Abbildung: Slg. Ronald Krug

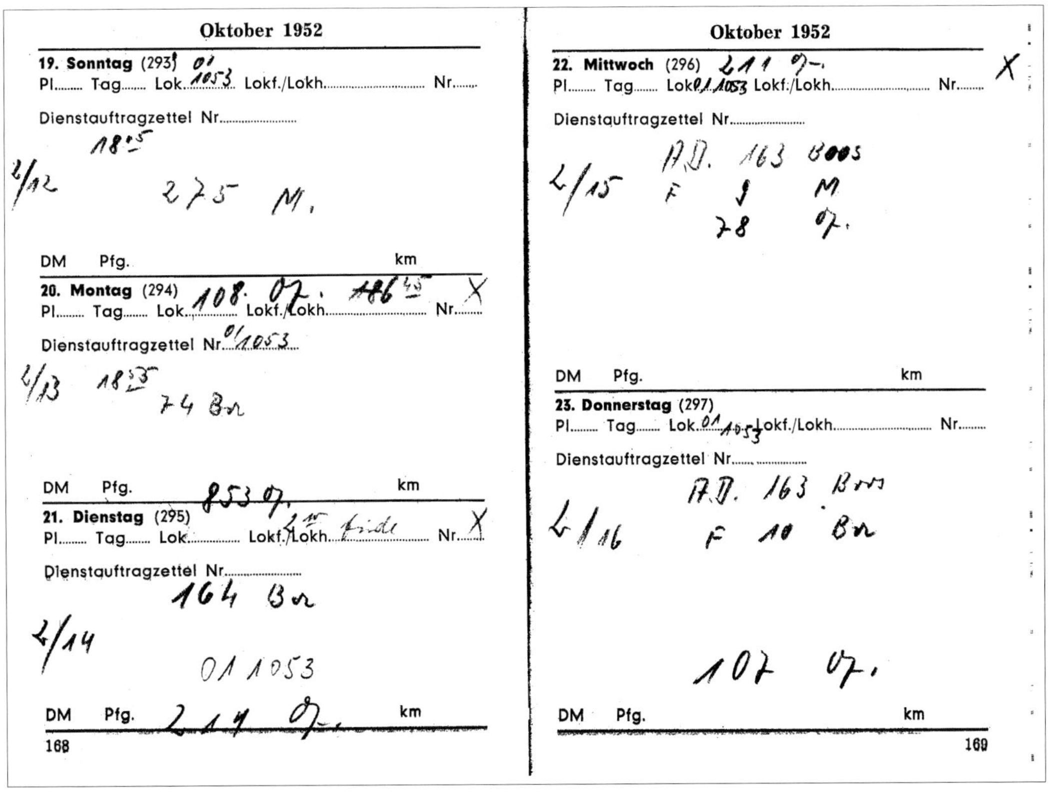

Oktober 1952

19. Sonntag (293) 01
Pl. Tag. Lok. 1053 Lokf./Lokh. Nr.
Dienstauftragzettel Nr.
18⁴⁵
2/12 275 M.
DM Pfg. km

20. Montag (294) 108 07. 186⁴⁵
Pl. Tag. Lok. Lokf./Lokh. Nr.
Dienstauftragzettel Nr. 01 1053
2/13 18⁵³ 74 Br
DM Pfg. 853 07. km

21. Dienstag (295) 2¹⁵ frühe
Pl. Tag. Lok. Lokf./Lokh. Nr.
Dienstauftragzettel Nr.
164 Br
2/14
01 1053
DM Pfg. 211 07. km
168

Oktober 1952

22. Mittwoch (296) 211 07.
Pl. Tag. Lok. 01 1053 Lokf./Lokh. Nr.
Dienstauftragzettel Nr.
A.D. 163 Boos
2/15 F 9 M
78 07.
DM Pfg. km

23. Donnerstag (297)
Pl. Tag. Lok. 01 1053 Lokf./Lokh. Nr.
Dienstauftragzettel Nr.
A.D. 163 Bos
2/16 F 10 Br
107 07.
DM Pfg. km
169

Bild 136
„Geballte Prominenz“ hatte Eduard Föll im Oktober 1952 mit seiner 01 1053 im Plan: F 164 „Rheingold-Expreß“, F 211 „Skandinavien-Italien-Expreß“, F 9 „Rhein-Pfeil“, F 78 (noch ohne den Namen „Helvetia-Expreß“), F 107 „Italien-Holland-Expreß“ und F 10 „Rhein-Pfeil“, der zwischen Offenburg und Freiburg schon „Even Time“ (60 mph/96,6 km/h) lief.

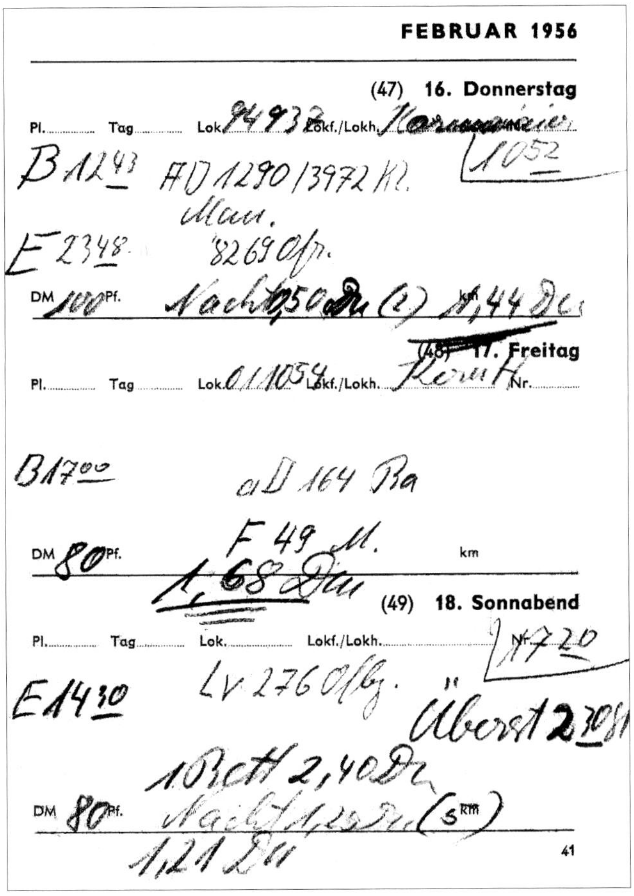

FEBRUAR 1956

(47) 16. Donnerstag
Pl. Tag. Lok. 94 932 Lokf./Lokh. Nr.
1052
DM 100 Pf. km
(48) 17. Freitag
Pl. Tag. Lok. 01 1054 Lokf./Lokh. Nr.
B17⁰⁰
aD 164 Ba
F 49 M.
DM 80 Pf. km
(49) 18. Sonnabend
Pl. Tag. Lok. Lokf./Lokh. Nr. 720
E14³⁰
Lv 2760/bg.
DM 80 Pf.
41

Bild 137 – Wenn der Gliedertriebzug VT 10 nicht zur Verfügung stand, verkehrten Ersatzzüge im Plan der Ft 49/50 „Komet“, die bis 1957 überwiegend mit Dampflokomotiven bespannt waren. Von Basel SBB bis zum Badischen Bahnhof mussten wegen der Rheinbrücke leichte Lokomotiven eingesetzt werden wie die Baureihen 57^{10} und 75^{2}. Anschließend durften Offenburger 01^{0} und 01^{10} bis Mannheim mit dem drei Wagen leichten Zug richtig loslegen, Freiburg – Baden-Oos dabei mit beachtlichen 104,75 km/h Reisegeschwindigkeit. Der Kalender von Lokführer Bayer belegt die Bespannung mit der neubekesselten, aber noch kohlegefeuerten 01 1054.

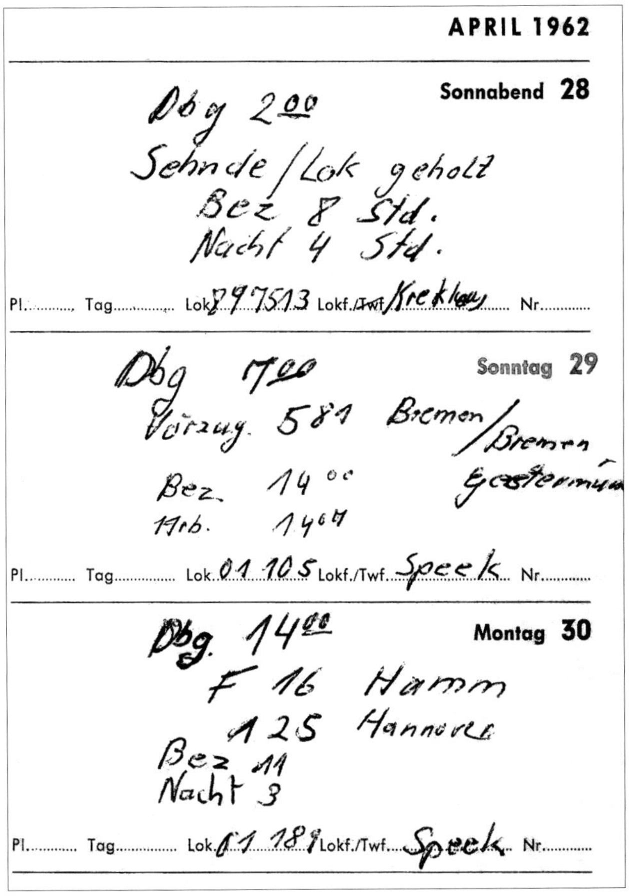

APRIL 1962

Sonnabend 28
Dbg 2⁰⁰
Sehnde/Lok geholt
Bez 8 Std.
Nacht 4 Std.
Pl. Tag. Lok. 897513 Lokf./Twf. Nr.

Sonntag 29
Dbg 7⁰⁰
Vorzug 581 Bremen/Bremen
Bez. 14⁰⁰
Pl. Tag. Lok. 01 105 Lokf./Twf. Speck Nr.

Montag 30
Dbg 14⁰⁰
F 16 Hamm
125 Hannover
Bez 11
Nacht 3
Pl. Tag. Lok. 01 189 Lokf./Twf. Speck Nr.

Bild 138 – Außergewöhnlich abwechslungsreichen Dienst hatte Ende April 1962 Lokführer Smolla vom Bw Hannover: Samstagnacht die 89 7513 aus Sehnde zurück nach Hannover bringen, am Sonntag einen Vorzug nach Bremen fahren und am Montag den (mit Messewagen verstärkten) F 16 mit 130 km/h nach Hamm bringen. Die Fahrzeiten des F 16 waren für V-200-Bespannung mit 135 km/h und vier Wagen berechnet. Da werden die 130 km/h Höchstgeschwindigkeit der 01 189 nicht ganz zur Einhaltung der Fahrzeiten gereicht haben. Nicht auszuschließen ist, dass der F 16 mit Vorspannlok fuhr.

Abbildungen (3): Sammlung Ronald Krug

Noch öfter musste der Tages-Gliedertriebzug VT 10 501 auf seiner Fahrt als „Senator" von Frankfurt (M) nach Hamburg ersetzt werden. Nicht einmal 40 % der Verkehrstage wurden vom Triebwagen abgedeckt. Vom 13. bis 25. September 1954 testete die Bundesbahn in diesem Zugpaar die Langlauffähigkeit im hohen Geschwindigkeitsbereich mit Darmstädter 18^6 im Vergleich mit 03^0. Je neun Mal bespannten die S 3/6 F 41 und F 42 – mit negativem Ergebnis: Der 18^6 bekam dauerhaftes Fahren im Höchstgeschwindigkeitsbereich nicht, Triebwerksschäden waren die Folge. Trotzdem soll der Abschnitt Hannover – Göttingen erwähnt werden, der beim F 42 mit 64 Minuten Fahrzeit und 101,44 km/h Reisetempo vorgegeben war. 18 601 hielt am 14. September den Plan (bei der Ankunft in Göttingen Tenderlager schadhaft). Am 23. September unterbot 18 606 die Fahrzeit um zwei Minuten (Vr 104,71 km/h). Die schnellste Fahrt, am 21. September 1954, dauerte 61 Minuten (106,43 km/h).

Bild 139 (oben rechts) – Lokführer Walter Grote vom Bw Osnabrück Hbf hatte auf der 01 1075 am 18. und 19. Februar 1967 den F 3/F 4 „Merkur" im Plan. Nach der Rückkehr führte er noch den A1-Abschlussdienst und die Nachschau an der Lok aus. In der vorangegangenen Nacht war auf den 41 243 und 41 164 mit den Durchgangsgüterzügen 7115 und 7118 Kirchweyhe sein Wendebahnhof. Die Verspätung wegen eines Schienenbruches hat er vermerkt.

Bild 140 (unten) – Dienstplan Sz des Bw Osnabrück Hbf vom 25. September 1966 mit der Wochenendleistung F 3 und F 4 „Merkur".

Abbildungen (2): Sammlung Ronald Krug

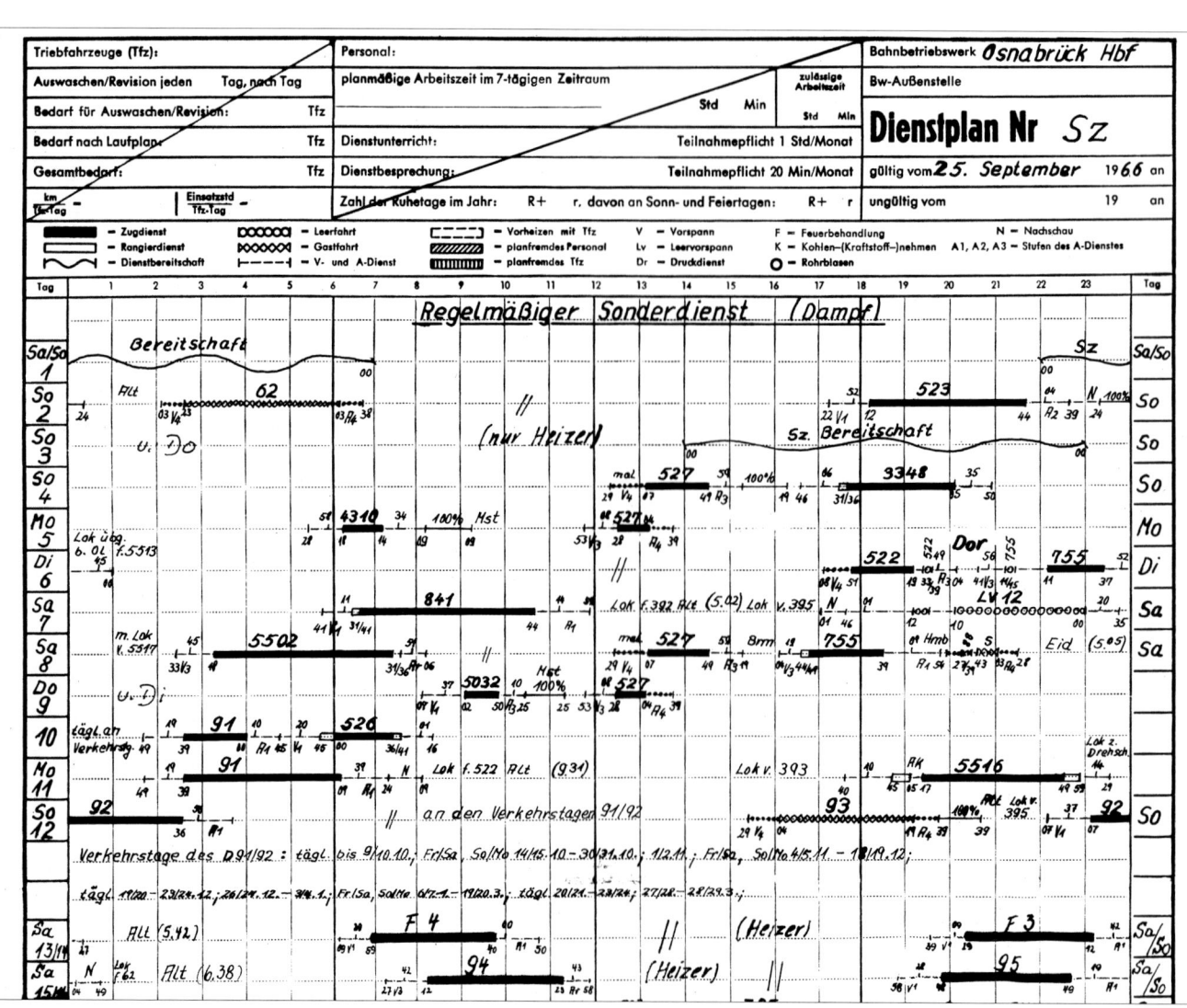

Dampflokomotiven am Italia-Expreß im Winter 1962/1963

Als Lokführer Karlheinz Brylla von seinen ersten Arbeitstagen bei der Deutschen Bundesbahn erzählte und behauptete, dass er im strengen Winter 1962/63 an der Feuerputzstelle des Bw Haltingen an Wochenenden öfters 01⁰ ausschlacken musste, waren Zweifel angebracht: Die Oberrheinstrecke war seit 1957 elektrifiziert, und über die Hochrheinstrecke kamen sicherlich keine 01 – die waren anno 1962/63 nirgendwo „in Reichweite" beheimatet.

Als man um 1990 in Haltingen den Speicher über der Lokleitung entrümpelte, fand der Verfasser ein Bündel Auftragszettel für Ausschlacker. Und tatsächlich stehen mehrere 01⁰ auf der Liste, immer in den Nächten Samstag auf Sonntag. Hier hat Lokführer Colloseus vom Bw Frankfurt (M) 1 am 6. Januar 1963 die 01 150 – als Heizlok hinter einer E 10 – mit dem F 212 von Frankfurt (M) nach Basel Badischer Bahnhof gefahren. Nach der Behandlung im Bw Haltingen fuhr sie wieder Lz nach Basel und im F 211 zurück nach Frankfurt (M).

Im Giessener 01⁰-Laufplan war in Frankfurt (M) ein Tag Zugleitungsbereitschaft eingearbeitet worden. So standen für diese außergewöhnlichen, schnellen Zugfahrten 01 zur Verfügung. Auch an den folgenden Wochenenden bis März 1963 suchten die Giessener 01 das Bw Haltingen zum Ausschlacken auf.

Die planmäßige Höchstgeschwindigkeit des Italia-Expreß von 120 km/h bereitete der 01⁰ keine Schwierigkeiten, beachtenswert ist aber ab Karlsruhe der Durchlauf von 196 Kilometern ohne Halt bis Basel. Das Wasser sollte für die 338 Kilometer lange Gesamtstrecke gereicht haben, da die Lok keine Traktionsaufgaben verrichten musste.

Der Fahrplan des F 212 im Winterfahrplan 1962/63 sah folgendermaßen aus: Frankfurt (M) Hbf ab 22:26 Uhr – Heidelberg 23:21/23 Uhr – Karlsruhe 23:55/57 Uhr – Basel Bad Bf an 1:49 Uhr. Vr Heidelberg – Karlsruhe: 101,0 km/h und Karlsruhe – Basel Bad Bf 105,3 km/h.

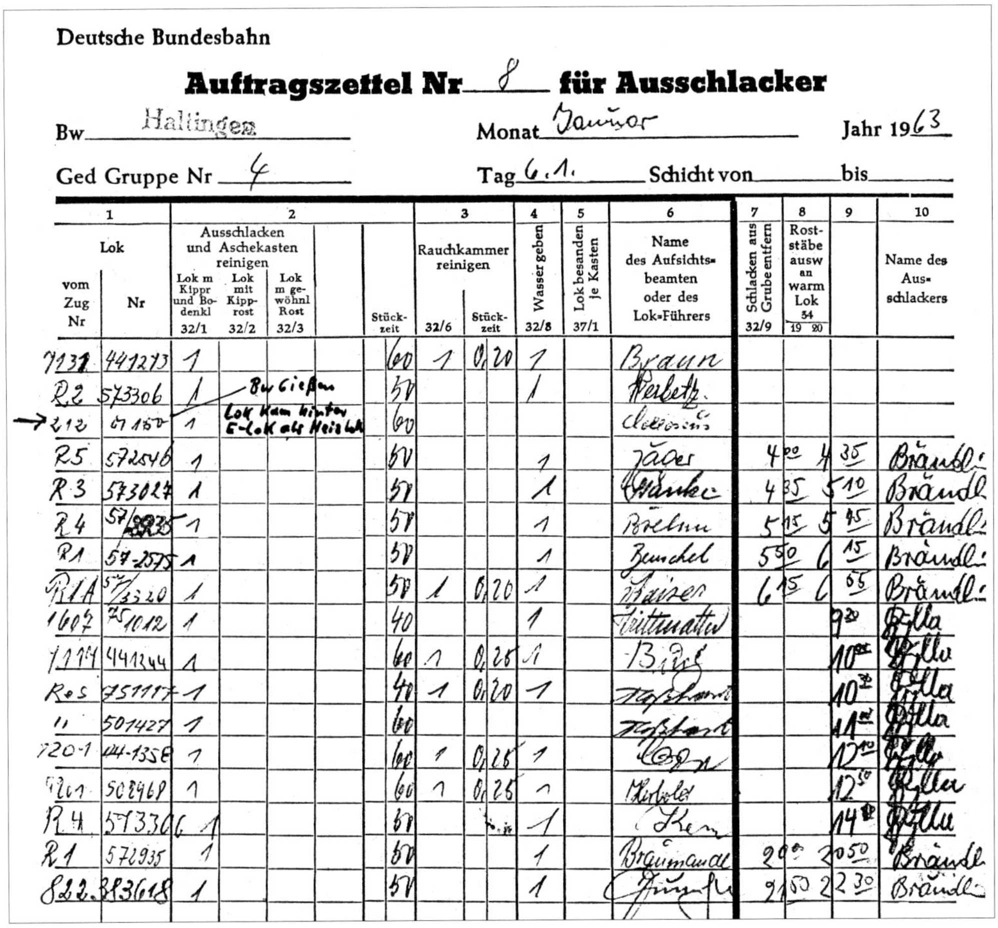

Bild 141
Der Auftragszettel Nr. 8 vom 6. Januar 1963 mit der 01 150 als dritte zu behandelnde Lok.
Abbildung: Sammlung Ronald Krug

Außerplanmäßige Dampfzugbespannungen mit mehr als 110 km/h zwischen zwei Halten:

Datum	Zug	Nr.	Bespannungsabschnitt	ab	an	Lok-Nr.	Bw	[km]	[km/h]	Bemerkungen
30.04.62	F	16	Hannover – Bielefeld	15:08	16:06	01 189	Hannover	109,5	113,28	planmäßig V 200
30.04.62	F	16	Bielefeld – Hamm	16:07	16:42	01 189	Hannover	67,0	114,86	planmäßig V 200
28.05.68	Nz F	33	Osnabrück – Bremen	17:21*	18:25*	012 074-1	Osnabrück Hbf	122,2	114,56	Hauptzug mit 220
Juni 1968	TEE	43	Osnabrück – Bremen	14:41	15:41	012 058-4	Osnabrück Hbf	122,2	122,20	vor defektem VT 601
19.08.68	Vz TEE	43	Osnabrück – Bremen	14:41*	15:41*	012 068-3	Osnabrück Hbf	122,2	122,20	Wagen: Aüm, Aüm
28.11.69	D	333	Hamburg-Altona – Neumünster	19:23	20:01	012 103-8	Hamburg-Altona	74,0	116,84	planmäßig BR 220
08.10.73	DC	998	Bamberg – Lichtenfels	20:05	20:22	001 008-2	Hof	31,9	112,59	planmäßig BR 218

* Fahrzeiten des Hauptzuges. In wieweit die Fahrzeiten eingehalten wurden, ist nicht bekannt.

Die beiden Ersatzbespannungen des TEE 43 „Parsifal" im Sommer 1968 verdienen es, detaillierter betrachtet zu werden. Der Lokwechsel im Juni 1968 am defekten VT 1¹5 (601) in Osnabrück von 110 471-0 auf die – noch mit alter Loknummer eingesetzte – 01 1058 ist vom unvergessenen Hartmut Riedemann dokumentiert und im Bild festgehalten worden.

Spannend ist die Leistung als Vz TEE 43 am 19. August 1968: Planmäßige Verstärkungszüge im Ferien- und Festtagsverkehr verkehrten grundsätzlich in festen Fahrplantrassen vor dem Hauptzug bzw. als Nachzug hinter dem Hauptzug. Für den TEE „Parsifal" war kein planmäßiger Zusatzzug vorgesehen. Vielmehr wurde ein Vorzug dann eingelegt, wenn der Dieseltriebwagen starke Verspätung hatte oder die Platzkapazität nicht ausreichte. Der Vorzug lief in aller Regel in der Fahrplantrasse des Hauptzuges, der im Blockabstand, oder – bei Betriebsstörung etc. – mit erheblichem zeitlichen Abstand folgte.

Vergleich der Triebfahrzeugleistungen und Zuggewichte von VT 11⁵ und 01 1058 mit den zwei Aüm-Wagen:

	01 1068 + 2 Aüm	VT 11⁵ (8-tlg.)
Bruttogewicht in [t]	260	245
Bremsgewicht in [t]	392	380
Mindestbremshunderstel	151	155
Mbr lt. Buchfahrpl. Mst 6A f. 140-km/h-Fpl.	150	150
Leistung in [PS] (kW)	2.650 (1948)	2.200 (1618)
Vmax in [km/h]	140	140
Leistungsgewicht [PS] (kW) pro Tonne	10,2 (7,5)	9,0 (6,6)
Zuglänge in [m]	77,0	130,0

Bild 142
01 1058 fährt mit der TEE-Garnitur in Osnabrück Hbf aus, Juni 1968.

Aufnahme: Hartmut Riedemann, Sammlung Jürgen Ebel

Bild 143
1969 zeichnete sich ab, dass die badischen IVh beim BZA Minden auslaufen werden. Zahlreiche Sonderfahrten, auch im Süden Deutschlands, folgten. Am 13. Juli hatten die Modellbahnfreunde Karlsruhe zur Tour über die Schwarzwaldbahn mit 018 323-6 nach Radolfzell geladen. Der Rückweg verlief über Schaffhausen – Basel Bad Bf mit anschließender rassiger Fahrt durch die Oberrheinebene. Die Fahrplananordnung gab zwei 100-km/h-Abschnitte vor: Freiburg Hbf (ab 19:28) – Offenburg (an 20:04) mit 104,67 km/h und Offenburg (ab 20:09) – Baden-Oos (an 20:33) mit 100,25 km/h. Hier verlässt der Zug die klassischen Hallen des Badischen Bahnhofs in Basel (ab 18:42).

Aufnahme: Wieland Proske

Aus der Tabelle auf der linken Seite oben ist abzuleiten, dass der Vorzug am 19. August 1968 leichte Vorteile beim Beschleunigen (im mittleren und oberen Geschwindigkeitbereich) gegenüber dem planmäßigen Triebzug hatte. Die rund 50 Meter kürzere Zuglänge wirkt sich bei den wenigen Geschwindigkeitswechseln nur minimal im Sekundenbereich zu Gunsten des Dampfzuges aus. Die zusätzliche Anfahrt gegenüber der Durchfahrt des VT 11⁵ mit 100 km/h (TEE 43 hatte planmäßig keinen Halt in Osnabrück Hbf) schlägt beim Dampfzug mit ca. 1 Minute negativ zu Buche. Da im Fahrplan 3 % Reserve (1,8 Minuten) einberechnet war, die definitiv benötigt wurde, wenn der Triebwagen wie im Zugbildungsplan vermerkt 9- oder 10-teilig fuhr, kommt man zu dem Schluss, dass die 01 1068 mit ihren zwei Wagen trotz der Anfahrt in Osnabrück Hbf die Fahrzeit von exakt einer Stunde nach Bremen Hbf bei Ausnutzung der Höchstgeschwindigkeit von 140 km/h anstandslos einhalten konnte. Die Abfahrt des Vz 43 wird aber allein durch den Lokwechsel mindestens fünf Minuten verspätet erfolgt sein.

„Ein Königreich" für die Zugmeldebücher der Fahrdienstleiter in Osnabrück Hbf und Bremen Hbf vom 19. August 1968 mit den tatsächlichen Abfahrts- und Ankunftszeiten des Zuges. Die haben jedoch längst die Altpapierpresse durchwandert …

Die Schnellfahrt vom 21. Juli 1990
Mit Horst Troche am Regler und Lokführer Lang vom Bw Nürnberg 1 am Ölschieber erlebten am 21. Juli 1990 die Reisenden des DZ 21576 eine besonders schnelle Fahrt. Anlass war die abgeschlossene Untersuchung der 01 1100 in der Ausbesserungswerkstätte Offenburg mit anschließender Überführung nach Nürnberg, ausgeschrieben als kurzer Sonderzug mit drei Wagen (Ayl, Aüe, Bye, 125 t Last).

144 km/h Spitzengeschwindigkeit, 141 km/h über mehrere Kilometer und Reisegeschwindigkeiten bis 113 km/h kennzeichneten die Fahrt, obwohl bis Riegel drei Mal von einem Güterzug ausgebremst (in der Fahrplananordnung war ausdrücklich die Zurückstellung des Dg vermerkt!). In Freiburg Hbf beschleunigte die Lok nach Verlassen der nördlichen Weichenstrasse ins Gefälle von 40 km/h in weniger als drei Kilometern auf 135 km/h, bevor in Freiburg-Zähringen der erste „Stutzer" auf 100 km/h erfolgte (Abstand). Nach zwei weiteren Abbremsungen in Riegel dann endlich Überholung des Güterzuges und freie Fahrt mit 140 km/h. Zum Überprüfen des Triebwerkes legte Horst Troche in Offenburg einen zweiminütigen Halt ein, obwohl die Fahrplananordnung keinen Halt vorsah. Ab Offenburg behinderte der vorausfahrende, verspätete Interregio 1578 mehrmals die Fahrt, z. B. in Rastatt „Stutzen" von 110 auf 80 km/h und am Halt zeigenden Einfahrtsignal in Karlsruhe Hbf Abbremsen herunter auf 10 km/h. Am Ende blieb die Uhr nach 73 Minuten und 50 Sekunden Gesamtfahrzeit stehen, 108,81 km/h Reisegeschwindigkeit für die Strecke von Freiburg Hbf bis Karlsruhe Hbf inklusive Zwischenhalt!

Nach der Ankunft in Karlsruhe bemerkte Lokführer Lang anerkennend: „Toujours 140!"

Tag	Zug	Nr.	Bespannungsabschnitt	ab	an	Lok-Nr.	Bw	[km]	[km/h]	Bemerkungen
21.07.1990	DZ	21576	Freiburg – Karlsruhe	10:10	11:24	01 1100	Nürnberg 1	133,9	108,57	Fahrzeiten laut Fahrplan
21.07.1990	DZ	21576	Freiburg – Offenburg	10:11:40	10:45:00	01 1100	Nürnberg 1	62,8	113,04	tatsächliche Fahrzeiten
21.07.1990	DZ	21576	Offenburg – Karlsruhe	10:47:00	11:25:30	01 1100	Nürnberg 1	71,1	110,81	über Ettlingen West

Bild 144 – Nach der Schnellfahrt verschnauft am 21. Juli 1990 die 01 1100 mit dem DZ 21576 im Karlsruher Hauptbahnhof, bevor sie moderater Richtung Heilbronn und dann gemeinsam mit 01 150 nach Nürnberg fahren wird.
Aufnahme: Ronald Krug

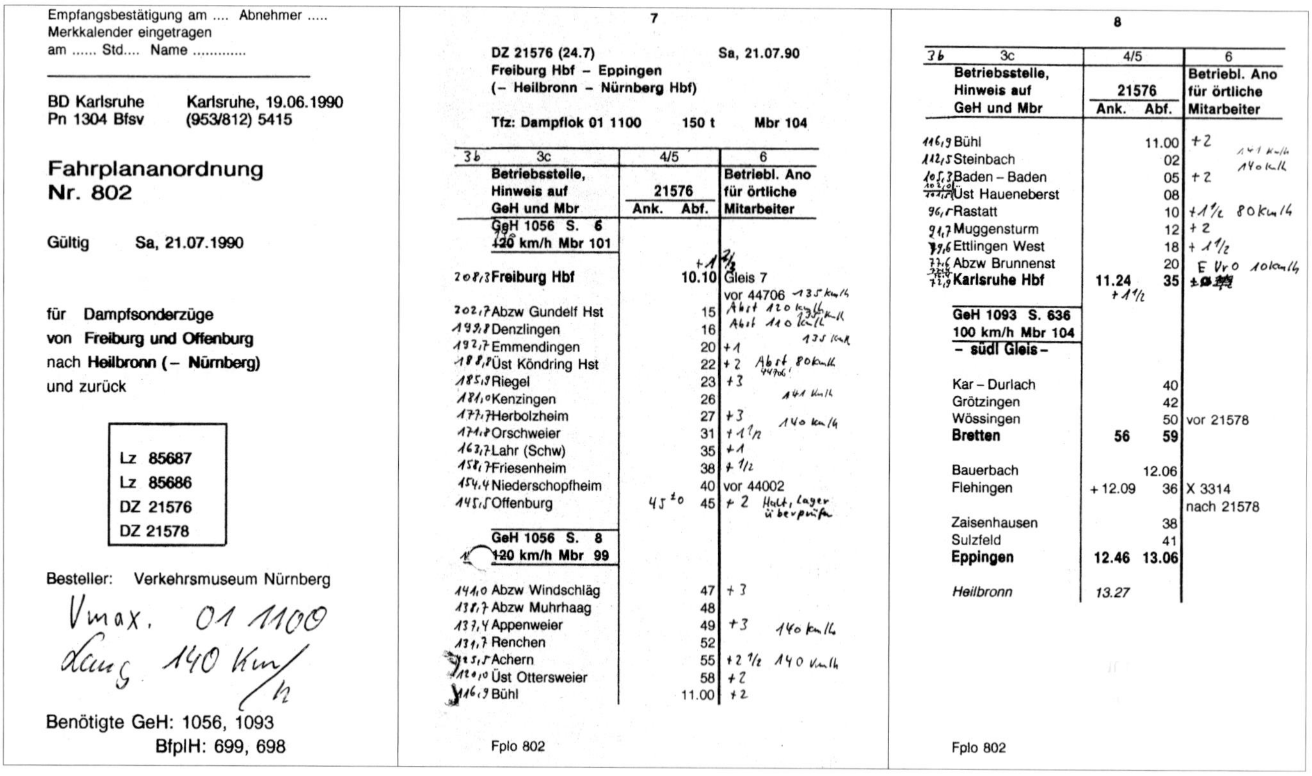

Empfangsbestätigung am .... Abnehmer .....
Merkkalender eingetragen
am ...... Std.... Name ....

BD Karlsruhe — Karlsruhe, 19.06.1990
Pn 1304 Bfsv — (953/812) 5415

Fahrplananordnung
Nr. 802

Gültig — Sa, 21.07.1990

für **Dampfsonderzüge**
von **Freiburg und Offenburg**
nach **Heilbronn (– Nürnberg)**
und zurück

Lz 85687
Lz 85686
DZ 21576
DZ 21578

Besteller: Verkehrsmuseum Nürnberg

Vmax. 01 1100
Lang 140 Km/h

Benötigte GeH: 1056, 1093
BfplH: 699, 698

7

DZ 21576 (24.7) — **Sa, 21.07.90**
Freiburg Hbf – Eppingen
(– Heilbronn – Nürnberg Hbf)

Tfz: Dampflok 01 1100 — 150 t — Mbr 104

3b	3c Betriebsstelle, Hinweis auf GeH und Mbr	4/5 21576 Ank.	 Abf.	6 Betriebl. Ano für örtliche Mitarbeiter
	GeH 1056 S. 6 ~~120~~ 130 km/h Mbr 101			
208,3	**Freiburg Hbf**		10.10 +1 2/3	Gleis 7 vor 44706 135 km/h
202,7	Abzw Gundelf Hst		15	Abst 120 km/h 135 km/h
199,8	Denzlingen		16	Abst 110 km/h
192,7	Emmendingen		20	+1 135 km/h
188,8	Üst Köndring Hst		22	+2 Abst 80 km/h 44706!
185,9	Riegel		23	+3
181,0	Kenzingen		26	141 km/h
177,7	Herbolzheim		27	+3 140 km/h
171,8	Orschweier		31	+1 1/2
163,7	Lahr (Schw)		35	+1
158,7	Friesenheim		38	+ 1/2
154,4	Niederschopfheim		40	vor 44002
145,5	Offenburg	45 ±0	45	+ 2 Halt, Lager überprüfen
	GeH 1056 S. 8 ~~120~~ km/h Mbr 99			
141,0	Abzw Windschläg		47	+ 3
138,7	Abzw Muhrhaag		48	
137,4	Appenweier		49	+3 140 km/h
131,7	Renchen		52	
125,5	Achern		55	+2 1/2 140 km/h
120,0	Üst Ottersweier		58	+2
116,9	Bühl		11.00	+2

Fplo 802

8

3b	3c Betriebsstelle, Hinweis auf GeH und Mbr	4/5 21576 Ank.	 Abf.	6 Betriebl. Ano für örtliche Mitarbeiter
116,9	Bühl		11.00	+2 141 km/h
112,5	Steinbach		02	140 km/h
105,3	Baden – Baden		05	+2
	Üst Haueneberst		08	
96,5	Rastatt		10	+1 1/2 80 km/h
91,7	Muggensturm		12	+ 2
79,6	Ettlingen West		18	+ 1 1/2
77,6	Abzw Brunnenst		20	E Vro 10 km/h
72,9	**Karlsruhe Hbf**	**11.24** +1 1/2	**35**	
	GeH 1093 S. 636 **100 km/h Mbr 104** **– südl Gleis –**			
	Kar – Durlach		40	
	Grötzingen		42	
	Wössingen		50	vor 21578
	Bretten	**56**	**59**	
	Bauerbach		12.06	
	Flehingen	+ 12.09	36	X 3314 nach 21578
	Zaisenhausen		38	
	Sulzfeld		41	
	Eppingen	**12.46**	**13.06**	
	Heilbronn	*13.27*		

Fplo 802

Bild 145 – Die Fahrplananordnung der Schnellfahrt vom 21. Juli 1990 und Fahrzeiten, die deutlich zu knapp berechnet worden waren für die angegebenen 120 km/h Höchstgeschwindigkeit. Lokführer (Heizer) Lang hat die gefahrenen 140 km/h auf der Titelseite bestätigt. Die Fahrplanabweichungen und Geschwindigkeitsangaben sind handschriftlich eingefügt. Abbildung: Sammlung Ronald Krug

5.4 DR Ost

Die **Reichsbahn** in der 1949 gegründeten **Deutschen Demokratischen Republik** übersprang bereits in den ersten Jahren ihrer Existenz die 100-km/h-Hürde. Im Sommer 1951 erreichte der Ft 65 auf der alten 05-Rennstrecke zwischen den 232,9 Kilometer entfernten Stationen Berlin Zoologischer Garten und Schwanheide 104,28 km/h. Die Fahrzeit von 2 Stunden 14 Minuten war sehr knapp bemessen. Schon 1952 wurde sie deutlich gestreckt. Gefahren wurde der Ft 65 mit SVT 137 der Bauart Köln und Leipzig. Dampfzüge hatten deutlich längere Fahrzeiten. Die Höchstgeschwindigkeit von 120 km/h blieb bis zum Ende der Dampflokzeit bestehen.

Dass auch, z. B. zum Aufholen von Verspätungen, schneller gefahren wurde und die Nadel auf dem Geschwindigkeitsmesser deutlich über der „130" stand, war nicht außergewöhnlich.

Am 11. April 1979 stoppte David Veltom den D 514 Berlin – Stralsund mit 03 0058-2 (Last 9 Wagen) zwischen Angermünde und Prenzlau mit 129 km/h.

01 0531-2 vom Bw Saalfeld wurde mit dem D 504 am 31. Mai 1981 vor Weißenfels mit 128 km/h Spitzengeschwindigkeit gemessen. Gerade die leistungsstarken und verdampfungsfreudigen Reko-01 hatten genügend Reserven, auch mit schweren Zügen „über das Ziel" hinauszugehen.

Die Dampfschnellzüge in der Relation Berlin – Dresden mit 01^{15} und 01^{20} wurde in den letzten Jahren (bis 1977) wegen der häufigen Verspätungen gerne mit 130 km/h und darüber gefahren.

Testfahrten, hauptsächlich zwischen Bitterfeld und Jüterbog, erlaubten natürlich mehr Tempo. Die Versuchslokomotiven der VESM Halle (18 201, 18 314, E 18 19 u. a.) erbrachten Geschwindigkeiten im Bereich zwischen 160 und über 180 km/h. 1974 und 1975 fanden auch Schnellfahrten auf der Strecke Mockrehna – Torgau mit Tempo 160 statt.

Die Überprüfung der nicht elektrifizierten Strecken in den DR-Kursbüchern ergab bis 1969 keine Dampfzüge mit Reisegeschwindigkeiten über 100 km/h zwischen zwei Halten.

Auffällig sind die häufigen Fahrzeitänderungen auch zu den jeweiligen Winterfahrplänen.

Wie bei der DB zogen um 1969 die Fahrzeiten an. Inzwischen liefen bei der DR aber in größerer Stückzahl Strecken-Diesellokomotiven. Reisegeschwindigkeiten über 100 km/h waren mit der 120 km/h schnellen V 180 möglich. Häufig kamen die Maschinen in Doppeltraktion zum Einsatz, denn mit schweren Zügen arbeiteten die V 180 permanent an der Leistungsgrenze.

Im Sommer 1969 waren auf den nicht elektrifizierten Strecken die 13 Schnellzüge mit Reisegeschwindigkeiten ab 100 km/h alle in der Hand der V 180.

Im Winterfahrplan 1969/70 stand zwischen Halle und Berlin mit der 18 201 erstmals eine Dampflok vor schnellen Zügen. Wenn die VESM Halle die Lok für Versuchsfahrten benötigte, sprangen 03 1010 oder 18 314 ein. Letztere aber hatte 1970 nur noch sechs Einsatztage zu verzeichnen.

Auch im Fahrplanjahr 1970/71 blieb die 18 201 – jetzt als 02 201-0 geführt – einzige Dampflokomotive vor schnellen Zügen.

Im Kursbuch Sommer 1971 wurden 23 Züge mit 25 Abschnitten herausgefunden, davon 18 mit der Standard-Diesellok 118 bespannt. Erstmals sind 01^{15} (Reko-01 Kohle mit D 1155 Leipzig – Berlin-Schönefeld und D 2032 Berlin-Schöneweide – Luckenwalde) sowie 03^{00} (03^{10} Öl, mit dem D 126 von Fürstenberg nach Oranienburg) nachgewiesen.

Neben drei Dampfzügen wurden im Winterkursbuch 1971 weitere 20 Züge gefunden, die – mit 118 bespannt – über 100 km/h liefen. 28 bzw. 21 Züge finden sich im Sommer und Winterkursbuch 1972, davon drei bzw. fünf mit Dampflokomotiven bespannt. Die Rostocker 01 0524 kam zudem fallweise vor dem D 316 anstatt 01 0524-7 zum Einsatz.

Im Sommer 1973 blieben von 15 schnellen Züge nur die D 535 und 536 dampflokbespannt. D 562 lief mit der Baureihe 130, die anderen Züge mit 118.

Neu im Winterfahrplan 1973 sind die Wittenberger 01 Öl, die sogleich für sich in Anspruch nahmen, den schnellsten planmäßigen Dampfzug der DR zu bespannen. Mit 109,36 km/h zwischen Neustadt (Dosse) und Nauen liegt der D 437 nur wenig unter den schnellsten DB-Dampfzügen (D 826, 196 und 832). Die Anzahl der schnellen Züge ging von 15 (acht mit Dampflok) im Winter 1973 auf acht (fünf mit Dampflok) im Sommer 1974 zurück. Auf der Strecke Berlin – Dresden war der Oberbau grundlegend erneuert worden und lange Abschnitte wieder mit 120 km/h befahrbar. Es hieß wieder: „Volle Fahrt voraus" mit bis zu 600 Tonnen Last am Zughaken. Großohrige Dresdner 01 teilten sich die Arbeit mit Altbau-01 und kohlegefeuerten Reko-01 vom Bw Ostbahnhof.

Im Winter 1974 beteiligten sich auch Oebisfelder 03²⁰ mit zwei schnellen Zügen. Dazu zogen Wittenberger 01⁰⁵ die D 530 und 535 auf je zwei Abschnitten mit mehr als 100 km/h. Den Cottbuser und Schweriner 118 blieben die restlichen drei Züge.

Das Kursbuch vom Sommer 1975 zeigt zwei mit Dampf- und Diesellok bespannte Züge mit vier Abschnitten über 100 km/h, nämlich die vom Bw Wittenberg gefahrenen D 530 und 537.

Im Winter 1975/76 ist der E 538 als schnellster Dampfzug mit 104,6 km/h im Abschnitt Nauen – Neustadt (Dosse) unterwegs. Wittenberger 01⁰⁵ hatten den Zug frisch von Schweriner Diesellok übernommen. Dazu standen im Plan der 01⁰⁵ die vom Sommer bekannten D 530 und 537, fallweise auch D 534 und 535. Bei D 2015 und P 4911 auf der Strecke Eisenhüttenstadt – Wilhelm-Pieck-Stadt Guben und dem D 1602 Jüterbog – Berlin-Schönefeld ist die Traktionsart nicht geklärt (Tendenz: Baureihe 118).

Im Sommer 1976 erlebte die Magistrale Berlin – Dresden fahrzeitmäßig ihren Höhepunkt. Das wirkte sich auch bei den schnellsten Zügen aus: 37 Schnell- und Eilzüge (49 Abschnitte) lagen über der 100-km/h-Schwelle, davon elf Züge (15 Abschnitte) dampfbespannt. Mehr als die Hälfte dieser Züge hatten inzwischen 132 der Bw Halle, Magdeburg, Oebisfelde und Rostock übernommen. D 537 erreichte – von Wittenberger 01⁰⁵ geführt – auf drei Teilstrecken mehr als 100 km/h.

D 678, mit Dresdner Altbau-01 gefahren, gilt im Jahr 1976 als der schnellste planmäßige „Start to Stop"-Dampfzug weltweit. Andere kompetente Bahnverwaltungen hatten bis dato ihre schnellen Züge bereits auf Diesel- oder elektrische Traktion umgestellt.

Nur noch sieben von 33 schnellen Zügen blieben im Winter 1976 dampfbespannt.

Vom Sommer 1977 sind noch vier schnelle Dampfzüge (fünf Abschnitte) zu vermelden. Überraschend gesellte sich der E 992, mit 03²⁰ des Bw Frankfurt (Oder) bespannt, dazu. Auf der Magistralen Dresden – Berlin blieben die schnellsten Dampfzüge mit 99,8 km/h (D 678) und 99,7 km/h (D 1278) hauchdünn unter dem Limit.

Schließlich bespannten im Winter 1977 gelegentlich 01²⁰ den D 373 und 01¹⁵ den D 671 anstatt der planmäßigen 118. D 671 hatte zwischen Zfl Berlin-Schönefeld und Doberlug – Kirchhain mit 51 Minuten Fahrzeit 109,53 km/h Durchschnittsgeschwindigkeit. Die Traktion aller 49 schnellen Züge oblag der Baureihe 132. Damit gehörten alle schnellen Züge der Dieseltraktion oder waren mit Ellok bespannt, und es endete auch weltweit die planmäßige Dampftraktion vor 100-km/h-Zügen.

Dass die 03¹⁰ mit leichten Zügen richtig rennen konnten, bewies 03 1010 in den neunziger Jahren:

- Im Rahmen der Plandampfaktion „Metropol" hatte die Lok am 31. März 1994 den D 2208 (fünf Wagen) in Halle von der 01 1531 übernommen. Hinter Belzig in der Zufahrt auf Berlin wurden 144 km/h gemessen, bevor die linke Gleitbahn heiß lief.
- Auf der nicht öffentlichen Überführungsfahrt von Stuttgart nach Halle (Saale) im Februar 1998 erreichte die 03 1010 mit fünf Bom-Wagen im Bereich Schnelldorf – Dombühl – Ansbach 146 km/h. Schließlich stand die Tachonadel bei der öffentlichen Probefahrt „Inselbergrunde" (mit vier Wagen) nach dem AW-Aufenthalt in Meiningen im November 2000 im Bereich Leinakanal – Gotha kurzzeitig bei 147 km/h.

Neben diesen drei imposanten Fahrten hat Stefan Donnerhack auch die Nachfolgende im Zug miterlebt und notiert: Vollblutlokführer Guder – bei seinen Kollegen „Johann" genannt – erhielt zu seiner Pensionierung am 13. März 1999 die Gelegenheit, mit der 03 001 nochmal eine richtige Schnellfahrt auf der alten Magistralen Dresden Hbf – Berlin-Lichtenberg hinzulegen. Mit vier Bom-Wagen begann die Fahrt um 8:42 Uhr. Die 166,2 Kilometer lange Fahrt ohne Halt von Dresden-Neustadt bis Berlin-Schönefeld verlief weitgehend konstant mit einem Tempo etwas über 120 km/h bei 93:30 Minuten Fahrzeit. Am Ende ergab das die respektable Reisegeschwindigkeit von 106,65 km/h.

Die schnellsten Dampfzüge der DR (mindestens 100 km/h Reisegeschwindigkeit zwischen zwei Halten)											
Fahrplan	Zug	Nr.	Tage	Bespannungsabschnitt	ab	an	Lok	Bw	[km]	[km/h]	Bemerkungen
1969	Wi	D	45		Halle – Berlin-Schönefeld	12:48	14:20	18 201	VESM*	158,5	103,37	auch 03 1010 o. 18 314
1969	Wi	D	1160		Berlin-Schönefeld – Halle	06:40	08:15	18 201	VESM*	158,5	100,11	auch V 180
1969	Wi	D	1163		Halle – Berlin-Schönefeld	18:43	20:15	18 201	VESM*	158,5	103,37	auch V 180
1970	So	D	1163		Halle – Berlin-Schönefeld	12:51	14:22	02 0201-0	VESM*	158,5	104,51	auch mit 118 Bw Halle P
1970	Wi	D	47		Lutherst. Wittenberg – Berlin-Schönefeld	10:00	10:54	02 0201-0	VESM*	91,6	101,78	auch mit 118 Bw Halle P
1970	Wi	D	1163	Fr	Halle – Berlin-Schönefeld	12:52	14:23	02 0201-0	VESM*	158,5	104,51	auch mit 118 Bw Halle P
1970	Wi	D	1165		Halle – Berlin-Schönefeld	18:43	20:16	02 0201-0	VESM*	158,5	102,26	auch mit 118 Bw Halle P
1971	So	D	126		Fürstenberg – Oranienburg	13:27	13:56	03⁰⁰	Strals	50,7	104,90	
1971	So	P	1117		Berlin-Karlshorst – Fürstenwalde	19:34	19:57	01 (03)		39,9	104,09	Laufplan nicht vorhanden
1971	So	D	1155	Fr+Sais	Leipzig – Berlin-Schönefeld	15:12	16:48	03²⁰	B-Ostb	162,7	101,69	auch 01¹⁵ möglich
1971	So	D	2032		Berlin-Schönefeld – Luckenwalde	07:23	07:51	03²⁰	B-Ostb	46,7	100,07	auch 01¹⁵ möglich
1971	Wi	D	27		Lutherst. Wittenberg – Berlin-Schönefeld	20:28	21:21	03²⁰	B-Ostb	91,6	103,70	

Fahrplan	Zug	Nr.	Tage	Bespannungsabschnitt	ab	an	Lok	Bw	[km]	[km/h]	Bemerkungen
1971	Wi	D	126	Fürstenberg – Oranienburg	13:23	13:52	03^{00}	Strals	50,7	104,90	
1971	Wi	D	316	Neustrelitz – Oranienburg	05:39	06:20	01^{05}	Rost H	71,2	104,20	planm. mit 118 Rostock
1971	Wi	D	1192	Neustrelitz – Oranienburg	17:11	17:52	03^{20}	Rost H	71,2	104,20	auch 01^{05} o. 118
1972	So	D	48	Fürstenberg – Oranienburg	11:38	12:08	03^{00}	Strals	50,7	101,40	
1972	So	D	125	Oranienburg – Fürstenberg	06:54	07:24	03^{00}	Strals	50,7	101,40	
1972	So	D	126	Fürstenberg – Oranienburg	11:13	11:42	03^{00}	Strals	50,7	104,90	
1972	Wi	D	65	Fr-So	Neustadt (Dosse) – Nauen	15:18	15:40	01^{05}	Wittb	40,1	**109,36**	
1972	Wi	D	68		Nauen – Neustadt (Dosse)	18:44	19:08	01^{05}	Wittb	40,1	100,25	
1972	Wi	D	69		Neustadt (Dosse) – Nauen	20:47	21:11	01^{05}	Wittb	40,1	100,25	
1972	Wi	D	126		Fürstenberg – Oranienburg	13:12	13:42	03^{00}	Strals	50,7	101,40	
1972	Wi	E	211	Mo+Fr	Königs Wusterhausen – Lübben	10:19	10:47	03^{20}	B-Ostb	47,0	100,71	
1973	So	D	535		Neustadt (Dosse) – Nauen	15:08	15:31	01^{05}	Wittb	40,1	104,61	
1973	So	D	536		Nauen – Neustadt (Dosse)	18:46	19:10	01^{05}	Wittb	40,1	100,25	auch V-Lok
1973	Wi	D	535		Neustadt (Dosse) – Nauen	15:10	15:33	01^{05}	Wittb	40,1	104,61	
1973	Wi	D	537	Mo-Do	Neustadt (Dosse) – Nauen	20:43	21:07	01^{05}	Wittb	40,1	100,25	Fr-So: 118 Berlin Ostbf
1973	Wi	E	541		Rathenow – Wustermark	08:10	08:34	03^{20}	B-Ostb	40,4	101,00	
1973	Wi	D	562	W	Leipzig – Berlin-Schönefeld	12:17	13:54	03^{20}	B-Ostb	162,7	100,64	auch 118 Leipzig S
1973	Wi	D	563		Jüterbog – Lutherstadt Wittenberg	08:30	08:49	03^{20}	B-Ostb	31,9	100,74	auch 118 Leipzig W
1973	Wi	D	563		Lutherstadt Wittenberg – Bitterfeld	08:51	09:13	03^{20}	B-Ostb	36,9	100,64	auch 118 Leipzig W
1973	Wi	D	924		Doberlug Kirchhain – Berlin-Schönefeld	13:21	14:16	01^{15}	B-Ostb	93,1	101,56	auch 01^{20} möglich
1973	Wi	E	992		WPS Guben – Eisenhüttenstadt	10:45	11:00	03^{20}	Frft/O	25,1	100,40	
1974	So	D	530		Nauen – Neustadt (Dosse)	07:36	08:00	01^{05}	Wittb	40,1	100,25	
1974	So	D	530		Wittenberge – Ludwigslust	08:47	09:13	01^{05}	Wittb	44,2	102,00	
1974	So	D	535		Ludwigslust – Wittenberge	13:56	14:22	01^{05}	Wittb	44,1	101,77	
1974	So	D	673		Berlin-Schönefeld – Doberlug Kirchhain	09:57	10:52	01^{20}	Dresd	93,1	101,56	
1974	So	D	739		Ludwigslust – Wittenberge	09:14	09:40	01^{05}	Wittb	44,1	101,77	
1974	Wi	D	530		Nauen – Neustadt (Dosse)	07:36	08:00	01^{05}	Wittb	40,1	100,25	
1974	Wi	D	530		Neustadt (Dosse) – Wittenberge	08:05	08:35	01^{05}	Wittb	51,1	102,20	
1974	Wi	D	535	Fr-So	Wittenberge – Neustadt (Dosse)	14:32	15:01	01^{05}	Wittb	51,1	105,72	Mo-Do mit V-Lok
1974	Wi	D	535	Fr-So	Neustadt (Dosse) – Nauen	15:05	15:28	01^{05}	Wittb	40,1	104,61	Mo-Do mit V-Lok
1974	Wi	E	544	Fr-Di	Wustermark – Rathenow	13:48	14:12	03^{20}	Oebisf	40,4	101,00	
1974	Wi	E	548		Wustermark – Rathenow	19:34	19:58	03^{20}	Oebisf	40,4	101,00	
1975	So	D	530		Nauen – Neustadt (Dosse)	07:36	08:00	01^{05}	Wittb	40,1	100,25	
1975	So	D	530		Neustadt (Dosse) – Wittenberge	08:05	08:35	01^{05}	Wittb	51,1	102,20	
1975	So	D	537		Wittenberge – Neustadt (Dosse)	20:10	20:40	01^{05}	Wittb	51,1	102,20	
1975	So	D	537		Neustadt (Dosse) – Nauen	20:45	21:09	01^{05}	Wittb	40,1	100,25	
1975	Wi	D	530		Nauen – Neustadt (Dosse)	07:35	07:59	01^{05}	Wittb	40,1	100,25	
1975	Wi	D	530		Neustadt (Dosse) – Wittenberge	08:04	08:34	01^{05}	Wittb	51,1	102,20	
1975	Wi	D	537		Wittenberge – Neustadt (Dosse)	20:10	20:40	01^{05}	Wittb	51,1	102,20	
1975	Wi	D	537		Neustadt (Dosse) – Nauen	20:45	21:09	01^{05}	Wittb	40,1	100,25	
1975	Wi	E	538		Nauen – Neustadt (Dosse)	01:04	01:27	01^{05}	Wittb	40,1	104,61	
1976	So	D	176	So+Mo	Dresden-Neustadt – Berlin-Schönefeld	17:11	18:49	01^{20}	Dresd	166,2	101,76	Städteschnellverkehr
1976	So	D	270		Doberlug Kirchhain – Berlin-Schönefeld	07:17	08:12	01^{15}	B-Ostb	93,1	101,56	Meridian
1976	So	D	530		Nauen – Neustadt (Dosse)	07:36	08:00	01^{05}	Wittb	40,1	100,25	
1976	So	D	530		Neustadt (Dosse) – Wittenberge	08:03	08:33	01^{05}	Wittb	51,1	102,20	
1976	So	D	537		Ludwigslust – Wittenberge	19:34	20:00	01^{05}	Wittb	44,1	101,77	
1976	So	D	537		Wittenberge – Neustadt (Dosse)	20:07	20:37	01^{05}	Wittb	51,1	102,20	
1976	So	D	537		Neustadt (Dosse) – Nauen	20:43	21:07	01^{05}	Wittb	40,1	100,25	
1976	So	E	538		Neustadt (Dosse) – Glöwen	01:28	01:43	01^{05}	Wittb	26,3	105,20	

Bild 146 – Seltene Aufnahme vom 14. November 1968, von Neukölln über die Sektorengrenze nach Treptow geschossen: 18 314 der VESM Halle hat den D 47 nach Berlin-Schöneweide gebracht und bewältigt jetzt das letzte Stück zum Abstellbahnhof in Lichtenberg als Leerzug. 1969/1970 zählten diese Züge (D 45, D 47) zu den ersten 100-km/h-Dampfzügen in der DDR.   Aufnahme: Sammlung Jürgen Ebel

Fahrplan	Zug	Nr.	Tage	Bespannungsabschnitt	ab	an	Lok	Bw	[km]	[km/h]	Bemerkungen
1976	So	E	544		Wustermark – Rathenow	13:48	14:12	03[20]	Oebisf	40,4	101,00	
1976	So	E	548	Sa,S	Wustermark – Rathenow	19:53	20:17	03[20]	Oebisf	40,4	101,00	
1976	So	D	671		Berlin-Schönefeld – Doberlug Kirchhain	07:51	08:46	01[15]	B-Ostb	93,1	101,56	
1976	So	D	673	W	Berlin-Schönefeld – Doberlug Kirchhain	10:12	11:07	01[20]	Dresd	93,1	101,56	S mit 118
1976	So	D	678	W	Doberlug Kirchhain – Berlin-Schönefeld	21:29	22:21	01[20]	Dresd	93,1	107,42	S mit 118
1976	So	D	1278		Dresden Neustadt – Berlin-Schönefeld	00:05	01:43	01[15]	B-Ostb	166,2	101,76	Warnow
1976	Wi	D	270		Doberlug Kirchhain – Berlin-Schönefeld	07:18	08:12	01[15]	B-Ostb	93,1	103,44	Meridian, auch 01[20]
1976	Wi	D	373		Berlin-Schönefeld – Doberlug Kirchhain	01:02	01:56	01[15]	B-Ostb	93,1	103,44	Balt-Orient, auch 01[20]
1976	Wi	D	379		Berlin-Schönefeld – Doberlug Kirchhain	17:07	18:02	01[20]	Dresd	93,1	101,56	Istropolitan, auch 01[15]
1976	Wi	E	544		Wustermark – Rathenow	13:48	14:12	03[20]	Oebisf	40,4	101,00	
1976	Wi	E	548	Sa,S	Wustermark – Rathenow	19:53	20:17	03[20]	Oebisf	40,4	101,00	
1976	Wi	D	671		Berlin-Schönefeld – Doberlug Kirchhain	07:51	08:45	01[15]	B-Ostb	93,1	103,44	auch 01[20] Berlin Ostbf
1976	Wi	D	678	aSa	Doberlug Kirchhain – Berlin-Schönefeld	21:28	22:21	01[15]	B-Ostb	93,1	105,40	auch 01[20], Sa 118
1977	So	D	530		Nauen – Neustadt (Dosse)	07:36	08:00	01[05]	Wittb	40,1	100,25	
1977	So	D	636		Oranienburg – Fürstenberg	18:05	18:35	03[00]	Strals	50,7	101,40	
1977	So	E	992		WPS Guben – Eisenhüttenstadt	10:39	10:54	03[20]	Frft/O	25,1	100,40	
1977	So	D	1617		Neustrelitz – Oranienburg	19:40	20:22	03[00]	Strals	71,2	101,71	
1977	Wi	D	373		Berlin-Schönefeld – Doberlug Kirchhain	01:04	01:57	01[20]	B-Ostb	93,1	105,40	planm. 132 Berlin Ostbf
1977	Wi	D	671		Berlin-Schönefeld – Doberlug Kirchhain	07:53	08:44	01[15]	B-Ostb	93,1	109,53	planm. 132 Berlin Ostbf
* VESM: Versuchs- und Entwicklungsstelle Maschinenwirtschaft Halle (Saale)											

Bild 147
Die Stralsunder 03 0089-7
mit dem D 126 am Zughaken
ist am 21. April 1973 bei Malchow
auf den letzten Kilometern vor dem
Endbahnhof Berlin-Lichtenberg
unterwegs. Mit den zehn Wagen
durfte sie – besonders im Abschnitt
von Fürstenberg nach Oranienburg –
richtig zufahren.

Aufnahme: Helmut Dahlhaus

Bild 148
Die Oebisfelder 03 2256-0
beschleunigt am 22. März 1975
ihren E 544 bei Berlin-Altglienicke.
Zwischen Wustermark und Rathe-
now wird sie die Fahrplanvorgabe
von 101,0 km/h erfüllen.

Aufnahme: Joachim Bügel

Bild 149
01 2029-5 passiert am 30. Juli 1976
mit dem D 673 die S-Bahn-Station
Warschauer Straße auf dem Weg
in ihre Heimat Dresden. Auch dieser
Zug schaffte mit 101,6 km/h
zwischen Berlin-Schönefeld und
Doberlug-Kirchhain die Aufnahme
in die vorstehende Tabelle.

Aufnahme: Wolfgang Bügel

Bild 150
01 1506-3 trifft am 10. September 1976 mit dem ebenso schweren wie schnellen D 270 „Meridian" in Berlin-Schönefeld ein. Gerade hat sie den 101,6-km/h-Abschnitt von Doberlug-Kirchhain durchfahren. Für die planmäßige Ankunft um 8 : 12 Uhr spricht der VT 175, der am gegenüberliegenden Bahnsteig um 8 : 15 Uhr als Ext 163 nach Leipzig abfahren soll.

Aufnahme: Wolfgang Bügel

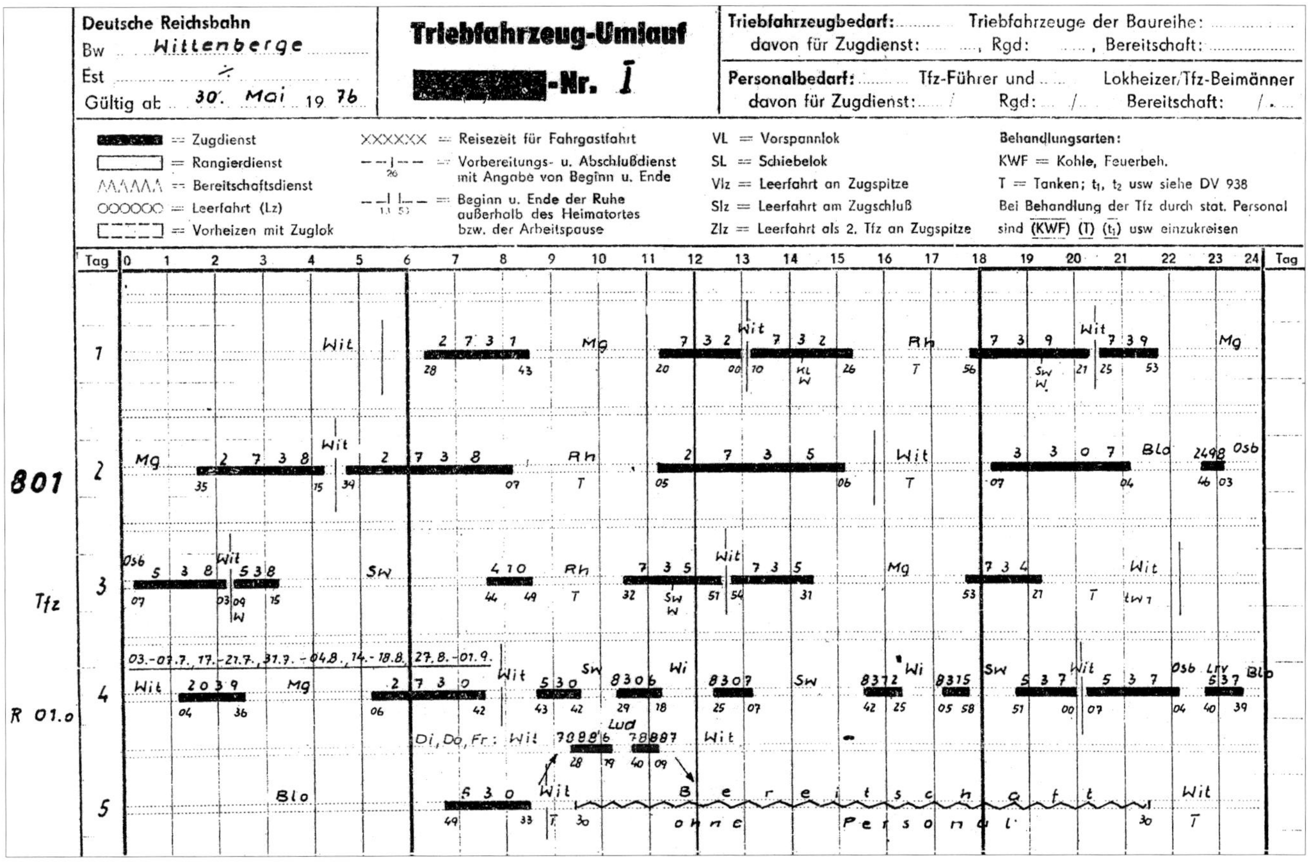

Deutsche Reichsbahn	**Triebfahrzeug-Umlauf**	Triebfahrzeugbedarf: .... Triebfahrzeuge der Baureihe: ....
Bw *Wittenberge*		davon für Zugdienst: ...., Rgd: ...., Bereitschaft: ....
Est .... ✗	████████-Nr. *I*	Personalbedarf: .... Tfz-Führer und .... Lokheizer/Tfz-Beimänner
Gültig ab *30. Mai* 19 *76*		davon für Zugdienst: .... / Rgd: .... / .... Bereitschaft: .... / .

██████ = Zugdienst	✗✗✗✗✗✗ = Reisezeit für Fahrgastfahrt	VL = Vorspannlok	Behandlungsarten:
▭ = Rangierdienst	‑‑‑ |‑‑‑ = Vorbereitungs- u. Abschlußdienst mit Angabe von Beginn u. Ende	SL = Schiebelok	KWF = Kohle, Feuerbeh.
ΛΛΛΛ = Bereitschaftsdienst	‑‑ |‑‑ = Beginn u. Ende der Ruhe außerhalb des Heimatortes bzw. der Arbeitspause	Vlz = Leerfahrt an Zugspitze	T = Tanken; t₁, t₂ usw siehe DV 938
OOOOOO = Leerfahrt (Lz)		Slz = Leerfahrt am Zugschluß	Bei Behandlung der Tfz durch stat. Personal
▭▭▭ = Vorheizen mit Zuglok		Zlz = Leerfahrt als 2. Tfz an Zugspitze	sind (KWF) (T) (t₁) usw einzukreisen

Bild 151 – Umlaufplan I des Bw Wittenberge für fünf 01⁰⁵. Die Tage 3 bis 5 zeigen mit den D 530 (2 Abschnitte), D 537 (3) und E 538 (1) die 100-km/h-Renner.

Abbildung: Sammlung Klaus Hopf

7

I-D 337 (10,1) Hamburg Hbf–**Wittenberge–Nauen**–Berlin-Friedrichstr
I-D 339 (10,1) Hbg-Altona–**Wittenberge–Nauen**–Berlin-Friedrichstr

Tfz 01, 339 = 118
Hg max 120 km/h

Last: 337 = 400 t, 339 = 550 t

Mbr **98**
Wit–Nau **96**

			I 337				I 339	
1	2	3	4	5	4	5	4	5
128,6	120	Wittenberge Stw Wa		1016				1926
		Stw Wik		19				28
127,7	100	**127,0** ⌒						
126,6		**Wittenberge**	+1020	29			+1930	36
	120	**126,5**						
	—	**125,0** ⌒						
	100	**124,9**						
120,0	120	Kuhblank		34				42
112,8		Bad Wilsnack		38				47
101,8		Glöwen		44				54
92,1		Breddin		49				2000
83,5		Zernitz		53				05
75,4		**Neustadt (Dosse)**		58				09
		75,35 VA ▽ **115 km/h**						
73,9		Neustadt (Dosse) Stw Ns		58				10
66,6		Segeletz		1102				14
61,7		Friesack (Mark)		05				17
57,2		Vietznitz		07				20
49,0		Paulinenaue		11				24
42,2		Berger Damm		15				29
		Rbd-Gr km 38,2		16				31
35,4		**Nauen**		1118				2033

Bild 152 – Die Fahrzeiten der Interzonenzüge sind in den DR-Kursbüchern nicht aufgeführt, da sie keine Verkehrshalte in der DDR hatten. Ihre Reisegeschwindigkeiten lagen aber generell unter 100 km/h. Die Wittenberger 01^{05} durchliefen mit dem D 337 im Sommer 1975 die alte 05-Rennstrecke ab Wittenberge nach Nauen in 49 Minuten. Die 111,67 km/h Durchschnittsgeschwindigkeit steht „außer Konkurrenz", da in Nauen kein Halt vorgesehen war.

5

D 530 (10,1) Berlin-Lichtenberg–**Nauen–Wittenberge**–Schwerin
D 534 (10,1) Berlin-Lichtenberg–**Nauen–Wittenberge**–Schwerin

Tfz 01, 534 = 118
Hg max 120 km/h

Last: D 530 = 500 t, D 534 = 400 t

Mbr **97**
Nau–Wit **96**

1	2	3	4	5	4	5	4	5
Lage der Betr.-Stelle km	Höchst-geschwindigkeit km/h	Betriebsstelle, Grund und Lage der Hg-Änderung, verkürzter Vorsigabstand, maßgebende Neigung	530				534	
			Ankunft	Abfahrt oder Durchfahrt	Ankunft	Abfahrt oder Durchfahrt	Ankunft	Abfahrt oder Durchfahrt
35,4	120	**Nauen**	729	736			1309	1312
		Rbd-Gr km 38,2		39				15
42,2		Berger Damm		42				17
49,0		Paulinenaue		46				21
57,2		Vietznitz		50				26
61,7		Friesack (Mark)		52				28
66,6		Segeletz		55				31
73,9		Neustadt (Dosse) Stw Ns		58				35
75,4		**Neustadt (Dosse)**	800	805			37	39
83,5		Zernitz		11			+45	50
92,1		Breddin		16				57
101,8		Glöwen		21				1403
112,8		Bad Wilsnack		27				09
120,0		Kuhblank		31				13
126,6		**Wittenberge**	835	844			1417	1425

Bild 153 – Buchfahrplan der Rbd Schwerin vom Sommer 1975 mit den beiden schnellsten Abschnitten des D 530. Die Kilometerangabe des Bahnhofs Neustadt (Dosse) differiert mit den Kursbuchangaben um 0,1 km.

Abbildungen (4): Sammlung Andreas Stange

29

D 1100–I.2 (10,1) **Stralsund – Oranienburg** – Frankfurt (M)
D 126–I.3 (10,1) **Stralsund – Oranienburg** – Berlin-Lichtenberg
D 48–I.3 (10,1) **Stralsund – Oranienburg** – Weimar

Hg max 120 km/h
Tfz 118, 48 = 03

Last 350 t **500 t** **350 t** Mbr 105
48 = 102
1100 = 106

			126		48		1100	
1	2	3	4	5	4	5	4	5
220.0	100	**Stralsund**	—	1127	—	907	—	2338
220.1		Abzw Srg	—	30	—	10	—	41
	60	220,03 ⌒ 219,83						
211.2	100	Elmenhorst	—	37	—	17	—	48
208.2		Wittenhagen . . .	—	39	—	19	—	50
199.6		**Grimmen**	—	44	—	24	2355	2358
192.7		Rakow . . . . , . .	—	48	+928	33	—	005
189.2		Bk Düvier	—	50	—	37	—	07
184.8		**Toitz-Rustow** . . .	—	53	—	39	—	09
181.4		Bk Randow Hp . .	—	55	—	41	—	11
	10	177,77 ⌒ 177,65						
	100	177,450 VE▽ 90 km/h						
	60	176,50 ⌒ 176,15						
176.0	100	**Demmin**	1205	1209	—	52	—	21
	30	175,10 ⌒ 175,00						
169,8		Bk Utzedel Hp . .	—	15	—	59	—	26
165.2	100	Sternfeld	—	19	—	1003	—	29
157.3		Gültz	—	23	—	08	—	34
149.1		**Altentreptow** . . .	—	1228	—	1012	—	039

Bild 154 – Nicht D 48, sondern D 126 lief im So 1971 mit 03^{00}.

D 2026 - II.1 (10.1) Bergen - Abzw Okn - Jüterbog - Leipzig
D 2032 - II.1 (10.1) Zfh Bln - Schönefeld - Jüterbog - Arnstadt
D 2048 - II.1 (10.1) Stralsund - Abzw Okn - Jüterbog - Gotha

			noch 2026		noch 2032		noch 2048	
1	2	3	4	5	4	5	4	5
35,6		**Zfh Bln-Schönefeld** .	1155	1157	(626)	723	022	026
31,1		Waßmannsdorf		1201		27		30
27,8		Abzw Glas D Ost		02		28		31
26,8		Abzw Glas D West		03		29		32
24,4		Diedersdorf		04		30		33
18,4		Genshag Heide Ost .		08		34		37
16,6 / 0,0		Genshagener Heide . ▼		09				38
1,4	100	Genshag Heide Nord		10				39
4,9 / 21,1		Birkengrund Nord		12				42
21,8		Birkengrund Süd .		13		35		42
24,5		Ludwigsfelde		14		37		44
30,3		Thyrow		18		40		47
34,3		Trebbin		20		42		49
40,2		Scharfenbrück		23		45		52
43,4		Bk Ruhlsdorf		24		47		54
46,1		Woltersdorf (b Luck)		26		48		55
49,8		Luckenwalde		28	751	753	058	101
54,8		Forst Zinna		30		56		04
58,6		Grüna-Klst Zinna . .		33		59		06
62,2		**Jüterbog**		1236	802	805	110	112

a) Gho - Gbs 115 km/h
b) D 2026 verk. vom 03.VII. - 31.VIII.71
c) D 2032 verk. vom 02.VII. - 30.VIII.71
d) D 2048 verk. vom 02./03.VII. - 30./31.VIII.71

Bild 155 – Buchfahrplan Bln 1 vom So 1971 mit dem D 2032.

Bild 156 – 03 0010-3 mit dem P 3929 in Berlin Ostbahnhof am 2. Mai 1977. Der Zug wurde frühzeitig auf Gleis 1 bereitgestellt, genügend „Luft" für das Personal, die Lok auf die flotte Fahrt vorzubereiten.
Aufnahme: Joachim Neu

Bild 157

Rasende Dampfpersonenzüge der 2. Klasse zeigt der Buchfahrplan Bln 2a vom Sommer 1971. P 1117, mit 01¹⁵/01²⁰ (des Bw Berlin Ostbahnhof) angegeben, ist der Schnellste überhaupt in Deutschland. Laufplanmäßig ist der Einsatz von Dampflokomotiven jedoch nicht nachgewiesen. Die Abfahrtszeit des Zuges in Karlshorst (19:36 Uhr) weicht um zwei Minuten vom Kursbuch (19:34 Uhr) ab. Die korrekte Fahrzeit von 23 Minuten nach Fürstenwalde ergibt anspruchsvolle Vr 104,1 km/h. Nach den Buchfahrplanzeiten müsste ein Reisetempo von 114,0 km/h gefahren werden, was mit Vmax 120 km/h und der Geschwindigkeitsbeschränkung auf 85 km/h in der Kurve vor Erkner unrealistisch ist. „Statistisch" wäre das der schnellste deutsche Dampfzug seit 1939. Der P 1117 (inzwischen als P 3929 bezeichnet) diente im Winter 1976/1977 als Füllleistung für die 03⁰⁰ des Bw Stralsund (Fahrzeit Karlshorst – Fürstenwalde 25 Minuten: 95,8 km/h).

Abbildung: Slg. Andreas Stange

P1115 -I.3(30.1) Bln Ostbf.-Eisenhüttenstadt. W.P. St.Guben

P1117 -I.3(30.1) Bln Ostbf.- Frankfurt(O)

Hg max 120 km/h — bisFk Tfz 03 / 350 Mp Last 300 Mp — Tfz 04 / Last 300 Mp — Tfz / Last — Mbr 97

1	2	3	1115 (4)	1115 (5)	1117 (4)	1117 (5)
0,0		Berlin Ostbahnhof ..	–	17.06	–	19.29
	60	0,40 ⌒				
		0,80				
	100	1.00-2.00 ▼				
1,8	120	Abzw Oga	–	08	–	31
3,8		Abzw Vnk	–	10	–	33
	100	3,85 ⌒				
		3,93				
5,2		Abzw Rga	–	11	–	33
6,3		Abzw Rgo	–	11	–	34
7,4		Bk Karlshorst	17.13	14	19.35	36
8,9		Abzw Ostendgest ..	–	16	–	36
10,7	120	Abzw Stadtforst ..	–	17	–	37
12,3		Berlin-Köpenick	–	18	–	38
14,6		Berlin-Friedrichsh ..	–	19	–	39
19,2		Rahnsdorf	–	22	–	42
	85	23,45 ⌒				
		23,65				
24,3		Erkner	–	25	–	44
30,5		Fangschleuse	–	29	–	48
33,5	120	Bk Grünheide § ..				
37,2		Hangelsberg	–	32	–	51
41,0		Bk Heidehaus	–	17.34	–	19.53

1	2	3	noch 1115 (4)	noch 1115 (5)	noch 1117 (4)	noch 1117 (5)
37,2		Hangelsberg	–	17.32	–	19.51
41,0		Bk Heidehaus	–	34	–	53
47,3		Fürstenwalde (Spree)	17.39	41	19.57	58
54,6		Berkenbrück	47	48	–	20.01
62,6	120	Briesen (Mark)	54	55	–	05
67,7		Jacobsdorf (Mark) ..	–	18.00	–	08
70,9		Pillgram	–	02	–	10
76,0		Rosengarten Pbf ...	–	06	–	14
77,5	80	Rosengarten Gbf ...	–	08	–	16
	60	⌒				
		Frankfurt/O Rbf				
26,3	30	Stw Fgw	–	10	–	19
27,1	50	Stw Fgl	–	10	–	20
0,0	40	Stw Fgm ⌒...	–	11	–	21
0,8	50	Stw Fgs A	–	12	–	22
2,9		Frankfurt/O Pbf				
	40	E ⌒.............	18.16	18.33	20.25	–
				2,1		2

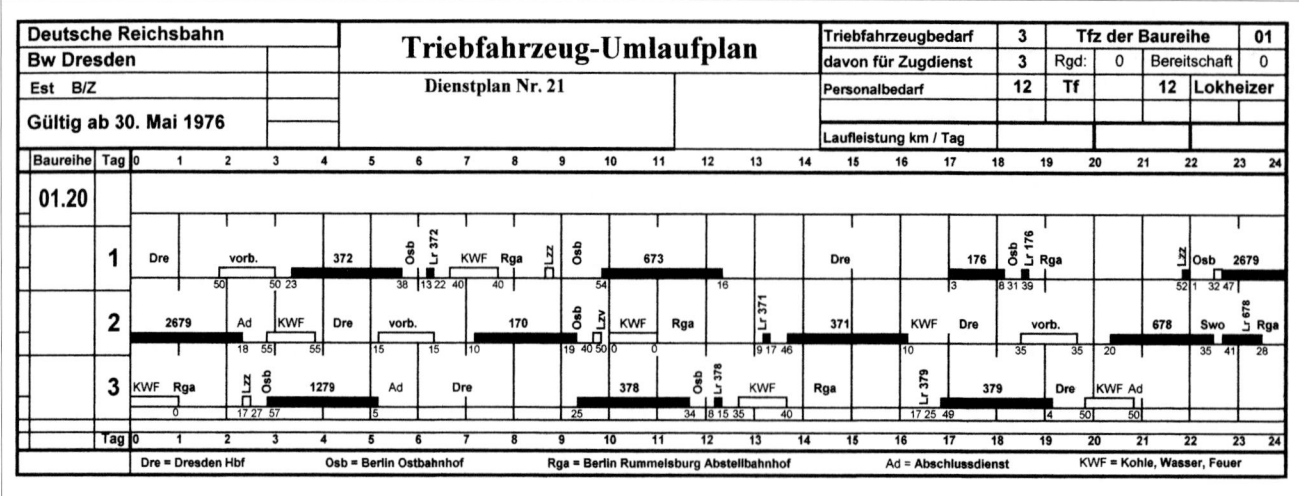

Bild 158 – Abschrift Dienstplan 21 des Bw Dresden vom Sommer 1976 mit 01²⁰ und den beiden schnellen D 176 und 678.

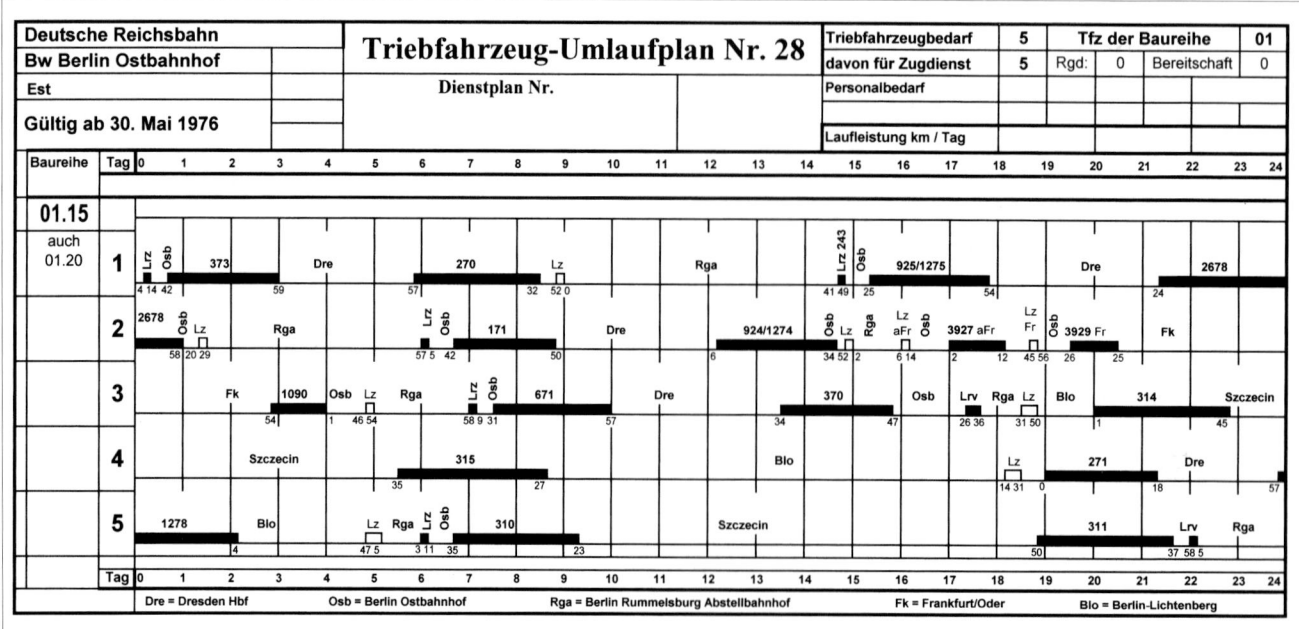

Bild 159 – Plan 28 des Bw Ostbahnhof (01¹⁵ und 01²⁰) vom Sommer 1976 mit den schnellen D 270 und D 671.

Abbildungen (2): Ronald Krug

5.5 Andere Bahnen in Europa, Kanada und USA

5.5.1 Belgien, Italien

In **Belgien** fiel die „Mile a Minute" im Sommer 1934: Mit 61,2 mph (98,49 km/h) fuhr ein Schnellzug von Gent nach Brugge, bei einer Höchstgeschwindigkeit von 120 km/h.

Die neue Lok Type 1, mit 3.400 PS außergewöhnlich stark und mit den 1.980 mm großen Treibrädern 120 km/h schnell, trug dazu bei, dass die NMBS die Fahrzeiten weiter kürzen konnte. Ab 1939 – unterstützt durch die sechs Maschinen der Type 12 – lag nun Belgien für wenige Tage an der Spitze der schnellsten Dampfzüge. Die Chicago, Milwaukee, St. Paul & Pacific Railroad, bis dato Rekordhalter, reagierte aber prompt und beschleunigte ihren „Hiawatha" von Sparta nach Portage um eine Minute auf 121,95 km/h. Auch

„The 400" stand mit Vr 121,98 km/h einige Wochen (Juli bis September 1939) über den belgischen Zügen.

Mr. Haviland verdanken wir drei „Timings". Die beiden ersten Fahrten auf dem Führerstand der Lok Nr. 1203 mit 160 t Last am Zughaken stoppte er von Bruxelles Midi nach Brugge mit 46 : 00 und 45 : 50 Minuten bei einer Spitzengeschwindigkeit von 91 mph (146,45 km/h). Die dritte Fahrt mit der 1201 und 135 t Last dauerte 46 : 01 min.

Während des (strengen) Winters 1939/40 aufgegeben, erlebte das Zugpaar 401/404 ab 15. März 1940 eine Neuauflage mit gleicher Fahrzeit. Im Interesse des „nationalen Gleichgewichtes" bediente ein neues Expresszugpaar Bruxelles Nord und Liége in exakt einer Stunde Fahrzeit (Vr 99,9 km/h). In der ersten Maihälfte 1940 setzten die Kriegsereignisse den Schnellfahrten ein Ende.

Mehr als 40 Abschnitte mit Vr über 100 km/h sind für den Winter 1939/40 zu nennen – auch wegen des Stundentaktes auf der Magistrale zwischen Hauptstadt und Hafenstadt einmalig in Europa.

Fahrplan		Zug-Nr./Laufweg	Bespannungsabschnitt	ab	an	Lok	[km]	[min]	[mph]	[km/h]	Bemerkungen
			Dampfzüge über 100 km/h der Sommerfahrpläne 1936 bis 1939 und vom Winter 1939/40								
1936	So	Bruxelles – Oostende	Bruxelles Midi – Oostende Kai	11:50	12:57	Typ 1	114,30	67	63,60	102,36	nonstop
1936	So	Oostende – Bruxelles	Oostende Kai – Bruxelles Midi	19:13	20:21	Typ 1	114,30	68	62,67	100,85	nonstop
1937	So	408	Oostende Kai – Bruxelles Midi	19:14	20:18	Typ 1	114,30	64	66,58	107,16	nonstop
1937	So	407	Bruxelles Midi – Oostende Kai	11:54	12:59	Typ 1	114,30	65	65,56	105,51	nonstop
1937	So	P 175	Oostende Kai – Gent	16:52	17:28	Typ 1	61,96	36	64,17	103,27	
1937	So	P 176	Gent – Oostende Kai	15:07	15:43	Typ 1	61,96	36	64,17	103,27	
1937	So	112	Bruxelles Midi – Mons	09:20	09:56	Typ 1	60,35	36	62,50	100,58	
1938	So	407	Bruxelles Midi – Oostende Kai	11:54	12:57	Typ 1	114,3	63	67,64	108,86	nonstop
1938	So	408	Oostende Kai – Bruxelles Midi	19:15	20:18	Typ 1	114,3	63	67,64	108,86	nonstop
1938	So	P 175	Oostende Kai – Gent St. Pieters	16:50	17:26	Typ 1	62,00	36	64,21	103,33	
1938	So	P 176	Gent St. Pieters – Oostende Kai	15:07	15:43	Typ 1	62,00	36	64,21	103,33	
1939	So	401 (ab Juli 1939)	Bruxelles Midi – Brugge	08:50	09:36	Typ 12	92,35	46	74,85	**120,46**	3-4 Wg. 1./2. Klasse
1939	So	405 (ab Juli 1939)	Bruxelles Midi – Brugge	17:50	18:36	Typ 12	92,35	46	74,85	**120,46**	3-4 Wg. 1./2. Klasse
1939	So	402 (ab Juli 1939)	Brugge – Bruxelles Midi	09:03	09:50	Typ 12	92,35	47	73,26	117,89	3-4 Wg. 1./2. Klasse
1939	So	403 (ab Juli 1939)	Brugge – Bruxelles Midi	18:03	18:50	Typ 12	92,35	47	73,26	117,89	3-4 Wg. 1./2. Klasse
1939	So	402 (ab Juli 1939)	Oostende Kai – Brugge	08:50	09:02	Typ 12	21,95	12	68,20	109,75	3-4 Wg. 1./2. Klasse
1939	So	404 (ab Juli 1939)	Oostende Kai – Brugge	17:50	18:02	Typ 12	21,95	12	68,20	109,75	3-4 Wg. 1./2. Klasse
1939	So	L 175	Oostende Kai – Gent St. Pieters	16:50	17:26	Typ 1	62,00	36	64,21	103,33	3 Wg. 1./2. Klasse
1939	So	L 176	Gent St. Pieters – Oostende Kai	15:07	15:43	Typ 1	62,00	36	64,21	103,33	3 Wg. 1./2. Klasse
1939	So	401 (ab Juli 1939)	Brugge – Oostende Kai	09:37	09:50	Typ 12	21,95	13	62,95	101,31	3-4 Wg. 1./2. Klasse
1939	So	405 (ab Juli 1939)	Brugge – Oostende Kai	18:37	18:50	Typ 12	21,95	13	62,95	101,31	3-4 Wg. 1./2. Klasse
1939	So	L 175	Gent St. Pieters – Bruxelles Nord	17:27	18:00	Typ 1	55,60	33	62,81	101,09	3 Wg. 1./2. Klasse
1939	So	L 176	Bruxelles Nord – Gent St. Pieters	14:34	15:07	Typ 1	55,60	33	62,81	101,09	3 Wg. 1./2. Klasse
1939	Wi	401	Bruxelles Midi – Brugge	08:25	09:11	Typ 12	92,35	46	74,85	**120,46**	3 Wg. 1./2. Klasse
1939	Wi	404	Oostende Kai – Bruxelles Midi	17:13	18:00	Typ 12	92,35	47	73,26	117,89	3 Wg. 1./2. Klasse
1939	Wi	404	Oostende Kai – Brugge	17:00	17:12	Typ 12	21,95	12	68,20	109,75	3 Wg. 1./2. Klasse
1939	Wi	L 52 Oostende – Wien	Oostende Kai – Gent St. Pieters	19:42	20:18	Typ 1	62,00	36	64,21	103,33	Di, Do, Sa 1./2. Klasse
1939	Wi	401	Brugge – Oostende Kai	09:12	09:25	Typ 12	21,95	13	62,95	101,31	3 Wg. 1./2. Klasse
1939	Wi	L 51 Wien – Oostende	Gent St. Pieters – Oostende Kai	09:19	09:56	Typ 1	62,00	37	62,47	100,54	Mi, Fr, So, 1./2. Klasse
1939	Wi	55	Gent St. Pieters – Oostende Kai	09:19	09:56	Typ 1	62,00	37	62,47	100,54	1./2. Klasse
1939	Wi	1	Gent St. Pieters – Brugge	09:44	10:08	Typ 1	40,05	24	62,21	100,13	
1939	Wi	116 Pullman	Gent St. Pieters – Brugge	12:58	13:22	Typ 1	40,05	24	62,21	100,13	Köln – Oostende
1939	Wi	411	Gent St. Pieters – Brugge	07:34	07:58	D	40,05	24	62,21	100,13	
1939	Wi	413	Gent St. Pieters – Brugge	08:34	08:58	D	40,05	24	62,21	100,13	2./3. Klasse
1939	Wi	415	Gent St. Pieters – Brugge	09:34	09:58	D	40,05	24	62,21	100,13	
1939	Wi	417	Gent St. Pieters – Brugge	10:34	10:58	D	40,05	24	62,21	100,13	
1939	Wi	419	Gent St. Pieters – Brugge	11:34	11:58	D	40,05	24	62,21	100,13	
1939	Wi	421	Gent St. Pieters – Brugge	12:34	12:58	D	40,05	24	62,21	100,13	
1939	Wi	423	Gent St. Pieters – Brugge	13:34	13:58	D	40,05	24	62,21	100,13	
1939	Wi	425	Gent St. Pieters – Brugge	14:34	14:58	D	40,05	24	62,21	100,13	
1939	Wi	427	Gent St. Pieters – Brugge	15:34	15:58	D	40,05	24	62,21	100,13	
1939	Wi	429	Gent St. Pieters – Brugge	16:34	16:58	D	40,05	24	62,21	100,13	
1939	Wi	431	Gent St. Pieters – Brugge	17:34	17:58	D	40,05	24	62,21	100,13	
1939	Wi	433	Gent St. Pieters – Brugge	18:34	18:58	D	40,05	24	62,21	100,13	
1939	Wi	435	Gent St. Pieters – Brugge	19:34	19:58	D	40,05	24	62,21	100,13	
1939	Wi	437	Gent St. Pieters – Brugge	20:34	20:58	D	40,05	24	62,21	100,13	
1939	Wi	441	Gent St. Pieters – Brugge	22:34	22:58	D	40,05	24	62,21	100,13	werktags
1939	Wi	441	Gent St. Pieters – Brugge	23:34	23:58	D	40,05	24	62,21	100,13	So
1939	Wi	2	Brugge – Gent St. Pieters	19:04	19:28	Typ 1	40,05	24	62,21	100,13	
1939	Wi	54	Brugge – Gent St. Pieters	20:37	21:01	Typ 1	40,05	24	62,21	100,13	
1939	Wi	117 Pullman	Brugge – Gent St. Pieters	16:24	16:48	Typ 1	40,05	24	62,21	100,13	Oostende – Köln

Bild 160 – Lok 130 (noch ohne Punkt vor der Ordnungsnummer) fährt mit dem Pullman L 176 im Zielbahnhof Oostende Kai ein, August 1939.

Aufnahme: C.R.L. Coles, Sammlung Brian Stephenson

Fahrplan		Zug-Nr.	Bespannungsabschnitt	ab	an	Lok	[km]	[min]	[mph]	[km/h]	Bemerkungen
1939	Wi	414	Brugge – Gent St. Pieters	07:37	08:01	D	40,05	24	62,21	100,13	
1939	Wi	416	Brugge – Gent St. Pieters	08:37	09:01	D	40,05	24	62,21	100,13	
1939	Wi	418	Brugge – Gent St. Pieters	09:37	10:01	D	40,05	24	62,21	100,13	
1939	Wi	420	Brugge – Gent St. Pieters	10:37	11:01	D	40,05	24	62,21	100,13	
1939	Wi	422	Brugge – Gent St. Pieters	11:37	12:01	D	40,05	24	62,21	100,13	
1939	Wi	424	Brugge – Gent St. Pieters	12:37	13:01	D	40,05	24	62,21	100,13	
1939	Wi	426	Brugge – Gent St. Pieters	13:37	14:01	D	40,05	24	62,21	100,13	
1939	Wi	428	Brugge – Gent St. Pieters	14:37	15:01	D	40,05	24	62,21	100,13	
1939	Wi	430	Brugge – Gent St. Pieters	15:37	16:01	D	40,05	24	62,21	100,13	
1939	Wi	432	Brugge – Gent St. Pieters	16:37	17:01	D	40,05	24	62,21	100,13	
1939	Wi	434	Brugge – Gent St. Pieters	17:37	18:01	D	40,05	24	62,21	100,13	
1939	Wi	436	Brugge – Gent St. Pieters	18:37	19:01	D	40,05	24	62,21	100,13	
1939	Wi	436	Brugge – Gent St. Pieters	18:37	19:01	D	40,05	24	62,21	100,13	
1939	Wi	438	Brugge – Gent St. Pieters	19:37	20:01	D	40,05	24	62,21	100,13	
1939	Wi	440	Brugge – Gent St. Pieters	21:37	22:01	D	40,05	24	62,21	100,13	

Anfang April 1946 hatten die Belgischen Staatsbahnen bereits wieder die ersten 100-km/h-Züge Europas im Fahrplan. Drei Triebwagenpaare benötigten nur 25 Minuten Fahrzeit auf der elektrifizierten Strecke zwischen Bruxelles und Antwerpen. Die Reisegeschwindigkeit betrug 105,84 km/h.

Die Type 12 erhielt wieder Leistungen vor den leichten Expresszügen zwischen Bruxelles und Lille. Vor dem nordwärts fahrenden Zug mit 12.001 wurden wieder 140 km/h als Höchstgeschwindigkeit gemeldet.

Im Dezember 1954 begann die Anlieferung der 120 km/h schnellen, 1.740 PS starken Diesellokomotiven der Reihe 201. Bis Juni 1955 waren 16 Maschinen ausgeliefert. Der Sommerfahrplan 1955 nennt zwischen Brugge und Gent 23 Minuten Fahrzeit für die internationalen Züge D 454 „Kärnten-Expreß", F 154 „Tauern-Expreß" und D 652. Bei 40,05 km Streckenlänge entspricht dies 104,46 km/h Reisegeschwindigkeit. Die Strecke Bruxelles – Oostende war aber im Vorjahr bereits elektrifiziert worden. Die große Zeit der Schnellfahrten mit belgischen Dampflokomotiven war bereits passé.

Bild 161
Alle 33 Maschinen der Gruppe 690 wurden zwischen 1928 und 1931 modifiziert und als 691 001 bis 033 weiterbetrieben und in Bologna und Milano stationiert. Ab 1937 war einzig Milano Centrale Heimat der Gruppe 691. Für die Höchstgeschwindigkeit von 130 km/h reichte die Leistung von 1.750 PS (gemessen am Treibradsatz) aus. Die fahrplanmäßigen 120 km/h genügten zum Einhalten der Fahrzeiten. Im Jahr 1938 erhielt 691 026 eine Stromlinienverkleidung. Hier steht sie anno 1939 im Gleisvorfeld Milano Centrale.
Aufnahme: Slg. Andrea Rovaran/ Heribert Schröpfer

In **Italien** übersprangen erstmals im Sommerkursbuch 1934 zwei Dampfzüge auf der Fahrt von Verona nach Padua (Padova) die „Mile a Minute"-Marke: 61,07 mph (98,28 km/h) deuteten schon an, dass die Ferrovie dello Stato Italia auf dem besten Weg in den „Club 100" ist. Dem waren umfangreiche Probefahrten mit der aus Umbau entstandenen Schnellzuglokomotive Gruppe 691 auf verkehrsreichen Strecken, u. a. Bologna – Rom und Mailand – Turin vorangegangen. Auf der 267 km langen Strecke Mailand – Venedig mit Zwischenhalt in Verona, auf der 2 Stunden 50 Minuten Fahrzeit vorgesehen waren, genügten in der Praxis 2 Stunden 35 Minuten (Vr 103,35 km/h).

1937 lagen die R 463 und 464 zwischen Torino Porto Susa und Milano Centrale mit 91 Minuten Fahrzeit ähnlich gut (96,86 km/h).

Im Sommer 1938 schaffte es dann die 691 mit den R 91 und 95 im Abschnitt von Verona Porto Nova nach Padova. R 91 und 95 hatten auch noch im Sommer 1939 die gleichen Fahrzeiten (siehe folgende Tabelle).

Das Aushängeschild der FS war aber auf der elektrifizierten Strecke Rom – Neapel im Sommer 1939 mit 116,67 km/h der 1.-Klasse-Rapido Nr. 523.

Nach den kriegsbedingten Einbrüchen erreichte die Gruppe 691 im Fahrplanjahr 1950/1951 mit dem R 95 zwischen Vicenza und Padova wieder Vr 95,5 km/h. Bis 1955 hatten die Hochrädrigen noch nennenswerten Dienst auf den Strecken nach Venezia und Domodossola zu erbringen.

Fahrplan	Zug	Nr.	Bespannungsabschnitt	ab	an	Lok	[km]	[min]	[mph]	[km/h]	Bemerkungen
1938	So	R	91	Verona P. N. – Padova	09:54	10:43	691	81,90	49	62,32	100,29	1./2. Klasse
1938	So	R	95	Verona P. N. – Padova	19:54	20:43	691	81,90	49	62,32	100,29	1./2. Klasse

5.5.2 Frankreich

Frankreichs Dampflokomotiven zählten zu den Leistungsstärksten in Europa. Die Bahnenverantwortlichen versäumten es nicht, ihre Lokomotiven weiterzuentwickeln und – auch Dank André Chapelon – ihre Leistung und Effizienz zu steigern. Gerade die Pacifics (231 …) vermitteln mit ihren Zusatzbuchstaben, aufsteigend bis „K" die Vielfalt der erfolgreichen Umbauten, die bis zum Ende der vierziger Jahre währte. Komplette Stromlinienverkleidungen setzten sich nicht durch und blieben für wenige Jahre auf wenige Lokomotiven beschränkt. In Frankreich finden wir anno 1904 auf der Paris-Lyon-

Mittelmeerbahn die schnellsten Fahrzeiten mit den einklassigen Mediteranee-Express-Luxuszügen. 1907 erschienen die ersten Pacific-Maschinen Europas, in Belfort gebaut und um 2.000 PS stark und fähig für Höchstgeschwindigkeit von 130 bis 140 km/h. Auch die bereits 1906 bis 1913 gebauten vierzylindrigen, später als 3-230.K bezeichneten Lokomotiven mit ihren 2.090 mm großen Treibrädern konnten 140 km/h laufen. Planmäßig blieb es aber bei 120 (ab 1933 bei der Compagnie du Nord 125) km/h. 1913 hält die Region Nord den Europarekord im Abschnitt Paris Nord – St. Quentin mit planmäßigen 92 Minuten Fahrzeit auf dem 153 km langen Streckenabschnitt. 16 Züge lagen oberhalb 90 km/h zwischen zwei Halten.

Fahrplan	Zug-Nr./Zugname	Bespannungsabschnitt	ab	an	Lok	[km]	[min]	[mph]	[km/h]	Bemerkungen
1904	So		Valence – Avignon	14:24	15:51	D	124,40	87	52,82	85,79	P.L.M.
1913	So		Paris Nord – St. Quentin			D	153,00	92	62,00	99,78	Nord

Für die Pacifics vor den Rapide-Zügen (im Rang den deutschen Fernschnellzügen entsprechend) waren in den fünfziger und sechziger Jahren 130 km/h erlaubt. Über 500 schnelle „Start to Stop"-Dampfzüge verbergen sich allein in den Kursbüchern ab 1949 und wollen „entdeckt" werden, wenn man mit dem Taschenrechner zu Werke geht. Frankreich hatte damit die meisten schnellfahrenden Dampfzüge Europas. Dafür war allerdings weniger die Höchstgeschwindigkeit entscheidend. Günstige topografische Bedingungen, lange Halteabstände und starke Lokomotiven ergaben die Voraussetzungen für schnelle Fahrzeiten. Zudem hatte die SNCF – anders als die Verwaltungen der Nachbarländer – erst ab 1963 leistungsfähige Streckendiesellokomotiven in ausreichender Zahl zur Verfügung, die den Dampflokomotiven ebenbürtig waren. So löste die Reihe 68000 erst im Winter 1963/1964 die 231.G und K an den schnellen Rapides 41 und 46 zwischen Paris Est und Mulhouse ab.

1927 stellte wiederum die Region Nord in der Relation Paris – St. Quentin mit 96,7 km/h den Spitzenreiter. Dass diese Fahrzeiten gelegentlich unterschritten wurden, zeigt das Timing vom 30. Juli 1927. Der Schnellzuges Paris ab 12:15 Uhr, bestand aus sechs vierachsigen D-Zugwagen und vorne und hinten je einem zweiachsigen Packwagen, gezogen von einer Atlantic Nordbahn-Lokomotive aus dem Jahre 1902. Diese recht alte Maschine beförderte den Zug auf der 153 Kilometer langen Strecke Paris – St. Quentin in 91,75 Minuten, was einer Reisegeschwindigkeit von 100,08 km/h entspricht. Creil wurde mit ca. 60 km/h durchfahren und am Kilometer 99 wegen Gleisausbesserung Bremsen auf circa 20 km/h.

0,0	Paris Nordbahnhof	ab	12:15:45
50,3	Creil	durch	12:47:00
83,6	Compiègne	durch	13:05:20
107,0	Noyon	durch	13:20:30
130,3	Tergnier	durch	13:33:45
153,0	St. Quentin	an	13:47:30

1928 lag Frankreich mit dem Train 185 und Vr 99,78 km/h an der Weltspitze, denn die Philadelphia & Reading Railroad hatte den Fahrplan ihrer Camden-Atlantic City-Züge auf 99,3 km/h Reisegeschwindigkeit entspannt. Noch immer war die „magische 100" in Europa nicht „geknackt" worden.

1929 offenbarte das Sommerkursbuch den lange erwarteten ersten 100-km/h-Zug Europas, natürlich auf der Paradestrecke Paris – St. Quentin.

Die schnellsten Dampfzüge in den dreißiger Jahren sind weitgehend bekannt (D: Dampflok, ohne Angabe der Baureihe).

Die 1931 neu angelieferten 241 hatten eine Reihe der schnellen Züge übernommen. Ihre Kurvenläufigkeit war jedoch nicht optimal. Nach der folgenschweren Entgleisung der 241.022 mit dem Paris-Cherbourg-Express Nr. 354 am 26. Oktober 1933 ersetzten wieder Pacifics die Mountains, die auf der Englandroute vor schweren Zügen mit geringeren Höchstgeschwindigkeiten ein neues Betätigungsfeld zugewiesen bekamen. Der einzige 100-km/h-Zug im Sommer 1931 verband Paris mit St. Quentin, nun mit 88 Minuten Fahrzeit.

Fahrplan	Zug-Nr./Zugname	Bespannungsabschnitt	ab	an	Lok	[km]	[min]	[mph]	[km/h]	Bemerkungen
1929	So		Paris Nord – St. Quentin			D	153,00	91	64,68	100,88	Nord
1931	So		Paris Nord – St. Quentin	13:36	15:04	D	153,00	88	64,82	104,32	Nord

Im Sommer 1932 etablierten sich fünf weitere Verbindungen in der Tabelle. Nachrichtlich aufgeführt ist der Express nach Belgien, der die Grenze bei Jeumont ohne Halt passierte.

Fahrplan	Zug-Nr./Zugname	Bespannungsabschnitt	ab	an	Lok	[km]	[min]	[mph]	[km/h]	Bemerkungen
1932	So		Paris Nord – Jeumont Gr.	10:10	12:24	D	237,70	134	64,84	106,43	Nord
1932	So		Paris Nord – St. Quentin	13:36	15:04	D	153,00	88	64,82	104,32	Nord
1932	So		Paris Nord – Aulnoye	09:15	11:22	D	215,50	127	63,26	101,81	Nord
1932	So		Paris Est – Troyes	09:45	11:23	D	166,20	98	63,23	101,76	Est
1932	So		Bar-le-Duc – Paris Est	10:10	12:40	D	253,60	150	63,03	101,44	Est
1932	So		Paris Nord – Arras	08:15	10:09	D	192,30	114	62,89	101,21	Nord
1932	So		Nancy – Bar-le-Duc	09:09	10:08	D	98,80	59	62,43	100,47	Est

14 schnelle Dampfzüge präsentiert der Sommerfahrplan 1933. Dazu kommen noch je vier internationale Züge, u.a. mit den renommierten Namen „Nord-Express", „Etoile du Nord" und „Oiseau Bleu", die ohne Halt die Bahnhöfe Jeumont und Quévy nahe der belgischen Grenze passieren. Das schnellste (namenlose) Zugpaar

erreicht ab/bis Paris stolze 68,1 mph gleich 109,60 km/h. Den „Edelweiss-Express" bespannte die AL mit den Vierzylinderverbund-Pacifics S 14, hier mit der SNCF-Bezeichnung 231.B aufgelistet. Gelegentlich kamen vor dem Luxuszug auch die beiden 1933 gebauten Zweilinder-Lokomotiven der Gattung S 16 zum Einsatz.

Fahrplan	Zug-Nr./Zugname	Bespannungsabschnitt	ab	an	Lok	[km]	[min]	[mph]	[km/h]	Bemerkungen
1933	So	Edelweiss-Express	Mulhouse – Strasbourg	09:44	10:45	231 B	108,30	61	66,19	106,52	Alsace-Lorraine
1933	So	Edelweiss-Express	Strasbourg – Mulhouse	19:43	20:45	231 B	108,30	62	65,12	104,81	Alsace-Lorraine
1933	So		Paris Nord – St. Quentin	13:36	15:04	D	153,00	88	64,82	104,32	Nord

Fahrplan		Zug-Nr./Zugname	Bespannungsabschnitt	ab	an	Lok	[km]	[min]	[mph]	[km/h]	Bemerkungen
1933	So		Paris Nord – St. Quentin	14:40	16:08	D	153,00	88	64,82	104,32	Nord
1933	So		Paris – Etaples	16:40	18:52	D	226,10	132	63,86	102,77	Nord
1933	So		Paris – Aulnoye	09:15	11:21	D	215,50	126	63,76	102,61	Nord
1933	So		Paris – Aulnoye	20:00	22:06	D	215,50	126	63,76	102,61	Nord
1933	So		Paris – Etaples	10:00	12:13	D	226,10	133	63,38	102,00	Nord
1933	So		Bar-Le-Duc – Paris Est	10:10	Dez 40	D	253,60	150	63,03	101,44	Est
1933	So		Paris – Arras	08:15	10:09	D	192,30	114	62,89	101,21	Nord
1933	So		Paris St. Lazare – Rouen	08:20	09:43	D	139,40	83	62,62	100,77	Etat
1933	So		Rouen – Paris St. Lazare	18:26	19:49	D	139,40	83	62,62	100,77	Etat
1933	So	Edelweiss-Express	Strasbourg – Metz	10:50	Dez 22	231 B	154,30	92	62,53	100,63	Alsace-Lorraine
1933	So		Nancy – Bar-le-Duc	09:09	10:08	D	98,80	59	62,43	100,47	Est

1934 ragt der „Sud-Express" heraus, gezogen von den 2.500 PS starken Chapelon Pacifics 3701 ff. Die Reisegeschwindigkeit von 112,8 km/h zwischen Poitiers und Angoulème machte ihn zum ewig schnellsten Dampfzug in Frankreich. Zwei „Timings" mit 59 Minuten 20 Sekunden und 59 Minuten 55 Sekunden Fahrzeit sind von M. Mulotte überliefert. 220 Tonnen Last (fünf Wagen) und kurzfristig eine Spitzengeschwindigkeit von 127,94 km/h hat Brian Reed bei seiner Mitfahrt auf dem Führerstand notiert.

Fahrplan		Zug-Nr./Zugname	Bespannungsabschnitt	ab	an	Lok	[km]	[min]	[mph]	[km/h]	Bemerkungen
1934	So	Sud-Express	Poitiers – Angoulême	14:47	15:47	D	112,80	60	70,21	**112,80**	P.O. Midi
1934	So	Edelweiss-Express	Mulhouse – Strasbourg	09:44	10:45	231 B	108,30	61	66,19	106,52	Alsace-Lorraine
1934	So		Valence – Avignon			D	124,40	71	65,32	105,13	P.L.M.
1934	So	Edelweiss-Express	Strasbourg – Mulhouse	16:34	17:36	231 B	108,30	62	65,12	104,81	Alsace-Lorraine
1934	So		Paris Nord – St.Quentin	20:00	21:28	D	153,00	88	64,82	104,32	Nord
1934	So	Edelweiss-Express	Metz – Straßburg	15:00	16:29	231 B	154,30	89	64,64	104,02	Alsace-Lorraine
1934	So		Paris – Etaples	16:40	18:52	D	226,10	132	63,86	102,77	Nord
1934	So		Paris Nord – St. Quentin	14:15	15:45	D	153,00	90	63,38	102,00	Nord
1934	So	Sud-Express	Poitiers – St-Pierre-des-C.	17:01	18:01	D	101,10	60	62,80	101,07	P.O. Midi
1934	So		Paris St. Lazare – Rouen	08:20	09:43	D	139,40	83	62,60	100,75	Etat
1934	So		Rouen – Paris St. Lazare	18:26	19:49	D	139,40	83	62,60	100,75	Etat
1934	So	Edelweiss-Express	Strasbourg – Metz	10:54	12:26	231 B	154,30	92	62,53	100,63	Alsace-Lorraine

Im Sommer 1935 büßt der Spitzenreiter „Sud-Express" vorübergehend eine Minute ein.

Fahrplan		Zug-Nr./Zugname	Bespannungsabschnitt	ab	an	Lok	[km]	[min]	[mph]	[km/h]	Bemerkungen
1935	So	Sud-Express	Poitiers – Angoulême	14:47	15:48	D	112,80	61	69,06	110,95	
1935	So	Edelweiss-Express	Mulhouse – Strasbourg	09:44	10:45	231 B	108,30	61	66,19	106,52	Est
1935	So	Edelweiss-Express	Strasbourg – Mulhouse	16:34	17:36	231 B	108,30	62	65,12	104,81	Est
1935	So	Edelweiss-Express	Metz – Straßbourg	15:00	16:29	231 B	154,30	89	64,64	104,02	Est
1935	So	189 Oiseau Bleu	Paris Nord – Bruxelles Midi	18:10	21:10	231 C	309,00	180	64,00	103,00	
1935	So		Paris Nord – St. Quentin	14:15	15:45	D	153,00	90	63,38	102,00	Nord
1935	So	Sud-Express	Poitiers – St-Pierre-des-C.	17:01	18:01	D	101,40	60	63,01	101,40	P.O. Midi
1935	So		Paris St. Lazare – Rouen	18:26	19:49	D	139,40	83	62,62	100,77	Nord
1935	So	101	Paris St. Lazare – Rouen	08:20	09:43	D	139,40	83	62,62	100,77	Nord
1935	So		Paris St. Lazare – Rouen	10:28	11:51	D	139,40	83	62,62	100,77	Nord
1935	So	Edelweiss-Express	Strasbourg – Metz	10:54	12:26	231 B	154,30	92	62,53	100,63	Est
1935	So		St-Pierre-des-C. – Saumur	20:01	20:40	D	65,00	39	62,14	100,00	P.O. Midi

17 Dampfzüge auf 22 Abschnitten weist der Winterfahrplan 1935/36 aus. An dritter Stelle erscheint der „Côte d'Azur-Pullman", der nicht in den Sommerfahrplänen erschien. Zug 150, „Sud-Express" und „Edelweiss-Pullman" sind mehrfach vertreten.

Fahrplan		Zug-Nr./Zugname	Bespannungsabschnitt	ab	an	Lok	[km]	[min]	[mph]	[km/h]	Bemerkungen
1935	Wi	7 Sud-Express	Poitiers – Angoulême	14:51	15:51	231	112,80	60	70,21	112,80	P.O. Midi
1935	Wi	L 57 Edelweiss-Pullm.	Mulhouse – Strasbourg	09:44	10:45	231 B	108,30	61	66,19	106,53	Alsace-Lorraine
1935	Wi	P 1 Côte d'Azur-Pullm.	Valence – Avignon	16:58	18:09	231 D	124,40	71	65,32	105,13	P.L.M.
1935	Wi	185	Paris Nord – St. Quentin	13:36	15:04	D	153,00	88	63,82	104,32	Nord
1935	Wi	123	Paris Nord – St. Quentin	20:00	21:28	D	153,00	88	63,82	104,32	Nord
1935	Wi	189 Oiseau Bleu-Pullm.	Paris Nord – Bruxelles Midi	18:10	21:10	D	310,80	180	64,37	103,60	Nord
1935	Wi	7 Sud-Express	St-Pierre-des-C. – Poitiers	13:51	14:50	231	101,40	59	64,08	103,12	P.O. Midi
1935	Wi	31	Paris Est – Troyes	07:10	08:47	D	166,20	97	63,88	102,80	Est
1935	Wi	7 Sud-Express	Paris – Etaples	16:30	18:42	231	226,10	132	63,86	102,77	Nord
1935	Wi	115	Paris – St. Quentin	14:15	15:45	D	153,00	90	63,38	102,00	Nord
1935	Wi	150	Bréauté-Beuzeville – Rouen	09:48	10:25	D	62,80	37	63,24	101,78	Etat
1935	Wi	125	Paris – Charleroi	09:10	11:49	D	269,08	159	63,09	101,54	Nord
1935	Wi	L 56 Edelweiss-Pullm.	Strasbourg – Mulhouse	18:44	18:48	231 B	108,30	64	63,09	101,53	Alsace-Lorraine
1935	Wi	8 Sud-Express	Poitiers – St-Pierre-des-C.	17:01	18:01	231	101,40	60	63,01	101,40	P.O. Midi
1935	Wi	188	Bruxelles Midi – Paris Nord	10:47	13:51	D	310,80	184	62,97	101,35	Nord
1935	Wi	109	Paris – St. Quentin	09:15	10:46	D	153,05	91	62,70	100,91	Nord
1935	Wi	101	Paris St. Lazare – Rouen	08:20	09:43	D	139,40	83	62,62	100,77	Nord
1935	Wi	148	Rouen – Paris St. Lazare	08:26	09:49	D	139,40	83	62,62	100,77	Nord
1935	Wi	150	Rouen – Paris St. Lazare	10:28	11:51	D	139,40	83	62,62	100,77	Nord
1935	Wi	158	Rouen – Paris St. Lazare	18:26	19:49	D	139,40	83	62,62	100,77	Nord
1935	Wi	L 57 Edelweiss-Pullm.	Strasbourg – Metz	10:50	12:22	231 B	154,30	92	62,53	100,63	Alsace-Lorraine
1935	Wi	28	Nancy – Paris Est	09:09	12:40	D	352,40	211	62,27	100,21	Est

25 Dampfzüge mit 29 Abschnitten stehen in der Tabelle vom Sommer 1936. Mit deutlichem Vorsprung bleibt der „Sud-Express" an der ersten Stelle.

Fahrplan		Zug-Nr./Zugname	Bespannungsabschnitt	ab	an	Lok	[km]	[min]	[mph]	[km/h]	Bemerkungen
1936	So	7	Poitiers – Angoulême	14:45	15:45	231	112,80	60	70,21	112,80	P.O.
1936	So	7	St-Pierre-des-C. – Poitiers	13:47	14:44	231	101,40	57	66,33	106,74	P.O.
1936	So	185	Paris – St. Quentin	13:35	15:03	D	153,05	88	64,84	104,35	Nord
1936	So	L 56 Edelweiss-Pullm.	Strasbourg – Colmar	16:32	17:10	231 B	65,80	38	64,56	103,89	Alsace-Lorraine
1936	So	L 57 Edelweiss-Pullm.	Colmar – Strasbourg	10:11	10:49	231 B	65,80	38	64,56	103,89	Alsace-Lorraine
1936	So	L 56 Edelweiss-Pullm.	Metz – Strasbourg	14:58	16:27	231 B	153,85	89	64,45	103,72	Alsace-Lorraine
1936	So	189	Paris Nord – Bruxelles Midi	18:10	21:10	D	310,80	180	64,37	103,60	Nord
1936	So	188	Bruxelles Midi – Paris Nord	10:47	13:47	D	310,80	180	64,37	103,60	Nord
1936	So	7	Paris – Etaples	16:30	18:42	231	226,10	132	63,86	102,77	Nord
1936	So	123	Paris – St. Quentin	20:00	21:30	D	153,05	90	63,40	102,03	Nord
1936	So	125	Paris – Charleroi	10:10	12:49	D	269,08	159	63,09	101,54	Nord
1936	So	126	Charleroi – Paris	18:46	21:25	D	269,08	159	63,09	101,54	Nord
1936	So	8	Angoulême – Poitiers	15:53	17:00	231	112,80	67	62,87	101,01	P.O.
1936	So	16	Angoulême – Poitiers	18:46	19:53	D	112,80	67	62,87	101,01	P.O.
1936	So	109	Paris – St. Quentin	09:15	10:46	D	153,05	91	62,70	100,91	Nord
1936	So	115	Paris – St. Quentin	14:15	15:46	D	153,05	91	62,70	100,91	Nord

Fahrplan		Zug-Nr./Zugname	Bespannungsabschnitt	ab	an	Lok	[km]	[min]	[mph]	[km/h]	Bemerkungen
1936	So	103	Paris – Rouen	08:15	09:38	D	139,40	83	62,62	100,77	ETAT
1936	So	107	Paris – Rouen	10:15	11:38	D	139,40	83	62,62	100,77	ETAT
1936	So	109	Paris – Rouen	13:15	14:38	D	139,40	83	62,62	100,77	ETAT
1936	So	115	Paris – Rouen	17:15	18:38	D	139,40	83	62,62	100,77	ETAT
1936	So	117	Paris – Rouen	20:00	21:23	D	139,40	83	62,62	100,77	ETAT
1936	So	102	Rouen – Paris	08:26	09:49	D	139,40	83	62,62	100,77	ETAT
1936	So	104	Rouen – Paris	10:12	11:35	D	139,40	83	62,62	100,77	ETAT
1936	So	110	Rouen – Paris	14:12	15:35	D	139,40	83	62,62	100,77	ETAT
1936	So	112	Rouen – Paris	16:12	17:35	D	139,40	83	62,62	100,77	ETAT
1936	So	116	Rouen – Paris	21:17	22:40	D	139,40	83	62,62	100,77	ETAT
1936	So	L 57 Edelweiss-Pullm.	Strasbourg – Metz	10:54	12:26	231 B	153,85	92	62,35	100,34	Alsace-Lorraine
1936	So	32	Langres – Troyes	15:45	17:03	D	130,36	78	62,31	100,27	Est
1936	So	28	Nancy – Paris Est	09:09	12:40	D	352,45	211	62,27	100,22	Est

Medienwirksam eingeführt, kamen ab 22. Mai 1937 dunkelblau lackierte 2.000 PS Atlantics der Reihe 221.B (Umbau aus 221.A, Baujahr 1907) vor den 1./2.-Klasse-Zügen 11 und 12 zwischen Paris und Marseille zum Einsatz. Die sieben Stromlinienlokomotiven hatten ihre Ordnungsnummern 1, 3, 8, 12, 15, 16 und 20 behalten.

Sie zogen die einzigen Dampfzüge mit einer planmäßigen Vmax von 140 km/h. In Lyon war in beiden Richtungen Lokwechsel (acht Minuten Aufenthalt). In Dijon, Valence und Avignon genügten je drei Minuten zum Wasserfassen. Für diese Leistungen standen vier windschnittige Bugatti-Zuggarnituren á vier Wagen zur Verfügung.

Fahrplan		Zug-Nr./Zugname	Bespannungsabschnitt	ab	an	Lok	[km]	[min]	[mph]	[km/h]	Bemerkungen
1937	So	7	Poitiers – Angoulême	14:45	15:45	231	112,80	60	70,21	112,80	P.O.
1937	So	11	Valence – Avignon	18:30	19:38	221 B	124,40	68	68,20	109,76	P.L.M. 140 km/h
1937	So	7	St-Pierre-des-C. – Poitiers	13:47	14:44	231	101,40	57	66,33	106,74	P.O.
1937	So	185	Paris – St. Quentin	13:35	15:03	D	153,05	88	64,84	104,35	Nord
1937	So	L 56 Edelweiss-Pullm.	Strasbourg – Colmar	16:32	17:10	231 B	65,80	38	64,56	103,89	Alsace-Lorraine
1937	So	L 57 Edelweiss-Pullm.	Colmar – Strasbourg	10:11	10:49	231 B	65,80	38	64,56	103,89	Alsace-Lorraine
1937	So	189	Paris Nord – Bruxelles Midi	18:10	21:10	D	310,80	180	64,37	103,60	Nord
1937	So	188	Bruxelles Midi – Paris Nord	10:47	13:47	D	310,80	180	64,37	103,60	Nord
1937	So	L 56 Edelweiss-Pullm.	Metz – Strasbourg	14:57	16:27	231 B	154,30	90	63,92	102,87	Alsace-Lorraine
1937	So	193	Angers – Nantes	01:39	02:30	D	87,40	51	63,89	102,82	P.O.
1937	So	12	Dijon – Laroche	15:42	17:15	221 B	159,33	93	63,87	102,79	P.L.M. 140 km/h
1937	So	7	Paris – Etaples	16:30	18:42	231	226,10	132	63,86	102,77	Nord
1937	So	12	Lyon-Perrache – Dijon	13:44	15:39	221 B	196,66	115	63,76	102,61	P.L.M. 140 km/h
1937	So	12	Avignon – Valence	11:09	12:22	221 B	124,40	73	63,53	102,25	P.L.M. 140 km/h
1937	So	11	Laroche – Dijon	13:38	15:12	221 B	159,33	94	63,19	101,70	P.L.M. 140 km/h
1937	So	125	Paris – Charleroi	10:10	12:49	D	269,08	159	63,09	101,54	Nord
1937	So	8	Angoulême – Poitiers	15:53	17:00	231	112,80	67	62,87	101,01	P.O.
1937	So	16	Angoulême – Poitiers	18:46	19:53	D	112,80	67	62,87	101,01	P.O.
1937	So	109	Paris – St. Quentin	09:15	10:46	D	153,05	91	62,70	100,91	Nord
1937	So	115	Paris – St. Quentin	14:15	15:46	D	153,05	91	62,70	100,91	Nord
1937	So	199	Paris Nord – Bruxelles Midi	11:30	14:35	D	310,80	185	62,63	100,80	Nord
1937	So	5 Züge	Paris St. Lazare – Rouen			D	139,40	83	62,62	100,77	ETAT
1937	So	5 Züge	Rouen – Paris St. Lazare			D	139,40	83	62,62	100,77	ETAT
1937	So	L 57 Edelweiss-Pullm.	Strasbourg – Metz	10:54	12:26	231 B	154,30	92	62,53	100,63	Sud-Est
1937	So	126	Charleroi – Paris	18:44	21:25	D	269,10	161	62,31	100,29	Est
1937	So	32	Langres – Troyes	15:45	17:03	D	130,36	78	62,31	100,27	Nord
1937	So	28	Nancy – Paris Est	09:09	12:50	D	352,40	211	62,27	100,21	Est

Bild 162
Schneller, als es die Verschlusszeit des Fotoapparates erlaubt, jagt im Herbst 1937 die P.L.M. 221.B mit dem Rapide 12 auf Frankreichs Metropole zu.

Aufnahme: Sammlung Jean Buchmann

Mit der Gründung der Société Nationale des Chemins de fer Francais (SNCF) am 1. Januar 1938 wurde das Streckennetz in Regionen einge-teilt: Nord (ehemals Nord), Süd-Ost (ehemals P.L.M.), Süd-West (ehemals P.O.), Ost (ehemals A.L.), West (ehemals ETAT). Die 221.B übernah-men zum Sommer 1938 zusätzlich die Rapides 3 und 4 zwischen Paris und Lyon.

Fahrplan		Zug-Nr./Zugname	Bespannungsabschnitt	ab	an	Lok	[km]	[min]	[mph]	[km/h]	Bemerkungen
1938	So	7 Sud-Express	Poitiers – Angoulème	14:45	15:45	231	112,80	60	69,05	112,80	SNCF Sud-Ouest
1938	So	11	Valence – Avignon	18:34	19:42	221 B	124,40	68	68,21	109,77	SNCF Sud-Est
1938	So	3	Dijon – Macon	10:53	12:03	221 B	125,37	70	66,77	107,46	SNCF Sud-Est
1938	So	4	Macon – Dijon	19:34	20:44	221 B	125,37	70	66,77	107,46	SNCF Sud-Est
1938	So	3	Laroche – Dijon	09:21	10:50	221 B	159,33	89	66,74	107,41	SNCF Sud-Est
1938	So	7 Sud-Express	St-Pierre-des-Corps – Poitiers	13:47	14:44	231	101,39	57	66,32	106,72	SNCF Sud-Ouest
1938	So	4	Dijon – Laroche	20:47	22:17	221 B	159,33	90	66,00	106,22	SNCF Sud-Est
1938	So	L 57 Edelweiss-Express	Strasbourg – Metz	10:59	12:27	231 B	154,30	88	65,37	105,20	SNCF Est
1938	So	185	Paris – St. Quentin	13:35	15:03	D	153,05	88	64,84	104,35	SNCF Nord
1938	So	L 56 Edelweiss-Express	Metz – Strasbourg	14:49	16:18	231 B	154,30	89	64,64	104,02	SNCF Est
1938	So	L 56 Edelweiss-Express	Strasbourg – Colmar	16:23	17:01	231 B	65,80	38	64,56	103,89	SNCF Est
1938	So	L 57 Edelweiss-Express	Colmar – Strasbourg	10:16	10:54	231 B	65,80	38	64,56	103,89	SNCF Est
1938	So	189 Oiseau Bleu	Paris Nord – Bruxelles Midi	18:10	21:10	D	310,80	180	64,37	103,60	SNCF Nord
1938	So	188 Oiseau Bleu	Bruxelles Midi – Paris Nord	10:47	13:47	D	310,80	180	64,37	103,60	SNCF Nord
1938	So	123	Paris – St. Quentin	20:10	21:39	D	153,05	89	64,11	103,18	SNCF Nord
1938	So	7	Paris – Etaples	16:25	18:37	231	226,10	132	63,86	102,77	SNCF Nord
1938	So	L 57 Edelweiss-Express	Mulhouse – Colmar	09:50	10:15	231 B	42,50	73	63,53	102,25	SNCF Sud-Est
1938	So	8 Sud-Express	Angoulème – Poitiers	15:53	17:00	221	112,80	67	63,38	102,00	SNCF Est
1938	So	12	Avignon – Valence	11:09	12:22	231 B	124,40	67	62,69	101,01	SNCF Sud-Ouest
1938	So	16	Angoulème – Poitiers	18:46	19:53	D	112,80	67	62,69	101,01	SNCF Sud-Ouest
1938	So	199 Etoile du Nord	Paris – Brussels Midi	11:30	14:35	D	310,80	185	62,63	100,80	SNCF Nord
1938	So	5 Züge	Rouen – Paris St. Lazare			231	139,40	83	62,62	100,77	SNCF Ouest
1938	So	5 Züge	Paris St. Lazare – Rouen			231	139,40	83	62,62	100,77	SNCF Ouest
1938	So	12	Lyon-Perrache – Dijon	13:44	15:42	221 B	196,70	118	62,15	100,02	SNCF Sud-Est

Ab Winterfahrplan 1938/39 liefen die 221.B – bei leicht entspannten Fahrzeiten – mit sechs Waggons am Haken.

Fahrplan		Zug-Nr./Zugname	Bespannungsabschnitt	ab	an	Lok	[km]	[min]	[mph]	[km/h]	Bemerkungen
1939	So	11	Valence – Avignon			221 B	124,40	69	67,22	108,17	SNCF Sud-Est
1939	So	457	Strasbourg – Metz			D	154,30	88	65,37	105,20	SNCF Est
1939	So	185	Paris – St. Quentin			D	153,05	88	64,84	104,35	Region Nord
1939	So	L 56 Edelweiss-Express	Metz – Strasbourg			231 B	154,30	89	64,64	104,02	SNCF Est
1939	So	L 56 Edelweiss-Express	Strasbourg – Colmar			231 B	65,80	38	64,56	103,89	SNCF Est
1939	So	L 57 Edelweiss-Express	Colmar – Strasbourg			231 B	65,66	38	64,42	103,68	SNCF Est
1939	So	188	Brussels Midi – Paris			D	310,80	180	64,37	103,60	Region Nord

Fahrplan		Zug-Nr./Zugname	Bespannungsabschnitt	ab	an	Lok	[km]	[min]	[mph]	[km/h]	Bemerkungen
1939	So	189	Paris – Brussels Midi			D	310,80	180	64,37	103,60	Region Nord
1939	So	7	Paris – Etaples			D	226,10	132	63,86	102,77	Region Nord
1939	So	7	Paris – Etaples			D	226,10	132	63,86	102,77	Region Nord
1939	So	L 57 Edelweiss-Express	Mulhouse – Colmar			231 B	42,50	25	63,60	102,35	SNCF Est
1939	So	123	Paris – St. Quentin			D	153,05	90	63,40	102,03	Region Nord
1939	So	12	Avignon – Valence			221 B	124,40	74	62,67	100,86	SNCF Ouest
1939	So	11	Dijon – Lyon Perrache			221 B	196,66	117	62,67	100,85	SNCF Sud-Est
1939	So	12	Lyon-Perrache – Dijon			221 B	196,66	117	62,67	100,85	SNCF Sud-Est
1939	So	199	Paris – Brussels Midi			D	310,80	185	62,63	100,80	Region Nord
1939	So	4 Züge	Paris St. Lazare – Rouen			D	139,40	83	62,62	100,77	SNCF Ouest
1939	So	4 Züge	Rouen – Paris St. Lazare			D	139,40	83	62,62	100,77	SNCF Ouest

Die Nachkriegszeit

Ab Herbst 1949 fuhr die SNCF als erstes Land in Europa wieder Dampfzüge mit hohen Reisegeschwindigkeiten, überwiegend mit den nur an Werktagen verkehrenden Rapides ab Paris ins Elsass.

Mit sechs besonders leichten, gummibereiften Waggons (Rames Michelin) zogen auf Ölfeuerung umgebaute, blau lackierte 230.K vom Depot Hausbergen die Züge im 502-km-Durchlauf und ohne Personalwechsel zwischen Paris Est und Strasbourg mit 120 km/h Höchstgeschwindigkeit. Drei, nach der Entgleisung bei Nogent-sur-Marne am 21. Oktober 1952 noch zwei Michelin-Garnituren mit je 176 Plätzen 2. Klasse und 73 Plätzen 1. Klasse und einem Speisewagen standen den Reisenden zur Verfügung. Der Zug mit sechs Aluminiumwagen wog nur 90 Tonnen, hatte aber mit 120 Gummirädern einen Rollwiderstand, der auch im leichten Gefälle das Fahren mit geöffnetem Regler verlangte. 1953 übernahmen die „Michelin"-Züge den Rapide-Dienst zwischen Paris und Basel, der seit 1950 mit Dieseltriebwagen (Train automoteur rapi-

de) gefahren worden war und deren Platzkapazität nicht mehr ausreichte. Mit Beginn des Sommerfahrplans im Juni 1956 nahm die SNCF die an den Fahrwerken verschlissenen Rames Michelin aus dem Dienst. Die schweren (und langsameren) Expresszüge in der Relation Basel – Luxemburg bespannten 241 A vom Depot Strasbourg. Die über 3.300 bis 4.000 PS starken und für 140 km/h zugelassenen 232 R, S und U fanden Verwendung vor schweren Expresszügen in der Relation Paris – Lille und Jeumont mit Reisegeschwindigkeiten bis 100 km/h. Im Sommer 1956 erreichte der Rapide 41 – mit 231.G bespannt – von Chaumont nach Vesoul mit Vr 110,03 km/h den größten Nachkriegswert auf dem europäischen Festland. Die schnellen Züge sind weitgehend erfasst und nachfolgend aufgelistet.

Winter 1949: Die SNCF präsentiert die ersten europäischen 100-km/h-Dampfzüge seit 1940, die auch im Sommerfahrplan 1950 und Winter 1950/1951 unverändert blieben (siehe folgende Tabelle).

Fahrplan		Zug-Nr./Zugname	Bespannungsabschnitt	ab	an	Lok	[km]	[min]	[mph]	[km/h]	Bemerkungen
1949	Wi	Rapide 1	Paris Est – Bar-le-Duc	08:00	10:25	230 K	253,60	145	65,21	104,94	SNCF Est, RM
1949	Wi	Rapide 3	Paris Est – Bar-le-Duc	18:25	20:50	230 K	253,60	145	65,21	104,94	SNCF Est, RM
1949	Wi	Rapide 2	Strasbourg – Nancy	07:35	09:03	230 K	149,60	88	63,38	102,00	SNCF Est, RM
1949	Wi	Rapide 4	Strasbourg – Nancy	18:20	19:48	230 K	149,60	88	63,38	102,00	SNCF Est, RM
RM: gummibereifter Wagenzug Rame Michelin											

Sommer 1951: Die zehn SNCF-Dampfzüge im Vergleich mit den beiden anderen 100-km/h-Dampfzügen in Europa.

Fahrplan		Zug-Nr./Zugname	Bespannungsabschnitt	ab	an	Lok	[km]	[min]	[mph]	[km/h]	Bemerkungen
1951	So	Rapide 1	Paris Est – Bar-le-Duc	08:00	10:25	230 K	253,60	145	65,21	104,94	SNCF Est, RM
1951	So	Rapide 2	Bar-le-Duc – Paris Est	10:25	12:50	230 K	253,60	145	65,21	104,94	SNCF Est, RM
1951	So	Rapide 3	Paris Est – Bar-le-Duc	18:50	21:15	230 K	253,60	145	65,21	104,94	SNCF Est, RM
1951	So	Rapide 4	Bar-le-Duc – Paris Est	21:10	23:35	230 K	253,60	145	65,21	104,94	SNCF Est, RM
1951	So	Rapide 1	Valence – Avignon	19:00	20:13	241 P	124,40	73	63,53	102,25	Nur 1. Klasse
1951	So	Rapide 2	Strasbourg – Nancy	07:35	09:03	230 K	149,60	88	63,38	102,00	SNCF Est, RM
1951	So	Rapide 4	Strasbourg – Nancy	18:20	19:48	230 K	149,60	88	63,38	102,00	SNCF Est, RM
1951	So	Rapide 309	Paris Nord – Arras	08:00	09:54	D	192,20	114	62,86	101,16	
1951	So	Rapide 2	Avignon – Valence	16:00	17:14	D	124,40	74	62,67	100,86	Nur 1. Klasse
1951	So	Rapide 309	Rouen – Paris St. Lazare	08:01	09:24	D	139,50	83	62,66	100,84	
1951	*So*		*Darlington – York*	*16:48*	*17:30*	*D*	*70,97*	*42*	*63,00*	*101,39*	*BR*
1951	*So*	*F 44*	*Bremen – Hannover*	*07:26*	*08:39*	*01[10] (03)*	*122,30*	*73*	*62,46*	*100,52*	*DB ab 1. Juli 1951*

Bild 163 (oben)
230.K.244 zeigt sich am 6. Juli 1950 in Nancy mit den klassischen Windleitblechen. Zwölf ihrer Schwestern erhielten geschwungene „Riesenohren" und weitere Ertüchtigungen für den Einsatz beim Depot Hausbergen vornehmlich an den Rames Michelin Straßburg – Paris.

Aufnahme: A.E. Durrant, Sammlung Eisenbahnstiftung

Bild 164
Leichtmetallwagen Typ „Michelin" auf 5-achsigen Gummirad-Drehgestellen, hier im Juli 1951 auf Vorstellungsfahrt in der Bundesrepublik Deutschland hinter einer DB-Dampflok.

Aufnahme: Slg. Wolfgang Löckel

Bild 165
Mit dem „Gummizug" Rapide 2 durchfährt eine 230.K am 30. Juni 1952 die weiten Gleisanlagen von Pantin vor den Toren Paris.

Aufnahme: Sammlung Jean Buchmann

Im Winter 1951/52 verkehrten vier Rapides zwischen Paris St. Lazare und Le Havre. Sie führten die 1. Wagenklasse und eine zuschlagpflichtige 2. Klasse. Den Abschnitt Paris – Rouen legten sie (wie R 309 im Sommer 1951) in 83 Minuten mit Vr 100,84 km/h zurück.

Die Fahrzeiten dieser Züge blieben auch im Sommer 1952 bestehen. Neben den Rapides zwischen der Hauptstadt und Strasbourg fällt der vormittägliche Express auf, der sich zwischen Saverne (Zabern) und Strasbourg mit 26 Minuten von den anderen Zügen abhebt.

Fahrplan		Zug-Nr./Zugname	Bespannungsabschnitt	ab	an	Lok	[km]	[min]	[mph]	[km/h]	Bemerkungen
1952	So	Rapide 1	Paris Est – Bar-le-Duc	08:00	10:27	230 K	253,60	147	64,32	103,51	SNCF Est, RM
1952	So	Rapide 3	Paris Est – Bar-le-Duc	18:50	21:17	230 K	253,60	147	64,32	103,51	RM
1952	So	Rapide 2	Strasbourg – Nancy	07:35	09:03	230 K	149,60	88	63,38	102,00	RM
1952	So	Rapide 4	Strasbourg – Nancy	18:20	19:48	230 K	149,60	88	63,38	102,00	RM
1952	So	Express	Saverne – Strasbourg	10:09	10:35	D	44,00	26	63,09	101,54	2./3. Klasse
1952	So	Rapide	Paris St. Lazare – Rouen	07:00	08:23	231	139,50	83	62,66	100,84	
1952	So	Rapide	Paris St. Lazare – Rouen	19:55	21:18	231	139,50	83	62,66	100,84	
1952	So	Rapide	Rouen – Paris St. Lazare	07:59	09:22	231	139,50	83	62,66	100,84	
1952	So	Rapide	Rouen – Paris St. Lazare	18:39	20:02	231	139,50	83	62,66	100,84	

Auf der „Ligne 4" wurden im Winter 1952 die Rapides 40/41 noch mit Dieseltriebwagen gefahren. Dagegen hatten die Rapides 46/47 Dampfbespannung im Durchlauf Paris – Basel.

Fahrplan		Zug-Nr./Zugname	Bespannungsabschnitt	ab	an	Lok	[km]	[min]	[mph]	[km/h]	Bemerkungen
1952	Wi	Rapide 47	Chaumont – Vesoul	20:55	22:02	230 K	119,20	67	66,33	106,75	SNCF Est
1952	Wi	Rapide 47	Paris – Troyes	18:20	19:54	230 K	166,20	94	65,92	106,09	SNCF Est
1952	Wi	Rapide 46	Vesoul – Chaumont	20:07	21:15	230 K	119,20	68	65,35	105,18	SNCF Est
1952	Wi	Rapide 46	Troyes – Paris Est	22:15	23:50	230 K	166,20	95	65,22	104,97	SNCF Est
1952	Wi	Rapide 47	Troyes – Chaumont	19:55	20:51	230 K	95,60	56	63,65	102,43	SNCF Est
1952	Wi	Rapide 46	Belfort – Vesoul	19:29	20:06	230 K	61,70	37	62,17	100,05	SNCF Est

Bereits 13 Züge auf 22 Abschnitten sind im Sommer 1953 zu nennen, die ohne Änderungen auch im Winter 1953/54 verkehrten. Neben diesen SNCF-Zügen erreichten in Europa fünf Dampfzüge der British Railways und als einziger DB-Zug der S 741 zwischen Bremen und Rotenburg diese Schwelle.

Fahrplan		Zug-Nr./Zugname	Bespannungsabschnitt	ab	an	Lok	[km]	[min]	[mph]	[km/h]	Bemerkungen
1953	So	Rapide 41	Chaumont – Vesoul	10:27	11:34	231 C	119,20	67	66,33	106,75	SNCF Est
1953	So	Rapide 47	Chaumont – Vesoul	21:04	22:11	231 C	119,20	67	66,33	106,75	SNCF Est
1953	So	Rapide 40	Chaumont – Troyes	10:01	10:55	231 C	95,60	54	66,00	106,22	SNCF Est
1953	So	Rapide 47	Paris Est – Troyes	18:20	19:54	231 K	166,20	94	65,92	106,09	SNCF Est
1953	So	Rapide 40	Troyes – Paris Est	11:05	12:40	231 K	166,20	95	65,22	104,97	SNCF Est
1953	So	Rapide 41	Paris – Troyes	07:45	09:20	231 K	166,20	95	65,22	104,97	SNCF Est
1953	So	Rapide 1	Paris Est – Bar-le-Duc	08:00	10:25	231 C, K	253,6	145	65,21	104,94	SNCF Est
1953	So	Rapide 46	Chaumont – Troyes	21:18	22:13	231 C	95,60	55	64,80	104,29	SNCF Est
1953	So	Rapide 46	Troyes – Paris Est	22:19	23:55	231 K	166,20	96	64,54	103,88	SNCF Est
1953	So	Rapide 40	Vesoul – Chaumont	08:51	10:00	231 C	119,20	69	64,41	103,65	SNCF Est
1953	So	Rapide 46	Vesoul – Chaumont	20:08	21:17	231 C	119,20	69	64,41	103,65	SNCF Est
1953	So	Rapide 47	Troyes – Chaumont	20:04	21:00	231 C	95,60	56	63,65	102,43	SNCF Est
1953	So	Rapide 1	Valence – Avignon	18:37	19:50	241 P	124,40	73	63,53	102,25	SNCF Sud-Est
1953	So	Rapide 2	Strasbourg – Nancy	07:35	09:03	231 C, K	149,60	88	63,38	102,00	SNCF Est
1953	So	Rapide 2	Avginon – Valence	16:06	17:20	241 P	124,40	74	62,67	100,86	SNCF Sud-Est
1953	So	Rapide	Paris St. Lazare – Rouen	07:00	08:23	D	139,50	83	62,66	100,84	SNCF Ouest
1953	So	Rapide	Rouen – Paris St. Lazare	08:01	09:24	D	139,50	83	62,66	100,84	SNCF Ouest
1953	So	Rapide	Paris St. Lazare – Rouen	19:55	21:18	D	139,50	83	62,66	100,84	SNCF Ouest
1953	So	Rapide	Rouen – Paris St. Lazare	18:41	20:04	D	139,50	83	62,66	100,84	SNCF Ouest
1953	So	Rapide 3	Paris Est – Bar-le-Duc	18:50	21:21	231 C, K	253,60	151	62,61	100,77	SNCF Est
1953	So	Rapide 41	Troyes – Chaumont	09:26	10:23	231 C	95,60	57	62,53	100,63	SNCF Est
1953	So	Rapide 2	Bar-le-Duc – Paris Est	10:13	12:45	231 C, K	253,60	152	62,20	100,11	SNCF Est

Bild 166 – 231.D.616 verlässt am 30. Juni 1953 die Bahnhofshalle in Bordeaux St. Jean mit dem Express nach Lyon.   Aufnahme: Brian Stephenson

Weiterhin dominierte im Sommer 1954 das Elsass mit den bekannten Rapides.

Fahrplan		Zug-Nr./Zugname	Bespannungsabschnitt	ab	an	Lok	[km]	[min]	[mph]	[km/h]	Bemerkungen
1954	So	Rapide 41	Chaumont – Vesoul	10:27	11:34	231 C	119,20	67	66,33	106,75	SNCF Est, RM
1954	So	Rapide 47	Chaumont – Vesoul	21:04	22:11	231 C	119,20	67	66,33	106,75	SNCF Est, RM
1954	So	Rapide 40	Chaumont – Troyes	10:01	10:55	231	95,60	54	66,00	106,22	SNCF Est, RM
1954	So	Rapide 47	Paris – Troyes	18:20	19:54	231 K	166,20	94	65,23	106,09	SNCF Est, RM
1954	So	Rapide 40	Troyes – Paris Est	11:05	12:40	231	166,20	95	65,23	104,97	SNCF Est, RM
1954	So	Rapide 41	Paris – Troyes	07:45	09:20	231 K	166,20	95	65,23	104,97	SNCF Est, RM
1954	So	Rapide 1	Paris Est – Bar-le-Duc	08:00	10:25	231	253,60	145	65,21	104,94	SNCF Est
1954	So	Rapide 46	Chaumont – Troyes	21:18	22:13	231 C	95,60	55	64,80	104,29	SNCF Est, RM
1954	So	Rapide 46	Troyes – Paris Est	22:19	23:55	231 K	166,20	96	64,54	103,88	SNCF Est, RM
1954	So	Rapide 40	Vesoul – Chaumont	08:51	10:00	231	119,20	69	64,44	103,70	SNCF Est, RM
1954	So	Rapide 46	Vesoul – Chaumont	20:08	21:17	231 C	119,20	69	64,44	103,70	SNCF Est, RM
1954	So	Rapide 47	Troyes – Chaumont	20:04	21:00	231 C	95,60	56	63,65	102,43	SNCF Est, RM
1954	So	Rapide 2	Nancy – Bar-le-Duc	09:11	10:09	231	98,80	58	63,51	102,21	SNCF Est
1954	So	Rapide 4	Nancy – Bar-le-Duc	19:56	20:54	231	98,80	58	63,51	102,21	SNCF Est
1954	So	Rapide 3	Paris Est – Bar-le-Duc	18:50	21:20	231	253,60	150	63,03	101,44	SNCF Est
1954	So	Rapide 101	Paris St. Lazare – Rouen	07:00	08:23	231	139,50	83	62,66	100,84	
1954	So	Rapide 102	Rouen – Paris St. Lazare	08:01	09:24	231	139,50	83	62,66	100,84	
1954	So	Rapide 114	Rouen – Paris St. Lazare	18:41	20:04	231	139,50	83	62,66	100,84	
1954	So	Rapide 121	Paris St. Lazare – Rouen	19:55	21:18	231	139,50	83	62,66	100,84	
1954	So	Rapide 41	Troyes – Chaumont	09:26	10:23	231 C	95,60	57	62,50	100,60	SNCF Est, RM
1954	So	Rapide 2	Bar-le-Duc – Paris Est	10:13	12:45	231	253,60	152	62,20	100,11	SNCF Est

Im Fahrplanjahr 1955/56 kamen die Michelin-Garnituren in den Rapides 41 und 46 zu ihren letzten Einsätzen.

Fahrplan		Zug-Nr./Zugname	Bespannungsabschnitt	ab	an	Lok	[km]	[min]	[mph]	[km/h]	Bemerkungen
1955	So	Rapide 1	Paris Est – Bar-le-Duc	07:00	09:21	231	253,60	141	67,06	107,91	SNCF Est
1955	So	Rapide 41	Chaumont – Vesoul	10:27	11:34	231 C	119,20	67	66,33	106,75	SNCF Est, RM
1955	So	Rapide 46	Chaumont – Troyes	21:14	22:08	231 C	95,60	54	64,80	106,22	SNCF Est, RM
1955	So	Rapide 101	Paris St. Lazare – Rouen	07:00	08:19	231 G	139,50	79	65,83	105,94	SNCF Ouest
1955	So	Rapide 121	Paris St. Lazare – Rouen	19:55	21:14	231 G	139,50	79	65,83	105,94	SNCF Ouest
1955	So	Rapide 46	Vesoul – Chaumont	20:05	21:13	231 C	119,20	68	65,35	105,18	SNCF Est, RM
1955	So	Rapide 41	Paris – Troyes	07:45	09:20	231 K	166,20	95	65,23	104,97	SNCF Est, RM
1955	So	Rapide 3	Paris Est – Bar-le-Duc	18:50	21:17	231	253,60	147	64,32	103,51	SNCF Est
1955	So	Rapide 4	Nancy – Bar-le-Duc	20:03	21:01	231	98,80	58	63,51	102,21	SNCF Est
1955	So	Rapide 2	Nancy – Bar-le-Duc	10:21	12:50	231	253,60	149	63,45	102,12	SNCF Est
1955	So	Rapide 102	Rouen – Paris St. Lazare	08:01	09:24	231 G	139,50	83	62,66	100,84	SNCF Ouest
1955	So	Rapide 114	Rouen – Paris St. Lazare	18:41	20:04	231 G	139,50	83	62,66	100,84	SNCF Ouest
1955	So	Rapide 4	Bar-le-Duc – Paris Est	21:09	23:40	231	253,60	151	62,61	100,77	SNCF Est
1955	So	Rapide 41	Troyes – Chaumont	09:26	10:23	231 C	95,60	57	62,50	100,60	SNCF Est, RM
1955	So	Rapide 2	Nancy – Bar-le-Duc	09:18	10:17	231	98,80	59	62,43	100,47	SNCF Est
1955	So	Rapide 46	Belfort – Vesoul	19:27	20:04	231 C	61,70	37	62,17	100,05	SNCF Est, RM

Der Sommer 1956 mit dem schnellsten Nachkriegsdampfzug auf dem europäischen Festland.

Fahrplan		Zug-Nr./Zugname	Bespannungsabschnitt	ab	an	Lok	[km]	[min]	[mph]	[km/h]	Bemerkungen
1956	So	Rapide 41	Chaumont – Vesoul	10:26	11:31	231	119,20	65	68,37	**110,03**	SNCF Est
1956	So	Rapide	Mulhouse – Strasbourg	14:38	15:38	231	108,30	60	67,29	108,30	SNCF Est
1956	So	Rapide 46	Chaumont – Troyes	21:14	22:08	231	95,60	54	66,00	106,22	SNCF Est
1956	So	Rapide 101	Paris St. Lazare – Rouen	07:00	08:19	231 G	139,50	79	65,83	105,94	SNCF Ouest
1956	So	Rapide 46	Vesoul – Chaumont	20:05	21:13	231	119,20	68	65,35	105,18	SNCF Est
1956	So	Rapide 41	Paris – Troyes	07:45	09:20	231	166,20	95	65,22	104,97	SNCF Est
1956	So	Rapide 114	Rouen – Paris St. Lazare	18:41	20:01	231 G	139,50	80	65,01	104,63	SNCF Ouest
1956	So	Rapide 1	Paris Est – Bar-le-Duc	08:00	10:28	231	253,60	148	63,88	102,81	SNCF Est
1956	So	Rapide 3001	Bordeaux – Marmande	14:20	15:06	D	78,80	46	63,87	102,78	SNCF Sud-Ouest
1956	So	Rapide 41	Troyes – Chaumont	09:26	10:22	231	95,60	56	63,65	102,43	SNCF Est
1956	So	Rapide 2	Nancy – Bar-le-Duc	09:12	10:10	231	98,80	58	63,51	102,21	SNCF Est
1956	So	Rapide 4	Nancy – Bar-le-Duc	19:58	20:56	231	98,80	58	63,51	102,21	SNCF Est
1956	So	Rapide 2	Strasbourg – Nancy	07:40	09:08	231	149,60	88	63,38	102,00	SNCF Est
1956	So	Rapide 3008	Marmande – Bordeaux	22:48	23:35	D	78,80	47	62,51	100,60	SNCF Sud-Ouest
1956	So	Rapide 46	Belfort – Vesoul	19:27	20:04	231	61,70	37	62,17	100,05	SNCF Est

Im Winter 1956/1957 hatten die 241.P am „Mistral" ihre schnellste Leistung zu erbringen. R 101 und 114 blieben unverändert. Die Fahrzeit des R 41 ab Chaumont nach Vesoul war auf 67 Minuten gestreckt worden.

Fahrplan		Zug-Nr./Zugname	Bespannungsabschnitt	ab	an	Lok	[km]	[min]	[mph]	[km/h]	Bemerkungen
1956	Wi	Rapide 1	Valence – Avignon	18:35	19:46	241 P	124,4	71	62,68	105,13	Le Mistral

Sommer 1957: Die etappenweise Elektrifizierung von Strasbourg nach Paris (bis 1962) betraf sukzessiv die Rapides 1 bis 4.

Fahrplan		Zug-Nr./Zugname	Bespannungsabschnitt	ab	an	Lok	[km]	[min]	[mph]	[km/h]	Bemerkungen
1957	So	Rapide 41	Chaumont – Vesoul	10:27	11:34	231	119,20	67	66,33	106,75	SNCF Est
1957	So	Rapide 46	Chaumont – Troyes	21:19	22:13	231	95,60	54	66,00	106,22	SNCF Est
1957	So	Rapide 101	Paris St. Lazare – Rouen	07:00	08:19	231	139,50	79	65,83	105,94	SNCF Ouest
1957	So	Rapide 1	Paris Est – Bar-le-Duc	08:00	10:24	231	253,60	144	65,66	105,67	SNCF Est
1957	So	Rapide 2	Bar-le-Duc – Paris Est	10:26	12:50	231	253,60	144	65,66	105,67	SNCF Est
1957	So	Rapide 129	Paris Nord – St. Quentin	14:09	15:36	D	153,00	87	65,57	105,52	SNCF Nord, 1./2. Kl.
1957	So	Rapide 41	Paris Est – Troyes	07:45	09:20	231	166,20	95	65,22	104,97	SNCF Est
1957	So	Rapide 114	Rouen – Paris St. Lazare	18:41	20:01	231	139,50	80	65,01	104,63	SNCF Ouest
1957	So	Rapide 46	Troyes – Paris Est	22:19	23:55	231	166,20	96	64,54	103,88	SNCF Est

Fahrplan		Zug-Nr./Zugname	Bespannungsabschnitt	ab	an	Lok	[km]	[min]	[mph]	[km/h]	Bemerkungen
1957	So	Rapide 3001	Bordeaux – Marmande	14:20	15:06	D	78,80	46	63,87	102,78	SNCF Sud-Ouest
1957	So	Rapide 116	St. Quentin – Paris Nord	10:22	11:52	D	153,00	90	62,10	102,00	SNCF Ouest
1957	So	Rapide 4	Bar-le-Duc – Paris Est	21:15	23:45	231	253,60	150	63,03	101,44	SNCF Est
1957	So	Rapide 1	Valence – Avignon	18:26	19:40	241 P	124,40	74	62,68	100,87	Le Mistral
1957	So	Rapide 46	Vesoul – Chaumont	20:07	21:18	231	119,20	71	62,59	100,73	SNCF Est
1957	So	Rapide 41	Troyes – Chaumont	09:26	10:23	231	95,60	57	62,53	100,63	SNCF Est
1957	So	Rapide 3008	Marmande – Bordeaux	22:48	23:35	D	78,80	47	62,51	100,60	SNCF Sud-Ouest
1957	So	Rapide 3	Paris Est – Bar-le-Duc	18:50	21:22	231	253,60	152	62,20	100,11	SNCF Est

Unverändert im Winter 1957/58 blieben die Rapides im Elsass. In den Regionen Nord und Ouest geben sich weitere Züge die Ehre.

Fahrplan		Zug-Nr./Zugname	Bespannungsabschnitt	ab	an	Lok	[km]	[min]	[mph]	[km/h]	Bemerkungen
1957	Wi	Rapide 179*	Paris Nord – St. Quentin	14:09	15:36	231/241 P	153,0	87	62,57	105,52	SNCF Nord, 1./2. Kl.
1957	Wi	Rapide 719	Le Mans – Angers	20:25	21:22	D	96,6	57	63,18	101,68	SNCF Ouest
1957	Wi	Rapide 719	Angers – Ancenis	21:26	21:58	D	54,2	32	63,15	101,63	SNCF Ouest
1957	Wi	Express 502	Sille-le-Guillaume – Le Mans	10:02	10:23	D	35,5	21	63,02	101,43	SNCF Ouest
* R 179: Paris-Skandinavien-Express (DB-Zugnummer D 311)											

Der Paris-Skandinavien-Express hatte in den Sommerfahrplänen 1958 und 1959 gestreckte Fahrzeiten, die nicht für eine Vr von 100 km/h ausreichten. Die Winterperioden mit wieder verkürzten Plänen (R 129/179 vereinigt gefahren, Paris Nord 14:06 Uhr – St. Quentin an 15:32 Uhr) ergaben respektable 106,74 km/h Reisege-schwindigkeit. Rapide 129 von Paris Nord nach Aulnoye zählte seit Sommer 1957 zu den wenigen Zügen, die – auch mit Diesellok bespannt – die 100 km/h übertrafen. Die Rapides aus der Region Est blieben auch im Winter 1958/1959 unverändert. Die beiden Spitzenplätze belegte der Rapide 41.

Fahrplan		Zug-Nr./Zugname	Bespannungsabschnitt	ab	an	Lok	[km]	[min]	[mph]	[km/h]	Bemerkungen
1958	So	Rapide 41	Paris – Troyes	07:45	09:18	D	166,20	93	66,63	107,23	SNCF Est
1958	So	Rapide 41	Chaumont – Vesoul	10:24	11:31	D	119,20	67	66,33	106,75	SNCF Est
1958	So	Rapide 46	Chaumont – Troyes	21:19	22:13	D	95,60	54	66,00	106,22	SNCF Est
1958	So	Rapide 101	Paris St. Lazare – Rouen	07:00	08:19	231	139,50	79	65,83	105,94	SNCF Ouest
1958	So	Rapide 1	Paris Est – Bar-le-Duc	08:00	10:24	231	253,60	144	65,66	105,67	SNCF Est
1958	So	Rapide 2	Bar-le-Duc – Paris Est	10:28	12:52	231	253,60	144	65,66	105,67	SNCF Est
1958	So	Rapide 102	Rouen – Paris St. Lazare	08:03	09:23	231	139,50	80	65,01	104,63	SNCF Ouest
1958	So	Rapide 114	Rouen – Paris St. Lazare	18:43	20:03	231	139,50	80	65,01	104,63	SNCF Ouest
1958	So	Rapide 121	Paris St. Lazare – Rouen	19:55	21:15	231	139,50	80	65,01	104,63	SNCF Ouest
1958	So	Rapide 129	Paris St. Lazare – St. Quentin	14:06	15:34	D/V	153,00	88	64,82	104,32	SNCF Nord, 1./2. Kl.
1958	So	Rapide 46	Troyes – Paris Est	22:19	23:55	D	166,20	96	64,54	103,88	SNCF Est
1958	So	Rapide 3001	Bordeaux – Marmande	14:17	15:03	D	78,80	46	63,87	102,78	SNCF Sud-Ouest
1958	So	Rapide 3003	Bordeaux – Marmande	08:36	07:22	D	78,80	46	63,87	102,78	Saison, Sud-Ouest
1958	So	Rapide 41	Troyes – Chaumont	09:24	10:20	D	95,60	56	63,65	102,43	SNCF Est
1958	So	Rapide 4	Bar-le-Duc – Paris Est	21:17	23:46	231	253,60	149	63,45	102,12	SNCF Est
1958	So	Rapide 2	Avignon – Valence	16:13	17:27	241 P	124,40	74	62,68	100,87	Le Mistral
1958	So	Rapide 46	Vesoul – Chaumont	20:07	21:18	D	119,20	71	62,59	100,73	SNCF Est
1958	So	Rapide 3	Paris Est – Bar-le-Duc	18:50	21:22	231	253,60	152	62,20	100,11	SNCF Est

Auf 18 von insgesamt 580 Vr-100-Abschnitten verkehrten im Sommer 1959 noch Dampfzüge. Drei Timings vom Sommer 1959 sind bekannt, alle Züge mit sieben Wagen und 260 bis 270 t Anhängelast: Die Pacific 231.K.9 mit dem Rapide 2 von Bar-le-Duc nach Paris Est wurde mit 127,14 km/h Höchstgeschwindigkeit und 146:37 Minuten Fahrzeit trotz eines Signalhaltes in Esbly und fünf Langsamfahrstellen gemessen. Pacific 231.D.581 mit dem Rapide 121 erreichte maximal 81 mph (130,36 km/h) und von Paris bis Rouen eine Fahrzeit von 78:42 Minuten. Auch Rapide 3001 mit 231.G.159 blieb von Bordeaux nach Marmande mit 45:27 Minuten eine halbe Minute unter den Kursbuch-Vorgaben (Vmax 128,75 km/h).

Fahrplan		Zug-Nr./Zugname	Bespannungsabschnitt	ab	an	Lok	[km]	[min]	[mph]	[km/h]	Bemerkungen
1959	So	Rapide 41	Paris – Troyes	07:45	09:18	231	166,20	93	66,63	107,23	SNCF Est
1959	So	Rapide 129	Paris Nord – St .Quentin	14:06	15:32	D	153,00	86	66,57	106,74	SNCF Nord
1959	So	Rapide 46	Chaumont – Troyes	21:19	22:13	231	95,60	54	66,00	106,22	SNCF Est
1959	So	Rapide 101	Paris St. Lazare – Rouen	07:00	08:19	231	139,50	79	65,83	105,94	SNCF Ouest
1959	So	Rapide 41	Chaumont – Vesoul	10:24	11:32	231	119,20	68	65,35	105,18	SNCF Est
1959	So	Rapide 102	Rouen – Paris St. Lazare	08:00	09:20	231 D,G	139,50	80	65,01	104,63	SNCF Ouest
1959	So	Rapide 114	Rouen – Paris St. Lazare	18:40	20:00	231 D,G	139,50	80	65,01	104,63	SNCF Ouest
1959	So	Rapide 121	Paris St. Lazare – Rouen	19:55	21:15	231 D,G	139,50	80	65,01	104,63	Ouest, 7 Wg.
1959	So	Rapide 46	Troyes – Paris Est	22:19	23:55	231	166,20	96	64,54	103,88	SNCF Est
1959	So	Rapide 41	Troyes – Chaumont	09:24	10:20	231	95,60	56	63,65	102,43	SNCF Est
1959	So	Rapide 1	Paris Est – Bar-le-Duc	08:00	10:29	231 K	253,60	149	63,45	102,12	SNCF Est
1959	So	Rapide 2	Bar-le-Duc – Paris Est	10:23	12:52	231 K	253,60	149	63,45	102,12	SNCF Est, 7 Wg.
1959	So	Rapide 3	Paris Est – Bar-le-Duc	18:50	21:20	231 K	253,60	150	63,03	101,44	SNCF Est
1959	So	Rapide 46	Vesoul – Chaumont	20:07	21:18	231	119,20	71	62,59	100,73	SNCF Est
1959	So	Rapide 3001	Bordeaux – Marmande	14:05	14:52	231 G	78,80	47	62,51	100,60	SNCF Sud-Ouest
1959	So	Rapide 3008	Marmande – Bordeaux	22:52	23:39	231 G	256,40	47	62,51	100,60	SNCF Sud-Ouest
1959	So	Rapide 4	Bar-le-Duc – Paris Est	21:14	23:46	231 K	253,60	152	62,20	100,11	SNCF Est

Bild 167
231.G.16 im Sommer 1959 bei Vichy
mit dem „Thermal-Express", den
sie in Vierzon übernommen hat.
Dieser 1.-Klasse-Rapide blieb aber –
dampfbespannt – unter Vr 95 km/h.
Richtig flott lief der Zug dagegen
im elektrifizierten Abschnitt
Paris Austerlitz – Vierzon.

Aufnahme: Slg. Heribert Schröpfer

Bild 168
232.S.001 mit dem Rapide 176
anno 1960 zwischen Creil und Paris.

Aufnahme: Marcel Aubert,
Sammlung Heribert Schröpfer

Bild 169 – Nach der Elektrifizierung der Strecke Paris – Lille 1959 reduzierte sich das Einsatzgebiet der verbliebenen 232.R, S und U auf die Strecke Paris Nord – Jeumont. Richtung Boulogne/Calais waren die Hudsons wegen ihres Achsdruckes von 22 Tonnen nicht im Plandienst eingesetzt. 232.U.1 wartet anno 1958 mit einem Express nach Lille in Paris Nord auf den Abfahrtauftrag.

Aufnahme: Sammlung Heribert Schröpfer

Im Winterfahrplan 1959/60 fehlten die Saisonzüge 3001 und 3008 der Region Sud-Ouest. Wie im vergangenen Winter kehrte der Paris-Skandinavien-Express mit 85 Minuten Fahrzeit bis St. Quentin und Vr 106,74 km/h zurück.

Zum Sommer 1960 fielen die R 1 bis 4 durch Fahrzeitverlängerungen zwischen Paris und Bar-le-Duc aus der Wertung. Der Fahrdraht hatte inzwischen Chalons-Sur-Marne erreicht. Dort waren Betriebshalte zum Umspannen eingelegt worden.

Fahrplan		Zug-Nr./Zugname	Bespannungsabschnitt	ab	an	Lok	[km]	[min]	[mph]	[km/h]	Bemerkungen
1960	So	Rapide 41	Paris Est – Troyes	07:45	09:18	231	166,20	93	66,63	107,23	SNCF Est
1960	So	Rapide 41	Chaumont – Vesoul	10:24	11:31	231	119,20	67	66,33	106,75	SNCF Est
1960	So	Rapide 46	Chaumont – Troyes	21:19	22:13	231	95,60	54	66,00	106,22	SNCF Est
1960	So	Rapide 101	Paris St. Lazare – Rouen	07:00	08:19	231	139,50	79	65,83	105,95	SNCF Ouest
1960	So	Rapide 102	Rouen – Paris St. Lazare	08:03	09:23	231	139,50	80	65,01	104,63	SNCF Ouest
1960	So	Rapide 121	Paris St. Lazare – Rouen	20:00	21:20	231	139,50	80	65,01	104,63	SNCF Ouest
1960	So	Rapide 46	Troyes – Paris Est	22:19	23:55	231	166,20	96	64,54	103,88	SNCF Est
1960	So	Rapide 114	Rouen – Paris St. Lazare	18:44	20:05	231	139,50	81	64,21	103,33	SNCF Ouest
1960	So	Rapide 41	Troyes – Chaumont	09:24	10:20	231	95,60	56	63,65	102,43	SNCF Est
1960	So	Rapide 719	Angers – Ancenis	21:32	22:04	231	54,20	32	63,15	101,63	SNCF Ouest
1960	So	Rapide 117	Paris Nord – St. Quentin	11:24	12:55	231 E	153,00	91	62,68	100,88	SNCF Nord, 1./2. Kl.
1960	So	Rapide 179	Paris Nord – St. Quentin	14:09	15:40	232	153,00	91	62,68	100,88	SNCF Nord, 1./2. Kl.
1960	So	Rapide 46	Vesoul – Chaumont	20:07	21:18	231	119,20	71	62,59	100,73	SNCF Est

Auch im Winter 1960/61 behaupteten sich die Rapides zwischen Chaumont bzw. Rouen und der Hauptstadt. Rapide 179 wurde turnusgemäß beschleunigt und erreichte mit den starken 232.R, S und U wieder Vr 106,74 km/h

Die elektrische Traktion der SNCF hatte im Sommerfahrplan 1961 europaweit die Nase vorn mit Vr 136,47 km/h zwischen den Bahnhöfen Arras und Longeau. Die 1.-Klasse-Züge in der Region Ost blieben weiter dampfbespannt. Noch 16 von 826 Abschnitten über 100 km/h gehörten der Dampftraktion. Das Depot La Chapel-

le setzte letztmals die 232.U.1 planmäßig ein. Zusammen mit der 3-zylindrigen 232.R.1 und den vier 232.S hatte sie im viertägigen Roulemont (Umlauf) 1A bis zum Herbst 1961 mit dem bis zu 700 t schweren R 179 „Paris-Skandinavien-Express" nach Jeumont eine ansprechende Aufgabe, die bis zum ersten Halt in St. Quentin über die Distanz von 153 Kilometern nochmal die Vr 100 km/h überschritt. Daneben standen im Sommer 1961 noch die Rapides 144, 176, 181, 182, 187 und die Expresszüge 102, 147, 152 und 156 im Plan.

Fahrplan		Zug-Nr./Zugname	Bespannungsabschnitt	ab	an	Lok	[km]	[min]	[mph]	[km/h]	Bemerkungen
1961	So	Rapide 41	Chaumont – Vesoul	10:22	11:29	231 G	119,20	67	66,33	106,75	SNCF Est
1961	So	Rapide 46	Chaumont – Troyes	21:19	22:13	231 G	95,60	54	66,00	106,22	SNCF Est
1961	So	Rapide 41	Paris Est – Troyes	07:40	09:15	231 G, K	166,20	95	65,22	104,97	SNCF Est
1961	So	Rapide 101	Paris St. Lazare – Rouen	07:00	08:20	231 D, G	139,50	80	65,01	104,63	SNCF Ouest
1961	So	Rapide 46	Troyes – Paris Est	22:19	23:55	231 G, K	166,20	96	64,54	103,88	SNCF Est
1961	So	Rapide 121	Paris St. Lazare – Rouen	20:00	21:21	231 D, G	139,50	81	64,21	103,33	SNCF Ouest
1961	So	Rapide 719	Angers – Ancenis	21:32	22:04	241 P	54,20	32	63,15	101,63	SNCF Ouest
1961	So	Rapide 117	Paris Nord – St. Quentin	11:24	12:55	231 E	153,00	91	62,68	100,88	1./2. Kl.
1961	So	Rapide 179	Paris Nord – St. Quentin	14:06	15:37	232	153,00	91	62,68	100,88	SNCF Nord, 1./2. Kl.
1961	So	Express LA	Angers – Nantes	17:59	18:51	231 D	87,40	52	62,66	100,85	Saison, 1./2. Kl.
1961	So	Rapide 102	Rouen – Paris St. Lazare	08:00	09:23	231 D, G	139,50	83	62,66	100,84	SNCF Ouest
1961	So	Rapide 114	Rouen – Paris St. Lazare	18:45	20:08	231 D, G	139,50	83	62,66	100,84	SNCF Ouest
1961	So	Rapide 46	Vesoul – Chaumont	20:07	21:18	231 G	119,20	71	62,59	100,73	SNCF Est
1961	So	Rapide 41	Troyes – Chaumont	09:21	10:18	231 G	95,60	57	62,53	100,63	SNCF Est
1961	So	Rapide 3001	Bordeaux – Marmande	14:06	14:53	231 G	78,80	47	62,51	100,60	SNCF Sud-Ouest
1961	So	Rapide 1	Paris Est – Bar-le-Duc	08:00	10:32	231 K	253,60	152	62,20	100,11	SNCF Est
1961	So	Rapide 2	Bar-le-Duc – Paris Est	09:54	12:26	231 K	253,60	152	62,20	100,11	SNCF Est

Im Winter 1961/62 verkehrten die Rapid 41, 46 unverändert. Dagegen wechselten R 1 bis 4 in Château Thierry die Zuglok, denn die Elektrifizierung war von Osten her bis dorthin fortgeschritten. Den 231 verblieben nur noch die restlichen 95 Kilometer bis Paris Est, ohne die Vr 100 km/h zu erreichen. Die Fahrzeiten der R 102, 102, 114 und 114 wurden leicht entspannt, reichten aber noch für Reisegeschwindigkeiten knapp über 100 km/h.

Zum Sommerfahrplan 1962 führte der Zug Nr. 66 mit 136,47 km/h von Arras nach Longeau weiterhin die Geschwindigkeitsliste der SNCF an. 1.055 Abschnitte insgesamt lagen über 100 km/h, davon 32 Abschnitte über 120 km/h, alle mit elektrischen Zügen gefahren. 133 Abschnitte gehörten der Dieseltraktion, fast ausschließlich Triebwagenleistungen. Immerhin noch acht Züge über 100 km/h auf 13 Abschnitten hatten Dampflokomotiven an der Spitze. Die R 101, 102, 114 und 121 erfuhren nochmals Fahrzeitverlängerungen und fielen aus der Wertung (siehe Tabelle unten).

Im Winter 1962/63 blieben die R 41 und 46 ohne Veränderungen. Hinzu kamen zwei Rapidezüge zwischen Bordeaux und Marmande und vier Züge in der Region Ouest.

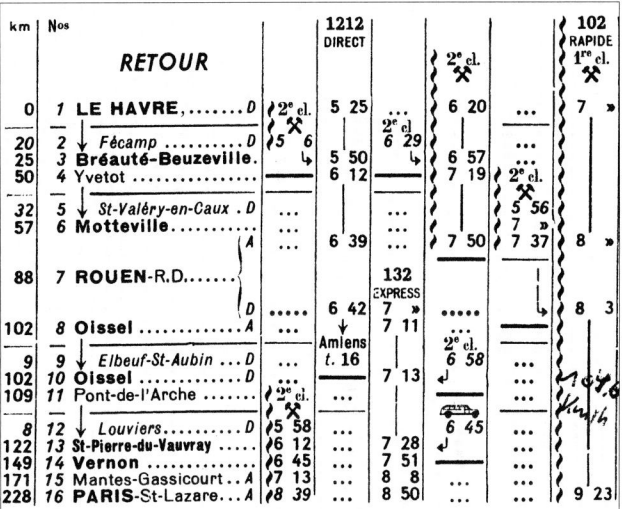

Bild 170 – Fahrplanauszug Le Havre – Paris vom Sommer 1960 mit dem Rapide 102. Die Entfernung Rouen Rive Droite – Paris St. Lazare beträgt exakt 139,5 Kilometer. Abbildung: Sammlung Ronald Krug

Fahrplan		Zug-Nr./Zugname	Bespannungsabschnitt	ab	an	Lok	[km]	[min]	[mph]	[km/h]	Bemerkungen
1962	So	Rapide 46	Chaumont – Troyes	21:19	22:13	231 G	95,60	54	66,00	106,22	SNCF Est
1962	So	Rapide 41	Chaumont – Vesoul	10:22	11:30	231 G	119,20	68	65,35	105,18	SNCF Est
1962	So	Rapide 41	Paris Est – Troyes	07:40	09:15	231 G, K	166,20	95	65,22	104,97	SNCF Est
1962	So	Rapide 46	Troyes – Paris Est	22:19	23:55	231 G, K	166,20	96	64,54	103,88	SNCF Est
1962	So	Rapide 502	Laval – Le Mans	09:25	10:17	231	89,10	52	63,88	102,81	W, SNCF Ouest
1962	So	Rapide 702	Ancenis – Angers	08:33	09:05	231	54,20	32	63,15	101,63	Saison, Ouest
1962	So	Rapide 719	Angers – Ancenis	22:08	22:40	231	54,20	32	63,15	101,63	SNCF Ouest
1962	So	Express 500	Sille-le-Guillaume – Le Mans	08:03	08:24	231	35,50	21	63,02	101,43	W, SNCF Ouest
1962	So	Express LA	Angers – Nantes	17:59	18:51	231	87,40	52	62,66	100,85	Saison, Ouest
1962	So	Rapide 46	Vesoul – Chaumont	20:07	21:18	231 G	119,20	71	62,59	100,73	SNCF Est
1962	So	Rapide 41	Troyes – Chaumont	09:21	10:18	231 G	95,60	57	62,53	100,63	SNCF Est
1962	So	Rapide 3001	Bordeaux – Marmande	14:15	15:02	231	78,80	47	62,51	100,60	Saison, Sud-Ouest
1962	So	Rapide 702	St. Nazaire – Nantes	07:17	07:55	231	63,60	38	62,40	100,42	Saison, Ouest

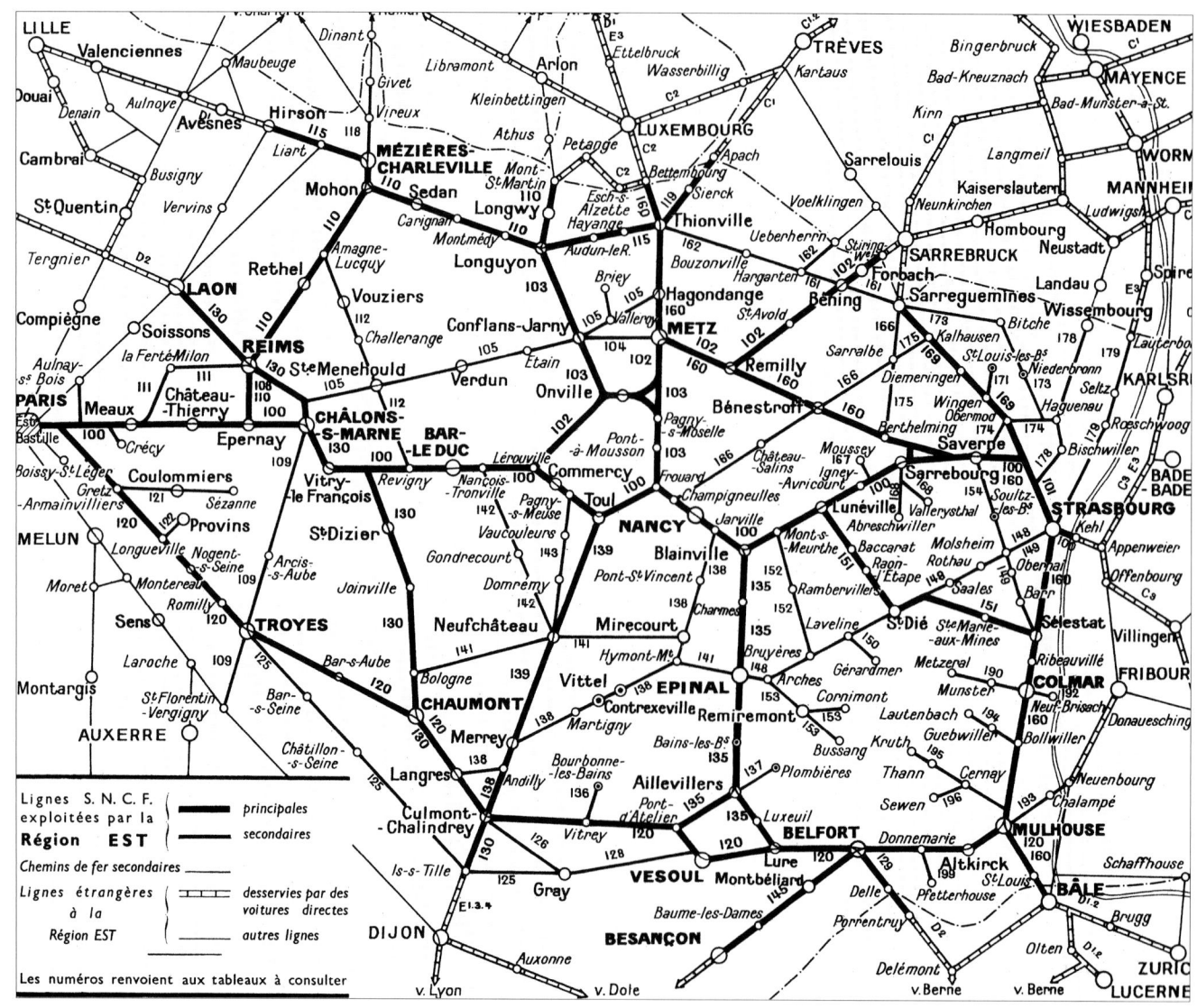

Bild 171 – Streckenkarte der Region Est aus dem Jahr 1962 mit den Magistralen von Paris nach Strasbourg und Mulhouse, letztere noch mit Dampftraktion.

Abbildung: Sammlung Ronald Krug

1963 hatten die Regionen Est und Ouest die schnellsten Dampfzüge zu bieten. Das Depot Le Mans setzte dafür auch 241.P ein.

Fahrplan		Zug-Nr./Zugname	Bespannungsabschnitt	ab	an	Lok	[km]	[min]	[mph]	[km/h]	Bemerkungen
1963	So	Rapide 46	Chaumont – Troyes	21:19	22:13	231	95,60	54	66,00	106,22	SNCF Est
1963	So	Rapide 41	Chaumont – Vesoul	10:21	11:29	231	119,20	68	65,35	105,18	SNCF Est
1963	So	Rapide 41	Paris Est – Troyes	07:40	09:15	231	166,20	95	65,22	104,97	SNCF Est
1963	So	Rapide 46	Troyes – Paris Est	22:19	23:55	231	166,20	96	64,54	103,88	SNCF Est
1963	So	Rapide 502	Laval – Le Mans	09:27	10:19	231/241	89,10	52	63,88	102,81	W, SNCF Ouest
1963	So	Rapide 101	Paris St. Lazare – Rouen	07:00	08:22	231	139,50	82	63,43	102,07	W, SNCF Ouest
1963	So	Rapide 702	Ancenis – Angers	08:34	09:06	231/241	54,20	32	63,15	101,63	SNCF Ouest
1963	So	Rapide 719	Angers – Ancenis	22:08	22:40	231/241	54,20	32	63,15	101,63	SNCF Ouest
1963	So	Rapide 500	Sille-le-Guillaume – Le Mans	08:03	08:24	231/241	35,50	21	63,02	101,43	W, SNCF Ouest
1963	So	Rapide 517	Le Mans – Rennes	20:25	22:01	231/241	162,20	96	62,99	101,38	aSa, Ouest
1963	So	Express LA	Angers – Nantes	17:59	18:51	231/241	87,40	52	62,66	100,85	Saison, Ouest
1963	So	Rapide 121	Paris St. Lazare – Rouen	19:33	20:56	231	139,50	83	62,66	100,84	W, SNCF Ouest
1963	So	Rapide 46	Vesoul – Chaumont	20:07	21:18	231	119,20	71	62,59	100,73	SNCF Est
1963	So	Rapide 41	Troyes – Chaumont	09:21	10:18	231	95,60	57	62,53	100,63	SNCF Est
1963	So	Rapide 3001	Bordeaux – Marmande	14:15	15:02	231	78,80	47	62,51	100,60	Saison, Sud-Ouest
1963	So	Rapide 3003	Bordeaux – Marmande	06:45	07:32	231	78,80	47	62,51	100,60	SNCF Sud-Ouest
1963	So	Rapide 3004	Marmande – Bordeaux	20:38	21:25	231	78,80	47	62,51	100,60	SNCF Sud-Ouest
1963	So	Rapide 702	St. Nazaire – Nantes	07:17	07:55	231/241	63,60	38	62,40	100,42	SNCF Ouest

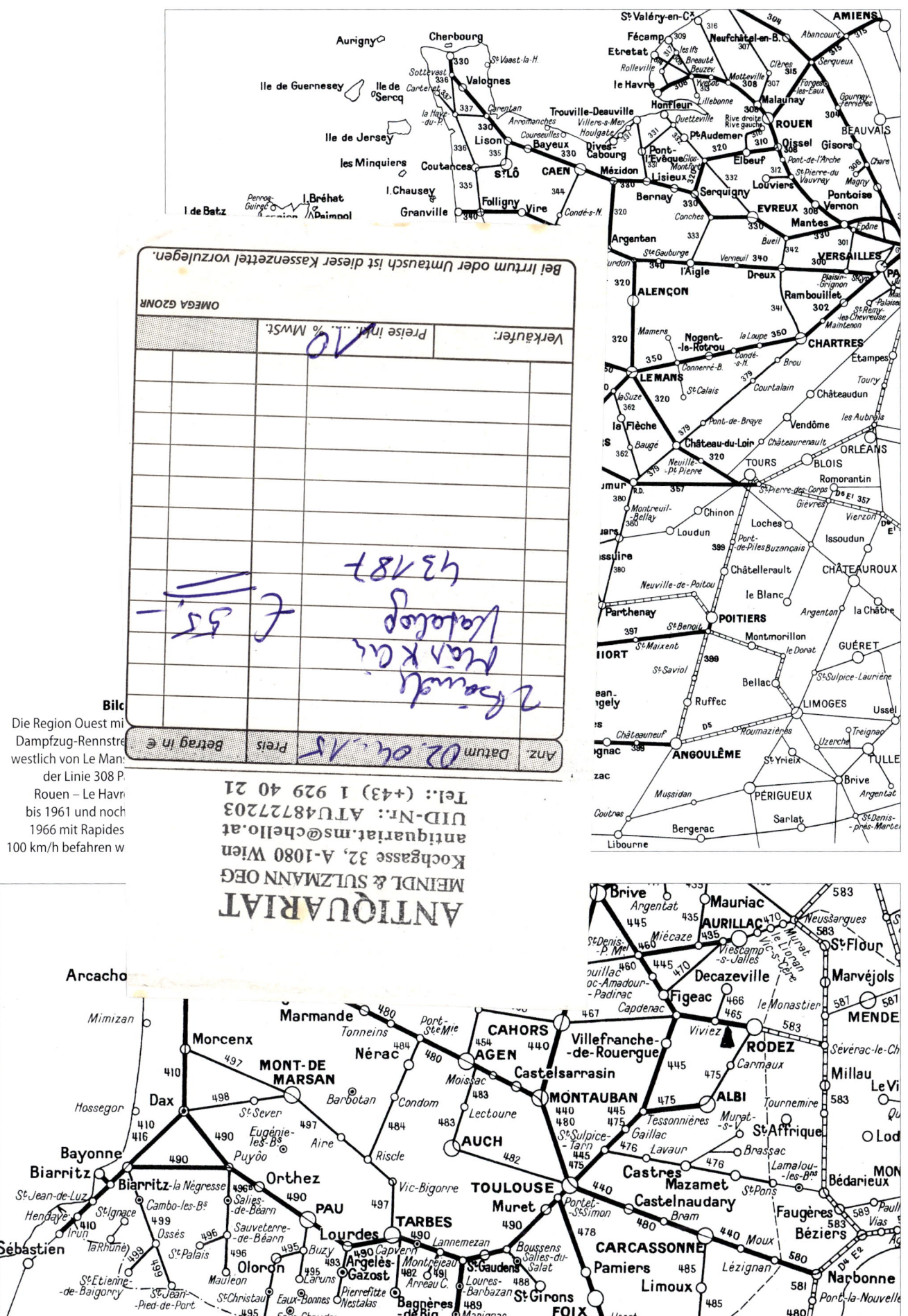

Bild 173 – Der einzige Abschnitt in der Region Sud-Ouest, über den schnelle Dampfzüge rollten, erstreckte sich von Bordeaux in südöstlicher Richtung nach Marmande (– Montauban).

Abbildungen (2): Sammlung Ronald Krug

GARES	1757 OMNIBUS 2 ✚ / 040 DE / 200 T	1747 OMNIBUS 2 AUTOR / 600 OV / 50 T	G O RAPIDE 1 AUTOR / RGP 2 / Mot + Rem	10719 RAPIDE C 130 1,2 Fac / 231 D / 550 T	719 RAPIDE C 130 1,2 / 241 P / 650 T	LA EXPRESS 1,2 / 231 D / 400 T	4729 DIRECT / 231 D / 550 T	44345 DIRECT / 141 R / 850 T	4725 DIRECT / 141 R / 850 T	4711 DIRECT / 141 R / 850 T	45381 DIRECT / 141 R / 850 T	4707 DIRECT / 141 R / 850 T
Suite des pages............	»	»	5–3.54	2–3.55	2–3.55	5–3 54	3–3.55	5–3.54	3–3.55	3–3.55	5–3.54	3–3.55
				I	I	I	II	III	III	III	III	III
ANGERS-ST-LAUD Gare Voyageurs.10	—	18 43	21 02 / 03	21 15 / 19	21 28 / 32	17 55 / 59	2 35 / 45	2 25 / 3 11	3 27 / 41	5 00 / 07	19 00 / 10	20 51 passage
Triage	—										19 15 / 20 27	20 57 / 21 56
Poste 4............	—	18 45	21 05	21 22	21 35	18 02	2 48	3 14	3 44	5 10	20 29	21 58
La Pointe-Bouchemaine....	—	18 49 / 50	21 08	21 26	21 39	18 06	2 52	3 19	3 49	5 15	20 34	22 03
Béhuard-les-Forges.......	—	18 54 / 55	21 11	21 28	21 41	18 08	2 55	3 22	3 52	5 18	20 37	22 06
LA POSSONNIÈRE.......		18 59 / 19 00	21 13	21 30	21 43	18 10	2 58	3 25	3 55	5 21	20 40	22 09
Saint-Georges-sur-Loire....		19 05 / 06	21 16	21 33	21 46	18 13	3 01	3 29	3 59	5 25	20 44	22 13
Champtocé-sur-Loire......		19 13 / 14	21 20	21 37	21 50	18 17	3 07	3 35	4 05	5 31	20 50	22 19
Ingrandes sur-Loire.......		19 19 / 20	21 23	21 40	21 53	18 20	3 11	3 39	4 09	5 35	20 54	22 23
Montrelais S S..........		19 24 / 25	21 25	21 42	21 55	18 22	3 14	3 42	4 12	5 38	20 57	22 26
Varades...............		19 30 / 31	21 27	21 45	21 57	18 25	3 17	3 45	4 15	5 41	21 00	22 29
Anetz.................	—	19 36 / 37	21 30	21 48	22 00	18 28	3 21	3 49	4 19	5 45	21 04	22 33
ANCENIS.............	19 21	19 43 / 44	21 33	21 52 / 53	22 04 / 05	18 31	3 25	3 54	4 24	5 50	21 09	22 38
Oudon	19 30 / 31	19 50 / 51	21 38	22 01	22 13	18 36	3 31	4 01	4 31	5 57	21 16	22 45
Clermont-sur-Loire (annexe) S S.....	19 35 / 36	19 55 / 55	21 40	22 03	22 15	18 38	3 33	4 04	4 34	6 00	21 19	22 48
Le Cellier S S	19 40 / 41	19 58 / 59	21 41	22 05	22 16	18 39	3 34	4 06	4 36	6 02	21 21	22 50
Mauves-sur-Loire........	19 46 / 48	20 03 / 04	21 43	22 07	22 18	18 41	3 37	4 09	4 39	6 05	21 24	22 53
Thouaré..............	19 53 / 55	20 09 / 10	21 46	22 10	22 21	18 44	3 40	4 12	4 42	6 08	21 27	22 56
Sainte-Luce (annexe) S S...	19 59 / 20 00	20 14 / 15	21 48	22 11	22 22	18 45	3 42	4 14	4 44	6 10	21 29	22 58
NANTES-BLOTTEREAU Poste 2 — Voie rapide.	20 03	20 17	21 49	22 12	22 23	18 46	3 44	—	—	—	—	—
Poste 2 — Voie lente..	—	—	—	—	—	—	—	4 17	4 47	6 13	21 32	23 01
Poste 3 — Voie rapide.	20 04	20 18	21 49	22 13	22 24	18 47	3 45	—	—	—	—	—
Poste 3 — Voie lente..	—	—	—	—	—	—	—	4 20	4 50	6 16	21 35	23 04
Poste 4 — Voie rapide.	20 05	20 19	21 50	22 14	22 25	18 48	3 46	—	—	—	—	—
Poste 4 — Voie lente..	—	—	—	—	—	—	—	4 23	4 53	6 19	21 38	23 07
NANTES-ORLÉANS Poste 1	20 06	20 20	21 51	22 15	22 26	18 49	3 47	—	—	—	—	—
NANTES-ORLÉANS Gare 10	20 08	20 22	21 53	22 17	22 28 / 41	18 51 / 19 06	3 50	—	—	—	—	—

(Annotations portées dans les colonnes : colonne 1757 : « Du 4 Juin au 27 Août » ; colonne LA : « Du 29 Juillet au 5 Septembre » ; colonne 44345 : « Facultatif les Lundis et lendemains de Fêtes » ; colonne 45381 : « Facultatif les Lundis ».)

Bild 174 – Im Fascicule des Tableaux-Horaires 3.56 vom 28. Mai 1961 stehen Buchfahrplan ähnliche Angaben der Strecke Nantes – Ancenis – Angers mit dem Rapide 719 und dem LA-Express. Für die 231.D galten 130 km/h als Höchstgeschwindigkeit. Die mächtigen 241.P hatten 120 km/h einzuhalten.

▰ 2 Vitesse limite

3.56–1   ANGERS-SAINT-LAUD A NANTES-ORLÉANS ET A NANTES-ÉTAT

PARCOURS	Autorails Voie 1	Autorails Voie 2	RAPIDES et EXPRESS Voie 1	RAPIDES et EXPRESS Voie 2	VOYAGEURS et MESSAGERIES	MARCHANDISES	LIMITATIONS PARTICULIÈRES
Angers Saint-Laud (Gare) à Angers-Saint-Laud (Poste 4).	110	110	110	110			Les machines 241 P sont limitées à 110 km/h d'Angers-Saint-Laud (Poste 4) à Mauves-sur-Loire dans les deux sens et à 110 km/h de Nantes-Orléans à Sainte-Luce dans le sens pair.
Angers-Saint-Laud (Poste 4) à Sainte-Luce............	130	130	130	130	100	70	
Sainte-Luce à Nantes-Blottereau (Poste 2)	110	120	110	120			Par exception, les machines 241 P sont autorisées à circuler à 120 km/h entre Angers-Saint-Laud (Poste 4) et Mauves-sur-Loire dans les 2 sens lorsqu'elles remorquent les trains :
Nantes-Blottereau (Poste 2) à Nantes-Orléans	100	120	100	120			— 719 et 10719.
Nantes-Blottereau à Nantes-État................	60	60	60	60	60	60	— 700 et 756.

Bild 175
Die Geschwindigkeits-begrenzungen auf den einzelnen Strecken-abschnitten sind Gleis- und Fahrzeug-abhängig, aber ohne genaue Kilometerangaben geregelt.

Abbildungen (2): Sammlung Ronald Krug

Bild 176 – Bemerkenswert gepflegt kommt die betagte 231.E.10 am 30. Juli 1964 in Boulogne daher. Den nachmittäglichen Express nach Paris Nord wird die 1909 gebaute Lok bis Amiens befördern. Dort übernimmt eine Ellok den Zug.
Aufnahme: Brian Stephenson

Neben den aufgeführten Zügen waren im Winter 1963/64 noch sieben schnelle Züge der Region Ouest dampfbespannt, darunter der Express 500 und die Rapides 502, 702 und 719 auf den Rennstrecken von Le Mans ausgehend nach Laval und Angers.

Fahrplan		Zug-Nr./Zugname	Bespannungsabschnitt	ab	an	Lok	[km]	[min]	[mph]	[km/h]	Bemerkungen
1963	Wi	Rapide 46	Chaumont – Troyes	21:19	22:13	231	95,60	54	66,00	106,22	SNCF Est
1963	Wi	Rapide 41	Paris Est – Troyes	07:40	09:15	231	166,20	95	65,22	104,97	SNCF Est
1963	Wi	Rapide 46	Troyes – Paris Est	22:19	23:55	231	166,20	96	64,54	103,88	SNCF Est
1963	Wi	Rapide 41	Chaumont – Vesoul	10:21	11:32	231	119,20	71	62,59	100,73	SNCF Est
1963	Wi	Rapide 46	Vesoul – Chaumont	20:07	21:18	231	119,20	71	62,59	100,73	SNCF Est
1963	Wi	Rapide 41	Troyes – Chaumont	09:21	10:18	231	95,60	57	62,53	100,63	SNCF Est
1963	Wi	Rapide 3003	Bordeaux – Marmande	06:45	07:32	231	78,80	47	62,51	100,60	SNCF Sud-Ouest
1963	Wi	Rapide 3004	Marmande – Bordeaux	20:38	21:25	231	78,80	47	62,51	100,60	SNCF Sud-Ouest

Die ersten drei fabrikneuen (A1A)'(A1A)'-Diesellokomotiven der Baureihe 68000 mit Vmax 130 km/h erschienen im Herbst 1963 beim Depot Chalindrey, was die Ablösung der Pacific-Lokomotiven vor den 1.-Klasse-Rapides 41 und 46 im Laufe des Winters bedeutete. Gleichzeitig kamen die Reihen 67000 und 68000 auch in anderen Teilen Frankreichs in Betrieb. So löste ab November die Reihe 68000 zwischen Paris und Cherbourg die Pacifics ab. Die Dampflokomotiven mussten nun um ihre Fernverkehrszüge fürchten. Demgemäß hatte im Sommer 1964 die Region Est erstmals keinen Dampfzug im Klassement. Knapp unter der „100" blieb der Rapide 719 im 96,6 Kilometer langen Abschnitt Le Mans – Angers mit Vr 99,93 km/h.

Fahrplan		Zug-Nr./Zugname	Bespannungsabschnitt	ab	an	Lok	[km]	[min]	[mph]	[km/h]	Bemerkungen
1964	So	Rapide 502	Laval – Le Mans	09:27	10:19	231/241	89,10	52	63,88	102,81	W, 241 mögl.
1964	So	Rapide 702	Ancenis – Angers	08:34	09:06	231/241	54,20	32	63,15	101,63	
1964	So	Rapide 719	Angers – Ancenis	22:10	22:42	231/241	54,20	32	63,15	101,63	
1964	So	Rapide 500	Sille-le-Guillaume – Le Mans	08:03	08:24	231/241	35,50	21	63,02	101,43	W, 241 mögl.
1964	So	Rapide 517	Le Mans – Rennes	20:25	22:01	231/241	162,20	96	62,99	101,38	241 mögl.
1964	So	Express LA	Angers – Nantes	17:59	18:51	231/241	87,40	52	62,66	100,85	Saison
1964	So	Rapide 3001	Bordeaux – Marmande	14:15	15:02	231	78,80	47	62,51	100,60	Saison, 231 G
1964	So	Express 702	St. Nazaire – Nantes	07:17	07:55	231/241	63,60	38	62,40	100,42	Saison
1964	So	Rapide 715	Le Mans – Rennes	20:15	21:52	231/241	162,20	97	62,34	100,33	Saison, 241 mögl.

Bild 177
Auf dem Viadukt in Barentin kommt anno 1965 der Rapide 101 Paris – Le Havre mit einer 231 bespannt daher.

Aufnahme: Slg. Andreas Knipping

Im Winter 1964/65 fielen die Saisonzüge LA und 3001 weg. Die restlichen sieben Züge – mit dem Rapide 502 an der Spitze – blieben unverändert. Im Sommer 1965 hatte der Fahrdraht von Paris kommend Laval erreicht. Trotzdem bespannten ab/bis Le Mans noch Dampflokomotiven durchlaufende Rapides und Expresszüge.

Fahrplan		Zug-Nr./Zugname	Bespannungsabschnitt	ab	an	Lok	[km]	[min]	[mph]	[km/h]	Bemerkungen
1965	So	Express 501	Le Mans – Laval	10:46	11:38	231/241	89,10	52	63,88	102,81	Ellok möglich
1965	So	Rapide 502	Laval – Le Mans	09:27	10:19	231	89,10	52	63,88	102,81	W, 241 mögl.
1965	So	Rapide 519/719	Evron – Laval	21:57	22:15	231	30,80	18	63,79	102,67	241 mögl.
1965	So	Rapide 702	Ancenis – Angers	08:34	09:06	231	54,20	32	63,15	101,63	
1965	So	Rapide 719	Angers – Ancenis	22:10	22:42	231	54,20	32	63,15	101,63	
1965	So	Express 500	Sille-le-Guillaume – Le Mans	08:03	08:24	231	35,50	21	63,02	101,43	W, 241 mögl.
1965	So	Rapide 517	Le Mans – Rennes	20:25	22:01	231	162,20	96	62,99	101,38	aSa, 241 mögl.
1965	So	Express 506	Laval – Le Mans	14:19	15:12	231/241	89,10	53	62,68	100,87	Ellok möglich
1965	So	Express LA	Angers – Nantes	17:59	18:51	231 G	87,40	52	62,66	100,85	Saison
1965	So	Rapide 3001	Bordeaux – Marmande	14:15	15:02	231 G	78,80	47	62,51	100,60	S + Saison
1965	So	Express 702	St. Nazaire – Nantes	07:17	07:55	231	63,60	38	62,40	100,42	Saison
1965	So	Rapide 715	Le Mans – Rennes	20:15	21:52	231/241	162,20	97	62,34	100,33	Fr, 241 mögl.

Zum Winterfahrplan 1965/1966 genügten auf der Strecke Paris – Rouen (– Le Havre) Fahrzeitverkürzungen im Minutenbereich für die Aufnahme von vier Rapides in die Tabelle „100 moyenne". Die Züge wurden mit den 231 des Depot Le Havre gefahren.

Fahrplan		Zug-Nr./Zugname	Bespannungsabschnitt	ab	an	Lok	[km]	[min]	[mph]	[km/h]	Bemerkungen
1965	Wi	Rapide 101	Paris St. Lazare – Rouen	07:00	08:22	231 D,G	139,50	82	63,43	102,07	W
1965	Wi	Rapide 702	Ancenis – Angers	08:34	09:06	231	54,20	32	63,15	101,63	1./2. Klasse
1965	Wi	Rapide 102	Rouen – Paris St. Lazare	07:59	09:22	231 D,G	139,50	83	62,66	100,84	W
1965	Wi	Rapide 114	Rouen – Paris St. Lazare	18:39	20:02	231 D,G	139,50	83	62,66	100,84	W
1965	Wi	Rapide 121	Paris St. Laz are – Rouen	19:33	20:56	231 D,G	139,50	83	62,66	100,84	W
1965	Wi	Rapide 3001	Bordeaux – Marmande	14:15	15:02	231 G	78,80	47	62,51	100,60	S
1965	Wi	Rapide 702	St. Nazaire – Nantes	07:17	07:55	231	63,60	38	62,40	100,42	1. Klasse

Bild 178 – 231.K.82 läuft am 14. Juni 1965 mit dem Express Nr. 13 aus Paris in Calais Maritime ein. In Amiens hat sie während des sechsminütigen Aufenthalts den Zug übernommen.

Bild 179 – 241.P.34 läuft am 13. Juni 1966 mit dem schweren Express Nr. 42 aus Basel in Chaumont ein. Die große Zeit der schnellen, mit 231.G und K bespannten 1.-Klasse-Rapides auf der Ligne 4 war da bereits fast drei Jahre passé.

Aufnahmen (2): Brian Stephenson

Auch im Sommerfahrplan 1966 klassierten sich noch drei dieser schnellen 1.-Klasse-Züge von und nach Rouen.

Fahrplan		Zug-Nr./Zugname	Bespannungsabschnitt	ab	an	Lok	[km]	[min]	[mph]	[km/h]	Bemerkungen
1966	So	Rapide 101	Paris St. Lazare – Rouen	07:00	08:21	231 D,G	139,50	81	64,21	103,33	W
1966	So	Rapide 102	Rouen – Paris St. Lazare	07:57	09:19	231 D,G	139,50	82	63,43	102,07	W
1966	So	Rapide 121	Paris St. Lazare – Rouen	19:33	20:55	231 D,G	139,50	82	63,42	102,07	W
1966	So	Rapide 702	Ancenis – Angers	08:34	09:06	231	54,20	32	63,15	101,63	1./2. Klasse
1966	So	Rapide 3001	Bordeaux – Marmande	14:15	15:02	231 G	78,80	47	62,51	100,60	S + Saison
1966	So	Express 702	St. Nazaire – Nantes	07:17	07:55	231	63,60	38	62,40	100,42	1./2. Klasse

Am 19. September 1966 endete der planmäßige Rapide-Einsatz der 231 Pacific in Paris. 231.G.698 zog am frühen Morgen den R 101 und die 231.G.537 um 19:35 Uhr als Letzten den R 121 aus dem Bahnhof St. Lazare. Nur noch der Express 702, der ab Nantes als Rapide verkehrte, blieb im Winterfahrplan 1966/67 übrig.

Fahrplan		Zug-Nr./Zugname	Bespannungsabschnitt	ab	an	Lok	[km]	[min]	[mph]	[km/h]	Bemerkungen
1966	Wi	Express 702	St. Nazaire – Nantes	07:17	07:55	231	63,60	38	62,40	101,42	1./2. Klasse
1966	Wi	Rapide 702	Ancenis – Angers	08:35	09:07	231	54,20	32	63,15	100,63	1./2. Klasse

Bild 180 – Mitte September 1966 fasst 231.D.765 nach anstrengender Fahrt im beengten Rouen Rive Droite Wasser. Wenige Tage später, am 27. September führte die-selbe Lok letztmals den Rapide 114 von Le Havre nach Paris Saint Lazare.
Aufnahme: Dieudonné-Michel Costes

Im Sommer 1967 lief in Frankreich letztmals ein Dampfzug mit einer planmäßigen Reisegeschwindigkeit von 100 km/h.

Fahrplan		Zug-Nr./Zugname	Bespannungsabschnitt	ab	an	Lok	[km]	[min]	[mph]	[km/h]	Bemerkungen
1967	So	Express LA	Nantes – St. Nazaire	18:57	19:35	231	63,60	38	62,40	100,42	1./2. Klasse

Das Sonderheft II/2006 Correspondances Ferroviaires nennt Dampfzüge, die von 1962 bis 1967 „Parcours départ – arrêt 100 moyenne" – Vr 100 km/h von Halt zu Halt erreichten.

Die Kilometerangaben im Chaix Indicateur (Kursbuch SNCF) sind häufig aufgerundet und ohne Dezimalangaben angegeben, was die Abweichungen erklärt.

Der zweiklassige Rapide 82 „Flêche d'Or" blieb weiterhin bis Mai 1969 mit 231.G und K bespannt. 76 Minuten Fahrzeit reichten für die 122,73 Kilometer zwischen Boulogne Ville und Amiens im Winter 1966 / 1967 (und auch noch 1968) geradeso für die „Mile a Minute" (Vr 96,87 km/h, bzw. 60,19 mph).

Am 8. September 1965 hatte 231.G.17 mit dem R 82 bei der Abfahrt in Calais 18 Minuten Verspätung, die beim Zwischenhalt in Boulogne unverändert galt. Dann legte die Pacific mit den zehn Wagen (466 t Last) richtig los: Durchfahrt Etaples mit „+12" und die Ankunft in Amiens nur noch zwei Minuten verspätet. Die planmäßige Fahrzeit lag bei 77 Minuten, tatsächlich wurde der Abschnitt in 61 Minuten bewältigt. Die 120,69 km/h Reisegeschwindigkeit mit einem Regelzug dürfen – nicht nur in Frankreich – zur absoluten Spitze gezählt werden.

Fahrplan		Ab-schnitte	Länge in km	Region (Abschnitte/km)
1962/63	Wi	12	1.161	Est (6/762), Ouest (4/241), Sud-Ouest (2/158)
1963	So	21	2.390	Est (6/762), Ouest (12/1392), Sud-Ouest (3/236)
1963/64	Wi	15	1.344	Est (6/762), Ouest (7/424), Sud-Ouest (2/158)
1964	So	12	1.134	Ouest (11/1055), Sud-Ouest (1/79)
1964/65	Wi	10	830	Ouest (10/830)
1965	So	12	996	Ouest (11/917), Sud-Ouest (1/79)
1965/66	Wi	7	755	Ouest (6/676), Sud-Ouest (1/79)
1966	So	6	615	Ouest (5/536), Sud-Ouest (1/79)
1966/67	Wi	2	118	Ouest (2/118)
1967	So	1	64	Ouest (1/64)

Wenige Monate vor dem Ende der dampfbespannten Schnellzüge holte 231.K.22 mit dem Rapide 32 (elf Wagen) am 4. Januar 1969 auf den 122,7 Kilometern von Boulogne Ville (ab +13) bis Amiens zehn Minuten Verspätung auf. 69:02 Minuten ergaben ein Reisetempo von 106,64 km/h. Die Spitze lag bei 124,23 km/h.

Bild 181 – 241.P.10 am Morgen des 7. Juni 1967 mit dem Rapide 1110 in der Ausfahrt St Germain des Fossés. Zwei schnelle Abschnitte stehen an: Bis zum nächsten Halt in Moulins sind 95,31 km/h angesagt, und von Moulins in das 60,1 Kilometer entfernte Nevers gibt das Kursbuch vom Winter 1966/67 mit 37 Minuten einen „Mile a Minute"-Lauf (97,46 km/h) vor.

Aufnahme: Brian Stephenson

5.5.3 Großbritannien

Großbritannien stand mit seinen schnellsten „Start to Stop"-Verbindungen in Europa an erster Stelle.

Namen wie „Cheltenham Flyer" und „Coronation" setzten Maßstäbe und waren der Stolz der Briten.

Schon 1896 wurden für einen Zug von Perth nach Forfar 60 mph als Reisegeschwindigkeit genannt. 1902 übertraf die LNER mit dem 12:20-Newcastle-Zug in 43 Minuten Fahrzeit bis Sheffield die „Mile a Minute"-Schwelle: 61,53 mph (99,03 km/h) bedeuteten Weltrekord.

Die „Railway Gazette" brachte im Herbst 1906 eine Zusammenstellung der 61 über 90 km/h Reisegeschwindigkeit fahrenden Schnellzüge auf Grundlage des Sommerfahrplans. Die London North Eastern führte mit 99,3 km/h zwischen Darlington und York die Tabelle an.

Anno 1913 ist das Spitzenzugpaar Paddington – Bristol auf 95,19 km/h gefallen – gut 4 km/h hinter dem schnellsten Zug in Frankreich. Noch 43 Züge liegen über 80 km/h, acht über 90 km/h. Nach dem allgemeinen Einbruch während der Kriegsjahre hatten sich die Fahrzeiten in Großbritannien allmählich wieder stabilisiert: 1921 führte der Express von Paddington nach Bath mit Vr 61,1 mph (98,31 km/h) europaweit.

1923 lag der „Cheltenham Flyer" (korrekter Name: „Cheltenham Spa Express") auf der Strecke Swindon – Paddington mit der neuen „Castle Class" mit 99,52 km/h an der Spitze.

Die erneute Fahrzeitverkürzung von 75 auf 70 Minuten für die 124,40 Kilometer lange Strecke stempelte den „Flyer" im Sommer 1929 mit 106,63 km/h zum schnellsten Dampfzug der Welt.

Am 4. September 1931 entriss die Canadian Pacific für wenige Tage das blaue Band. Sofort konterte die Great Western Railway, beschleunigte den „Cheltenham Flyer" auf 67 Minuten, und mit 111,41 km/h hatte Kanada um 0,5 km/h das Nachsehen.

Selbst in fernen Kontinenten blieb der „Cheltenham Flyer" im Blickpunkt des Interesses: Die Canberra Times berichtete am 14. März 1932, dass der „Cheltenham Flyer" im ersten Vierteljahr seit der Beschleunigung im September 1932 an 78 Tagen 6.008 Meilen in 5.233,5 Minuten zurück gelegt hat und eine Gesamtverspätung von nur 7,5 Minuten einfuhr.

Am 6. Juni 1932 „flog" der Zug mit der 5006 *Tregenna Castle* mit Lokführer Ruddock, Heizer Thorp und Inspektor Sheldon auf dem Führerstand in 56 Minuten und 47 Sekunden über die genannte Distanz. Sechs Wagen mit 198 t Last hingen am Zughaken. Vr 131,6 km/h bedeutete Weltrekord für einen planmäßig verkehrenden Zug. Die höchste gemessene Geschwindigkeit am Meilenstein 44 hinter Goring lag bei 92,3 mph (148,54 km/h). In der (stetig leicht ansteigenden) Gegenrichtung benötigte Lok 5005 *Manorbier Castle* am selben Tag 60:01 Minuten.

Da waren also noch Reserven im Plan, folglich kürzte die GWR im Herbst 1932 die Fahrzeit auf 65 Minuten. 71,35 mph gleich 114,83 km/h bedeuteten wieder Rekord, den auf dem europäischen Festland erst 1936 die DRG mit den Altonaer 05 übertrumpfte.

1933 wanderte das Blaue Band über den Atlantik in die Vereinigten Staaten. Die erste Fahrt am 18. Juli 1932 mit 300 t Last und der LMS Royal Scot Nr. 6140 *Hector* als Zuglok mit Lokführer J. E. Farrell ist von Crewe nach Willesden Junction mit 136 Minuten und 53 Sekunden protokolliert – gut fünf Minuten schneller als der Fahrplan vorsah.

Ab Winter 1935 führte die LNER den „Silver Jubilee" ein, der – mit der berühmten „A4" bespannt – zwischen Kings Cross und Darlington mit 113,29 km/h vergleichbar schnell fuhr.

Nach der Einführung des „Coronation" im Herbst 1937 übernahm die LNER (im Fahrplanjahr 1938/39) die europäische Bestleistung mit 71,92 mph (115,75 km/h). Nonstop lief der Zug über 302,88 km von Kings Cross nach York.

Nach Ausbruch des Zweiten Weltkrieges trat am 11. September 1939 ein Notfahrplan mit eklatanten Geschwindigkeitsreduzierungen in Kraft.

Schon eine Woche später kehrte die Southern Railway zu den Sommerfahrzeiten zurück und fuhr für einige Wochen die schnellsten britischen Züge, blieben aber unter 60 mph.

Zwischen Forfar und Coupar gab es im Winter 1939/40 noch zwei Dampfzüge der LMSR mit 58,94 mph (94,86 km/h).

Die ersten 100-km/h-Dampfzüge sind hier aufgelistet, angefangen 1929 mit dem damals schnellsten Zug der Welt, dem „Cheltenham Flyer", der bis 1932 einziger Zug über 100 km/h blieb (siehe folgende Tabelle).

Fahrplan		Zug-Nr./Zugname	Bespannungsabschnitt	ab	an	Lok	Meilen	[km]	[min]	[mph]	[km/h]	Bemerkungen
1902	Wi		Newcastle – Sheffield	12:20	13:03		44,1	70,97	43	61,53	99,03	
1929	So	Cheltenham Flyer	Swindon – Paddington	15:45	16:55	Castle	77,3	124,40	70	66,26	106,63	Weltrekord
1931	So	Cheltenham Flyer	Swindon – Paddington	15:45	16:55	Castle	77,3	124,40	70	66,26	106,63	
1931	Wi	Cheltenham Flyer	Swindon – Paddington	15:45	16:55	Castle	77,3	124,40	67	69,22	111,41	
1932	So	Cheltenham Flyer	Swindon – Paddington	15:50	16:55	Castle	77,3	124,40	65	71,35	114,83	
1932	So		Crewe – Willesden Junction	17:25	19:47	Royal Scot	152,7	245,75	142	64,52	103,84	ab 18.07.32

Im Spätsommer 1932 holt die Great Western Railway mit 114,83 km/h den Weltrekord zurück.

Fahrplan		Zug-Nr./Zugname	Bespannungsabschnitt	ab	an	Lok	Meilen	[km]	[min]	[mph]	[km/h]	Bemerkungen
1932	Wi	Cheltenham Flyer	Paddington – Swindon	15:50	16:55	Castle	77,3	124,40	65	71,35	**114,83**	ab 18.09.1932
1932	Wi		Crewe – Willesden Junction	18:12	20:34	Royal Scot	152,7	245,75	142	64,52	103,84	GWR
1932	Wi		Grantham – Kings Cross	09:40	11:20		105,5	169,79	100	63,30	101,87	G.N.
1932	Wi		Stafford – Euston	18:48	20:55		133,6	215,01	127	63,12	101,58	GWR
1932	Wi		Paddington – Bath	13:15	14:57		106,9	172,04	102	62,88	101,20	GWR

Die gleichen Züge blieben auch im Sommer 1933 führend. Der „Cheltenham Flyer" führte mit klarem Vorsprung die noch überschaubare Zahl der 100-km/h-Züge an.

Fahrplan		Zug-Nr./Zugname	Bespannungsabschnitt	ab	an	Lok	Meilen	[km]	[min]	[mph]	[km/h]	Bemerkungen
1933	So	Cheltenham Flyer	Swindon – Paddington	15:55	17:00	Castle	77,3	124,40	65	71,35	114,83	GWR
1933	So		Crewe – Willesden Junction	18:12	20:54		152,7	245,75	142	64,52	103,84	LMSR
1933	So		Grantham – Kings Cross	09:40	11:20		105,5	169,79	100	63,30	101,87	LNER
1933	So		Paddington – Bath	13:15	14:57		106,9	172,04	102	62,88	101,20	GWR
1933	So		Stafford – Euston	18:52	21:00		133,6	215,01	128	62,63	100,79	LMSR

Moderat wuchs die Zahl der schnellen Dampfzüge im Sommerfahrplan 1934, bevor sie im Winter 1934 wieder auf vier Züge fiel.

Fahrplan		Zug-Nr./Zugname	Bespannungsabschnitt	ab	an	Lok	Meilen	[km]	[min]	[mph]	[km/h]	Bemerkungen
1934	So	Cheltenham Flyer	Swindon – Paddington	15:55	17:00	Castle	77,3	124,40	65	71,35	114,83	GWR
1934	So		Grantham – Kings Cross	09:40	11:00		105,5	169,79	98	64,59	103,95	LNER
1934	So		Crewe – Willesden Junction	18:12	20:34	Royal Scot	152,7	245,75	142	64,52	103,84	LMSR
1934	So		Oxford – Paddington	10:10	11:10		63,5	102,19	60	63,50	102,19	GWR
1934	So		Paddington – Bath	11:15	12:57		106,9	172,04	102	62,88	101,20	GWR
1934	So		Paddington – Bath	13:15	14:57		106,9	172,04	102	62,88	101,20	GWR
1934	So		Stafford – Euston	18:52	21:00		133,6	215,01	128	62,63	100,79	LMSR
1934	Wi	Cheltenham Flyer	Swindon – Paddington	15:55	17:00	Castle	77,3	124,40	65	71,35	114,83	GWR
1934	Wi		Crewe – Willesden Junction	18:12	20:34	Royal Scot	152,7	245,75	142	64,52	103,84	LMSR
1934	Wi		Oxford – Paddington	10:10	11:10		63,5	102,19	60	63,50	102,19	GWR
1934	Wi		Grantham – Kings Cross	09:40	11:20	4-6-2	105,5	169,79	100	63,30	101,87	LNER

Am 9. September 1935 erschien der „Bristolian", und im Herbst erhielt der „Cheltenham Flyer" einen Rivalen, „The Silver Jubilee".

Fahrplan		Zug-Nr./Zugname	Bespannungsabschnitt	ab	an	Lok	Meilen	[km]	[min]	[mph]	[km/h]	Bemerkungen
1935	So	Cheltenham Flyer	Swindon – Paddington	15:55	17:00	Castle	77,3	124,40	65	71,35	114,83	GWR
1935	So	The Bristolian	Paddington – Bristol	10:00	11:45	KC/CC	118,3	190,39	105	67,60	108,79	GWR
1935	So	The Bristolian	Bristol – Paddington	16:30	18:15	KC/CC	117,6	189,26	105	67,20	108,15	GWR
1935	So		London Maryl. – Leicester	18:26	20:01		103,0	165,76	95	65,05	104,69	LMSR
1935	So		Grantham – Kings Cross				105,5	169,79	98	64,59	103,95	LNER
1935	So		Oxford – Paddington	10:10	11:10		63,5	102,19	60	63,50	102,19	GWR
1935	So		Kings Cross – York	11:10	14:10		188,2	302,88	180	62,73	100,96	LNER
1935	So		York – Kings Cross	11:35	14:35		188,2	302,88	180	62,73	100,96	LNER
1935	Wi	Cheltenham Flyer	Swindon – Paddington	15:55	17:00	Castle	77,3	124,40	65	71,35	114,83	GWR
1935	Wi	Silver Jubilee	Kings Cross – Darlington	17:30	20:48	A4	232,3	373,85	198	70,39	113,29	LNER
1935	Wi	Silver Jubilee	Darlington – Kings Cross	10:42	14:00	A4	232,3	373,85	198	70,39	113,29	LNER
1935	Wi	The Bristolian	Paddington – Bristol	10:00	11:45	KC/CC	118,3	190,39	105	67,60	108,79	GWR
1935	Wi	The Bristolian	Bristol – Paddington	16:30	18:15	KC/CC	117,6	189,26	105	67,20	108,15	GWR
1935	Wi		Rugby – Watford	18:58	19:58		65,1	104,77	60	65,10	104,77	LMSR
1935	Wi		Crewe – Willesden Junction	17:25	19:47	Turbine	152,7	245,75	142	64,52	103,84	LMSR
1935	Wi		Crewe – Willesden Junction	18:12	20:34		152,7	245,75	142	64,52	103,84	LMSR
1935	Wi		Coventry – Euston				94,0	151,28	88	64,09	103,14	LMSR
1935	Wi		Oxford – Paddington	10:10	11:10		63,5	102,19	60	63,50	102,19	GWR
1935	Wi		Oxford – Paddington	17:35	18:35		63,5	102,19	60	63,50	102,19	GWR
1935	Wi		Chippenham – Paddington	08:28	10:57		94,0	151,28	89	63,37	101,99	GWR
1935	Wi		Grantham – Kings Cross	09:40	11:20		105,5	169,79	100	63,30	101,87	LNER
1935	Wi		Paddington – Bath	11:15	12:57		106,9	172,04	102	62,88	101,20	GWR
1935	Wi		Paddington – Bath	13:15	14:57		106,9	172,04	102	62,88	101,20	GWR
1935	Wi		Stafford – Euston	18:52	21:00		133,6	215,01	128	62,63	100,79	LMSR

Im Sommer 1936 kam der Abschnitt Euston – Stratford hinzu.

Fahrplan		Zug-Nr./Zugname	Bespannungsabschnitt	ab	an	Lok	Meilen	[km]	[min]	[mph]	[km/h]	Bemerkungen
1936	So	Cheltenham Flyer	Swindon – Paddington	15:55	17:00	Castle	77,3	124,40	65	71,35	114,83	GWR
1936	So	Silver Jubilee	Kings Cross – Darlington	17:30	20:48	A4	232,3	373,85	198	70,39	113,29	LNER
1936	So	Silver Jubilee	Darlington – Kings Cross	10:42	14:00	A4	232,3	373,85	198	70,39	113,29	LNER
1936	So	The Bristolian	Paddington – Bristol	10:00	11:45	KC/CC	118,3	190,39	105	67,60	108,79	GWR
1936	So	The Bristolian	Bristol – Paddington	16:30	18:15	KC/CC	117,6	189,26	105	67,20	108,15	GWR
1936	So		Rugby – Watford	18:58	19:58		65,1	104,77	60	65,10	104,77	LMSR
1936	So		Crewe – Willesden Junction	18:12	20:34		152,7	245,75	142	64,52	103,84	LMSR
1936	So		Oxford – Paddington	10:10	11:10		63,5	102,19	60	63,50	102,19	GWR
1936	So		Oxford – Paddington	17:35	18:35		63,5	102,19	60	63,50	102,19	GWR
1936	So		Chippenham – Paddington	08:28	10:57		94,0	151,28	89	63,37	101,99	GWR
1936	So		Grantham – Kings Cross	09:40	11:20		105,5	169,79	100	63,30	101,87	LNER
1936	So		Paddington – Bath	11:15	12:57		106,9	172,04	102	62,88	101,20	GWR
1936	So		Paddington – Bath	13:15	14:57		106,9	172,04	102	62,88	101,20	GWR
1936	So		Kings Cross – York	11:10	14:10		188,2	302,88	180	62,73	100,96	LNER
1936	So		York – Kings Cross	11:50	14:50		188,2	302,88	180	62,73	100,96	LNER
1936	So		Euston – Stafford	18:52	21:00		133,6	215,01	128	62,63	100,79	LMSR
1936	So		Euston – Stafford				133,6	215,01	128	62,63	100,79	LMSR
1936	So		Euston – Stafford				133,6	215,01	128	62,63	100,79	LMSR

Im Winter 1936/37 blieben der „Cheltenham Flyer" und der „Bristolian" unverändert. Mit dem „Coronation" präsentiert die London North Eastern Railway ab Sommer 1937 den endgültigen Rekordzug in Großbritannien. Im Winterfahrplan 1937 ist auch der konkurrierende „Coronation Scot" vertreten.

Fahrplan		Zug-Nr./Zugname	Bespannungsabschnitt	ab	an	Lok	Meilen	[km]	[min]	[mph]	[km/h]	Bemerkungen
1937	So	The Coronation	Kings Cross – York	16:00	18:37	A4	188,2	302,88	157	71,92	**115,75**	LNER
1937	So	Cheltenham Flyer	Swindon – Paddington	15:55	17:00	Castle	77,3	124,40	65	71,35	114,83	GWR
1937	So	Silver Jubilee	Darlington – Kings Cross	10:42	14:00	A4	232,3	373,85	198	70,39	113,29	LNER
1937	So	Silver Jubilee	Kings Cross – Darlington	17:30	20:48	A4	232,3	373,85	198	70,39	113,29	LNER
1937	So		Kings Cross – Leeds	19:10	21:13		185,7	298,86	163	68,36	110,01	LNER
1937	So		Leeds – Kings Cross	11:31	13:35		185,7	298,86	164	67,94	109,34	LNER
1937	So	The Coronation	Newcastle – Kings Cross	18:33	22:30	A4	268,3	431,79	237	67,92	109,31	LNER
1937	So	The Bristolian	Paddington – Bristol	10:00	11:45	KC/CC	118,3	190,39	105	67,60	108,79	GWR
1937	So	The Bristolian	Bristol – Paddington	16:30	18:15	KC/CC	117,6	189,26	105	67,20	108,15	GWR
1937	So		Rugby – Watford	18:58	19:58		65,1	104,77	60	65,10	104,77	LMSR
1937	So		Crewe – Willesden Junction	18:12	20:34		152,7	245,75	142	64,52	103,84	LMSR
1937	So		Oxford – Paddington	10:10	11:10		63,5	102,19	60	63,50	102,19	GWR
1937	So		Oxford – Paddington	17:35	18:35		63,5	102,19	60	63,50	102,19	GWR
1937	So		Euston – Carlisle	13.30	18:13		299,1	481,35	283	63,41	102,05	LMSR
1937	So		Carlisle – Euston	15:17	20:00		299,1	481,35	283	63,41	102,05	LMSR
1937	So		Chippenham – Paddington	08:28	09:57		94,0	151,28	89	63,37	101,99	GWR
1937	So		Nuneaton – Euston	18:08	19:40		97,1	156,27	92	63,33	101,91	LMSR
1937	So		Grantham – Kings Cross	09:40	11:20		105,5	169,79	100	63,30	101,87	LNER
1937	So		Paddington – Bath	11:15	12:57		106,9	172,04	102	62,88	101,20	GWR
1937	So		Paddington – Bath	13:15	14:57		106,9	172,04	102	62,88	101,20	GWR
1937	So		Kings Cross – York	11:10	14:10		188,2	302,88	180	62,73	100,96	LNER
1937	So		York – Kings Cross	11:35	14:35		188,2	302,88	180	62,73	100,96	LNER
1937	So	The Comet	Stafford – Euston	18:52	21:00		133,6	215,01	128	62,63	100,79	LMSR
1937	So	The Coronation	Edinburgh – Newcastle	16:30	18:30	A4	124,4	200,20	120	62,20	100,10	LNER

Fahrplan		Zug-Nr./Zugname	Bespannungsabschnitt	ab	an	Lok	Meilen	[km]	[min]	[mph]	[km/h]	Bemerkungen
1937	Wi	The Coronation	Kings Cross – York	16:00	18:37	A4	188,2	302,88	157	71,92	115,75	LNER
1937	Wi	Cheltenham Flyer	Swindon – Paddington	15:55	17:00	Castle	77,3	124,40	65	71,35	114,83	GWR
1937	Wi	The Silver Jubilee	Kings Cross – Darlington	17:30	20:48	A4	232,3	373,85	198	70,39	113,29	LNER
1937	Wi	The Silver Jubilee	Darlington – Kings Cross	10:42	14:00	A4	232,3	373,85	198	70,39	113,29	LNER
1937	Wi	West Riding Limited	Kings Cross – Leeds	19:10	21:53	A4	185,7	298,86	163	68,36	110,01	LNER
1937	Wi	The Coronation	Newcastle – Kings Cross	18:33	22:30	A4	268,3	431,79	237	67,92	109,31	LNER
1937	Wi	The Bristolian	Paddington – Bristol	10:00	11:45	KC/CC	118,3	190,39	105	67,60	108,79	GWR
1937	Wi	The Bristolian	Bristol – Paddington	16:30	18:15	KC/CC	117,6	189,26	105	67,20	108,15	GWR
1937	Wi	The Comet	Euston – Stafford	18:52	21:00		137,7	221,61	128	64,55	103,88	GWR
1937	Wi		Crewe – Willesden Junction	18:12	20:34		152,7	245,75	142	64,52	103,84	GWR
1937	Wi	Coronation Scot	Euston – Carlisle	13:30	18:13	Coron.	299,1	481,35	283	63,41	102,05	LMSR
1937	Wi	Coronation Scot	Carlisle – Euston	15:17	20:00	Coron.	299,1	481,35	283	63,41	102,05	LMSR
1937	Wi		Chippenham – Paddington	08:28	09:57		94,0	151,28	89	63,37	101,99	GWR
1937	Wi		Nuneaton – Euston	18:08	19:40		97,1	156,27	92	63,33	101,91	GWR
1937	Wi		Kings Cross – Grantham	09:40	11:20		105,5	169,79	100	63,30	101,87	LNER
1937	Wi		Paddington – Bath	11:15	12:57		106,9	172,04	102	62,88	101,20	GWR
1937	Wi		Paddington – Bath	13:15	14:57		106,9	172,04	102	62,88	101,20	GWR
1937	Wi	The Coronation	Edinburgh – Newcastle	16:30	18:30	A4	124,4	200,20	120	62,20	100,10	LNER

Auf 32 stieg die Anzahl der 100-km/h-Abschnitte im Sommer 1938.

Fahrplan		Zug-Nr./Zugname	Bespannungsabschnitt	ab	an	Lok	Meilen	[km]	[min]	[mph]	[km/h]	Bemerkungen
1938	So	The Coronation	Kings Cross – York	16:00	18:37	A4	188,2	302,88	157	71,92	115,75	LNER
1938	So	Cheltenham Flyer	Swindon – Paddington	15:55	17:00	Castle	77,3	124,40	65	71,35	114,83	GWR
1938	So	The Silver Jubilee	Kings Cross – Darlington	17:30	20:48	A4	232,3	373,85	198	70,39	113,29	LNER
1938	So	The Silver Jubilee	Darlington – Kings Cross	10:42	14:00	A4	232,3	373,85	198	70,39	113,29	LNER
1938	So		Kings Cross – Leeds	19:10	21:53	A4	185,7	298,86	163	68,36	110,01	LNER
1938	So		Leeds – Kings Cross	11:31	14:15	A4	185,7	298,86	164	67,94	109,34	LNER
1938	So	The Coronation	Newcastle – Kings Cross	18:33	22:30	A4	268,3	431,79	237	67,92	109,31	LNER
1938	So	The Bristolian	Paddington – Bristol	10:00	11:45	Castle	118,3	190,39	105	67,60	108,79	GWR
1938	So	The Bristolian	Bristol – Paddington	16:30	18:15	Castle	117,6	189,26	105	67,20	108,15	GWR
1938	So		Rugby – Watford	18:58	19:58		65,1	104,77	60	65,10	104,77	LMSR
1938	So		Crewe – Euston	18:12	20:40		158,1	254,44	148	64,09	103,15	LMSR
1938	So		Swindon – Reading	17:40	18:19		41,3	66,47	39	63,54	102,26	GWR
1938	So		Oxford – Paddington	10:10	11:10		63,5	102,19	60	63,50	102,19	GWR
1938	So		Oxford – Paddington	17:35	18:35		63,5	102,19	60	63,50	102,19	GWR
1938	So	Coronation Scot	Euston – Carlisle (Citadel)	13:30	18:13	Coron.	299,1	481,35	283	63,41	102,05	LMSR
1938	So	Coronation Scot	Carlisle (Box 12) – Euston	15:17	20:00	Coron.	299,1	481,35	283	63,41	102,05	LMSR
1938	So		Chippenham – Paddington	08:28	09:57		94,0	151,28	89	63,37	101,99	GWR
1938	So		Nuneaton – Euston	18:08	19:40		97,1	156,27	92	63,33	101,91	LMSR
1938	So		Grantham – Kings Cross	09:40	11:20		105,5	169,79	100	63,30	101,87	LNER
1938	So	Cheltenham Flyer	Kemble – Paddington	09:03	10:30		91,0	146,45	87	63,12	101,58	GWR
1938	So		Paddington – Bath	11:15	12:57		106,9	172,04	102	62,88	101,20	GWR
1938	So		Paddington – Bath	13:15	14:57		106,9	172,04	102	62,88	101,20	GWR
1938	So		Watford – Coventry	08:34	09:47		76,5	123,11	73	62,88	101,19	LMSR
1938	So		Kings Cross – York	11:00	14:00	A4	188,2	302,88	180	62,73	100,96	LNER
1938	So	The Comet	Stafford – Euston	18:52	21:00		133,6	215,01	128	62,63	100,79	LMSR
1938	So	The Coronation	York – Newcastle	18:40	19:57	A4	80,2	128,91	77	62,49	100,57	LNER
1938	So		Crewe – Euston	14:58	17:30		158,1	254,44	152	62,41	100,44	LMSR
1938	So		Westbury – Paddington	10:18	11:50		95,6	153,85	92	62,35	100,34	GWR
1938	So		Paddington – Bath	17:05	18:48		106,9	172,04	103	62,27	100,22	GWR
1938	So	The Coronation	Newcastle – Edinburgh	20:00	22:00	A4	124,4	200,20	120	62,20	100,10	LNER
1938	So	The Coronation	Edinburgh – Newcastle	16:30	18:30	A4	124,4	200,20	120	62,20	100,10	LNER
1938	So		Stafford – Euston	17:38	19:47		133,6	215,01	129	62,14	100,00	LMSR

Bild 182
LMSR Coronation Class 6222
Queen Mary am Coronation Scot
bei Penrith anno 1937.

Aufnahme: Sammlung Jürgen Ebel

Bild 183
Gresley A1 Nr. 2559 *The Tetrarch*
passiert im Sommer 1938 mit
einem London-Leeds-Express
den Bahnhof New Southgate.

Bild 184
A4 Nr. 4492 *Dominion of
New Zealand* im Sommer 1938
mit einem Express Kings Cross –
Newcastle unterwegs bei Hatfield.

Aufnahmen (2):
Sammlung Jürgen Ebel

A thin line between the hour and minute figures indicates p.m.

Table 60 — MAIN LINE (A)—CREWE TO LONDON (EUSTON).

WEEK DAYS—continued.

Other Table Nos.	Station										
14, 30, 320	Inverness......dep.										
	Aberdeen ...... „										
	Dundee (West) ...... „										
	Perth ...... „										
13, 30, 320	Glasgow (Central) ...... „		vx10 35								
	Edinburgh (Princes St.)... „		vx10 40								
61	Carlisle......dep.	1|5	1|5	3|17							
209	Keswick ...... „										
61	Penrith (for Ullswater L.) „	1|37	1|37								
208	Windermere ...... „	1|55	1|55								
17, 20	Belfast ......dep.										
288	Heysham ...... „		ao1|41								
	Morecambe (Euston Rd.) „	2|30	2|30								
61	Lancaster (Castle) ...... „	3|0	3|0								
163	Fleetwood ......dep.	2|30	2|30								
	Blackpool Central „								vs3|25		
	Blackpool North „	2|45	2|45								
61	Preston ......dep.	3|30	3|30						vs4|2		
153, 181a, 188	Southport (Chapel St.)...dep.	P2|35	P2|35						vo3|16	L4|15	
	Wigan (North Western)..dep.	3|54	3|54						vs4|26		
61	Warrington (Bank Quay) „	4|11	4|11						vs4|47	ba5|15	
	Crewe......arr. from North	4|44	4|44						vs5|19	5|59	
19	Dublin (Westland Row) dep.										
	Kingstown Pier (D. L.)... „										
	Holyhead ...... „	1|0	1|0		1|0					2|45	
106	Bangor ...... „	2|6	2|6		2|6				xa3|0	3|50	
	Llandudno ...... „	2|35	2|35		2|35				3|25	4|25	
	Colwyn Bay ...... „	vb3|2	2|57		do3|2				3|50	4|44	
	Rhyl ...... „	vb3|22	3|16		do3|22				4|12	4|59	
120	Birkenhead (Woodside)... „	3|35	3|35		3|35				ge4|35	5|13	
106	Chester ...... „	4|16	4|16		4|16				ge5|18	5|50	
	Crewe......arr. from Holyhead	4|54	4|54		4|54				ge5|58	6|20	
143	Liverpool (Lime Street) dep.	4|5	4|5		4|5				5|25	5|25	3|8
	Crewe......arr. from Liverpool	4|48	4|48		4|48				6|8	6|8	
148, 149	Bradford (Exchange) ...dep.	2|26	2|26		kc1|25						3|8
189	Halifax ...... „	3|3	3|3		kc1|54						4|0
	Huddersfield ...... „	3|30	3|30		cc1|59						
144, 149, 176	Rochdale ...... „	§3|8	§2|51		§3|10	§2|51			yo3|44	§4|47	xx3|44
144, 176	Oldham (Clegg Street) ... „	3|34	3|34			d2|41			yu3|48	d4|34	4|38
169, 187	Colne ...... „		P1|50		§2|7	§12|55				§3|35	
	Burnley (Bank Top) ... „		n2|16		§2|22	§1|8				§3|43	
167, 168, 187	Blackburn ...... „	P2|43	P2|43			dn1|7			vo3|7	yo3|14	§3|14
61, 153, 161	Bolton (Trinity Street) ... „	ƒ3|29	ƒ3|29			§2|33			vo3|45	yo3|48	§4|5
124, 128	Manchester Lon. Rd. „	4|10	4|5		4|30	3|40				pu4|45	5|12
144	Manchester Victoria... „									5|45	
124	Stockport ...... „	4|20	4|15		3|50				4|40	pu5|0	5|38
	Crewe...arr. from Manchester	4|54	4|49		5|7					pu5|59	6|14
...	CREWE......dep. for South	4|53	5|3	4|58		5|15			5|25	6|12	6|26
...	Betley Road								5|33		
...	Madeley								5|40		
...	Whitmore								5|45		
...	Standon Bridge								5|52		
128	Macclesfield (Hibel Road)dep.		S3|25	S3|25		4|21			5|13	gc4|25	5|44
	Stoke-on-Trent......... „					5|15	ya5|38		6|2		6|38
...	Norton Bridge					5|41			6|0		7|1
...	Great Bridgeford					5|45			6|4		
...	Stafford......arr.		5|33	5|29		5|52			6|13	6|49 6|56	7|11
87, 93	Shrewsbury......dep.	C3|27		C3|27		4|50	4|50	4|50	Stop	C5|20	Stop
	Stafford dep. for Birmingham					5|55				SX7|0 7|0	
77	Wolverhampton......arr.				6|6	6|18				SX7|21 7|21	
	Dudley ...... „				6|26	6|49				SX7|52 7|52	
77, 78	Walsall ...... „				6|49	6|49				SX7|56 7|56	
77	Birmingham (New St.) „		5|35	5|32	6|37	6|55				SX7|57 7|57	
...	Stafford......dep. for London		5|35	5|32	6|8	6|10			6|52		
128	Milford & B. (for Cannock Ch.)				6|14	6|18					
83	Colwich				6|20	6|24			6|57		
	Rugeley (Trent Valley)......				6|26	6|30			7|3		
	Armitage				6|33	Stop			Stop		
79, 86	Lichfield (Trent Valley) arr./dep.				6|41	6|45					
	Tamworth (Low Level)				6|57	6|57					
...	Polesworth				7|6	7|6			7|16		
...	Atherstone								7|22		
...	Nuneaton (Trent Valley) ...arr		6|13	6|12					7|41		
252, 256	Leicester......arr. from North		N7|15	N7|15							
	Nuneaton (Trent Valley)...dep.		6|15	6|15			6|27				
...	Shilton						6|36				
...	Brinklow						6|47				
...	Rugby......arr. from North						7|1				
73	Coventry......arr.		N7|8	N7|8	7|36	7|36	RS|12			NS|28	
74, 76	Leamington Spa „		N7|41	N7|41	8|19	8|19	Y9|3			H9|3	
77, 78	Wolverhampton......dep.				5|42		Stop			Stop	
77	Dudley „				5|10						
78	Walsall „				5|42						
	Birmingham (New St.) „				6|20						
76	Coventry „				6|43						
	Rugby arr. from Birmingham				6|56						
67, 73, 74	Leamington Spa......dep.				J 5|53					Z6|45	
...	Rugby......dep.				6|58				7|15		
67	Welton										
	Weedon (Jn. for Daventry)					7|14				7|38	
	Blisworth......arr.					7|25				7|49	
67, 68, 72	Northampton (Castle) arr./dep.					7|46	7|16		7|46	8|12	
302	Blisworth......dep.					7|50				Stop	
	Roade					7|36					
65	Castlethorpe										
	Wolverton (for Stony S.) „										
	Bletchley......arr.										
66	Banbury (Merton Street) arr.										
66	Oxford ...... „										
62	Cambridge ...... „										
	Bletchley......dep.										
	Leighton Buzzard (Jn. for L.) „										
	Cheddington										
See London Suburban Time Table.	Tring ★						8|5			9|7 9|37	
	Berkhamsted						8|11			9|14 9|43	
	Hemel Hempsted & B. ★						8|18			9|22 9|49	
	Apsley						8|21			9|25 9|52	
	King's Langley & Abbot's L.						8|25			9|30 9|57	
	Watford (Jn. for St. Albans) arr				7|58		8|31			9|36 10|3	
	Willesden Junction „										
	LONDON (Euston) „	7|30	7|47	8|0	8|0	8|20			8|40 9|0	

For connectional trains from Watford Junction and intermediate stations to Euston and Broad Street, see London Suburban Official Time Table.
For Notes see pages 96 and 97.

Column notes (vertical): TO—Halifax, Huddersfield, Birkenhead and Llandudno to London. — Accommodation limited. (See Blue Inset, front page.) — TO—Manchester (Lon. Rd.), Halifax, Huddersfield, Birkenhead and Llandudno to London. — "THE CORONATION SCOT." — Via Stoke. — Saturdays excepted. — Saturdays only. — Via Stoke. — "THE COMET." — Saturdays excepted. — Via Stoke. — Saturdays excepted. — Saturdays only. — RC and TO—Liverpool and London. — RC and TO—Manchester to London. — RC and TO—Liverpool to London. — Saturdays excepted. — TO—Wolverhampton and Birmingham to London. — Will not run on Monday, May 29. — RC and TO—Manchester, Liverpool and Birmingham to London. — TO—Manchester, Liverpool and Llandudno to Birmingham. — Saturdays only. — RC and TO—Liverpool to London. — TO—Southport to London. — RC and TO—Manchester (L. Rd.) to London. — Via Stoke. — Saturdays only. — TO—Liverpool to Birmingham.

Bild 185
Kursbuchauszug der London Midland and Scottish Railway Company, gültig ab 1. Mai 1939. Innerhalb von 73 Minuten erreichen vier schnelle Züge London Euston: Dem Zug aus Manchester um 19:47 Uhr folgt der „Coronation Scot". 20 Minuten später läuft der Express aus Wolverhampton/Birmingham ein und um 21:00 „The Comet", ebenfalls aus Manchester.
Abbildung: Sammlung Ronald Krug

143

116 Fahrten über 60 mph, davon diese 31 über 100 km/h, sind für den Sommerfahrplan 1939 nachgewiesen. Erst im Herbst 1961 lag die BR mit 124 „Mile a Minute"-Abschnitten höher, allerdings dann im Wesentlichen mit Dieselzügen. Der „Coronation" erreichte nach exakt sechs Stunden Fahrzeit um 22:00 Edinburgh, „The Silver Jubilee" um 21:30 Uhr Newcastle.

Fahrplan		Zug-Nr./Zugname	Bespannungsabschnitt	ab	an	Lok	Meilen	[km]	[min]	[mph]	[km/h]	Bemerkungen
1939	So	The Coronation	Kings Cross – York	16:00	18:37	A4	188,2	302,88	157	71,92	115,75	LNER
1939	So	Cheltenham Flyer	Swindon – Paddington	15:55	17:00	Castle	77,3	124,40	65	71,35	114,83	GWR
1939	So	The Silver Jubilee	Kings Cross – Darlington	17:30	20:48	A4	232,3	373,85	198	70,39	113,29	LNER
1939	So	The Silver Jubilee	Darlington – Kings Cross	10:42	14:00	A4	232,3	373,85	198	70,39	113,29	LNER
1939	So		Kings Cross – Leeds	19:10	21:53		185,7	298,86	163	68,36	110,01	LNER
1939	So		Leeds – Kings Cross	11:31	14:15		185,7	298,86	164	67,94	109,34	LNER
1939	So	The Coronation	Newcastle – Kings Cross	18:33	22:30	A4	268,3	431,79	237	67,92	109,31	LNER
1939	So	The Bristolian	Paddington – Bristol	10:00	11:45	Castle	118,3	190,39	105	67,60	108,79	GWR
1939	So	The Bristolian	Bristol – Paddington	16:30	18:15	Castle	117,6	189,26	105	67,20	108,15	GWR
1939	So		Rugby – Watford	18:58	19:58		65,1	104,77	60	65,10	104,77	LMSR
1939	So		Crewe – Euston	18:12	20:40		158,1	254,44	148	64,09	103,15	LMSR
1939	So		Swindon – Reading	17:40	18:19		41,3	66,47	39	63,54	102,26	GWR
1939	So		Oxford – Paddington	10:10	11:10		63,5	102,19	60	63,50	102,19	GWR
1939	So		Oxford – Paddington	17:35	18:35		63,5	102,19	60	63,50	102,19	GWR
1939	So	Coronation Scot	Euston – Carlisle	13:30	18:13	Coron.	299,1	481,35	283	63,41	102,05	LMSR
1939	So	Coronation Scot	Carlisle – Euston	15:17	20:00	Coron.	299,1	481,35	283	63,41	102,05	LMSR
1939	So		Chippenham – Paddington	08:28	09:57		94,0	151,28	89	63,37	101,99	GWR
1939	So		Nuneaton – Euston	18:15	19:47		97,1	156,27	92	63,33	101,91	LMSR
1939	So		Grantham – Kings Cross	09:40	11:20		105,5	169,79	100	63,30	101,87	LNER
1939	So		Kemble – Paddington	09:03	10:30		91,0	146,45	87	63,12	101,58	GWR
1939	So		Paddington – Bath	11:15	12:57		106,9	172,04	102	62,88	101,20	GWR
1939	So		Paddington – Bath	13:15	14:57		106,9	172,04	102	62,88	101,20	GWR
1939	So		Watford – Coventry	08:34	09:47		76,5	123,11	73	62,88	101,19	LMSR
1939	So		Kings Cross – York	11:00	14:00	A4	188,2	302,88	180	62,73	100,96	LNER
1939	So	The Comet	Stafford – Euston	18:52	21:00		133,6	215,01	128	62,63	100,79	LMSR
1939	So	The Coronation	York – Newcastle	18:40	19:57	A4	80,2	128,91	77	62,49	100,57	LNER
1939	So		Crewe – Euston	14:58	17:30		158,1	254,44	152	62,41	100,44	LMSR
1939	So		Westbury – Paddington	10:18	11:50		95,6	153,85	92	62,35	100,34	GWR
1939	So		Paddington – Bath	17:05	18:48		106,9	172,04	103	62,27	100,22	GWR
1939	So	The Coronation	Newcastle – Edinburgh	20:00	22:00	A4	124,4	200,20	120	62,20	100,10	LNER
1939	So	The Coronation	Edinburgh – Newcastle	16:30	18:30	A4	124,4	200,20	120	62,20	100,10	LNER

Anmerkung zur unterschiedlichen Streckenlänge beim „Bristolian": Der „Down" Bristolian verkehrte über Bath und der „Up" über Badminton.
Züge ab London fuhren „herunter" („down") und Züge nach London „herauf" (up).

Die Nachkriegszeit

1951 gelang es der North Eastern als erste Gesellschaft in Großbritannien, wieder einen Dampfzug über 100 km/h zu fahren, nachdem im Jahr zuvor auf demselben Abschnitt zwischen Darlington (ab 20:52) und York (an 21:36) die 60 mph knapp überschritten worden waren.

Fahrplan		Zug-Nr./Zugname	Bespannungsabschnitt	ab	an	Lok	Meilen	[km]	[min]	[mph]	[km/h]	Bemerkungen
1951	So		Darlington – York	16:48	17:30		44,1	70,97	42	63,00	101,39	North Eastern

Im Sommer 1953 stellte die Eastern drei Züge über 100 km/h. Den „Broadsman" bespannte die erst zwei Jahre alte Britannia Class. Im Winter erhielten die beiden schnellsten Züge einen Halt in Redford, was den etwas langsameren Teil nach Doncaster abspaltete und neue Bestwerte auf dem Abschnitt zwischen Hitchin und Doncaster ergab.

Fahrplan		Zug-Nr./Zugname	Bespannungsabschnitt	ab	an	Lok	Meilen	[km]	[min]	[mph]	[km/h]	Bemerkungen
1953	So		Hitchin – Doncaster	08:33	10:26	A3	124,1	199,72	113	65,89	106,05	Eastern
1953	So		Doncaster – Hitchin	19:20	21:16	A3	124,1	199,72	116	64,19	103,30	Eastern
1953	So	The Broadsman	Ipswich – Norwich	16:46	17:30	Brit. Class	46,3	74,51	44	63,14	101,61	Eastern
1953	So	North Briton	Darlington – York	20:36	21:18		44,1	70,97	42	63,00	101,39	North Eastern

Fahrplan		Zug-Nr./Zugname	Bespannungsabschnitt	ab	an	Lok	Meilen	[km]	[min]	[mph]	[km/h]	Bemerkungen
1953	Wi		Hitchin – Retford	08:32	10:08		106,7	171,72	96	66,69	107,32	Eastern
1953	Wi		Retford – Hitchin	19:43	21:22		106,7	171,72	99	64,67	104,07	Eastern
1953	Wi	The Broadsman	Ipswich – Norwich	16:46	17:30	Brit. Class	46,3	74,51	44	63,14	101,61	Eastern
1953	Wi		Darlington – York	19:59	20:41		44,1	70,97	42	63,00	101,39	North Eastern

Ab Sommer 1954 setzte die Wiederauferstehung des „Bristolian" neue Maßstäbe. Nonstop zwischen Paddington und Bristol gilt seine Reisegeschwindigkeit somit auch für den gesamten Laufweg. Hin- und Rückweg verliefen wieder auf unterschiedlichen Strecken via Bath bzw. Badminton.

Fahrplan		Zug-Nr./Zugname	Bespannungsabschnitt	ab	an	Lok	Meilen	[km]	[min]	[mph]	[km/h]	Bemerkungen
1954	So	The Bristolian	Paddington – Bristol	08:45	10:30	KC/CC	118,3	190,39	105	67,60	108,79	Western Railway
1954	So	The Bristolian	Bristol – Paddington	16:30	18:15	KC/CC	117,6	189,26	105	67,20	108,15	Western Railway
1954	So		Paddington – Bath	13:15	14:51		106,9	172,04	95	67,16	108,09	Western Railway
1954	So		Hitchin – Retford	08:33	10:09		106,7	171,72	96	66,34	106,77	East & North East.
1954	So		Retford – Hitchin	19:39	21:00		106,7	171,72	98	65,33	105,13	East & North East.
1954	So		York – Darlington	19:59	20:40	A2/A3	44,1	70,97	41	64,54	103,86	East & North East.
1954	So		Doncaster – Darlington	10:46	11:58		76,3	122,79	72	63,58	102,33	East & North East.
1954	So	The Broadsman	Ipswich – Norwich	16:46	17:30	Brit. Class	46,3	74,51	44	63,14	101,61	East & North East.
1954	So	Merchant Venturer	Chippenham – Paddington	18:01	19:01		94,0	151,28	89	63,02	101,42	Western Railway
1954	So		Darlington – York	16:48	17:30		44,1	70,97	42	63,00	101,39	East & North East.
1954	So		Darlington – York	20:38	19:20		44,1	70,97	42	63,00	101,39	East & North East.
1954	So		Paddington – Reading	19:50	20:24		36,0	57,94	34	62,63	100,79	Western Railway

16 schnelle Züge sind vom Sommerfahrplan 1955 bekannt.

Fahrplan		Zug-Nr./Zugname	Bespannungsabschnitt	ab	an	Lok	Meilen	[km]	[min]	[mph]	[km/h]	Bemerkungen
1955	So	The Bristolian	Paddington – Bristol	08:45	10:30	KC/CC	118,3	190,39	105	67,60	108,79	Western Railway
1955	So	The Bristolian	Bristol – Paddington	16:30	18:15	KC/CC	117,6	189,26	105	67,20	108,15	Western Railway
1955	So		Paddington – Bath	13:15	14:51		106,9	172,04	96,5	66,81	107,52	Western Railway
1955	So		Hitchin – Retford	08:29	10:05		106,7	171,72	96,5	66,34	106,77	East & North East.
1955	So		Retford – Hitchin	19:39	21:17		106,7	171,72	98	65,33	105,13	Western Railway
1955	So		York – Darlington	19:58	20:39		44,1	70,97	41	64,54	103,86	East & North East.
1955	So		Doncaster – Darlington	10:42	11:54		76,3	122,79	72	63,58	102,33	East & North East.
1955	So		Oxford – Paddington	17:35	18:35	Hall Class	63,5	102,19	60	63,50	102,19	Western Railway
1955	So	The Broadsman	Ipswich – Norwich	16:46	17:30	Brit. Class	46,3	74,51	44	63,14	101,61	East & North East.
1955	So		Darlington – York				44,1	70,97	42	63,00	101,39	East & North East.
1955	So		Darlington – York				44,1	70,97	42	63,00	101,39	East & North East.
1955	So		Darlington – York				44,1	70,97	42	63,00	101,39	East & North East.
1955	So		Darlington – York				44,1	70,97	42	63,00	101,39	East & North East.
1955	So		Rugby – Euston	15:15	16:34		82,6	132,93	79	62,73	100,96	L.M.R.
1955	So		Paddington – Newport	10:55	13:03		133,4	214,69	128	62,53	100,63	Western Railway

Vom „Bristolian" liegen aus dem Frühjahr 1956 vier Timings vor, als die Castle Class die King Class weitgehend abgelöst hatte. Der Fahrplan war gegenüber Sommer 1955 unverändert geblieben. Die beste Fahrzeit erzielte Lok 7032 Denbigh Castle mit 255 t Last am Haken: 102 Minuten und 21 Sekunden (Vr 68,94 mph bzw. 110,95 km/h).

Der Sommerfahrplan 1956 verzeichnete einen leichten Rückgang auf 13 schnelle Züge. Die Fahrzeit des „Bristolian" blieb bis zur Ablösung durch Diesellokomotiven der „Warship Class" 1959 konstant. Die BR führte den „Cheltenham Flyer" wieder ein, ohne die Fahrzeiten aus den dreißiger Jahren wieder zu erreichen.

Fahrplan		Zug-Nr./Zugname	Bespannungsabschnitt	ab	an	Lok	Meilen	[km]	[min]	[mph]	[km/h]	Bemerkungen
1956	So	The Bristolian	Paddington – Bristol	08:45	10:30	KC/CC	118,3	190,39	105	67,60	108,79	Western Railway
1956	So	The Bristolian	Bristol – Paddington	16:30	18:15	KC/CC	117,6	189,26	105	67,20	108,15	Western Railway
1956	So		Hitchin – Retford	08:29	10:06		106,7	171,72	97	66,00	106,22	East & North East.

Fahrplan		Zug-Nr./Zugname	Bespannungsabschnitt	ab	an	Lok	Meilen	[km]	[min]	[mph]	[km/h]	Bemerkungen
1956	So		Paddington – Bath	13:15	14:53		106,9	172,04	99	64,79	104,27	Western Railway
1956	So		Retford – Hitchin	19:39	21:18		106,7	171,72	99	64,67	104,07	East & North East.
1956	So		York – Darlington	19:57	20:38		44,1	70,97	41	64,54	103,86	East & North East.
1956	So		Oxford – Paddington	17:35	18:35		63,5	102,19	60	63,50	102,19	Western Railway
1956	So		Doncaster – Darlington	10:43	11:55		76,1	122,47	72	63,42	102,06	East & North East.
1956	So	The Broadsman	Ipswich – Norwich	16:46	17:30	Brit. Class	46,3	74,51	44	63,14	101,61	East & North East.
1956	So		Darlington – York				44,1	70,97	42	63,00	101,39	East & North East.
1956	So		Darlington – York				44,1	70,97	42	63,00	101,39	East & North East.
1956	So		Darlington – York				44,1	70,97	42	63,00	101,39	East & North East.
1956	So	Royal Scot	Rugby – Euston	15:15	16:34	Coron.	82,6	132,93	79	62,73	100,96	London Midland

Zwei weitere Timings vom „Bristolian" belegen, dass die 105 Minuten erneut unterboten wurden: Im Frühjahr 1957 schaffte die Lok 5048 *Earl of Devon* die Strecke von Bristol nach Paddington in 103 Minuten und 17 Sekunden. Noch schneller lief Lok 7034 „Ince Castle" mit 305 t Last am Haken: 100 Minuten und 48 Sekunden bedeuteten exakt Vr 70 mph (112,65 km/h). Die Durchfahrt in Little Somerford wurde mit 93 mph (149,12 km/h) gestoppt.

Im Sommer 1957 war die Dieseltraktion noch keine Konkurrenz für die schnellen Dampflokomotiven. Der „Caledonian" lag mit 290 Minuten Fahrzeit für die 299,1 Meilen von Carlisle (ab 10:20 Uhr) nach Euston bei 99,59 km/h. Am 5. September 1957 hielt man per Anordnung die Strecke für den Zug frei, so dass der „Caledonian" 37 Minuten vor Plan in Euston eintraf. Vr 70,93 mph gleich 114,15 km/h standen zu Buche.

Fahrplan		Zug-Nr./Zugname	Bespannungsabschnitt	ab	an	Lok	Meilen	[km]	[min]	[mph]	[km/h]	Bemerkungen
1957	So	The Bristolian	Paddington – Bristol	08:45	10:30	KC/CC	118,3	190,39	105	67,60	108,79	Western Railway
1957	So	The Bristolian	Bristol – Paddington	16:30	18:15	KC/CC	117,6	189,26	105	67,20	108,15	Western Railway
1957	So		Paddington – Bath	13:15	14:54		106,9	172,04	98,5	65,12	104,80	Western Railway
1957	So		York – Darlington	20:09	20:50		44,1	70,97	41	64,54	103,86	East & North East.
1957	So		Oxford – Paddington	17:35	18:35		63,5	102,19	60	63,50	102,19	Western Railway
1957	So	The Broadsman	Ipswich – Norwich	16:46	17:30	Brit. Class	46,3	74,51	44	63,14	101,61	East & North East.
1957	So		Darlington – York	16:48	17:30		44,1	70,97	42	63,00	101,39	East & North East.
1957	So		Darlington – York	20:40	21:22		44,1	70,97	42	63,00	101,39	East & North East.
1957	So	Royal Scot	Rugby – Euston	15:15	16:34	Coron.	82,6	132,93	79	62,73	100,96	London Midland
1957	So		Luton – Kettering	11:01	11:41		41,8	67,27	40	62,70	100,91	London Midland
1957	So		Luton – Kettering	15:51	16:31		41,8	67,27	40	62,70	100,91	London Midland
1957	So		Hitchin – Retford	08:28	10:11		106,7	171,72	103	62,16	100,03	East & North East.

Im Sommer 1958 erreicht die Zahl schneller Dampfzüge nochmal einen Höhepunkt.

Darlington – York, seit eh und je als „Rennstrecke" bekannt stellt jetzt nicht nur den schnellsten, sondern auch die meisten Züge. Erstmals schafften es zwei Dieselzüge mit 60,9 und 60,5 mph über die „Mile a Minute"-Grenze, bleiben aber unter 100 km/h.

Die ersten fünf dieselelektrischen Lokomotiven der Hornsey Type 4s (Class 40) trafen im Frühsommer 1958 in London ein und Lok D 201 übernahm am 21. Juni 1958 erstmals den „Flying Scotsman".

A1 Nr. 60140 Balmoral mit Lokführer Turner bewies, dass sie noch nicht zum alten Eisen gehört, als sie für eine defekte Diesellok Type 4 in York die neun Wagen des 7:50-Uhr-Zuges Newcastle –

Kings Cross übernahm. 26,5 Minuten verspätet abgefahren benötigte sie für die 188,15 Meilen 169 Minuten und 12 Sekunden. Die Reisegeschwindigkeit lag somit bei 66,72 mph (107,38 km/h) – trotz Halt an der Einfahrt in Kings Cross. Bei Essendine (Milepost 99,5) zeigte die Tachonadel die Spitzengeschwindigkeit von 100,5 mph, bzw. 161,73 km/h an.

Vom 25. August bis 12. September beförderte eine Type 4s den 16:00 Uhr „Talisman" nach Newcastle. Mit dem nächtlichen „Aberdonian" kehrte sie nach Kings Cross zurück – die Dampflokomotiven hatten eine ernstzunehmende Konkurrenz erhalten. Bis 1962 kamen 200 Exemplare dieses achtachsigen (1'Co-Co1'-) Ungetüms zum Einsatz.

Fahrplan		Zug-Nr./Zugname	Bespannungsabschnitt	ab	an	Lok	Meilen	[km]	[min]	[mph]	[km/h]	Bemerkungen
1958	So		Darlington – York	17:49	18:28	A3, A4	44,1	70,97	39	67,85	**109,19**	Mo-Fr
1958	So	The Bristolian	Paddington – Bristol	08:45	10:30	KC/CC	118,3	190,39	105	67,60	108,79	
1958	So		Hitchin – Huntington	08:58	09:22	A3, A4	27,0	43,45	24	67,50	108,63	
1958	So	The Bristolian	Bristol – Paddington	16:30	18:15	KC/CC	117,6	189,26	105	67,20	108,15	
1958	So	Afternoon Caledonian	Stafford – Euston	20:45	22:45	Coron.	133,6	215,01	120	66,80	107,50	

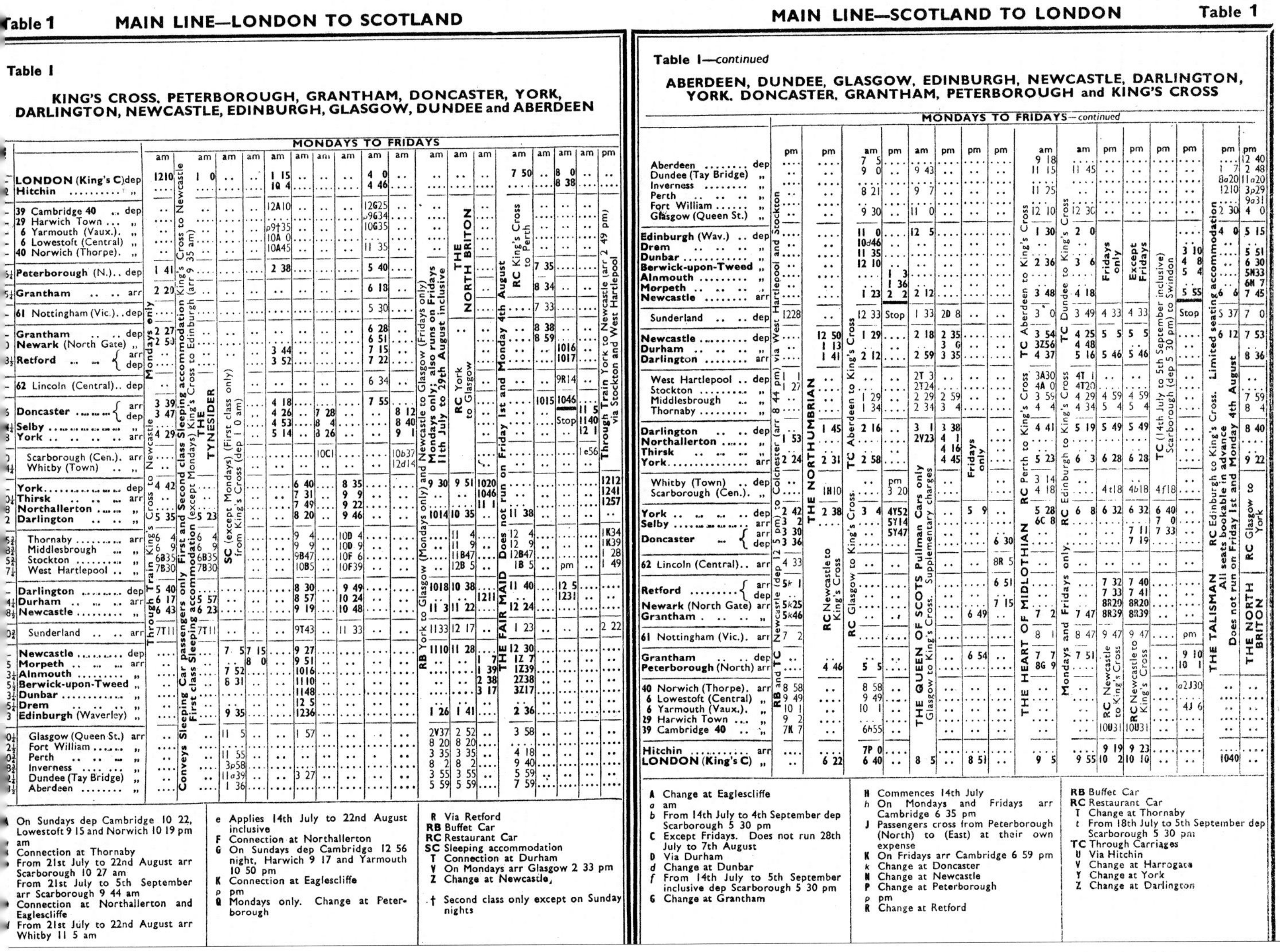

Table 1 MAIN LINE—LONDON TO SCOTLAND

Table I

KING'S CROSS, PETERBOROUGH, GRANTHAM, DONCASTER, YORK, DARLINGTON, NEWCASTLE, EDINBURGH, GLASGOW, DUNDEE and ABERDEEN

MONDAYS TO FRIDAYS

A On Sundays dep Cambridge 10 22, Lowestoft 9 15 and Norwich 10 19 pm
a am
Connection at Thornaby
From 21st July to 22nd August arr Scarborough 10 27 am
From 21st July to 5th September arr Scarborough 9 44 am
Connection at Northallerton and Eaglescliffe
From 21st July to 22nd August arr Whitby 11 5 am
e Applies 14th July to 22nd August inclusive
F Connection at Northallerton
G On Sundays dep Cambridge 12 56 night, Harwich 9 17 and Yarmouth 10 50 pm
K Connection at Eaglescliffe
p pm
Q Mondays only. Change at Peterborough
R Via Retford
RB Buffet Car
RC Restaurant Car
SC Sleeping accommodation
T Connection at Durham
V On Mondays arr Glasgow 2 33 pm
Z Change at Newcastle,
† Second class only except on Sunday nights

MAIN LINE—SCOTLAND TO LONDON Table 1

Table I—continued

ABERDEEN, DUNDEE, GLASGOW, EDINBURGH, NEWCASTLE, DARLINGTON, YORK, DONCASTER, GRANTHAM, PETERBOROUGH and KING'S CROSS

MONDAYS TO FRIDAYS—continued

A Change at Eaglescliffe
a am
b From 14th July to 4th September dep Scarborough 5 30 pm
C Except Fridays. Does not run 28th July to 7th August
D Via Durham
d Change at Dunbar
f From 14th July to 5th September inclusive dep Scarborough 5 30 pm
G Change at Grantham
H Commences 14th July
h On Mondays and Fridays arr Cambridge 6 35 pm
J Passengers cross from Peterborough (North) to (East) at their own expense
K On Fridays arr Cambridge 6 59 pm
k Change at Doncaster
N Change at Newcastle
P Change at Peterborough
p pm
R Change at Retford
RB Buffet Car
RC Restaurant Car
T Change at Thornaby
t From 18th July to 5th September dep Scarborough 5 30 pm
TC Through Carriages
U Via Hitchin
V Change at Harrogate
Y Change at York
Z Change at Darlington

Bild 186 – Fahrplanauszug der LNER-Magistralen vom Sommerfahrplan 1958 mit zahlreichen Zügen aus der Tabelle Sommer 1958. Abbildung: Sammlung Ronald Krug

Fahrplan		Zug-Nr./Zugname	Bespannungsabschnitt	ab	an	Lok	Meilen	[km]	[min]	[mph]	[km/h]	Bemerkungen
1958	So		Darlington – York	17:49	18:29		44,1	70,97	40	65,15	106,46	Sa
1958	So		Hitchin – Retford	08:38	10:16	A3, A4	106,7	171,72	97,5	65,64	105,64	
1958	So		Paddington – Bath	13:15	14:54		106,9	172,04	98,5	65,12	104,80	
1958	So		York – Darlington	18:39	19:20		44,1	70,97	41	64,54	103,86	
1958	So		York – Darlington	19:05	19:46		44,1	70,97	41	64,54	103,86	So
1958	So	Tees-Tyne-Pullman	York – Darlington	20:02	20:43		44,1	70,97	41	64,54	103,86	
1958	So	The Caledonian	Euston – Crewe	07:45	10:12	Coron.	158,0	254,28	147	64,49	103,79	
1958	So		Oxford – Paddington	17:35	18:35		63,5	102,19	60	63,50	102,19	
1958	So	The Broadsman	Ipswich – Norwich	16:46	17:30	Brit. Class	46,3	74,51	44	63,14	101,61	
1958	So		Darlington – York	10:33	11:15		44,1	70,97	42	63,00	101,39	
1958	So		Darlington – York	10:46	11:28		44,1	70,97	42	63,00	101,39	
1958	So		Darlington – York	13:30	14:12		44,1	70,97	42	63,00	101,39	
1958	So		Darlington – York	14:16	14:58		44,1	70,97	42	63,00	101,39	
1958	So	Hearth of Midlothian	Darlington – York	16:41	17:23		44,1	70,97	42	63,00	101,39	
1958	So		Darlington – York	16:58	17:40		44,1	70,97	42	63,00	101,39	So
1958	So	The North Briton	Darlington – York	20:40	21:22		44,1	70,97	42	63,00	101,39	
1958	So		Retford – Hitchin	19:46	21:28		106,7	171,72	102	62,76	101,00	
1958	So		Luton – Kettering	11:01	11:41		41,8	67,27	40	62,70	100,91	
1958	So		Luton – Kettering	15:51	16:31		41,8	67,27	40	62,70	100,91	
1958	So	The Norseman	Newcastle – York	12:32	13:49		80,2	129,55	77	62,49	100,57	
1958	So		Luton – Bedford	08:57	09:16		19,7	31,70	19	62,21	100,12	

Im Winterfahrplan 1958/1959 übernahmen im ersten festen Umlaufplan fünf Class-S40D-Diesellokomotiven neben anderen Zügen den „Tees-Tyne-Pullman", zwei Pullmannzüge nach Sheffield und den „Flying Scotsman". Während des Winters 1958/59 begann auch die Lieferung der „Warship Class" in Anlehnung an die V 200 der DB. Die ersten Maschinen mit den Bezeichnungen D 801 bis 803 nahmen bis Mitte Dezember den Betrieb in der Relation Paddington über Bristol/Westbury nach Penzance auf. Ab 23. April 1959 folgte die Auslieferung der Serie ab der Nr. D 804, gestreckt in Intervallen von etwa drei bis fünf Wochen.

Fahrplan		Zug-Nr./Zugname	Bespannungsabschnitt	ab	an	Lok	Meilen	[km]	[min]	[mph]	[km/h]	Bemerkungen
1958	Wi	The Bristolian	Paddington – Bristol	08:45	10:30		118,3	190,39	105	67,60	108,79	Western Railway
1958	Wi		Grantham – Peterborough	16:27	16:52		29,1	46,83	26	68,47	108,63	
1958	Wi		Hitchin – Huntington	09:00	09:24		27,0	43,45	24	67,50	108,63	East & North East.
1958	Wi	The Bristolian	Bristol – Paddington	16:30	18:15		117,6	189,26	105	67,20	108,15	Western Railway
1958	Wi		Hitchin – Retford	08:40	10:16		106,7	171,72	96	66,69	107,32	East&North East.
1958	Wi		Darlington – York	17:48	18:28		44,1	70,97	40	66,15	106,46	North Eastern
1958	Wi		Kings Cross – Peterborough	11:20	12:21		76,4	122,95	72	64,11	103,18	Eastern (G. N.)
1958	Wi		Kings Cross – Retford	19:20	21:30		138,6	223,06	130	63,97	102,95	Eastern(G. N.)
1958	Wi		Retford – Kings Cross	07:54	10:05		138,6	223,06	131	63,48	102,16	Eastern (G. N.)
1958	Wi		Retford – Hitchin	19:41	21:22		106,7	171,72	101	63,39	102,01	Eastern(G.N.)
1958	Wi	nur Sa	Ipswich – Norwich	13:55	14:39	Brit. Class	46,3	74,51	44	63,14	101,61	Eastern (G. E.)
1958	Wi	The Broadsman	Ipswich – Norwich	16:46	17:30	Brit. Class	46,3	74,51	44	63,14	101,61	Eastern (G. E.)
1958	Wi	The East Anglian	Ipswich – Norwich	19:46	20:30	Brit. Class	46,3	74,51	44	63,14	101,61	auch Class 40
1958	Wi		Darlington – York	08:54	09:36		44,1	70,97	42	63,00	101,39	North Eastern
1958	Wi		Darlington – York	09:12	09:54		44,1	70,97	42	63,00	101,39	North Eastern
1958	Wi		Darlington – York	10:38	11:20		44,1	70,97	42	63,00	101,39	North Eastern
1958	Wi	The Northumbrian	Darlington – York	13:25	14:07		44,1	70,97	42	63,00	101,39	North Eastern
1958	Wi		Darlington – York	13.33	14:15		44,1	70,97	42	63,00	101,39	North Eastern
1958	Wi		Darlington – York	14:19	15:01		44,1	70,97	42	63,00	101,39	North Eastern
1958	Wi	Hearth of Midlothian	Darlington – York	16:46	17:28		44,1	70,97	42	63,00	101,39	North Eastern
1958	Wi	The North Briton	Darlington – York	20 : 43	21:25		44,1	70,97	42	63,00	101,39	North Eastern

Mit dem Sommerfahrplan 1959 (gültig bis 1. November 1959) erhielt die „Warship Class" auch den „Bristolian" zugeteilt, dessen Fahrzeiten auf 100 Minuten fielen, bevor sie 1960 wieder auf 105 Minuten angehoben wurden. Dynamischer als in allen anderen Ländern setzte der Traktionswandel ein. Auf der East Coast Main Line änderte sich 1960 wenig: Der 17:48-Zug ab Darlington behielt seine straffen 40 Minuten Fahrzeit nach York. Sechs weitere Züge hatten 41 bzw. 42 Minuten im Plan. Auch ab Hitchin waren 1959/1960 noch schnelle Dampfzüge unterwegs. Zunehmend übernahmen fabrikneue Diesellokomotiven die schnellen Reisezüge auf der East Coast Main Line mit Vmax 90 mph. John Furnevel und seine Schulfreunde notierten am 13. April 1960 nachmittags bei Birtley an der Hauptstrecke Kings Cross – York 16 Reisezüge, davon drei mit Dieselloks Typ 4s bespannt, einen mit der A4 *Mallard*, acht mit A3 Pacific, einen mit Peppercorn A1 und drei mit der A2. Drei Monate später, am 19. Juli 1960, standen acht Dieselzügen nur noch fünf Dampfreisezüge gegenüber (je zwei A1 und A4 und eine mit A2).

Im Sommer 1960 beschränken sich die schnellen Dampfzüge auf den Abschnitt Darlington – York. Dabei mischten bereits 50 % Diesellokomotiven mit. Jede Neuanlieferung erhöhte ihren Anteil. Der Spitzenreiter und acht weitere Züge liefen auch im Winter 1960/61 mit unveränderten Fahrzeiten.

Fahrplan		Zug-Nr./Zugname	Bespannungsabschnitt	ab	an	Lok	Meilen	[km]	[min]	[mph]	[km/h]	Bemerkungen
1960	So		Darlington – York	17:58	18:38		44,1	70,97	40	66,15	106,46	Mo-Sa
1960	So		Darlington – York	17:22	18:03		44,1	70,97	41	64,54	103,86	Mo-Fr
1960	So		Darlington – York	09:12	09:54		44,1	70,97	42	63,00	101,39	Mo-Fr
1960	So		Darlington – York	09:32	10:14		44,1	70,97	42	63,00	101,39	Mo-Fr
1960	So		Darlington – York	10:38	11:20		44,1	70,97	42	63,00	101,39	Mo-Fr
1960	So		Darlington – York	10:50	11:32		44,1	70,97	42	63,00	101,39	Mo-Fr
1960	So		Darlington – York	13:25	14:07		44,1	70,97	42	63,00	101,39	Mo-Fr
1960	So		Darlington – York	13:35	14:17		44,1	70,97	42	63,00	101,39	Mo-Fr
1960	So	The Northumbrian	Darlington – York	13:45	14:27		44,1	70,97	42	63,00	101,39	Mo-Fr
1960	So		Darlington – York	14:20	15:02		44,1	70,97	42	63,00	101,39	Mo-Fr
1960	So		Darlington – York	16:09	16:51		44,1	70,97	42	63,00	101,39	So
1960	So		Darlington – York	16:45	17:27		44,1	70,97	42	63,00	101,39	Sa
1960	So		Darlington – York	16:47	17:29		44,1	70,97	42	63,00	101,39	Mo-Fr
1960	So		Darlington – York	16:53	17:35		44,1	70,97	42	63,00	101,39	Mo-Fr
1960	So	The North Briton	Darlington – York	20:43	21:25		44,1	70,97	42	63,00	101,39	Mo-Sa

Bild 187
Die Weltrekordlok 60022 *Mallard* ist im Jahr 1959 mit dem Kings-Cross-8:00-Express nach Hull erst wenige Minuten unterwegs und stampft die Holloway Bank Steigung hinauf. Ab dem nächsten Halt Hitchin folgt dann der schnellste Abschnitt nach Retford mit mehr als 107 km/h Reisegeschwindigkeit.

Bild 188
Im Sonning Cutting an der Strecke Reading – Slough (– Paddington) ist anno 1960 die „King Class" mit dem „Up"-Express 600 aus Plymouth voll in ihrem Element. Die Nummern 6xx waren den Zügen mit dem Abgangs-bahnhof Plymouth zugeteilt.

Aufnahmen (2): Slg. Heribert Schröpfer

Bild 189
Hier jagt im Sommer 1960 zur Mit-tagszeit die Peppercorn A1 Nr. 60114 *W. P. Allen* mit einem East Coast Main Line Express bei Hadley vorbei.

Aufnahme: A. E. Durrant, Sammlung Eisenbahnstiftung

Bild 190

Die Standard Class 7P 70000 *Britannia* passiert 1961 die Baustelle am Bahnhof Colchester mit dem Express von London Liverpool Station über Ipswich nach Norwich.

Aufnahme: Marcus Eavis, Online Transport Archive

Im Winter 1960/61 führte die Western Region noch zwölf Züge über 100 km/h in ihrem Fahrplan, die weitgehend mit Diesellokomotiven bespannt wurden. Auch die Region London Midland und die Scottish hatten drei Züge bzw. ein Zug oberhalb 100 km/h in ihren Plänen. Die East & North Eastern setzte noch Dampflokomotiven, u. a. die A3 und A4 Pacifics, ein. Insgesamt neun Züge auf der Paradestrecke zwischen Darlington und York schafften die 100 km/h, allerdings stark durchsetzt mit Diesellokomotiven. Ein weiteres Zugpaar erreichte zwischen Grantham und Retford 103,26 bzw. in der Gegenrichtung 100,04 km/h. Schließlich lag der dampfbespannte „Atlantic Coast Express" der Southern Region mit 60,5 mph knapp über der „Mile a Minute".

Ab Februar 1961 begannen die Vulcan Foundry mit der Serienlieferung der „Deltics", vornehmlich bestimmt zur Übernahme des schnellen Reisezugverkehrs auf den Hauptstrecken von London nach Leeds und Edinburgh/Glasgow. Berühmte Züge wie der „Ta-

lisman" verloren ihre Dampfbespannung. Allerdings erschienen erst sechs der 22 „Deltics" bis zum Ende der Fahrplanperiode. Anfangs machten vor allem die Heizkessel Probleme, was zur zeitweiligen Rückkehr der Dampflokomotiven vor diesen Zügen führte. Einer der verbliebenen schnellen Dampfzüge war im südlichen England der „Atlantic Coast Express".

Von den mit Peppercorn A1 Pacific bespannten Zügen (Last: zehn Wagen ca. 370 t) liegen vom Sommer 1961 zwei Timings mit den Zuglokomotiven 60123 *H. A. Ivatt* und 60117 *Bois Roussel* vor. Die Planfahrzeit betrug im Streckenteil nach Retford 101 Minuten. Beide Fahrten begannen mit Verspätung in Hitchin. 91 mph (146,45 km/h) als Höchstgeschwindigkeit wurden notiert. Mit 92:31 Minuten wurde beim ersten Zug nahezu die neue Fahrzeit gehalten, die ab Winter 1961/62 für die „Deltics" galt. Beim zweiten Zug verhinderten vier Halt zeigende Signale zwischen Newark und Retford eine noch bessere Fahrzeit.

Fahrplan		Zug-Nr./Zugname	Bespannungsabschnitt	ab	an	Lok	Meilen	[km]	[min]	[mph]	[km/h]	Bemerkungen
1961	So		Hitchin – Retford			A1	106,7	171,72	101	63,39	102,01	East & North East.

Bild 191 – Lok 7002 *Devizes Castle* führt anno 1961 den „Paddington Express" A 42 in flinker Fahrt durch Old Oak Common.   Aufn.: A. E. Durrant, Slg. Eisenbahnstiftung

Bild 192
A4 Nr. 60010 *Dominion of Canada* nahe Wymondley mit einem nachmittäglichen Express nach Kings Cross, aufgenommen im 1. Quartal 1961.

Der Winterfahrplan 1961/62 brachte durch die neuen „Deltics" (Class 55, Type 5, Vmax 100 mph) signifikante Fahrzeitverkürzungen und revolutioniernde 137 „Mile a Minute runs" hervor. Kein einziger elektrischer Zug zählte dazu. „Deltics" beförderten den neuen Rekordzug Großbritanniens: Zwischen den Stationen Hitchin und Retford mit 89 Minuten Fahrzeit und 71,9 mph (115,76 km/h) lag er hauchdünn über dem „Coronation" von 1938.

Auf der North Eastern Linie sprangen noch des Öfteren Pacifics für Deltics ein, bis zum 25. November 1961 samstags auch noch vor dem „Flying Scotsman" von Kings Cross nach Newcastle.

Die Rekonstruktion der Bulleid Pacifics (Merchant Navy Class, 35xxx) war bis April 1961 abgeschlossen worden. Jetzt durften sich diese leistungsfähigen Maschinen vor dem nochmals beschleunigten „Atlantic Coast Express" beweisen, einem der vier verbliebenen Dampfzüge über 100 km/h. Die „Castle Class" (ersatzweise King Class und Britannia Class) vom „Shed Canton" in Cardiff hatte im letzten Jahr vor Abgabe der Leistung an Diesellokomotiven den „Pambroke Coast Express" im Plan, der eher gemächlich an der Küste entlang fuhr, aber von Paddington bis Newport auch richtig zufahren musste.

Fahrplan		Zug-Nr./Zugname	Bespannungsabschnitt	ab	an	Lok	Meilen	[km]	[min]	[mph]	[km/h]	Bemerkungen
1961	Wi		Oxford – Paddington	17:30	18:30	Steam	63,4	102,03	60	63,40	102,03	V-Lok möglich
1961	Wi	Pembroke Coast Express	Paddington – Newport	16:55	19:02	Castle	133,4	214,69	127	63,02	101,43	
1961	Wi	Atlantic Coast Express	Waterloo – Salisbury	11:00	12:20	MNC*	83,7	134,70	80	62,78	101,03	
1961	Wi	Atlantic Coast Express	Salisbury – Waterloo	14:09	15:29	MNC*	83,7	134,70	80	62,78	101,03	
* Auch mit Bulleids Light Pacifics der West Country/Battle of Britain Class (34xxx) gefahren.												

Bild 193
A3 Nr. 60056 *Centenary* rauscht an einem Sommertag 1961 mit einem „Up" East Coast Express bei Wymondley vorbei.

Aufnahmen (2): A.E. Durrant, Sammlung Eisenbahnstiftung

Bild 194
46201 *Princess Elizabeth*
bei Beattock mit dem
Euston-Perth-Express um 1960.
Aufnahme: Slg. Heribert Schröpfer

Auch zwischen Salisbury und Sidmouth Junction (Betriebshalt) blieb der „ACE" mit 99,04 km/h (in der Gegenrichtung 97,72 km/h) über 60 mph. Drei Timings aus dem Jahr 1961 zeigen, dass für die Strecke von Salisbury nach Sidmouth auch weniger als 70 Minuten ausreichten, selbst mit einer Last von zwölf Wagen. Bei der schnellsten Fahrt mit der Merchant Navy Class Nr. 35012 *United States Line* und zehn Wagen blieb die Stoppuhr bei 67 Minuten und 30 Sekunden stehen – Vr 67,47 mph oder 108,58 km/h. Durch Axminster raste der Zug mit vollen 100 mph. Bis September 1964 verkehrte der ACE mit der Merchant Navy Class. Auch hierfür sind drei Timings – dank Bryan Benn – bekannt: Für die 134,7 Kilometer von Waterloo nach Salisbury gab das Kursbuch 80 Minuten Fahrzeit vor. Bei der ersten Fahrt benötigte MN 35019 *French Line* CGT als Zuglok mit zwölf Wagen 81:24 Minuten (Vr 99,29 km/h). Am nächsten Tag absolvierte MN 35025 *Brocklebank Line* mit elf Wagen die Distanz in 78:55 Minuten (Vr 102,42 km/h). Bei Andover Junction wurde die Spitzengeschwindigkeit von 146,45 km/h registriert. MNC 35028

Clan Line mit wiederum elf Wagen schaffte es am 24. Juli in 77:32 Minuten, was 104,24 km/h als Durchschnittsgeschwindigkeit ergab. Die Spitze wurde – wieder bei Andover Junction – mit 144,84 km/h gemessen.

Bereits im Sommer 1962 hatten die A4 Terrain zurückerobert: Der Caledonian Service wurde mit zwei Zugpaaren zwischen Glasgow Buchanan Street und Aberdeen auf exakt drei Stunden beschleunigt. Sieben Wagen hielt man als maximale Zuglast strikt ein. Im Winter genügten häufig sechs. Die Höchstgeschwindigkeit lag bei 75 mph, was aber in der Praxis nicht immer das „Ende der Fahnenstange" war. Mr. S. Nicol hat den Nachmittagszug im Sommer 1962 mit der A4 Nr. 60027 *Merlin* und 280 t Zuggewicht von Forfar nach Perth mit 30:45 Minuten gestoppt. In dieser Relation ließ sich die Fahrzeit besser einhalten, als in der Gegenrichtung, wo nach der Abfahrt in Perth elf Kilometer Steigung zügiges Beschleunigen verhinderten. Diese drei letzten dampfbespannten Expresszüge verkehrten im Sommer 1962 und unverändert im darauffolgenden Winter.

Fahrplan		Zug-Nr./Zugname	Bespannungsabschnitt	ab	an	Lok	Meilen	[km]	[min]	[mph]	[km/h]	Bemerkungen
1962	So		Perth – Forfar	09:43	10:14	A4/A3	32,5	52,30	31	62,90	101,23	
1962	So		Forfar – Perth	18:20	18:51	A4/A3	32,5	52,30	31	62,90	101,23	
1962	So	Atlantic Coast Express	Waterloo – Salisbury	11:00	12:20	MNC	83,7	134,70	80	62,78	101,03	

Der Dampfbetrieb in Kings Cross ging seinem Ende entgegen. „Shed 34 A" wurde am Abend des 15. Juni 1963 geschlossen, nachdem mit dem Sommerfahrplan 1963 alle Schnellzugleistungen auf der ehemaligen Great Northern Strecke endgültig verdieselt worden waren. Südlich von Hitchin gab es einen „steam ban" und das Personal war gehalten, „Up-trains" (Züge Richtung London) spätestens in Peterborough auf Diesel umzuspannen. Hauptsächlich wegen der unzuverlässigen Dieselloks gab es aber immer wieder einzelne Dampfleistungen. Die letzte A4 in Kings Cross war „Number Nine" (Nr. 60009, *Union of South Africa*) vom Bw Aberdeen

Ferryhill mit dem Sonderzug „Jubilee Requiem" am 29. Oktober 1964 nach Newcastle. Auf der Rückfahrt erreichte „Number Nine" bei Essendine nochmal die Höchstgeschwindigkeit von 100 mph und traf fast 30 Minuten vor Plan im Endbahnhof Kings Cross ein.

Auch im Sommer 1963 und im folgenden Winter blieben den A4 mit dem Caledonian Service und die Merchant Navy Class mit dem „ACE" die letzten schnellen Dampfzüge Großbritanniens. Vor diesen Zügen wurden auch A2 gesichtet. Am 16. Juni verließ mit der A4 *Dwight D. Eisenhower* um 15:10 Uhr letztmals eine Dampflok vor einem Planzug den Bahnhof Kings Cross.

Fahrplan		Zug-Nr./Zugname	Bespannungsabschnitt	ab	an	Lok	Meilen	[km]	[min]	[mph]	[km/h]	Bemerkungen
1963	So		Forfar – Perth	08:15	08:46	A4	32,5	52,30	31	62,90	101,23	
1963	So		Forfar – Perth	18:20	18:51	A4	32,5	52,30	31	62,90	101,23	
1963	So		Perth – Forfar	09:43	10:14	A4	32,5	52,30	31	62,90	101,23	
1963	So		Perth – Forfar	18:49	19:20	A4	32,5	52,30	31	62,90	101,23	
1963	So	Atlantic Coast Express	Waterloo – Salisbury	11:00	12:20	MNC	83,7	134,70	80	62,78	101,03	
1963	So		Salisbury – Waterloo	14:09	15:49	Steam	83,7	134,70	80	62,78	101,03	
1963	So	Atlantic Coast Express	Salisbury – Sidmouth Jct.	12:25	13:38	MNC	75,9	122,15	73	62,38	100,40	Vmax 85 mph

Mit dem Saisonende am 5. September 1964 stellte die Britisch Rail den „Atlantic Coast Express" ein. MNC 35028 hatte die Aufgabe, den letzten Zug zu befördern. Den A4 blieben die Zugpaare zwischen Aberdeen und Glasgow.

Fahrplan		Zug-Nr./Zugname	Bespannungsabschnitt	ab	an	Lok	Meilen	[km]	[min]	[mph]	[km/h]	Bemerkungen
1964	So	The Bon Accord	Forfar – Perth	08:15	08:46	A4	32,5	52,14	31	62,90	101,23	
1964	So	The Granite City	Forfar – Perth	18:20	18:51	A4	32,5	52,14	31	62,90	101,23	
1964	So	The Grampian	Perth – Forfar	09:43	10:14	A4	32,5	52,14	31	62,90	101,23	
1964	So	The Saint Mungo	Perth – Forfar	18:49	19:22	A4	32,5	52,30	31	62,90	101,23	
1964	So	Atlantic Coast Express	Waterloo – Salisbury	11:00	12:20	MNC	83,7	134,70	80	62,78	101,03	

Im Winter 1964/1965 erhielten die beiden Caledonian-Zugpaare einen Minutenaufschlag, was noch zur „Mile a Minute" reichte, aber mit 98,07 km/h nicht mehr für die „100".

Im Sommer 1965 verkehrten zwischen Waterloo und Sidmouth / Exmouth sonntags zusätzliche Zugpaare, deren Fahrzeiten für Diesellok ausgelegt waren, aber mit Dampflokomotiven, u. a. Class 5 und MNC bespannt wurden. Für den 8:00-Uhr-Zug ab Waterloo stand von Salisbury nach Axminster 59 Minuten im Plan. Bei 61,1 Meilen Streckenlänge errechnen sich Vr 62,14 mph oder exakt 99,998 km/h.

Im Railway Magazin sind für den Sommer 1965 diese beiden letzten 100-km/h-Dampfzüge aufgeführt:

Fahrplan		Zug-Nr./Zugname	Bespannungsabschnitt	ab	an	Lok	Meilen	[km]	[min]	[mph]	[km/h]	Bemerkungen
1965	So	The Bon Accord	Forfar – Perth	08:16	08:47	A4	32,5	52,14	31	62,90	101,23	
1965	So	The Granite City	Forfar – Perth	18:21	18:52	A4	32,5	52,14	31	62,90	101,23	

Bis 1966 fanden die A4 hier noch Verwendung. Gelegentlich kamen auch A3, selten A1 und Lokomotiven der 4-6-0 Stanier Class 5 zum Einsatz. Zwischen Forfar und Perth schafften sie als letzte Dampflokomotiven in Großbritannien die 100 km/h. *Kingfisher* und *Bittern* beendeten am 3. September 1966 das Kapitel Dampfzüge „Mile a Minute".

Fahrplan		Zug-Nr./Zugname	Bespannungsabschnitt	ab	an	Lok	Meilen	[km]	[min]	[mph]	[km/h]	Bemerkungen
1966	So	The Bon Accord	Forfar – Perth	08:16	08:47	A4	32,5	52,14	31	62,90	101,23	
1966	So	The Granite City	Forfar – Perth	18:21	18:52	A4	32,5	52,14	31	62,90	101,23	

John Wickham hat sechs Fahrten von Forfar nach Perth in der Zeit vom Sommer 1963 bis Mai 1966 festgehalten, fünf Fahrten mit dem „Bon Accord", die letzte mit dem „Granite City". Alle unterschritten die Planzeit.

- 17.08.1963: A1 Nr. 60161 *North British*,
  7 Wagen, Fahrzeit 30:59 min, Vmax 78 mph/125,53 km/h
- 15.05.1964: A4 Nr. 50010 *Dominion of Canada*,
  7 Wagen, 28:58 min, Vmax 84 mph/135,19 km/h
- 12.12.1964: A4 Nr. 60007 *Sir Nigel Gresley*, 6 Wagen, 27:32 min,
  Vmax 92 mph/148,06 km/h = Vr 70,82 mph/113,97 km/h
- 25.09.1965: A4 Nr. 60024 *Kingfisher*,
  6 Wagen, 30:46 min, Vmax 84 mph/135,19 km/h
- 13.11.1964: A4 Nr. 60034 *Lord Faringdon*,
  6 Wagen, 29:41 min, Vmax 80 mph/128,75 km/h
- 31.05.1966: A4 Nr. 60019 *Bittern*,
  6 Wagen, 29:25 min, Vmax, 79 mph/127,14 km/h

Die Zugfahrt vom 12. Dezember 1964 begeisterte auch ab Perth (Wasserfassen, Personalwechsel, Abfahrt + 3 min) bis Stirling (33,05 ml). Statt der planmäßigen 36 genügten 31:12 Minuten Fahrzeit (102,29 km/h).

Der letzte planmäßig mit Dampflok geführte Reisezug überhaupt verkehrte schließlich am 11. August 1968 von Carlisle nach Liverpool. Innerhalb von zehn Jahren hatte die British Rail den Strukturwandel vollzogen und mehr als 15.000 Dampflokomotiven auf das Abstellgleis geschickt.

Bleibt noch „DIE SCHNELLSTE KLEINE" nachzutragen, die auch heute noch Dampfzüge auf ihre 22,1 Kilometer lange Strecke schickt, mit Höchstgeschwindigkeiten, die jeden Vergleich mit den besten Normalspur-Dampfzügen standhalten: die **RHDR** (Romney, Hythe & Dymchurch Railway).

Auf nur 381 mm breiter Spur verkehrt sie seit Juli 1927 an der südenglischen Küste, zur Freude der Touristen, aber auch als Beförderungsmittel für die Schüler. Neben neun Pacific-Lokomotiven werden auch zwei Mountains und seit den achtziger Jahren zwei Diesellokomotiven im Streckendienst eingesetzt. Die Höchstgeschwindigkeit ist auf 25 mph (40,23 km/h) begrenzt und überwacht. Das darf aber entsprechend dem Verhältnis zur Normalspur mit dem Faktor 3,766 multipliziert werden, und dann entspricht das 151,5 km/h beim Vorbild! Dementsprechend sind die schnellsten Fahrzeiten von Halt zu Halt maßstabsbereinigt im Bereich um 100 km/h anzusetzen. Dabei können durchaus 15 vierachsige Waggons an der Lok gekuppelt sein. Im Mai 2003 erlebte der Verfasser die rasante Fahrt der Lok Winston Churchill über die ungeschweißten Schienen mit Vmax 28 mph (45 km/h) entsprechend 170 „Normalspur-km/h".

Fahrplan		Bespannungsabschnitt	ab	an	Lok	[km]	[mph]	[km/h]	Normalspur	Bemerkungen
1975	So	Hythe – Dymchurch	10:20	10:38	4-6-2	8,05	16,67	26,82	101,00 km/h	Hochsaison Halbstundentakt
2013	So	Hythe – New Romney	17:55	18:25	4-6-2	13,28	16,50	26,55	100,00 km/h	Hochsaison 18:15 bis 18:45 Uhr

Table 211

Hythe, New Romney and Dungeness — Romney Hythe and Dymchurch Light Railway
"The World's Smallest Public Railway"

Operated by Steam Traction

This service is operated exclusively by the Romney, Hythe and Dymchurch Light Railway Company to whom all enquiries and communications should be addressed at New Romney, Kent. Tel.: New Romney 2353.

One Class only

SPRING, AUTUMN AND WINTER—Mondays to Saturdays and Sundays until 16 May, and 22 to 28 September; Saturdays 4 October to 8 November; Sundays throughout the year also Boxing Day Friday 26 December and Saturday 27 December.

Miles					SuO		SuO		SuO	
0	**Hythe**	d	..	12 20	13 20	14 20	15 20	16 20	17 20	..
5	Dymchurch	d	..	12 38	13 38	14 38	15 38	16 38	17 38	..
6	St. Mary's Bay	d	..	12 43	13 43	14 43	15 43	16 43	17 43	..
8¼	**New Romney**	a	..	12 55	13 55	14 55	15 55	16 55	17 55	..
—		d	..	..	..	..	..	..	..	..
9½	Greatstone	d	..	..	..	..	..	..	..	..
10¼	Maddieson's Camp	d	..	..	..	..	..	..	..	..
11	Lade Halt	d	..	..	..	..	..	..	..	..
12½	The Pilot Halt	d	..	..	..	..	..	..	..	..
13¾	**Dungeness**	a	..	..	..	..	..	..	..	..

EARLY AND LATE SEASON—Mondays to Saturdays and Sundays 17 to 24 May, 2 June to 5 July and 8 to 21 September.

Miles			FO			C	D		C	D	C			C	E	
0	**Hythe**	d	..	10 20	11 20	12 20	12 20	13 20	14 20	14 20	14 50	15 20	16 20	16 50	17 20	18 20
5	Dymchurch	d	..	10 38	11 38	12 38	12 38	13 38	14 38	14 38	15 08	15 38	16 38	17 08	17 38	18 38
6	St. Mary's Bay	d	..	10 43	11 43	12 43	12 43	13 43	14 43	14 43	15 13	15 43	16 43	17 13	17 43	18 43
8¼	**New Romney**	a	..	10 55	11 55	12 55	12 55	13 55	14 55	14 55	15 25	15 55	16 55	17 25	17 55	18 55
—		d	09 15	..	11 58	12 58	..	13 58	14 58	..	..	15 58	..	..	..	..
9½	Greatstone	d	x	..	x	x	..	x	x	..	..	x	..	..	..	..
10¼	Maddieson's Camp	d	x	..	12 10	13 10	..	14 10	15 10	..	..	16 10	..	..	..	..
11	Lade Halt	d	x	..	x	x	..	x	x	..	..	x	..	..	..	..
12½	The Pilot Halt	d	x	..	x	x	..	x	x	..	..	x	..	..	..	..
13¾	**Dungeness**	a	09 45	..	12 30	13 30	..	14 30	15 30	..	..	16 30	..	..	..	..

Bild 197
Auszug der Tabelle 211 des BR-Kursbuches 1975/1976 mit den Fahrzeiten der Neben- und Zwischensaison. Nicht mehr Maddieson's Camp, sondern Romney Sands heißt heute der Kreuzungsbahnhof zwischen New Romney und Dungeness. Die drei Bedarfshalte Greatstone, Lade Halt und The Pilot Halt werden nicht mehr bedient.
SuO: nur sonntags
C: sonntags und 23.06. – 05.07.1975
D: außer an C
E: nicht 24.06. und 01.07.1975
FO: freitags
Abbildung: Slg. Ronald Krug

Bild 198
Die Lok *Winston Churchill* ist mit dem ersten Zug aus New Romney in Hythe angekommen und fährt zur Drehscheibe, 20. Oktober 2013.

Bild 199
Auf der RHDR wird klassisch „aus der Mitte heraus gefahren". Deshalb finden im Zentrum New Romney häufig Lokwechsel statt. Am 20. Oktober 2013 wartet die Pacificlok *Typhoon* auf ihren Zug aus Dungeness.

Aufnahmen (2): Jürgen Maier

Bild 200
Im Great Western Railway Museum Swindon erinnert die Lok 4073 *Caerphilly Castle* an den einstmals schnellsten Zug der Welt, den „Cheltenham Flyer".

Aufnahme: Ronald Krug

Bild 201 – Die 1947 gebaute Thompson B1 Nr. 61235 legt im Mai 1960 mit einem Schnellzug aus Richtung Lincolnshire die letzte Meile vor dem Zielbahnhof Kings Cross zurück. Ab 1942 als wirtschaftliche Zweizylinder-Lokomotive für den gemischten Dienst gebaut, sah man die B1 auch vor namhaften Expresszügen wie den „Broadsman". Der markante Ebonite Tower aus dem Jahr 1870 überlebte das Dampflokzeitalter, bis er anno 1983 doch noch Opfer unsensibler städtebaulicher Planung wurde.

Aufnahme: A. E. Durrant, Sammlung Eisenbahnstiftung

Bild 202 – Im Herbst 1966 erhielt die einzige erhaltene A3 *Flying Scotsman* einen Zusatztender, denn man erwartete, dass die Möglichkeiten zum Wasserfassen mit dem Ende des regulären Dampflokbetriebes auf dem Netz der BR abnehmen würden. In Twickenham steht die 4472 – bereits mit Glocke ausgerüstet für die 1969/1970 anstehende große Nordamerikareise – vor dem „United States Tour Train".

Aufnahme: Sammlung Heribert Schröpfer

Bild 203 – Die Dampflokzeit stand bei den British Railways vor ihrem letzten Jahr, als A4 Nr. 4498 *Sir Nigel Gresley* im August 1967 den Bahnhof Carlisle mit einem Sonderzug der A4-Society verlässt.
Aufnahme: Sammlung Heribert Schröpfer

Bild 204 – LMS 6229 *Duchess of Hamilton*, eine der „Coronation Scot"-Lokomotiven, erhielt wieder ihre Stromlinienverkleidung. Neben ihr steht am 8. Mai 2012 die LNER 4468 *Mallard*, einst Konkurrentin als Zuglok des „Coronation".
Aufnahme im National Railway Museum York: Wolfgang Däschle

Irlands und **Nordirlands** besten „Start to Stop"-Dampfzüge bewegten sich im „Mile a Minute"-Bereich. Die Dampfzüge aller anderen Länder in Europa erreichten auch nicht annähernd eine durchschnittliche Geschwindigkeit von 100 km/h zwischen zwei Halten.

Aus dem Jahresplan 1929/1930, als in Europa die Folgen des Ersten Weltkrieges fahrplanmäßig überwunden waren, nennt die technische Fachzeitschrift „Die Lokomotive" in ihrer Aprilausgabe 1930 die schnellsten Züge, die nachstehend – mit Entfernungskorrekturen – wiedergegeben sind:

Überblick der schnellsten Züge in Europa, Vr 75,0 km/h und mehr (Sommerfahrplan 1929)							
Land	**Bahn**	**Strecke**	**[km]**	**[min]**	**[mph]**	**[km/h]**	**Bemerkungen**
Frankreich	Nord	Paris – St. Quentin	153,00	91	62,68	100,88	
England	GWR	London – Bath	172,00	105	61,09	98,31	
England	GWR	London – Exeter	279,00	175	59,44	95,66	
Frankreich	Nord	Paris – Arras	192,30	121	59,25	95,36	
Frankreich	Nord	Jeumont – Paris	237,70	150	59,08	95,08	
England	GWR	Bristol – London	189,30	120	58,80	94,63	
Frankreich	Nord	Paris – Calais	298,00	190	58,47	94,11	
Frankreich	Est	Paris – Epernay	142,00	92	57,54	92,61	
Frankreich	Est	Paris – Troyes	166,20	108	57,37	92,33	
Frankreich	Nord	Paris – Boulogne sur Mer	253,20	165	57,21	92,07	
Frankreich	Els.-L.	Strasbourg – Mulhouse	108,30	71	56,87	91,52	Elsass-Lothringen
Belgien	NMBS	Brugge – Bruxelles	95,70	63	56,60	91,10	
Frankreich	Est	Paris – Bar-le-Duc	253,60	168	56,28	90,57	
Deutschland	DRG	Hannover – Hamm	176,40	117	56,21	90,46	
Frankreich	Etat	Paris – Rouen	139,40	93	55,88	89,94	
Deutschland	DRG	Sagan – Liegnitz	74,50	50	55,55	89,40	
Frankreich	Est	Nancy – Paris	352,40	238	55,20	88,84	
Deutschland	DRG	Berlin – Hamburg	286,80	194	55,12	88,70	
Litauen	Lit. St. B.	Kaunas – Virbalis	87,00	59	54,98	88,47	Kauen – Wirballen
Frankreich	Est	Paris – Châlons sur Marne	172,20	117	54,87	88,31	
England	GWR	London – Oxford	102,20	70	54,43	87,59	
Frankreich	Els.-L.	Metz – Strasbourg	154,30	107	53,76	86,52	
Polen	PKP	Poznan – Zbaszyn	74,00	54	51,09	82,22	Posen – Bentschen
Niederlande	Holl. St. B.	Amersfoort – Hengelo	111,50	82	50,69	81,59	Reihe 3700
Italien	FS	Milano – Bologna	216,00	161	50,02	80,50	
Rumänien	CFR	Campina – Bukarest	92,00	71	48,31	77,75	
Österreich	ÖBB	St. Pölten – Linz	128,00	101	47,25	76,04	So 33 D 121 m. 81,7 km/h
Ungarn	MAV	Komáron – Györ	39,00	31	46,90	75,48	Komorn – Raab
Tschechoslowakei	ČSD	Zabreh – Olomouc	45,00	36	46,60	75,00	Hohenstadt – Olmütz
Spanien	MZA	Alcazar – Aranjuez	45,00	36	46,60	75,00	Madrid – Zaragoza – Alicante

Bild 205
Die NS-Reihe 3700 hat Mitte der dreißiger Jahre vor den sogenannten „Dampfdiesels" (Ersatzbespannungen für nicht rechtzeitig angelieferte Dieseltriebwagen) mit mehr als 120 km/h ihre Schnellfahrfähigkeit bewiesen. Hier fährt Lok 3711 mit einem Sneltrein aus Rotterdam in Utrecht ein.

Aufnahme: Sammlung Jürgen U. Ebel

Auf Postwertzeichen rund um den Globus unterwegs

Bild 206 – Kambodscha erinnert an die ersten Lokomotiven der USA.

Bild 207 – Die Grenadinen zeigen die schnelle Camelback Nr.1027.

Bild 208 – Berühmte Dampflokomotiven aus Großbritannien, Belgien und den USA würdigt dieser Briefmarkensatz aus Tansania.

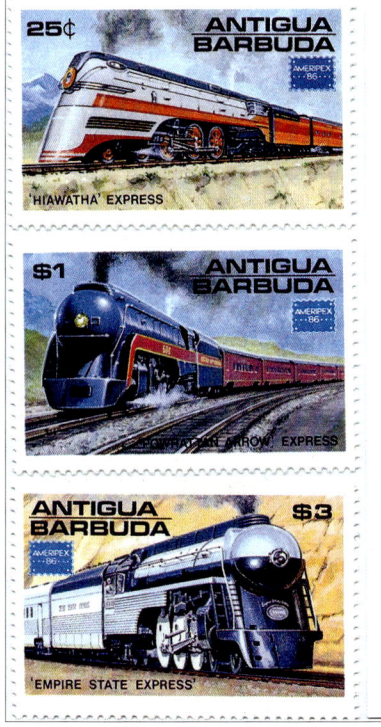

Bild 209 – Auch im fernen, eisenbahnfreien Antigua/Barbuda kommt der „Daylight-Express" auf philatelistischer Schiene daher. Die Milwaukee F 7 am „Hiawatha", der „Powhatan Arrow" mit der Class J und der „Empire State Express" der NYC ergänzen das Set.

Abbildungen (4): Sammlung Ronald Krug

Bild 210 – Ein grandioses Spektakel war jahrelang die tägliche Parallelfahrt aus Englewood: Der NYC „20th Century Limited" und seine Hudson neben dem PRR „Broadway Limited", bespannt mit einer K4s Pacific. Das Wettrennen gewann in der Regel die NYC. Heribert Schröpfer hat diese Szene mit dem Pinsel festgehalten.

Gemälde: Heribert Schröpfer

5.5.4 Kanada, USA

Auf dem nordamerikanischen Kontinent glänzte Kanada schon früh mit schnellen Zügen. Erstmals 1930 kletterte die Reisegeschwindigkeit eines Zugpaares über 100 km/h.

Mit Einführung des Sommerfahrplans am 26. April 1931 hatte die Canadian Pacific Railroad mit der Beschleunigung des „Royal York" für genau 141 Tage den Weltrekord den Briten entrissen, bevor er am 14. September 1931 wieder zurück an den „Cheltenham Flyer" ging. Die H1a- und H1b-Lokomotiven (Nr. 2800 bis 2819) beförderten diese Züge Nr. 19 und 38, die für die gesamte Strecke von Toronto nach Montreal 6 ¼ Stunden benötigten (siehe rechts).

Vier Timings für den schnellsten Zug Kanadas liegen vom Sommer 1932 vor: Ab Montreal mit den H1 2800 bzw. 2812 bespannt sind 105:50 und 106:42 Minuten ausgewiesen und in der Gegenrichtung mit der Pacific 2226 bzw. der H1 2811 in 107:58 bzw. 102:52 Minuten. Die Höchstgeschwindigkeit lag bei 90 mph (144,84 km/h). Nur wenige Abschnitte liegen topografisch günstig für Schnellfahrten. Allzu oft verlaufen die Trassen durch Gebirge

Fahrplan Sommer 1931				
Zug-Nr. 19		**Station**	**Zug-Nr. 38**	
15:00	ab	Montreal	an	21:45
15:05		nur Zustieg – Westmount – nur Ausstieg		21:38
15:10		nur Zustieg – Montreal West –nur Ausstieg		21:33
17:00	an	Smith Falls	ab	19:45
17:10	ab	Smith Falls	an	19:35
18:56		Belleville		17:50
19:10	an	Trenton	ab	17:35
19:15	ab	Trenton	an	17:30
20:24		Oshawa		16:19
20:58		nur Ausstieg – Leaside – nur Zustieg		15:44
21:15	an	Toronto	ab	15:30

oder waren nur eingleisig ausgebaut, umso erstaunlicher, dass solch hohe Reisegeschwindigkeiten erzielt wurden. Ab April 1933 entspannte die CPR ihre Fahrpläne, über 100 km/h platzierte sich vorerst kein Zug mehr.

Fahrplan		Zug-Nr./Zugname	Bespannungsabschnitt	Lok	Meilen	[km]	[min]	[mph]	[km/h]	Bemerkungen
1930	So		Montreal – Brockville	Steam	125,6	202,13	120	62,80	101,07	CNR
1930	So		Brockville – Montreal	Steam	125,6	202,13	120	62,80	101,07	CNR
1931	So	Royal York Nr. 38	Smith's Falls – Montreal West*	2800	124,0	199,56	108	68,26	110,87	19:45 – 21:33
1931	So	Canadian Nr. 19	Montreal West* – Smith's Falls	2800	124,0	199,56	110	67,64	108,85	15:10 – 17:00
1931	So		Trenton – Oshawa*	Steam	71,7	115,39	69	62,35	100,34	CPR
1931	Wi	Royal York Nr. 38	Smith's Falls – Montreal West*	2800	124,0	199,56	108	68,26	110,87	CPR
1931	Wi	Canadian Nr. 19	Montreal West* – Smith's Falls	2800	124,0	199,56	109	68,89	109,85	CPR
1932	So	Royal York	Smith's Falls – Montreal West	2800	124,0	199,56	108	68,26	110,87	CPR
1932	So	Royal York	Montreal West – Smith's Falls	2800	124,0	199,56	109	68,89	109,85	CPR
1932	So		Belleville – Oshawa	Steam	82,1	132,13	77	63,98	102,96	CPR
1932	So		Brockville – Cornwall	Steam	57,9	93,18	55	63,16	101,65	CNR
1932	So		Trenton – Oshawa*	Steam	71,7	115,39	69	62,35	100,34	CPR
1932	Wi	Royal York	Montreal West – Smith's Falls	2800	124,0	199,56	108	68,89	110,87	CPR
1932	Wi	Royal York	Smith's Falls – Montreal West	2800	124,0	199,56	109	68,26	109,85	CPR
* Bedarfshalt										

1936 erschienen fünf stromlinienverkleidete Niagaras mit den Nummern 6400 bis 6404, Class U-4-a, auf den Schienen der CNR, und 1938 erhielt die Grand Trunk Western, die mit der CNR verbunden war, sechs nahezu baugleiche Maschinen der Class U-4-b (6405-6410), mit denen sie die internationalen Züge (International, Inter-City und Maple Leaf) im Abschnitt Port Huron – Chicago bespannte.

Nach Kriegsende ging es wieder aufwärts mit den Fahrzeiten, und am 28. April 1947 erfuhr mit dem neuen Sommerfahrplan der Zug 15 eine Beschleunigung. Er packte die Strecke Belleville – Port Hope in 43 Minuten, Vr 110,26 km/h!

Um 1949/1950 erreichten die 4-4-4s-Maschinen der „Jubilee" Class F1 auf dem nur 16,42 km langen Abschnitt von Pasqua nach Belle Plaine Saskatchewan beachtliche 61 mph (98,17 km/h). Der „International Limited" lag nun auf den Trassen vor und hinter Port Hope wieder über Vr 100 km/h. Ab 1952 standen bei den Zügen Nr. 6 und 15 der CNR weiterhin respektable 107,50 km/h im Fahrplan. Streckendiesellokomotiven wurden im März 1954 angeliefert und übernahmen zuerst die angesehenen Züge Nr. 21 und 22. Ab September 1956 lösten sie auch am „International Limited" die Dampflokomotiven ab. Bis zum Frühjahr 1960 wurde in Kanada der gesamte Reisezugverkehr auf die modernen Traktionen umgestellt.

Fahrplan		Zug-Nr./Zugname	Bespannungsabschnitt	Lok	Meilen	[km]	[min]	[mph]	[km/h]	Bemerkungen
1947	So	International Limited Nr. 15	Belleville – Port Hope	4-8-4	49,1	79,02	43	69,91	110,26	
1949	Wi	International Limited Nr. 15	Belleville – Port Hope (Bedarf)	4-8-4	49,1	79,02	43	69,91	110,26	
1949	Wi	Inter-City Limited Nr. 6	Port Hope – Belleville	4-8-4	49,1	79,02	45	64,47	105,36	
1949	Wi	Inter-City Limited Nr. 6	Oshawa – Belleville	4-8-4	79,8	128,43	75	63,84	102,74	
1949	Wi	International Limited Nr. 15	Belleville – Oshawa (o. Bed. Halt)	4-8-4	79,8	128,43	77	62,18	100,07	
1952	Wi	International Limited Nr. 15	Belleville – Port Hope (Bedarf)	4-8-4	50,1	80,63	45	66,80	107,50	
1952	Wi	Inter-City Limited Nr. 6	Port Hope (Bedarf) – Belleville	4-8-4	49,1	79,02	45	64,47	105,36	
1952	Wi	Inter-City Limited Nr. 6	Oshawa – Belleville (o. Bed. Halt)	4-8-4	79,8	128,43	75	63,84	102,74	
1952	Wi	The Canadian Nr. 20	Chantham – London	4-8-4	64,0	103,00	61	62,95	101,31	„Maple Leaf"
1952	Wi	International Limited Nr. 15	Belleville – Oshawa (o. Bed. Halt)	4-8-4	79,8	128,43	77	62,18	100,07	
1953	So	Inter-City Limited Nr. 6	Port Hope (Bedarf) – Belleville	4-8-4	49,1	79,02	45	64,47	105,36	
1953	So	International Limited Nr. 15	Belleville – Port Hope (Bedarf)	4-8-4	49,1	79,02	45	65,47	105,36	
1953	So	Nr. 634	Thamesville – Glencoe	Steam	19,1	30,74	18	63,67	102,46	CPR
1954	So	Inter-City Limited Nr. 6	Port Hope (Bedarf) – Belleville	4-8-4	49,1	79,02	45	64,47	105,36	
1954	So	International Limited Nr. 15	Belleville – Port Hope (Bedarf)	4-8-4	49,1	79,02	45	65,47	105,36	
1954	So	Nr. 634	Thamesville – Glencoe	Steam	19,1	30,74	18	63,67	102,46	CPR
1954	Wi	International Limited Nr. 15	Belleville – Port Hope	4-8-4	49,1	79,02	45	65,47	105,36	
1954	Wi	International Limited Nr. 15	Belleville – Oshawa	4-8-4	79,8	128,43	77	62,18	100,07	
1955	So	Inter-City Limited Nr. 6	Port Hope (Bedarf) – Belleville	4-8-4	49,1	79,02	45	64,47	105,36	
1955	So	International Limited Nr. 15	Belleville – Port Hope (Bedarf)	4-8-4	49,1	79,02	45	65,47	105,36	
1955	So	Nr. 634	Thamesville – Glencoe	Steam	19,1	30,74	18	63,67	102,46	
1955	So	Nr. 629 (Entlastungszug)	Guelph Juction – Galt	2800	18,0	28,97	17	63,53	102,24	Fr
1955	So	Nr. 629 *	London – Chatham	2800	64,2	103,32	61	63,15	101,63	Fr
1956	So	International Ltd. Nr. 17 **	Strathroy – Wyoming (Bedarfshalte)	4-8-4	25,3	40,72	22	69,00	111,04	
1956	So	Inter-City Limited Nr. 6	Port Hope (Bedarf) – Belleville	4-8-4	49,1	79,02	45	64,47	105,36	

* Timing des Zuges 629 vom 29. Juli 1955: Last acht Wagen mit 472 t, ab London fünf mit 305 t Last. Abfahrt Toronto 15:55 plus 1,5 Minuten.
   Verspätung kontinuierlich steigend auf 33 Minuten bis Tilbury (hohes Reisendenaufkommen, mehrfach Warten auf Güterzüge wegen eingleisiger Strecke). Spitzengeschwindigkeit bei Nissouri 97,5 mph (156,91 km/h). Abschnitt Tilbury – Windsor (31,6 ml, planmäßig 31 min) in 27,75 min, Vr 68,32 mph (109,95 km/h). Ab Windsor vier Wagen, mit Rangierlok 5815 der NYC zum 2,8 Meilen entfernten Endbahnhof Detroit.

** Nur gültig, wenn beide Stationen bedient wurden.

Die Entfernungsangaben in den verschiedenen Fahrplanausgaben variieren z.T. beträchtlich. So werden anno 1946 noch 50,1 Meilen für die Strecke Belleville – Port Hope angegeben. Belleville – Oshawa anno 1932 wird mit 82,1 Meilen berechnet (Quelle: The Railway Magazine)

Canadian Pacific
TIME TABLE

Bild 211 (oben) – Logo der Canadian Pacific.

Bild 212 (links) – CPR Class G3h Nr. 2459 in Montreal. Der Zug 42 „The Atlantic Limited" zählte bis September 1955 zu ihren Aufgaben.

Aufnahme: Slg. Heribert Schröpfer

TORONTO — LONDON — WINDSOR — DETROIT — CHICAGO

READ DOWN / READ UP

TABLE 50 — Eastern Time

635 Ex. Sat.	19 Daily	707 Ex. Sun.	37 Daily	629 Ex. Sat. & Sun.	631 Sat. only	21 Daily	705 Ex. Sun.	Miles	Station	20 Daily	630 Ex. Sun.	706 Ex. Sun.	38 Daily	708 Ex. Sun.	632 Ex. Sun.	22 Daily
P.M.	P.M.	P.M.	P.M.	P.M.	P.M.	A.M.	A.M.		*Royal York Hotel*	A.M.	A.M.	P.M.	P.M.	P.M.	P.M.	P.M.
11.45	10.00	6.00	5.40	4.00	1.30	8.30	7.55	0.0	Lv...TORONTO ‖...Ar	8.50	10.30	12.10	3.05	9.50	9.50	10.20
11.55	10.08	6.08	5.48	4.06	1.30	8.38	8.03	2.3	...Parkdale......	8.40	10.22	11.59	2.55	9.12	9.40	10.10
12.13	10.19	6.18	5.58	4.10	1.42	8.50	8.13	4.5	...West Toronto......	8.32	10.16	11.54	2.47	9.05	9.30	10.02
12.19		6.24	Royal York				8.21	8.7	...Islington......			11.46	Royal York			
	The Michigan					Chicago Express		10.9	...Summerville......	The Canadian						The Overseas
12.28	Canadian	6.33						12.6	...Dixie......					9.06		
		6.38					8.28	14.2	...Cooksville......			11.38				
12.42		6.43	6.18			9.15	8.33	15.9	...Erindale......	8.08		11.33		8.37	8.56	9.36
12.51		P.M.				9.26	8.39	17.3	STREETSVILLE 53......			11.28		P.M.	8.47	9.24
1.00			6.31			9.35	A.M.	21.6	...Hornby......	7.51		A.M.	2.07		8.39	
								32.1	...Milton......						8.39	
								36.0	...Campbellville......						8.28	
1.15			6.48	4.49	2.25	9.55		39.2	Ar..Guelph Jct.. Lv	7.39			1.54		8.25	9.13
			6.50	4.50	2.30	10.00			Lv...Guelph Junc. 59..Ar	7.25			1.50		7.30	9.05
			7.25	5.25	3.05	10.32			Ar...Guelph 59...Lv	6.55			1.20		7.00	8.35
						1.10			Ar...Goderich 59...Lv						4.10	
4.10			6.10	4.00	1.20	9.00			Lv...Goderich 59...Ar							
8.35			6.40	4.30	1.50	9.30			Ar...Guelph 59...Lv	8.15			2.30		9.50	9.50
9.05						8.50			Ar...Guelph Junc. 59..Lv	7.40			1055		9.15	9.15
									Lv...Hamilton 59...Ar							
1.25			6.48	4.49	2.25	9.55		39.2	Lv..Guelph Junc...Ar	7.39			1.54		8.15	9.13
1.35						10.04		44.9	...Puslinch......						8.08	
								52.0	...Killean......						8.00	
1.50	11.29		7.14	5.06	2.45	10.24		57.2	Ar......GALT 57......Lv	7.16	9.20		1.30		7.50	8.45

For service between Galt, Preston, Hespeler, Kitchener, Paris, Brantford, Waterford, Simcoe and Port Dover see Tables 57 and 58

635	19	707	37	629	631	21	705	Miles	Station	20	630	706	38	708	632	22
2.15	11.29		7.14	5.06	2.45	10.24		57.2	Lv......GALT......Ar	7.16	9.20		1.30		7.30	8.45
								60.3	...Orr's Lake......							
2.35			7.30			10.43		67.5	...Ayr......	6.59			1.07		7.08	8.22
2.42			7.38					74.3	...Drumbo......				12.58		6.58	
2.55			7.46			11.04		81.6	...Innerkip......				12.49		6.48	
3.05	12.09		7.59	5.43	3.23	11.20		87.8	Ar..WOODSTOCK...Lv	6.33	8.43		12.41		6.30	7.59
						11.25			Ar...St. Thomas 60...Lv						2.30	
3.25	12.09		7.59	5.43	3.23	11.20		87.8	Lv..Woodstock...Ar	6.33	8.43		12.41		6.30	7.59
								94.9	Ar...St. Marys 61...Lv						6.20	
						1.10									3.50	
3.50			8.20					101.0	...Thamesford......				12.21		6.13	
								109.1	...Crumlin......							
								113.1	...London *Quebec St.*...							
4.10	12.40		8.40	6.20	3.50	12.01		114.6	Ar..LONDON (C.P.Stn.) ‖..Lv	5.55	8.15		12.01		5.50	7.20
									London & Port Stanley Ry.					634 Ex. Sun.		
5.10				6.30	4.40	12.20			Lv..London (L. & P.S.Stn.)..Ar		7.19		11.40			7.01
5.45				7.10	5.20	1.00			Ar...St. Thomas...Lv		6.40		11.00			6.22
6.06				7.34	5.45	1.23			Ar...Port Stanley...Lv		6.15		10.28	P.M.		6.00
4.30	12.50		8.50			12.15		114.6	Lv...LONDON (C.P.Stn.) ‖..Ar	5.40			11.45	6.30		7.05
4.43								125.1	...Komoka......				11.30			
4.48								129.7	...Caradoc......				11.24			
								144.8	...Glencoe......				11.07	5.54		
5.37			9.41			1.03		163.9	...Thamesville......				10.45	5.36		6.07
5.43								169.3	...Kent Bridge......							
6.10	1.52		10.00			1.19		178.6	...CHATHAM......	4.39			10.26	5.15		5.45
6.34								190.5	...Jeanette......							
6.40			10.24			1.41		194.5	...Tilbury......				10.24	4.43		5.20
6.51								204.2	...St. Joachim......							
6.55			10.39					208.8	...Belle River......				9.43	4.19		5.03
								215.6	...Elmstead......							
								222.7	...Walkerville Junc......					4.06		
7.20	2.50		11.05			2.20		226.1	Ar......WINDSOR...Lv	3.45			9.20	P.M.		4.40
7.35	3.00		11.15			2.30			Lv......WINDSOR...Ar	3.35			9.10			4.25
7.45	3.10		11.25			2.40		228.8	Ar...DETROIT E.T...Lv	3.25			9.00			4.15
375	39		315			31			New York Central System	358			316			376
8.30	3.25		11.30			4.45		228.8	Lv...DETROIT E.T...Ar	3.00			7.35			2.55
9.13			12.28			5.27		264.7	Ar...Ann Arbor...Lv	2.10			6.32			2.01
9.53	4.45		1.35			6.06		302.5	...Jackson......	1.20			5.37			1.20
10.40	5.39		3.08			6.48		346.0	...Battle Creek......	12.2			4.34			12.33
11.05	6.13		3.48			7.12		370.8	...Kalamazoo......	11.40			4.02			12.03
11.56	7.12		5.07			8.00		419.4	...Niles...E.T.	10.36			3.05			11.11
11.35	6.50		5.22					456.3	...Michigan City...C.T.	8.55			1.20			
12.40	7.57		7.02			8.38		505.8	...63rd St. Woodlawn...	7.45			12.10			8.40
12.55	8.15		7.20			8.50		512.3	ArCHICAGO Central Stn.C.T Lv	7.35			11.59			8.30
P.M.	A.M.		A.M.	P.M.	P.M.	P.M.				P.M.	A.M.		P.M.			A.M.

For service between Galt, Preston, Hespeler, Kitchener, Paris, Brantford, Waterford, Simcoe and Port Dover see Tables 57 and 58

EXPLANATION OF SIGNS THIS PAGE

- * Daily.
- † Daily ex Sun.
- § Sundays only.
- ‖ Mea. Station.
- ⁂ All seats in coaches and parlor cars reserved and assigned in advance.
- ♦ On Sat., Oct. 11, 18, 25, Nov. 1, 15, Dec. 6, 20, Jan. 17, 24, 31, Feb. 7, 21, train 19 will leave Toronto 11.00 p.m.
- a Flag stop for revenue passengers only.
- b On Sat. leave 2.30p.m.
- d Stops to detrain.
- f Stops on signal.
- g Stops to detrain from beyond Detroit.
- h Stops on signal to entrain for points shown as regular stops.
- j Stops on Sunday to entrain revenue passengers.
- m Stop on Sunday to entrain or to detrain from London and west.
- n Stops on signal to entrain for Toronto and points west of Guelph.
- p Stops on signal Sundays to entrain.
- u Stops to detrain from Toronto and beyond, and entrain for Windsor and beyond.
- v Stops to detrain from Windsor and beyond and entrain for Toronto and beyond.
- y Stops daily except Sunday and stops on signal Sundays.

E.T.—Eastern Time.
C.T.—Central Time

HOW TO CHECK YOUR HAND BAGGAGE BETWEEN RAILROAD STATIONS AT CHICAGO

Passengers holding through tickets and wishing to visit in Chicago between trains, may, on arrival in Chicago, deliver their hand baggage to Parmelee Company's Agent and secure claim check for it. In cases where there is not less than three hours between arrival and departure of their trains, baggage will be transferred to the parcel room of the station from which departure will be made and should be claimed on presentation of the claim check.

The charge for this service, on presentation of transfer coupon, is only fifteen cents for each piece, which includes parcel room fee for the first twenty-four hours.

Bild 213 – Der Zug 20 erreicht im Winter 1952/1953 von Chatham nach London beachtliche Vr 101,63 km/h. Der Gegenzug Nr. 19 bringt es auf 99,99 km/h. Zug 31 „Spirit of St. Louis" liegt auf dem NYC-Abschnitt von Jackson nach Battle Creek bei 64,43 mph (103,70 km/h). Zug 358 meistert den Abschnitt Kalamazoo – Battle Creek mit 62,18 mph (100,07 km/h).

Abbildungen (3): Archiv VM Nürnberg, Sammlung Ronald Krug

Table 82—MONTREAL (Central Station)-OTTAWA-TORONTO.

Pool Train 17	Pool Train 21	19	25	Pool Train 15	Pool Train 109	Pool Train 9	Pool Train 5	Pool Train 7	Mls.	April 25, 1954.	Pool Train 8	Pool Train 14	Pool Train 10	Pool Train 6	18	118	Pool Train 22	Pool Train 16	26
										LVE.] (East. time.) [ARR.									
P M	....	P M	P M	....	....	....	A M	A M	0	+..Montreal, Que...	P M	P M	....	....	A M	....	....	A M	A M
*1100	....	*840	†450				*9 15	*8 10		...Central Station...	4 20	*545			6 55			7 30	9 40
—	—	—	5 08				—	—.-	4.1	...Turcot East...	—	—							9 26
r1122		—	5 22				†941	—.-	9 4	+....Lachine...	—	†515			†6 22		╓6 57		9 11
										LEAVE] [ARRIVE									
	P M			P M					0	+..Montreal (East. time)...		P M			A M				
	*1015			*330					2.0	...Windsor Station...		1015			6 55				
	10 22			⊙336					4.7	...Westmount...		:1007			6 47				
	/1030			/3 42						+...Montreal West...		:1000			6 40				
r1138	h1049	9 20	554				†9 57	....	22.3	+..Ste. Anne de Bellevue..	z3 33	†459			6 01		h612	╗6 30	8 37
			607						26.0	+..Vaudreuil (Dorion)...					⊙-				8 30
			6 15						30.7	+....Cedars...									8 25
			f619						32.8	+...St. Dominique...									8 21
			6 25						36.3	+...Wilsonvale...									8 17
			637				*1018		39.4	arr...+Coteau...lve.		4 38			5 39				8 11
		*9 25	†535				*8 35		44.7	lve..+Valleyfield...arr.		5 00			╗7 00		╙700		8 30
r1159		9 43	637				*1018		39.4	lve...+Coteau...arr.		4 38			5 39		6 09		8 11
			f641						41.3	...St. Zotique...								f803	7 58
			6 47						44.9	..River Beaudette, Que..								f759	7 50
			6 57						50.1	...Bainsville, Ont...								f759	7 39
			7 05						55.5	+...Lancaster...								7 39	7 30
			7 15						61.1	+...Summerstown...								7 30	7 23
12 37		10 26	733	4 47			10 52	9 37	69.2	+...Cornwall...	2 45	4 06			8 54		5 36	7 19	7 04
			742						74.0	+...Mille Roches...	—	—						7 00	7 00
			f745						75.3	...Moulinette...	—	—						6 55	6 55
			751						78.8	+....Wales...	—	—						6 46	6 46
			8 00						83.2	+...Farran's Point...	—	—						6 41	6 41
			8 05						85.7	+...Aultsville...	—	—						6 19	6 19
		10 56	817				11 19		94.1	+...Morrisburg...	—	3 33	v y					6 19	6 19
		⊙	8 27				y△		100.8	+...Iroquois...	—	—	v y					6 10	6 10
		y△	8 36				y△		106.3	+...Cardinal...	—	—	v y					5 56	5 56
		1132	849				11 47	10 28	115.4	arr..+Prescott...lve.	c1 56	3 07			4 04			5 56	5 56
		1132	849				11 47	10 28	115.4	lve...Prescott...arr.	c1 56	3 07			4 04			f542	5 42
									122.1	+....Maitland...	—	—						5 35	5 35
1 50		1154	9 10	5 45			*1205	*1045	127.1	arr.+Brockville...lve.	1 40	*2 50			755			4 25	
			P M	*330			†9 15		127.1	lv.+Ottawa(Un.Sta.)...ar.		†5 35	10 05						A M
				5 30			†1150		127.1	ar. Brockville (Un. Sta.) lv.		†2 55	8 10						
2 00		12 15	555				*1215	10 55	127.1	lv. Brockville (Un.Sta.)ar.	1 30	*2 40		750	13 25	●3 25		4 15
		X1240	—				el233	—	139.8	+...Mallorytown...		j 2 18		j 2 50	2 00	3 00		
		X1250	—				jl244	—	148.1	+....Landsdowne...		e2 08		j 2 50	2 48	2 50		
							1 10		159.9	arr..+Gananoque..lve.		*1 20		2 10	2 10			
							*1220			lve.} (Via T. I. Ry.) {arr.		2 15		2 05	3 00	3 00		
		I 05	I 25				12 55		155.4	+..Gananoque Junc...		1 57			2 37	2 38		3 16
		I 45	12 35				1 25	11 49	174.5	+...Kingston...	1236	1 32		659	2 00	2 05		
									181.9	+...Collin's Bay...								
									189.6	+...Ernestown...								
3 20		2 25					1 57	ul220	200.4	arr...+Napanee...lve.	vl2 01	12 56			1 15	1 17		i2 38
		2 25					1 57	ul220	200.4	lve...Napanee...arr.	vl2 01	12 56			1 15	1 17		i2 38
									208.6	+....Marysville...								
4 30	十345	3 00		7 45	P M	P M	2 30	12 50	222.2	arr..+Belleville...lve.	11 30	12 20	P M	6 01	12 30	12 35	‡140	2 02
4 35	十345	3 20		7 48	§6 30	¥445	2 40	12 55	222.2	lve...Belleville...arr.	11 25	12 15	12 15	3 50	5 58	12 10	12 25	‡140	1 55
		3 42			6 47	5 05	3 00		234.3	+..Trenton Junction...	—	11 58	11 59	3 27	11 50	11 10		‡120
	‡405					◆	3 14		243.5	#...Trenton...							‡120	
		x355			659	520			243.5	+....Brighton...		11 44	11 44	3 07	11 31	f1155		
		x405			709	5 30			251.1	+....Colborne...		11 31	11 31	2 54	╙1 20	╙1 45		
					717	5 40			257.6	+....Grafton...		f2 44		f2 44				
p△	‡500	4 30		f833	727	553	3 42		265.5	+...Cobourg...		11 11	11 13	2 34	11 03	1129	‡228	vz
p△	□510	4 43			737	605	3 54	u146	272.3	+...Port Hope...	V1035	11 00	11 02	2 21	f5 13	10 48	1115	q1219	vz
					755	625			287.9	+...Newcastle...		10 38	10 41	1 58		—	1050	
—	□537	x510			802	635	4 18	—	292.3	+...Bowmanville...		10 29	10 33	1 48	—	10 11	10 41	‡1150	—
6 16	□553	5 33		9 05	815	6 05	4 36	2 20	302.0	+...Oshawa...	V1002	10 13	10 18	1 33	4 43	9 52	10 05	‡1135	12 21
—	f542				8 22	715	4 44	—	306.5	+...Whitby...	—	9 57	10 05	1 17	—	f931	10 11	
—	—				830	732	—	—	313.0	+...Pickering...	—	—	—	1 05	—	—	—	
—	—				—	—	—	—	319.1	+...Port Union...	—	—	—	—	—	—	—	
—	—			√847	√752	—	—	326.5	+...Scarboro...	—	f1255	—	—	f1255	—	—	
										+....Danforth...		f1245	—	—	f1245	—	—	
701		x616		◇934	854	8 00	514	3 00	330.1	+...Danforth...	928	9 30	9 35	—	859	940	
715	7 00	6 30		945	905	810	*525	3 15	335.4	+..Toronto, Ont. (E.T.)..	*9 15	*9 15	*9 20	†1225	*4 00	†845	§9 25	*1030	‡1130
A M	A M	A M		P M	P M	P M	P M	P M		ARR.] (Union Sta.) [LVE.	A M	A M	A M	P M	P M	P M	P M	P M	P M

NOTE ◆—CANADIAN NATIONAL-CANADIAN PACIFIC POOL TRAINS.

*Daily; †daily, except Sunday; ‡daily, except Saturday; ¶daily, except Monday; §Sunday only; c stops for revenue passengers only from Toronto or to Montreal and beyond; e stops Monday, Wednesday and Friday only; f stops on signal; g on Sunday arrives 8 30 a.m.; h Canadian Pacific Station—stops for revenue passengers to or from Toronto and beyond; i stops for passengers from beyond Sunnyside, St. Clair Avenue and West Toronto; j stops Tuesday, Thursday and Saturday; k Saturday only; l stops on signal to take passengers—does not carry local passengers from Windsor Station to Montreal West; m stops for passengers from Danforth and beyond—on Sunday arrives 7 30 a.m.; p stops to take passengers for Toronto and beyond; q Canadian Pacific Station—stops for passengers to Montreal and beyond; r stops to take passengers for Kingston and beyond; s stops Sunday; t stops for revenue passengers from Cornwall and beyond; u stops for revenue passengers only to detrain from Montreal or entrain for Toronto; v stops for passengers to Montreal and beyond; x regular stop, daily, except Sunday—stops on signal Sunday only; y stops to leave from or take passengers for Kingston and beyond; z stops for revenue passengers from Toronto and beyond. ¥ Daily, except Saturday and Sunday. ◇Stops Friday only to discharge passengers. ● Monday only. ⊙ On Sunday stops for revenue passengers to Montreal. ‡ Canadian Pacific Station. √ Stops to detrain revenue passengers. □ Canadian Pacific Station—except Sundays stops for passengers from Montreal and beyond or to points beyond Toronto. △ Stops to discharge passengers from Montreal. b Does not carry local passengers from Montreal, Windsor Station, to Westmount. ▪ Ferry connection made for passengers from Danforth and beyond. ○ Stops on signal Sunday only at 11 04 p.m.

Bild 214 – Im CNR-Fahrplan vom 25. April 1954 setzen der „International Limited" (Belleville – Port Hope) der „Inter-City Limited" die Glanzpunkte mit Vr 107,5 km/h.

Bild 215
Eng verbunden mit der Canadian National Railway war die Grand Trunk Railway. GTW 4-8-4 Nr. 6408 rattert hier am 10. Januar 1938 über die kurzen Schienenstöße in Chicagos Agglomeration.

Aufnahme: Slg. Eisenbahnstiftung

Zug-Nr. 19		Meilen	[km/h]	The International Limited (mit Dampflok bespannt) (Canadian National und Grand Trunk Railway)	Stand: 13. Dezember 1954 [km]
täglich					
15:30	ab	0,0		Montreal, QB (Windsor Station) (Eastern Time)	0,00
Z 15:36		2,0		Westmount, QB	3,22
B 15:36		4,7		Montreal West, QB	7,56
16:47		69,2		Cornwall, ON	111,37
17:45	an	127,1		Brockville, ON (Union Station)	204,55
17:55	ab				
18:47		174,5		Kingston, ON	280,83
19:45	an	222,2		Belleville, ON	357,60
19:48	ab				
B 20:33		272,3	107,50 km/h	Port Hope, ON	438,22
21:05		302,0		Oshawa, ON	486,02
A 21:34		330,1		Danforth, ON	531,24
21:45	an	335,4		Toronto, ON	539,77
22:00	ab				
22:11		338,8		Sunnyside, ON	545,25
22:30		356,7		Oakville, ON	574,05
22:55	an	374,7		Hamilton, ON	603,02
22:58	ab				
23:43		400,1		Brantford, ON	643,99
00:17		426,6		Woodstock, ON	686,55
00:47	an	455,3		London, ON	732,73
00:52	ab				
01:54	an	514,2		Sarnia, ON (Grand Trunk Railway)	827,53
02:04	ab				
02:16	an	517,3		Port Huron, MI	832,51
02:30	ab				
03:37		580,6		Flint, MI	934,39
04:32	an	629,8		Lansing, MI	1.013,57
04:40	ab				
05:30	an	674,1		Battle Creek, MI (Eastern Time/Central Time)	1.084,86
05:55		750,8	98,75 km/h	South Bend, IN	1.208,30
06:48		795,2		Valparaiso, IN	1.279,75
07:36		840,7		Chicago Lawn, IL	1.352,98
08:00	an	851.0		Chicago, IL (Dearborn Station) (Central Time)	1.369,55
Z: Nur Zustieg			B: Bedarfshalt (Flagstop)		A: Nur Ausstieg

Bild 216 – Alte Plattenaufnahme aus dem Jahr 1897 mit dem „Kamelrücken" Nr. 1027 der Atlantic City Railroad. Unglaublich, was dem Lokpersonal damals zugemutet wurde: Der Heizer befeuerte nahezu ungeschützt bei einem Tempo von über 130 km/h vom Tender aus die riesige Feuerbüchse mit Anthrazit, während der Lokführer sich vergegenwärtigen musste, dass bei einem Treibstangenbruch die Stahlteile ins Führerhaus schlugen.

Aufnahme: Sammlung Friends of the Railroad Museum Strasburg, Pennsylvania

Die **USA**, das Land der unbegrenzten Möglichkeiten, rangiert bei den schnellsten Dampfzügen deutlich auf Platz 1: Sowohl die planmäßigen Höchst- und Reisegeschwindigkeiten als auch die Vielzahl schneller Züge und die Länge der Bespannungsabschnitte blieben und bleiben unerreicht.

Der „Seashore Flyer" der Philadelphia & Reading Railroad hatte bereits 1897 für die 55,5 Meilen 52 Minuten im Fahrplan (Camden 15:48 Uhr ab, Atlantic City an 16:40 Uhr), was 64,04 mph oder 103,06 km/h Reisegeschwindigkeit entspricht. Die minutiösen

Aufzeichnungen von jeweils 26 Fahrten im Juli und August 1897 mit der Atlantic Nr. 1027 (1.450 PS) als Zuglok belegen Fahrzeiten zwischen 46,5 und 50 Minuten. Am 4. Juli 1900 schaffte die 4-4-2 Class P-3a die Strecke in 40 Minuten und 18 Sekunden mit Vr 75,2 mph (121,0 km/h). 1905 standen 50 Minuten im Fahrplan, ausgelegt für P5 „Camelbacks", und auch noch 1914 gehörte dem „Flyer" mit der selben Fahrzeit zwischen Camden und Atlantic City der Titel: Schnellster „Start to Stop"-Zug der Welt. Bis in die zwanziger Jahre blieb dieser Rekord unangetastet.

Fahrplan		Zug-Nr./Zugname	Bespannungsabschnitt	Lok	Meilen	[km]	[min]	[mph]	[km/h]	Bemerkungen
1897	So	„Seashore Flyer"	Camden – Atlantic City	Steam	55,5	89,32	52	64,04	103,06	Weltrekord
1905	So	„Seashore Flyer"	Camden – Atlantic City	Steam	55,5	89,32	50	66,60	107,18	Weltrekord
1914	So	„Seashore Flyer"	Camden – Atlantic City	Steam	55,5	89,32	50	66,60	107,18	Weltrekord

In den Folgejahren waren die Geschwindigkeiten allgemein rückläufig, alle Züge lagen unter 100 km/h. 1928 standen zwei Züge auf dieser Strecke mit 60,2 mph an der Spitze der Dampfzüge in den Vereinigten Staaten, allerdings fünf Minuten langsamer als 1914.

Schneller Lokwechsel bei der Pennsylvania Railroad anno 1915: In Manhattan Station bei Harrison, New Jersey, wechselte die PRR die Dampflokomotiven gegen elektrische Loks aus, die dann bis zum Endbahnhof in New York die Traktion übernahmen. Die benötigte Zeit für die Lokwechsel wurde genau notiert. Im Winter sah der Fahrplan vier Minuten vor, die auch voll gebraucht wurden. In der milden Jahreszeit, wenn keine Heizschläuche zu kuppeln

waren, ging der Lokwechsel erheblich schneller, und der Rekord lag bei 1 Minute 30 Sekunden. Die Pünktlichkeit erreichte 98 %.

Da soll der Vergleich mit dem beeindruckenden Rangiermanöver im deutschen Bad Harzburg im Fahrplanjahr 1961/1962 nicht fehlen: Die Zuglok des E 563 aus Kreiensen, eine 03⁰ vom Bw Hamburg-Altona, hatte genau zehn Minuten Zeit (16:49 bis 16:59 Uhr) für das Abhängen, Vorziehen an den Prellbock, über das Auswechselgleis Richtung Signalbrücke und zurück auf die Scheibe zum Drehen fahren und anschließend über das Weichenfeld an den Zug zu „sägen". Nicht zu vergessen ist die dann folgende Bremsprobe für die Weiterfahrt nach Lüneburg.

| BD Hamburg MA Hamburg Bw Hamburg | **Laufplan der Triebfahrzeuge** | gültig vom 1. Nov. 1961 an ungültig vom 19 an |

DplNr	Baureihe	Tag	0	1	2	3	4	5	6	7	8	9	10	11	12	13	14	15	16	17	18	19	20	21	22	23	24	Kilometer
01	03	1				H-Altona						E 156 v Lü	E 564	Bwg	X E 564 Krei	E 563 X		Bwg E 563	Lü E 563	H-Altona			570

X: Bad Harzburg, Lok umsetzen und drehen   Lü = Lüneburg   Bwg = Braunschweig   Krei = Kreiensen

Bild 217 – Laufplanauszug der 03⁰ vom Bw Hamburg-Altona mit dem E 563 aus dem Winter 1961/1962.

Abbildung: Sammlung Ronald Krug

Ende 1930 schafften 29 Dampfzüge auf dem amerikanischen Kontinent die „Mile a Minute", davon vier in Kanada. Die Reading Company hatte zwei besonders schnelle Züge zu bieten.

Fahrplan	Zug-Nr./Zugname	Bespannungsabschnitt	Lok	Meilen	[km]	[min]	[mph]	[km/h]	Bahngesellschaft
1930	So		West Trenton – Jenkintown		22,0	34,41	21	62,86	101,16	Reading
1930	So		Atlantic City – Hammonton		28,0	45,06	27	62,22	100,13	Reading

Nach 1931 entwickelten sich die Reisegeschwindigkeiten in den USA explosionsartig. Diese fünf Züge sind bereits 1932 über die 100-km/h-Hürde gesprungen.

Fahrplan	Zug-Nr./Zugname	Bespannungsabschnitt	Lok	Meilen	[km]	[min]	[mph]	[km/h]	Bahngesellschaft
1932	So	Big Four Lines	Galion – Linndale	Steam	73,8	118,77	70	63,26	101,80	New York Central
1932	So	Liberty Limited	Plymouth – Fort Wayne	Steam	64,1	103,16	61	63,05	101,47	Pennsylvania Railroad
1932	So	Liberty Limited	Gary – Plymouth	Steam	58,8	94,63	56	63,00	101,39	Pennsylvania Railroad
1932	So		Evanston – Waukeegan	Steam	23,9	38,46	23	62,35	100,34	Chicago & N.W.
1932	So	20th Century Limited	Elkhart – Toledo	4-6-4	133,0	214,04	128	62,34	100,33	New York Central

Der Winterfahrplan 1932/33 sah bereits 43 Abschnitte über 96,56 km/h mit total 4.300 Kilometer Länge vor.

1933, als in Europa das 100-km/h-Zeitalter erst richtig begann, hatte die Pennsylvania Railroad ihren „Detroit Arrow" mit 121,55 km/h zwischen Plymouth und Fort Wayne im Fahrplan. Die E6s „Atlantics" benötigten für die 64,2 Meilen (103,32 Kilometer) Distanz ganze 51 Minuten, Weltrekord! Der Gegenzug lief kaum langsamer. Die Strecken der konkurrierenden Pennsylvania Railroad (PRR) und New York Central Lines führten auf unterschiedlichen Routen von Chicago nach New York: Die PRR hatte die kürzere, aber schwierigere Trassenführung durch die Allegheny Berge. Die NYC-Züge benötigten zwischen den beiden Metropolen die gleiche Fahrzeit, obwohl die – weitgehend ebene – Strecke 90 Kilometer länger war.

Fahrplan	Zug-Nr./Zugname	Bespannungsabschnitt	ab	an	Lok	[km]	[min]	[mph]	[km/h]	Bahngesellschaft
1933	So	Detroit Arrow	Plymouth – Fort Wayne			E6s	103,32	51	75,53	121,55	Pennsylvania Railroad
1933	So	Detroit Arrow	Fort Wayne – Gary			E6s	197,79	98	75,25	121,10	Pennsylvania Railroad
1933	So	Broadway Limited	Englewood – Fort Wayne	15:15	17:27	K4s	226,76	132	64,05	103,07	Pennsylvania Railroad
1933	So	20th Century Limited	Elkhart – Toledo	16:07	18:12	4-6-4	214,04	125	63,84	102,74	New York Central

Zwei aufeinanderfolgende Abschnitte mit je 105 km/h hatte der Zug 207 „Union" im Sommerfahrplan 1934.

Fahrplan	Zug-Nr./Zugname	Bespannungsabschnitt	ab	an	Lok	[km]	[min]	[mph]	[km/h]	Bahngesellschaft
1934	So	Union	Plymouth – Valparaiso	18:24	19:01	K4s	64,86	37	65,35	105,17	Pennsylvania Railroad
1934	So	Union	Fort Wayne – Plymouth	17:25	18:24	K4s	103,32	59	65,29	105,07	Pennsylvania Railroad

Aus dem Winterfahrplan 1934 sind alle Dampfzüge mit einer Reisegeschwindigkeit über 100 km/h bekannt. Die Milwaukee Road setzte ihre Hudsons Class F6 vor den Zügen 23 und 28 ein. „The 400 (401)" wurde zum 2. Januar 1935 eingeführt und mit ölgefeuerten Pacifics Class E-2-a bespannt.

Fahrplan	Zugname	Nr.	Bespannungsabschnitt	ab	an	[km]	[min]	[mph]	[km/h]	Bemerkungen
1934	Wi	New York Limited	10	Essex – Ridgetown			82,88	39	79,23	127,51	Michigan Central
1934	Wi	Union	208	Valparaiso – Plymouth	14:21	14:53	64,86	32	75,56	121,61	Pennsylvania Railroad
1934	Wi	Detroit Arrow	4	Plymouth – Fort Wayne	17:34	18:25	103,32	51	75,53	121,55	Pennsylvania Railroad
1934	Wi	Detroit Arrow	7	Fort Wayne – Gary	17:55	19:34	197,79	99	74,48	119,87	Pennsylvania Railroad
1934	Wi	Union	208	Gary – Valparaiso	14:06	14:21	29,93	15	74,40	119,74	Pennsylvania Railroad
1934	Wi	Union	208	Plymouth – Fort Wayne	14:53	15:45	103,32	52	74,08	119,22	Pennsylvania Railroad
1934	Wi	Detroit Arrow	4	Gary – Plymouth	16:46	17:34	94,63	48	73,50	118,29	Pennsylvania Railroad
1934	Wi	Union	207	Fort Wayne – Plymouth	17:25	18:18	103,32	53	72,68	116,97	Pennsylvania Railroad
1934	Wi	Union	207	Plymouth – Valparaiso	18:18	18:52	64,86	34	71,12	114,45	Pennsylvania Railroad
1934	Wi	Liberty Limited	58	Gary – Plymouth	15:06	15:57	94,63	51	69,18	111,33	Pennsylvania Railroad

Fahrplan		Zugname	Nr.	Bespannungsabschnitt	ab	an	[km]	[min]	[mph]	[km/h]	Bemerkungen
1934	Wi	Golden Arrow	78	Gary – Plymouth	13:06	13:57	94,63	51	69,18	111,33	Pennsylvania Railroad
1934	Wi	20th Century Limited	25	Toledo – Elkhart			214,04	117	68,21	109,77	New York Central
1934	Wi	Broadway Limited	29	Fort Wayne – Englewood	06:39	08:43	226,76	124	68,18	109,72	Pennsylvania Railroad
1934	Wi	Broadway Limited	28	Englewood – Fort Wayne	15:45	17:49	226,76	124	68,18	109,72	Pennsylvania Railroad
1934	Wi	The 400	401	Chicago – Milwaukee			136,79	75	68,00	109,44	Chicago & N.W.
1934	Wi	The 400	400	Milwaukee – Chicago			136,79	75	68,00	109,44	Chicago & N.W.
1934	Wi		1021	Haddonfield – Absecon			72,90	40	67,95	109,35	P-RSL
1934	Wi	Liberty Limited	59	Fort Wayne – Plymouth	05:58	06:55	103,32	57	67,58	108,76	Pennsylvania Railroad
1934	Wi	Liberty Limited	58	Plymouth – Fort Wayne	15:57	16:54	103,32	57	67,58	108,76	Pennsylvania Railroad
1934	Wi	20th Century Limited	26	Elkhart – Toledo			214,04	120	66,50	107,02	New York Central
1934	Wi	Golden Arrow	78	Plymouth – Fort Wayne	13:57	14:55	103,32	58	66,41	106,88	Pennsylvania Railroad
1934	Wi	Pacemaker	151	Evanston – Kenosha			63,73	36	66,00	106,22	Chicago & N.W.
1934	Wi	The 400	401	South Beaver Dam – Adams			98,97	56	65,89	106,04	Chicago & N.W.
1934	Wi	Broadway Limited	29	Crestline – Fort Wayne			211,79	121 *	65,26	105,02	Pennsylvania Railroad
1934	Wi	Commd. Vanderbilt	68	Elkhart – Toledo			214,04	123	64,88	104,41	New York Central
1934	Wi	The 400	400	Adams – South Beaver Dam			98,97	57	64,74	104,18	Chicago & N.W.
1934	Wi	Knickerbocker	24	Muncie – Sidney			105,89	61	64,72	104,16	Big Four
1934	Wi	New York Special	104	Columbus – Galion			93,66	54	64,67	104,07	Big Four
1934	Wi	Cleveland Limited	21	Erie – Ashtabula			65,66	38	64,42	103,68	New York Central
1934	Wi	Daylight	20	Clinton – Gibson City			62,12	36	64,33	103,53	Illinois Central
1934	Wi		1029	Haddonfield – Atlantic City			82,72	48	64,25	103,40	P-RSL
1934	Wi	Lake Shore Limited	19	Toledo – Goshen			198,11	115	64,23	103,36	New York Central
1934	Wi	Pennsylvania Limited	5	Fort Wayne – Plymouth			103,32	60	64,20	103,32	Pennsylvania Railroad
1934	Wi	Gotham Limited	54	Gary – Fort Wayne			197,79	115	64,12	103,19	Pennsylvania Railroad
1934	Wi	Daylight	19	Kankakee – Clinton			149,19	87	63,93	102,89	Illinois Central
1934	Wi	Michigan Boulevard	22	Clinton – Kankakee			149,19	87 *	63,93	102,89	Illinois Central
1934	Wi	Chicago-Madison	23	Chicago – Milwaukee			136,79	80	63,75	102,60	Milwaukee Road
1934	Wi	Milwaukee-Chicago	28	Milwaukee – Chicago			136,79	80	63,75	102,60	Milwaukee Road
1934	Wi	The 400	401	Adams – Eau Claire			182,82	107	63,70	102,52	Chicago & N.W.
1934	Wi	Broadway Limited	28	Fort Wayne – Crestline			211,79	124 *	63,68	102,48	Pennsylvania Railroad
1934	Wi	Spirit of St. Louis	30	Effingham – Terre Haute			109,27	64	63,66	102,44	Pennsylvania Railroad
1934	Wi	Daylight	20	Gibson City – Kankalee			87,07	51	63,65	102,43	Illinois Central
1934	Wi	Century of Progress	21	Chicago Heights – Watseka			81,92	48	63,63	102,39	Chicago & E. Illinois
1934	Wi	Century of Progress	22	Watseka – Chicago Heights			81,92	48	63,63	102,39	Chicago & E. Illinois
1934	Wi	Columb.-Cincinn. Sp.	35	Wellington – Crestline			63,09	37	63,57	102,30	Big Four
1934	Wi	Twilight Limited	26	Niles – Kalamazoo			78,21	46	63,39	102,02	Michigan Central
1934	Wi	20th Century Limited	26	Englewood – Elkhart			151,12	89	63,30	101,88	New York Central
1934	Wi	Royal Blue	28	Wayne Junction – Plainfield			96,72	57	63,26	101,81	Baltimore & Ohio
1934	Wi	Knickerbocker	124	Galion – Linndale			118,77	70	63,26	101,80	Big Four
1934	Wi	Fort Dearborn	44	Englewood – Fort Wayne			226,92	134	63,13	101,60	Pennsylvania Railroad
1934	Wi	The 400	400	Eau Claire – Adams			182,82	108	63,11	101,57	Chicago & N.W.
1934	Wi	Knickerbocker	24	Hillsboro – Pana			43,94	26	63,00	101,39	Big Four
1934	Wi	Prairie State	609	Englewood – Elkhart			214,04	127	62,83	101,12	New York Central
1934	Wi	Mohawk	142	Ashrabula – Erie			65,66	39	62,77	101,02	New York Central
1934	Wi	Wall Street Special	602	Jenkintown – Jersey City			127,78	76	62,68	100,88	P-RSL
1934	Wi	Fast Mail	56	Sturtevant – Deerfield			60,51	36	62,67	100,85	Milwaukee Road
1934	Wi	Wolverine	8	Windsor – St. Thomas			176,38	105	62,63	100,79	Michigan Central
1934	Wi	Michigan Boulevard	21	Chicago 63th Str. – Clinton			226,27	135	62,49	100,57	Illinois Central
1934	Wi	Ohio State Limited	16	Columbus – Galion			93,66	56	62,36	100,35	Big Four
1934	Wi	Columbine	12	Brighton – La Salle			45,06	27	62,22	100,14	Union Pacific
1934	Wi	Royal Blue	27	Plainfield – Wayne Junction			96,72	58	62,17	100,06	Baltimore & Ohio
1934	Wi	Columbian	523	Plainfield – Wayne Junction			96,72	58	62,17	100,06	Baltimore & Ohio

* Züge 28 und 29: Fahrzeit inkl. 5 min Betriebshalt am Kohlenbunker, Zug 22 inkl. Bedarfshalt

Bild 218 – Den weltlichen Neuerungen aufgeschlossen zeigen sich im Herbst 1935 die jungen Geistlichen der St. Pauls Universität ob der Vorbeifahrt des nagelneuen „Hiawatha" mit der Atlantic Nr. 1 bei Rondout nördlich Chicago.   Aufnahme: Sammlung Robin Garn

Im Sommerfahrplan 1935 hatten sich bereits dieselelektrische und elektrische Lokomotiven etabliert und setzten neue Bestmarken. Die Fahrzeiten reduzierten sich erheblich. 146 Abschnitte mit 60 mph oder mehr legten die Dampfzüge zurück, weitere 225 elektrisch und 42 dieselelektrisch befördert.

Bester, mit der 90 mph schnellen ersten Serie der Ellokbaureihe GG1 bespannter Zug, war der „Chicago Limited" von Kenosha nach Wangekan, der die 24,14 km Strecke in zwölf Minuten Fahrzeit absolvierte (mit Vr 75,0 mph oder 120,70 km/h).

Spitzenreiter mit dieselelektrischer Lok war der „Super-Chief" von La Junta nach Dodge City, 325,73 km in 145 Minuten mit planmäßigen Vr 83,7 mph (134,70 km/h), von Dampfzügen ein unerreichter Wert.

Zwischen diesen beiden Zügen lag der dampfbespannte „Detroit Arrow" mit 75,53 mph (121,55 km/h), wie in den Vorjahren mit der Atlantic E6s als Zuglok. Noch 1935 erhielt er zwischen Plymouth und Fort Wayne eine Minute Fahrzeitzuschlag und blieb dann bei Vr 74,08 mph oder 119,22 km/h.

Fahrplan		Zugname	Nr.	Bespannungsabschnitt	Lok	Meilen	[km]	[min]	[mph]	[km/h]	Bemerkungen
1935	So	Detroit Arrow	4	Plymouth – Fort Wayne	E6s	64,2	103,32	51	75,53	121,55	Pennsylvania Railroad

Unbestritten der berühmteste Dampfzug war der am 29. Mai 1935 eingeführte „Hiawatha". Er verband Chicago mit den Twin-Citys St. Paul/Minneapolis. Bis zum Januar 1939 zogen „Class A" Atlantics (4-4-2) mit den Ordnungsnummern 1 bis 4 den Zug, abgelöst von kohlegefeuerten F7 Hudsons (Nr. 100 bis 105). Ab 1939 in zwei

Zugpaaren gefahren, übernahmen 1941 dieselelektrische Lokomotiven den Afternoon, ab 1947 auch den „Morning Hiawatha". Die Atlantics wanderten in andere Dienste ab. So sah man sie anno 1943 vor dem „Midwest Hiawatha". Am 9. November 1951 zog die PRR mit Lok Nr. 2 die letzte der vier Maschinen aus dem Verkehr.

Fahrplan		Zugname	Nr.	Bespannungsabschnitt	ab	an	Lok	[km]	[min]	[mph]	[km/h]	Bahngesellschaft
1935	So	Hiawatha	100	New Lisbon – Portage	16:10	16:45	4-4-2	69,36	35	73,89	118,91	Milwaukee Road
1935	So	Hiawatha	101	Portage – New Lisbon	15:42	16:18	4-4-2	69,36	36	71,83	115,60	Milwaukee Road
1935	So	Hiawatha	100	La Crosse – New Lisbon	15:19	16:10	4-4-2	96,24	51	70,35	113,22	Milwaukee Road
1935	So	Hiawatha	101	New Lisbon – La Crosse	16:18	17:09	4-4-2	96,24	51	70,35	113,22	Milwaukee Road
1935	So	Hiawatha	100	Milwaukee – Chicago	18:15	19:30	4-4-2	136,79	75	68,00	109,44	Milwaukee Road
1935	So	Hiawatha	101	Chicago – Milwaukee	13:00	14:15	4-4-2	136,79	75	68,00	109,44	Milwaukee Road
1935	So	Hiawatha	100	Portage – Milwaukee	16:46	18:10	4-4-2	149,51	84	66,36	106,79	Milwaukee Road
1935	So	Hiawatha	101	Milwaukee – Portage	14:17	15:41	4-4-2	149,51	84	66,36	106,79	Milwaukee Road
1935	So	Hiawatha	101	Winona – Red Wing	17:45	18:43	4-4-2	100,42	58	64,55	103,89	Milwaukee Road
1935	So	Hiawatha	100	Red Wing – Winona	13:44	14:44	4-4-2	100,42	60	62,40	100,42	Milwaukee Road

Bis 1936 hatte sich die Zahl der „Mile a Minute"-Züge verdreifacht. Fort Wayne, Indiana galt als „schnellste Dampflokstation", man nannte sie „Steam Speed Capitol". Täglich über 30 Züge mit Vr 60 mph und mehr tangierten den Bahnhof. Die Auflistung zeigt alle 27 Züge, die auf 57 Abschnitten über 64 mph StS (103 km/h) erreichten.

Fahrplan		Zug-Nr./Zugname	Bespannungsabschnitt	Lok	Meilen	[km]	[min]	[mph]	[km/h]	Bahngesellschaft
1936	So	Detroit Arrow	Fort Wayne – Gary	K4s	122,9	197,79	99	74,49	119,87	Pennsylvania Railroad
1936	So	Detroit Arrow	Plymouth – Fort Wayne	K4s	64,2	103,32	52	74,08	119,22	Pennsylvania Railroad
1936	So	Hiawatha	New Lisbon – Portage	4-4-2	43,1	69,36	35	73,89	118,91	Milwaukee Road
1936	So	Detroit Arrow	Gary – Plymouth	K4s	58,8	94,63	48	73,50	118,29	Pennsylvania Railroad
1936	So	Union	Gary – Plymouth	K4s	58,8	94,63	48	73,50	118,29	Pennsylvania Railroad
1936	So	Union	Plymouth – Valparaiso	K4s	40,3	64,86	33	73,27	117,92	Pennsylvania Railroad
1936	So	Union	Fort Wayne – Plymouth	K4s	64,2	103,32	53	72,68	116,97	Pennsylvania Railroad
1936	So	Union	Plymouth – Fort Wayne	K4s	64,2	103,32	53	72,68	116,97	Pennsylvania Railroad
1936	So	Hiawatha	Portage – New Lisbon	4-4-2	43,1	69,36	36	71,83	115,60	Milwaukee Road
1936	So	Daylight	Kankakee – Gibson City	Steam	54,1	87,07	46	70,57	113,56	Illinois Central
1936	So	Hiawatha	La Crosse – New Lisbon	4-4-2	59,8	96,24	51	70,35	113,22	Milwaukee Road
1936	So	Hiawatha	New Lisbon – La Crosse	4-4-2	59,8	96,24	51	70,35	113,22	Milwaukee Road
1936	So	Liberty Limited	Plymouth – Fort Wayne	K4s	64,2	103,32	55	70,04	112,71	Pennsylvania Railroad
1936	So	Atlantic City Express	Haddonfield – Absecon	4-6-4	45,3	72,90	39	69,69	112,16	P-RSL
1936	So	Seven O' Klocker	West Trenton – Belle Mead	Steam	17,4	28,00	15	69,60	112,01	Reading
1936	So	20th Century Limited	Elkhart – Toledo	J-1E	133,0	214,04	115	69,39	111,67	New York Central
1936	So	Golden Arrow	Gary – Plymouth	K4s	58,8	94,63	51	69,18	111,33	Pennsylvania Railroad
1936	So	Liberty Limited	Gary – Plymouth	K4s	58,8	94,63	51	69,18	111,33	Pennsylvania Railroad
1936	So	Golden Arrow	Plymouth – Fort Wayne	K4s	64,2	103,32	56	68,79	110,70	Pennsylvania Railroad
1936	So	Broadway Limited	Englewood – Fort Wayne	K4s	141,0	226,92	124	68,23	109,80	Pennsylvania Railroad
1936	So	Broadway Limited	Fort Wayne – Englewood	K4s	141,0	226,92	124	68,23	109,80	Pennsylvania Railroad
1936	So	Hiawatha	Chicago – Milwaukee	4-4-2	85,0	136,79	75	68,00	109,44	Milwaukee Road
1936	So	Hiawatha	Milwaukee – Chicago	4-4-2	85,0	136,79	75	68,00	109,44	Milwaukee Road
1936	So	The 401	Chicago – Milwaukee	E-2-a	85,0	136,79	75	68,00	109,44	Chicago & N.W.
1936	So	The 400	Milwaukee – Chicago	E-2-a	85,0	136,79	75	68,00	109,44	Chicago & N.W.
1936	So	Shoreland	Evanston – Kenosha	4-6-4	39,6	63,73	35	67,89	109,25	Chicago & N.W.
1936	So	Daylight	Springfield – Litchfield	Steam	45,2	72,74	40	67,80	109,11	Illinois Central
1936	So	Liberty Limited	Fort Wayne – Plymouth	K4s	64,2	103,32	57	67,58	108,76	Pennsylvania Railroad
1936	So	The 401	Wyeville – Eau Claire	E-2-a	84,2	135,51	75	67,36	108,41	Chicago & N.W.
1936	So	Broadway Flyer	Camden – Atlantic City	4-6-4	57,9	93,18	52	66,81	107,52	P-RSL
1936	So	Quaker City	Atlantic City – Camden	4-6-4	57,9	93,18	52	66,81	107,52	P-RSL
1936	So	The 400	Eau Claire – Wyeville	E-2-a	84,2	135,51	76	66,47	106,98	Chicago & N.W.
1936	So	Hiawatha	Milwaukee – Portage	4-4-2	92,9	149,51	84	66,36	106,79	Milwaukee Road
1936	So	Hiawatha	Portage – Milwaukee	4-4-2	92,9	149,51	84	66,36	106,79	Milwaukee Road
1936	So	Mercury	Toledo – Linndale	K-5b	100,6	161,90	91	66,33	106,75	New York Central
1936	So	Commuter	Evanston – Kenosha	4-6-4	39,6	63,73	36	66,00	106,22	Chicago & N.W.
1936	So	Valley	Evanston – Kenosha	4-6-4	39,6	63,73	36	66,00	106,22	Chicago & N.W.
1936	So	Golden Arrow	Fort Wayne – Gary	K4s	122,9	197,79	112	65,84	105,96	Pennsylvania Railroad
1936	So	Fort Dearborn	Gary – Fort Wayne	K4s	122,9	197,79	112	65,84	105,96	Pennsylvania Railroad
1936	So	The 401	South Beaver Dam – Adams	E-2-a	61,4	98,81	56	65,79	105,87	Chicago & N.W.
1936	So	Atlantic City Express	Haddonfield – Atlantic City	4-6-4	51,4	82,72	47	65,62	105,60	P-RSL
1936	So	Broadway Limited	Crestline – Fort Wayne	K4s	131,6	211,79	121	65,26	105,02	Pennsylvania Railroad
1936	So	Southland	Valparaiso – Fort Wayne	K4s	104,4	168,02	96	65,25	105,01	Pennsylvania Railroad
1936	So	ohne Namen	Mount Holly – Toms River	K4s	32,6	52,46	30	65,20	104,93	Pennsylvania Railroad
1936	So	Water Level Limited	Elkhart – Toledo	Steam	133,0	214,04	123	64,88	104,41	New York Central
1936	So	20th Century Limited	Toledo – Elkhart	K-5b	133,0	214,04	123	64,88	104,41	New York Central
1936	So	Commodore Vanderbilt	Toledo – Elkhart	J-1e	133,0	214,04	123	64,88	104,41	New York Central
1936	So	Knickerbocker	Mincie – Sidney	Steam	65,8	105,89	61	64,72	104,16	Big Four
1936	So	The 400	Adams – S. Beaver Dam	E-2-a	61,4	98,81	57	64,63	104,01	Chicago & N.W.
1936	So	Hiawatha	Winona – Red Wing	4-4-2	62,4	100,42	58	64,55	103,89	Milwaukee Road
1936	So	Royal Blue (Nr. 28)	Wayne Junction – Plainfield	P-7	60,1	96,72	56	64,39	103,63	Baltimore & Ohio
1936	So	Columbian (Nr. 26)	Wayne Junction – Plainfield	P-7	60,1	96,72	56	64,39	103,63	Baltimore & Ohio

Fahrplan		Zug-Nr./Zugname	Bespannungsabschnitt	Lok	Meilen	[km]	[min]	[mph]	[km/h]	Bahngesellschaft
1936	So	Lake Shore Limited	Toledo – Goshen	4-6-4	123,1	198,11	115	64,23	103,36	New York Central
1936	So	Pennsylvania Limited	Fort Wayne – Plymouth	K4s	64,2	103,32	60	64,20	103,32	Pennsylvania Railroad
1936	So	20th Century Limited	Buffalo – Collinwood	0 4-6-4	175,4	282,28	164	64,17	103,27	New York Central
1936	So	Commod. Vanderbilt	Buffalo – Collinwood	4-6-4	175,4	282,28	164	64,17	103,27	New York Central
1936	So	20th Century Limited	Englewood – Elkhart	J-1e	93,9	151,12	88	64,02	103,03	New York Central

K-5b: 4-6-2 (Pacific), ab 1936 zwei Loks mit Stromlinienverkl.; J-1e: 4-6-4 (Hudson), 4344 Stromlinie; E-2-A: 4-6-2 Öl (Pacific); P-7: 4-6-2 (Presidents Class, z.T. Stromlinie)

1937 erfüllten bereits 45 (davon 13 namenlose) Dampfzüge auf 84 Abschnitten diese Kriterien.
Der „Detroit Arrow" fiel hinter den „Hiawatha" zurück und belegte die Plätze 2 und 3. Diese vier Züge lagen oberhalb 115 km/h.

Fahrplan		Zug-Nr./Zugname	Bespannungsabschnitt	Lok	Meilen	[km]	[min]	[mph]	[km/h]	Bahngesellschaft
1937	So	Hiawatha	New Lisbon – Portage	4-4-2	43,1	69,36	35	73,89	118,91	Milwaukee Road
1937	So	Detroit Arrow	Englewood – Fort Wayne	K4s	140,9	226,76	115	73,51	118,31	Pennsylvania Railroad
1937	So	Detroit Arrow	Fort Wayne – Englewood	K4s	140,9	226,76	115	73,51	118,31	Pennsylvania Railroad
1937	So	The 401	Chicago – Racine	E-2-a	61,9	99,62	51	72,82	117,20	Chicago & N.W.

1938 erzielten 49 Dampfzüge auf 92 Abschnitten eine Vr über 64 mph / 103 km/h. Die ersten vier Züge blieben gegenüber dem Vorjahr unverändert, hier die 20 Besten. Zeitgleich am 15. Juni 1938 erhielten der „Broadway Limited" und der „20th Century Limited" Stromlinien-Garnituren.

Fahrplan		Zug-Nr./Zugname	Bespannungsabschnitt	Lok	Meilen	[km]	[min]	[mph]	[km/h]	Bahngesellschaft
1938	So	Hiawatha Nr. 100	New Lisbon – Portage	4-4-2	43,1	69,36	35	73,89	118,91	Milwaukee Road
1938	So	Detroit Arrow Nr.4	Englewood – Fort Wayne	K4s	140,9	226,76	115	73,51	118,31	Pennsylvania Railroad
1938	So	Detroit Arrow	Fort Wayne – Englewood	K4s	140,9	226,76	115	73,51	118,31	Pennsylvania Railroad
1938	So	The 401	Chicago – Racine	E-2-a	61,9	99,62	51	72,82	117,20	Chicago & N.W.
1938	So	Hiawatha Nr. 101	Portage – New Lisbon	4-4-2	43,1	69,36	36	71,83	115,60	Milwaukee Road
1938	So	Liberty Limited Nr. 58	Plymouth – Fort Wayne	K4s	64,2	103,32	54	71,33	114,80	Pennsylvania Railroad
1938	So	Daylight	Kankalee – Gibson City	4-8-4	25,9	41,68	22	70,64	113,68	Illinois Central
1938	So	Shoreland	Fort Sheridan – Kenosba	4-6-2	25,9	41,68	22	70,64	113,68	Chicago & N.W.
1938	So	20th Century Limited	Toledo – Elkhart	J-3a	133,0	214,04	113	70,62	113,65	New York Central
1938	So	Hiawatha Nr. 100	La Crosse – New Lisbon	4-4-2	59,8	96,24	51	70,35	113,22	Milwaukee Road
1938	So	Hiawatha Nr. 101	New Lisbon – La Crosse	4-4-2	59,8	96,24	51	70,35	113,22	Milwaukee Road
1938	So	Broadway Ltd. Nr. 28	Englewood – Fort Wayne	K4s	140,9	226,76	122	69,30	111,52	Pennsylvania Railroad
1938	So	Golden Arrow	Plymouth – Fort Wayne	K4s	64,2	103,32	56	68,79	110,70	Pennsylvania Railroad
1938	So	Broadway Limited	Fort Wayne – Englewood	K4s	140,9	226,76	123	68,73	110,61	Pennsylvania Railroad
1938	So	Daylight	Farmer City – Gibson City	Steam	20,6	33,15	18	68,67	110,51	Illinois Central
1938	So	Crusader Nr. 607	West Trenton – Jenkintown	G15 A	21,7	34,92	19	68,53	110,28	Reading

K4s: 4-6-2 (Pacific); G15 A: 4-6-2 (Pacific); J-3a: 4-6-4 (Hudson)

Der Fahrplan des „Hiawatha". Die Ankunftszeiten in New Lisbon sind im Original nicht genannt und mit den Abfahrtszeiten gleichgesetzt.

Vr in [km/h]	Zug 101		Meilen	The Hiawatha, Chicago, Milwaukee, St. Paul and Pacific Railroad, Fahrplanstand: Juli 1938 Zuglok: ALCO 4-4-2 Atlantic	[km]		Zug 100	Vr in [km/h]
	13:00	ab	0,0	Chicago, IL (Union Station) (CT)	0,00	an	19:30	109,44
109,44	14:15	an	85,0	Milwaukee, WI	136,79	ab	18:15	
	14:17	ab				an	18:10	106,80
106,80	15:41	an	177,9	Portage, WI	286,30	ab	16:46	
	15:42	ab				an	16:45	118,91
115,60	16:18	an	221,0	New Lisbon, WI	355,67	ab	16:10	
	16:18	ab				an	16:10	113,22
113,22	17:09	an	280,8	La Crosse, WI	451,90	ab	15:19	
	17:14	ab				an	15:14	85,94
85,94	17:44	an	307,5	Winona, MN	494,87	ab	14:44	
	17:45	ab				an	14:43	102,13
		an	369,9	Red Wing, MN	595,30	ab	E 13:44	
	A 18:53	ab				an		
		an	411,5	St. Paul, MN	659,83	ab	13:00	
	19:30	ab				an		
35,41	20:00	an	422,4	Minneapolis, MN	677,53	ab	12:30	

A : Halt nur zum Aussteigen; E: Halt nur zum Einsteigen; Vmax: 100 mph/160,93 km/h; Vr auf der Gesamtstrecke: 60,34 mph/97,11 km/h

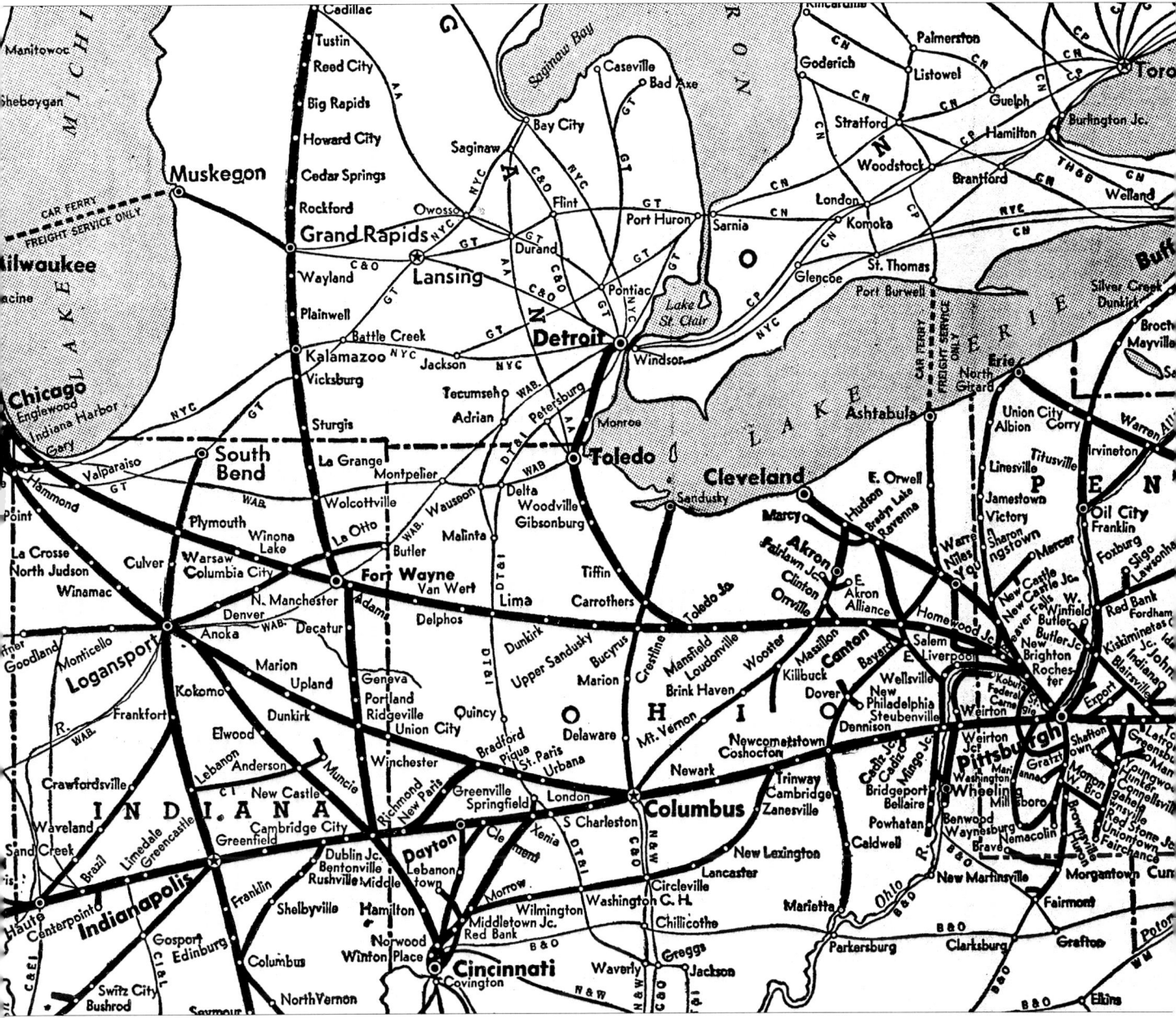

Bild 219 – Streckenkarte der Pennsylvania Railroad mit dem Knoten Fort Wayne als Zentrum.

Abbildung: Sammlung Ronald Krug

1939 hatte die Dampftraktion in den USA den Höhepunkt bereits überschritten. Zunehmend bespannten dieselelektrische Einheiten die Expresszüge. Trotzdem sind noch 31 mit Dampflokomotiven bespannte Züge auf 63 Abschnitten über 66 mph (106,2 km/h) registriert, davon neun Abschnitte über 115 km/h. Spitzenreiter „The 400/401" wurden am 24. September 1939 verdieselt.

Fahrplan		Zug-Nr./Zugname	Bespannungsabschnitt	Lok	Meilen	[km]	[min]	[mph]	[km/h]	Bahngesellschaft
1939	So	The 401	Chicago – Racine	E2a	61,9	99,62	49	75,80	121,98	Chicago & N. W.
1939	So	Hiawatha	Sparta – Portage	4-6-4 F7	78,3	126,01	62	75,77	121,95	Milwaukee Road
1939	So	Hiawatha	New Lisbon – Portage	4-6-4 F7	43,1	69,36	35	73,89	118,91	Milwaukee Road
1939	So	Hiawatha	Portage – New Lisbon	4-6-4 F7	43,1	69,36	35	73,89	118,91	Milwaukee Road
1939	So	Detroit Arrow	Englewood – Fort Wayne	K4s	140,9	226,76	115	73,51	118,31	Pennsylvania Railroad
1939	So	Chippewa	Deerfield – Milwaukee	4-6-2	61,1	98,33	50	73,32	118,00	Milwaukee Road
1939	So	Detroit Arrow	Fort Wayne – Englewood	K4s	140,9	226,76	116	72,88	117,29	Pennsylvania Railroad
1939	So	Trail Blazer	Plymouth – Fort Wayne	K4s	64,1	103,16	53	72,57	116,78	Pennsylvania Railroad
1939	So	Hiawatha	Milwaukee – Portage	4-6-4 F7	92,9	149,51	78	71,46	115,01	Milwaukee Road

Anfang 1939 gab es bereits zwei „Hiawatha"-Zugpaare. Die Fahrt des „Afternoon Hiawatha" vom 2. Februar ist dokumentiert.

Afternoon Hiawatha Fahrt vom 02.02.1939		Chicago – Milwaukee – Portage – New Lisbon			Lok: F7 Hudson Nr.100 9 Wagen mit 390 t Tara			New Lisbon – La Crosse – Winona – Red Wing – St. Paul – Minneapolis	
Vmax 100 mph		ab Chicago Lokführer Stephens			ab Milwaukee Lokführer Knowlton			ab La Crosse Lokführer Hoard	
Messpunkt/Ort	km	h:min:s	[km/h]	Planzeit	Messpunkt/Ort	km	h:min:s	[km/h]	Planzeit
Chicago ab	0,00	13:00:00	Plan ab 13:00	eff. [km/h]	New Lisbon ab	355,67	16:17:40	Plan ab 16:18	eff. [km/h]
Western Avenue	4,67	13:08:09	48,28		Camp Douglas	365,32	16:24:10	94,95<146,45	
Pacific Junction	8,69	13:11:58	83,69	13:09	Oakdale	375,46	16:29:00	144,84<149,67	
Grayland	13,20	13:15:10	75,64		Tomah	384,31	16:33:18	141,62>49,89	Weiche
Forest Glen	16,42	13:17:41	107,83		Tunnel City (326 m)	391,39	16:36:24	72,42	16:38
Morton Grove	23,01	13:21:05	136,79		Camp Mc Coy	404,59	16:44:00	146,45<152,89	
Glenview	28,00	13:23:09	144,84		Sparta (242 m)	412,31	16:46:41	141,62<144,84	16:46
Techny Tower A20	32,67	13:25:12	148,06	13:22	Rockland	422,94	16:51:13	144,84	
Northbrook	33,64	13:25:37	149,67>144,84	Kurve	Bangor	428,73	16:53:35	144,84	La
West Lake Forest	45,06	13:30:03	157,72>131,97	Kurve	West Salem	436,13	16:56:49	128,75<144,84	
Wilson	59,22	13:36:08	148,06		Medary	447,40	17:02:15	75,64<91,73	17:04
Gursee	62,12	13:37:15	160,93>144,84	Kurve	Grand C.	449,97	17:04:08	64,37	
Wadsworth	68,88	13:39:52	149,67>138,40	13:37	La Crosse an	451,90	17:07:35	Plan an 17:09	113,22 km/h
Russell	75,64	13:42:44	138,40>128,75	Kurve	La Crosse ab	451,90	17:14:28	Plan ab 17:14	
Ranney	83,04	13:46:00	128,75	13:43	West Wye Switch	452,55	17:16:15	40,23<77,25	
Somers	92,54	13:50:00	141,28		Bridge Switch	455,12	17:18:58	62,76<85,30	
Sturtevant	99,46	13:52:47	143,23	13:50	River Junction	457,21	17:20:42	57,94<112,65	
Franksville	106,22	13:55:31	149,67		Dresbach	463,81	17:24:46	115,87	
Tower A 68	109,60	13:56:54	149,67	13:54	Dakota	466,39	17:26:16	114,26	
Caledonia	111,69	13:57:41	152,89<160,93		Donehower	472,66	17:29:31	117,48	
Oakwood	117,16	13:59:48	156,11<157,72		Lamoille	480,39	17:33:31	119,09>114,26	
Lake	125,37	14:02:57	152,79<160,93	Bremsen	Homer	487,79	17:37:19	119,09	
Powerton	129,23	14:04:45	114,26	Kurve	CGW Crossing	491,49	17:39:28	96,56	
Washington Street	135,02	14:08:32	49,89	14:09	Winona an	494,87	17:42:36	k.A.	91,64 km/h
Milwaukee an	136,79	14:12:45	Plan an 14:15	112,82 km/h	Winona ab	494,87	17:44:28	Plan ab 17:45	
Milwaukee ab	136,79	14:19:18	Plan ab 14:17		Tower CK	497,93	17:48:35	72,42	
Milwaukee Shops	140,01	14:23:33	62,76>70,81		Minnesota City	504,69	17:52:47	107,83<111,04	
Wauwatosa	145,48	14:28:27	75,64		Minneiska	520,94	18:01:38	114,26	
Elm Grove	152,73	14:33:13	112,65>94,95	Kurve	Weaver	526,09	18:04:22	114,26<128,75	
Bruckfield	159,65	14:37:15	120,70<135,18	14:34	Kellogg	538,16	18:10:24	128,75>112,65	
Duplainville	163,99	14:39:11	128,75		Wabasha	547,98	18:15:33	99,78	18:15
Pewaukee	169,46	14:41:41	146,45>109,44	Kurve	Reads Landing	551,04	18:17:19	112,65	
Hartland	176,87	14:44:58	112,66<131,97	14:43	Lake City	568,10	18:26:42	128,75>112,65	
Nashotah	181,21	14:47:05	125,53		Frontenac	578,24	18:31:51	131,97>96,56	Kurve
Oconomowoc	189,58	14:50:39	144,85>141,62	14:48	Red Wing an	595,30	18:41:40	k.A.	105,35 km/h
Ixonia	198,75	14:54:31	141,62<152,89		Red Wing ab	595,30	18:42:40	Plan ab 18:43	
Watertown	210,82	15:00:10	53,11	14:58	Island Siding	598,68	18:45:45	114,26	
Richwood	217,74	15:04:51	141,62>123,92	Kurve	Signal Halt !		18:51:30	Zuglaufstörung durch	
Reeseville	226,27	15:08:49	114,26		Signal Halt !		18:51:55	einen Schienenbruch	
Columbus	240,92	15:15:15	146,45		Blackbird Junction	618,79	19:02:40	136,79	
Fall River	246,71	15:17:42	138,40>112,65	Kurve	Hastings	628,13	19:06:55	64,37>56,33	Brücke
East Rio	261,52	15:24:07	146,45>112,65	15:24, Kv	St. Croix Tower	630,06	19:08:43	49,89<128,75	19:01
Wyocena	271,82	15:29:36	128,75<148,06		Newport	649,21	19:20:20	94,95<128,75	19:15
Portage Junction	284,37	15:35:10	80,47		Oakland	656,45	19:24:12	96,56	
Portage an	286,30	15:37:24	Plan an 15:35	114,86 km/h	St. Paul Yard	658,06	19:25:16	112,54>80,47	
Portage ab	286,30	15:41:04	Plan ab 15:41		St. Paul an	662,25	19:31:40	Plan an 19:30	81,98 km/h
Lewiston	300,46	15:49:53	144,84		St. Paul ab	662,25	19:34:00	Plan ab 19:33	
Cheney	303,36	15:51:05	148,06>112,65		Chestnut Street	663,69	19:37:15	48,28	19:37
Wisconsin Dells	313,50	15:55:50	104,61		Merriam Park	671,58	19:45:00	77,49	19:44
Lyndon	327,34	16:02:22	160,93>143,23		Tower G	671,58	19:47:18	80,57>35,41	19:47
Mauston	344,40	16:09:06	141,62<143,23		South Minneapolis	676,73	19:50:26	43,45	19:50
New Lisbon an	355,67	16:15:20	k.A.	121,45 km/h	Minneapolis an	679,79	19:57:02	Plan an 20:00	45,70 km/h

Im Sommerfahrplan, gültig ab April 1940, setzte sich die Milwaukee Road (offiziell „Chicago, Milwaukee, St. Paul and Pacific Railroad") mit dem „Morning Hiawatha" die Krone auf: Der 126 km lange Abschnitt Sparta – Portage wurde beim „Morning Hiawatha" nochmals auf 58 Minuten beschleunigt. Mit Vr 81 mph, gleich 130,36 km/h fegten die F7 Hudsons zwischen den beiden Halten Sparta und Portage über die Strecke – ein Weltrekord für die Ewigkeit? Die Fahrzeit war extrem knapp bemessen und mit der planmäßigen Höchstgeschwindigkeit von 100 mph (160,93 km/h) eine Herausforderung. Deshalb waren 110 mph (177 km/h) längst alltäglich geworden.

Der überwiegende Teil der schnellen Züge war 1940 an die modernen Traktionsarten gefallen. Hier die Aufstellung mit noch verbliebenen schnellen Dampfzügen der USA und dem Weltrekordzug „Morning Hiawatha" an der Spitze (ohne NYC, PRR).

Fahrplan		Zugname	Nr.	Bespannungsabschnitt	Lok	Meilen	km	[min]	[mph]	[km/h]	Bahngesellschaft
1940	So	Morning Hiawatha	6	Sparta – Portage	4-6-4s	78,3	126,01	58	81,00	130,36	Milwaukee Road
1940	So	Afternoon Hiawatha	100	Portage – Watertown	4-4-2	46,9	75,48	38	74,05	119,18	Milwaukee Road
1940	So	Morning Hiawatha	6	Wisconsin Dells-Columbus	4-6-4s	28,2	45,38	23	73,57	118,39	Milwaukee Road
1940	So	Afternoon Hiawatha	100	La Crosse – New Lisbon	4-4-2	59,8	96,24	49	73,22	117,84	Milwaukee Road
1940	So	Afternoon Hiawatha	101	New Lisbon – La Crosse	4-4-2	59,8	96,24	49	73,22	117,84	Milwaukee Road
1940	So	Morning Hiawatha	5	Wisconsin Dells – Mauston	4-6-4s	19,2	30,90	16	72,00	115,87	Milwaukee Road
1940	So	Afternoon Hiawatha	101	Milwaukee – Portage	4-4-2	92,9	149,51	78	71,46	115,01	Milwaukee Road
1940	So	Morning Hiawatha	6	La Crosse – Sparta	4-6-4s	24,6	39,59	21	70,29	113,11	Milwaukee Road
1940	So	Afternoon Hiawatha	101	Portage – New Lisbon	4-4-2	43,1	69,36	37	69,89	112,48	Milwaukee Road
1940	So	Zipper	20	Villa Grove – Chicago Hat's	S/D	118,5	190,71	102	69,71	112,18	Chicago & E. Illinois
1940	So	Wolverine	8	St. Thomas – Black Rock	J-3a	134,5	216,46	118	68,39	110,06	Michigan Central
1940	So	Morning Hiawatha	5	Chicago – Milwaukee	4-6-4s	85,0	136,79	75	68,00	109,44	Milwaukee Road
1940	So	Morning Hiawatha	6	Milwaukee – Chicago	4-6-4s	85,0	136,79	75	68,00	109,44	Milwaukee Road
1940	So	Afternoon Hiawatha	100	Milwaukee – Chicago	4-4-2	85,0	136,79	75	68,00	109,44	Milwaukee Road
1940	So	Afternoon Hiawatha	101	Chicago – Milwaukee	4-4-2	85,0	136,79	75	68,00	109,44	Milwaukee Road
1940	So	Morning Hiawatha	5	Columbus – Portage	4-6-4s	28,2	45,38	25	67,68	108,92	Milwaukee Road
1940	So	Morning Hiawatha	5	Portage – Wisconsin Dells	4-6-4s	16,9	27,20	15	67,60	108,79	Milwaukee Road
1940	So	Banner Blue	11	Taylorville – Litchfield	Steam	32,5	52,30	29	67,24	108,21	Wabash Railroad
1940	So	Morning Hiawatha	6	Red Wing – Winona	4-6-4s	62,4	100,42	56	66,86	107,60	Milwaukee Road
1940	So	Afternoon Hiawatha	101	Winona – Red Wing	4-4-2	62,4	100,42	56	66,86	107,60	Milwaukee Road
1940	So	Zipper	21	Chicago Hat's – Villa Grove	S/D	118,5	190,71	107	66,45	106,94	Chicago & E. Illinois
1940	So	Banner Blue	10	Monticello – Gibson City	Steam	32,9	52,95	30	65,80	105,89	Wabash Railroad
1940	So	Banner Blue	11	Gibson City – Monticello	Steam	32,9	52,95	30	65,80	105,89	Wabash Railroad
1940	So	Afternoon Hiawatha	100	Red Wing – Winona	4-4-2	62,4	100,42	57	65,68	105,71	Milwaukee Road
1940	So	Twilight Limited	30	Englewood – Niles	J-3a	86,4	139,05	79	65,62	105,61	Michigan Central
1940	So	Banner Blue	10	Edwardsville – Litchfield	Steam	30,5	49,08	28	65,36	105,18	Wabash Railroad
1940	So	Wolverine	8	Windsor – St. Thomas	J-3a	109,6	176,38	101	65,11	104,78	Michigan Central
1940	So	N.N.	44	Windsor – St. Thomas	J-3a	109,6	176,38	101	65,11	104,78	Michigan Central
1940	So	Zipper	20	Sulliva – Tuscola	S/D	22,7	36,53	21	64,86	104,38	Chicago & E. Illinois
1940	So	Zipper	21	Tuscola – Sullivan	S/D	22,7	36,53	21	64,86	104,38	Chicago & E. Illinois
1940	So	Morning Hiawatha	6	Columbus – Milkauwee	4-6-4s	64,7	104,12	60	64,70	104,12	Milwaukee Road
1940	So	Fast Mail Express	7	Hutchinson – Dogde City	4-8-4	101,4	163,19	95	64,04	103,07	Santa Fe
1940	So	N.N.	7	Chicago – Milwaukee	Steam	85,0	136,79	80	63,75	102,60	Milwaukee Road
1940	So	80 Minute Train	10	Milwaukee – Chicago	Steam	85,0	136,79	80	63,75	102,60	Milwaukee Road
1940	So	N.N.	23	Chicago – Milwaukee	Steam	85,0	136,79	80	63,75	102,60	Milwaukee Road
1940	So	80 Minute Train	24	Milwaukee – Chicago	Steam	85,0	136,79	80	63,75	102,60	Milwaukee Road
1940	So	80 Minute Train	29	Chicago – Milwaukee	Steam	85,0	136,79	80	63,75	102,60	Milwaukee Road
1940	So	Mercury	75	Ann Arbor – Jackson	K 5	38,2	61,48	36	63,67	102,46	Michigan Central
1940	So	Morning Hiawatha	6	Sparta – Wisconsin Dells	4-6-4s	61,4	98,81	58	63,52	102,22	Milwaukee Road
1940	So	N.N.	7	Milkauwee-Oconomowoc	Steam	32,8	52,79	31	63,48	102,17	Milwaukee Road
1940	So	Mercury	71	Niles – Kalamazoo	K 5	48,6	78,21	46	63,39	102,02	Michigan Central
1940	So	Mercury	75	Kalamazoo – Niles	K 5	48,6	78,21	46	63,39	102,02	Michigan Central
1940	So	Zipper	21	Pana – Hillsboro	S/D	27,3	43,94	26	63,00	101,39	Chicago & E. Illinois
1940	So	Banner Blue	10	Litchfield – Taylorville	Steam	32,5	52,30	31	62,90	101,23	Wabash Railroad
1940	So	Morning Hiawatha	5	New Lisbon – Milwaukee	4-6-4s	46,0	74,03	44	62,73	100,95	Milwaukee Road
1940	So	Fast Mail Express	7	Dodge City – Syracuse	4-8-4	120,2	193,44	115	62,71	100,93	Santa Fe
1940	So	Morning Hiawatha	5	Watertown – Tornah	4-6-4s	18,8	30,26	18	62,67	100,85	Milwaukee Road
1940	So	Afternoon Hiawatha	100	Watertown – Columbus	4-4-2	18,7	30,09	18	62,33	100,32	Milwaukee Road
1940	So	Zipper	20	Pans – Sullivan	S/D	29,0	46,67	28	62,14	100,01	Chicago & E. Illinois

S/D: Dieseltraktion möglich; 4-6-4s: Hudson (Stromlinienverkleidung)

Am kalten 14. Januar 1941 stand für die Hudson Nr. 100 die Beförderung des „Hiawatha" Nr. 6 auf dem Plan. Ab Milwaukee ist die beeindruckende Fahrt dokumentiert. Für die 85 Meilen (136,8 Kilometer) waren 75 Minuten planmäßig Fahrzeit vorgesehen. Die Abfahrt begann genau um 13:38:03, drei Minuten verspätet. Nach 17 Meilen waren erstmals die 100 mph erreicht. Bis Rondout (Milepost 52,7) notierte der Timer zwei Mal 110 mph (177,03 km/h). Anschließend setzte kräftiger Schneefall ein, und eine Langsamfahrstelle bei Milepost 55 zwang den Lokführer, auf etwa 50 mph herunterzubremsen. Am Milepost 71 bei Morton Grove registrierte man noch mal 103 mph (165,76 km/h). Schließlich endete die Fahrt nach exakt 69:27 Minuten Fahrzeit um 14:47:30 Uhr in Chicago. Damit lag die Reisegeschwindigkeit bei 73,43 mph (118,17 km/h)!

Bei der New York Central führend war anno 1941 der „20th Century Limited" (Zug Nr. 26), bespannt mit Stromlinien-Hudson zwischen Englewood und Toledo mit 70,18 mph.

Fahrplan		Zugame	Nr.	Bespannungsabschnitt	Lok	Meilen	[km]	[min]	[mph]	[km/h]	Bahngesellschaft
1941	So	20th Century Limited	26	Englewood – Toledo	4-6-4s	226,9	365,16	194	70,18	112,94	New York Central
1941	So	Advance C. Vanderbilt	66	Elkhart – Toledo		133,0	214,04	117	68,21	109,77	New York Central
1941	So	N.N.	80	Elkhart – Waterloo		54,3	87,39	48	67,88	109,23	New York Central
1941	So	Lake Shore Limited	19	Toledo – Goshen		123,1	198,11	110	67,15	108,06	New York Central
1941	So	Pacemaker	2	Elkhart – Toledo		133,0	214,04	119	67,06	107,92	New York Central
1941	So	Commodore Vanderbilt	68	Elkhart – Toledo		133,0	214,04	120	66,50	107,02	New York Central
1941	So	Prairie State	609	Toledo – Elkhart		133,0	214,04	120	66,50	107,02	New York Central
1941	So	Water Level Limited	10	Elkhart – Waterloo		54,3	87,39	49	66,49	107,01	New York Central
1941	So	N.N.	57	Toledo – Goshen		123,1	198,11	112	65,95	106,13	New York Central
1941	So	Commodore Vanderbilt	68	Englewood – Elkhart		93,9	151,12	86	65,51	105,43	New York Central
1941	So	Mercury	78	Toledo – Linndale		100,4	161,58	92	65,48	105,38	New York Central
1941	So	New England States	28	Elkhart – Toledo		133,0	214,04	122	65,41	105,27	New York Central
1941	So	Forest City	90	Elkhart – Toledo		133,0	214,04	123	64,88	104,41	New York Central
1941	So	Interstate Express	14	Gary – South Bend		59,3	95,43	55	64,69	104,11	New York Central
1941	So	Commodore Vanderbilt	67	Toledo – Elkhart		133,0	214,04	124	64,35	103,56	New York Central
1941	So	Iroquois	59	Toledo – Elkhart		133,0	214,04	124	64,35	103,56	New York Central
1941	So	Pacemaker	2	Toledo – Linndale		100,4	161,58	94	64,09	103,14	New York Central
1941	So	Water Level Limited	10	Toledo – Linndale		100,4	161,58	94	64,09	103,14	New York Central
1941	So	New England States	28	La Porte – South Bend		26,7	42,97	25	64,08	103,13	New York Central
1941	So	Advance C. Vanderbilt	66	La Porte – South Bend		26,7	42,97	25	64,08	103,13	New York Central
1941	So	New England States	27	Waterloo – Elkhart		54,3	87,39	51	63,88	102,80	New York Central
1941	So	Interstate Express	14	Elkhart – Toledo		133,0	214,04	125	63,84	102,74	New York Central
1941	So	New England States	27	Toledo – Waterloo		78,7	126,66	74	63,81	102,69	New York Central
1941	So	Water Level Limited	10	Gary – South Bend		59,3	95,43	56	63,54	102,26	New York Central
1941	So	Advance C. Vanderbilt	66	Gary – La Porte		32,6	52,46	31	63,10	101,55	New York Central
1941	So	New England States	28	Gary – La Porte		32,6	52,46	31	63,10	101,55	New York Central
1941	So	Pacemaker	3	South Bend – Englewood		78,8	126,82	75	63,04	101,45	New York Central
1941	So	Mercury	75	Linndale – Toledo		100,4	161,58	96	62,75	100,99	New York Central

Der „Boardwalk Flyer" war 1941 bei den Pennsylvania-Reading Seashore Lines (P-RSL) top. Die Bespannung oblag im Reisezugdienst den Atlantics der Class E, die konstruktiv mit der E6s der Pennsylvania Railroad weitgehend übereinstimmte.

Fahrplan		Zugname	Nr.	Bespannungsabschnitt	ab	an	Lok	[km]	[min]	[mph]	[km/h]	Bahngesellschaft
1941	So	Boardwalk Flyer	159	Camden – Atlantic City	15:08	16:00	4-4-2	93,18	52	66,81	107,52	P-RSL

Im Winterfahrplan, gültig ab 2. November 1941, gehörten die vier Spitzenplätze der Pennsylvania Railroad. Sie führte mit 18 Zügen auf 42 Abschnitten über 100 km/h noch einen nennenswerten dampfbespannten Schnellverkehr durch. Zu diesen zählten: „Liberty Limited", „Admiral", „Broadway Limited", „Trail Blazer", „Pittsburgh Express", „General", „Gotham Limited", „Manhatten Limited", „Pennsylvanian", „Golden Triangle", „Mid-City Express", „Pennsylvania Limited", „Golden Arrow", „Rainbow" und „Southland".

Fahrplan		Zugname	Nr.	Bespannungsabschnitt	Lok	Meilen	[km]	[min]	[mph]	[km/h]	Bahngesellschaft
1941	Wi	Detroit Arrow	4	Gary – Fort Wayne	K4s	122,9	197,79	96	76,81	123,62	Pennsylvania Railroad
1941	Wi	Chicago Arrow	1	Fort Wayne – Gary	K4s	122,9	197,79	97	76,02	122,34	Pennsylvania Railroad
1941	Wi	Red Bird	7	Fort Wayne – Gary	K4s	122,9	197,79	97	76,02	122,34	Pennsylvania Railroad
1941	Wi	Red Bird	8	Gary – Fort Wayne	K4s	122,9	197,79	98	75,18	121,00	Pennsylvania Railroad

Bild 220
Die 18-achsige, 193 km/h schnelle PRR S-1 Nr. 6100, größte Schnellzuglokomotive der Welt, in Englewood anno 1939.

Aufnahme: Sammlung Dean Ralston

Dicht dahinter folgt mit dem „Afternoon Hiawatha" der beste Dampfzug der Milwaukee Railroad.

Fahrplan		Zugname	Nr.	Bespannungsabschnitt	Lok	Meilen	[km]	[min]	[mph]	[km/h]	Bahngesellschaft
1941	Wi	Afternoon Hiawatha	100	Portage – Watertown	4-6-4	46,9	75,48	38	74,94	119,18	Milwaukee Road

Die weiteren PRR-Züge aus dem Winter 1941/1942 mit dem „General" und dem „Trail Blazer", die auch mit der überdimensionierten S-1 Nr. 6000 bespannt wurden, zeigt die Tabelle auf der folgenden Seite. Der 1939 fertiggestellte und auf der Weltausstellung in New York ausgestellte 6-4-4-6-Duplex-Riese hatte inzwischen den Dienst aufgenommen und vom Enginehouse Crestline aus schwere Expresszüge nach Chicago im Plan.

Wenige Wochen vor dem Eintritt in den Krieg gab es in den USA erst geringe Auswirkungen auf den schnellen Reisezugverkehr. Allerdings hatte die Abwicklung des Güterverkehrs – vor allem der Militärtransporte – Priorität. Ab 1942 verlor der Schnellverkehr seine herausragende Position. Die Streamliner wurden weitgehend auf konventionelles Wagenmaterial umgestellt, die Fahrzeiten allmählich gestreckt.

Die Milwaukee Road F 7 mit ihren 2.134 mm großen Treibrädern zählten zu den schnellsten je gebauten Dampflokomotiven. Während eines Schneesturms im Januar 1941 registrierte ein Mitarbeiter der Zeitschrift Trains zwei Mal 110 mph (177,03 km/h). Baron Vuillet notierte auf einer Fahrt von Chicago nach Milwaukee über 7,2 Kilometer ein Mittel von 190 km/h, in der Spitze 201 km/h. Auch bei den Aufenthalten wurde gegeizt: In New Lisbon war die Bekohlung an der neu installierten Anlage während des zweiminütigen Aufenthaltes möglich.

Unübertroffen bleibt jedoch eine Fahrt des „Hiawatha" aus dem Jahre 1943: Eine F 7 Hudson (bei der Milwaukee als Baltic bezeichnet) mit ihrem 16-Wagenzug und 780 t Last blieb ununterbrochen 62 Meilen lang über 100 mph bei durchschnittlich 100,5 mph (161,73 km/h). Im Frühjahr 1947, als sich mit der „Nummer 15" die

Bild 221
Der „Empire State Express" der NYC bei Dunkirk, NY, als er noch mit J-1d und schwerem Wagenzug unterwegs war. Ab 7. Dezember 1941 stieg der Zug zum „Streamliner" auf: BUDD-Leichtmetallwagen und die passenden J-3a Hudson erlaubten reduzierte Fahrzeiten mit 100-km/h-Abschnitten.

Aufnahme: Slg. Heribert Schröpfer

Fahrplan		Zugname	Nr.	Bespannungsabschnitt	Lok	Meilen	[km]	[min]	[mph]	[km/h]	Bahngesellschaft
1941	Wi	Liberty Limited	58	Plymouth – Fort Wayne	K4s	64,2	103,32	54	71,33	114,79	Pennsylvania Railroad
1941	Wi	Admiral	70	Valparaiso – Plymouth	K4s	40,3	64,86	34	71,12	114,46	Pennsylvania Railroad
1941	Wi	Broadway Limited	28	Englewood – Fort Wayne	K4s	140,9	226,76	120	70,45	113,38	Pennsylvania Railroad
1941	Wi	Admiral	70	Plymouth – Fort Wayne	K4s	64,2	103,32	55	70,04	112,72	Pennsylvania Railroad
1941	Wi	Trail Blazer	76	Gary – Plymouth	K4s/S1	58,8	94,63	51	69,18	111,33	Pennsylvania Railroad
1941	Wi	Liberty Limited	59	Fort Wayne – Plymouth	K4s	64,2	103,32	56	68,79	110,71	Pennsylvania Railroad
1941	Wi	Pittsburgh Express	44	Plymouth – Fort Wayne	K4s	64,2	103,32	56	68,79	110,71	Pennsylvania Railroad
1941	Wi	Trail Blazer	76	Plymouth – Fort Wayne	K4s/S1	64,2	103,32	56	68,79	110,71	Pennsylvania Railroad
1941	Wi	Trail Blazer	77	Fort Wayne – Plymouth	K4s/S1	64,2	103,32	56	68,79	110,71	Pennsylvania Railroad
1941	Wi	Liberty Limited	58	Gary – Plymouth	K4s	58,8	94,63	52	67,85	109,19	Pennsylvania Railroad
1941	Wi	Liberty Limited	59	Plymouth – Gary	K4s	58,8	94,63	52	67,85	109,19	Pennsylvania Railroad
1941	Wi	Broadway Limited	29	Fort Wayne – Englewood	K4s	140,9	226,76	125	67,63	108,84	Pennsylvania Railroad
1941	Wi	General	48	Plymouth – Fort Wayne	K4s/S1	64,2	103,32	57	67,58	108,76	Pennsylvania Railroad
1941	Wi	General	48	Gary – Plymouth	K4s/S1	58,8	94,63	53	66,57	107,13	Pennsylvania Railroad
1941	Wi	General	49	Plymouth – Gary	K4s/S1	58,8	94,63	53	66,57	107,13	Pennsylvania Railroad
1941	Wi	Gotham Ltd./Valley Sp.	54/354	Gary – Fort Wayne	K4s	122,9	197,79	111	66,43	106,91	Pennsylvania Railroad
1941	Wi	Manhatten Limited	22	Gary – Fort Wayne	K4s	122,9	197,79	111	66,43	106,91	Pennsylvania Railroad
1941	Wi	General	49	Fort Wayne – Plymouth	K4s/S1	64,2	103,32	58	66,41	106,88	Pennsylvania Railroad
1941	Wi	Pennsylvanian	78	Fort Wayne – Plymouth	K4s	64,2	103,32	58	66,41	106,88	Pennsylvania Railroad
1941	Wi	Golden Triangle	62	Gary – Fort Wayne	K4s	122,9	197,79	112	65,84	105,96	Pennsylvania Railroad
1941	Wi	Admiral	70	Lima – Crestline	K4s	72,1	116,03	66	65,52	105,44	Pennsylvania Railroad
1941	Wi	Trail Blazer	77	Crestline – Lima	K4s/S1	72,1	116,03	66	65,52	105,44	Pennsylvania Railroad
1941	Wi	Pennsylvanian	78	Gary – Plymouth	K4s	58,8	94,63	54	65,33	105,14	Pennsylvania Railroad
1941	Wi	Trail Blazer	77	Plymouth – Gary	K4s/S1	58,8	94,63	54	65,33	105,14	Pennsylvania Railroad
1941	Wi	Mid-City Express	12	Plymouth – Fort Wayne	K4s	64,2	103,32	59	65,29	105,07	Pennsylvania Railroad
1941	Wi	Pennsylvania Limited	5	Fort Wayne – Plymouth	K4s	64,2	103,32	59	65,29	105,07	Pennsylvania Railroad
1941	Wi	Trail Blazer	76	Lima – Crestline	K4s/S1	72,1	116,03	67	64,57	103,92	Pennsylvania Railroad
1941	Wi	Trail Blazer	77	Lima – Fort Wayne	K4s/S1	59,5	95,76	56	63,75	102,60	Pennsylvania Railroad
1941	Wi	Golden Arrow	79	Fort Wayne – Warsaw	K4s	39,3	63,25	37	63,73	102,56	Pennsylvania Railroad
1941	Wi	Rainbow	42	Warsaw – Fort Wayne	K4s	39,3	63,25	37	63,73	102,56	Pennsylvania Railroad
1941	Wi	Liberty Limited	59	Crestline – Fort Wayne	K4s	131,6	211,79	124	63,68	102,48	Pennsylvania Railroad
1941	Wi	Mid-City Express	12	Valparaiso – Plymouth	K4s	40,3	64,86	38	63,63	102,41	Pennsylvania Railroad
1941	Wi	General	48	Lima – Crestline	K4s/S1	72,1	116,03	68	63,62	102,38	Pennsylvania Railroad
1941	Wi	Golden Arrow	79	Crestline – Lima	K4s	72,1	116,03	68	63,62	102,38	Pennsylvania Railroad
1941	Wi	Southland	200	Gary – Fort Wayne	K4s	122,9	197,79	117	63,03	101,43	Pennsylvania Railroad
1941	Wi	Pittsburgh Express	44	Gary – Plymouth	K4s	58,8	94,63	56	63,00	101,39	Pennsylvania Railroad
1941	Wi	Pittsburgh Express	44	Lima – Crestline	K4s	72,1	116,03	69	62,70	100,90	Pennsylvania Railroad
1941	Wi	Broadway Limited	29	Crestline – Fort Wayne	K4s	131,6	211,79	126	62,67	100,85	Pennsylvania Railroad

erste dieselelektrische Stammlok vor den „Morning Hiawatha" setzte, endete der Hudson-Einsatz. Zwischen November 1949 und August 1951 erfolgte die Ausmusterung der sechs Maschinen. Keine der sechs Lokomotiven konnte dem Schneidbrenner entkommen. Im Fahrplan vom Juni 1947 steht der Zug Nr. 6 „Morning Hiawatha" auf dem schnellsten Abschnitt zwischen Sparta (ab 11:00 Uhr) und Portage (an 12:04 Uhr) mit 73,41 mph (118,13 km/h) zu Buche. Hudsons bespannten aber nur noch bei Diesellokausfall den Zug. Im selben Jahr rangen sich die PRR-Verantwortlichen – fast widerwillig – durch, die Dampflokomotiven vor ihren schnellen Reisezügen durch Diesellokomotiven zu ersetzen, die Zeit der Rekorde ging zu Ende.

Der Dampflokbestand war bis Kriegsende nahezu unverändert, der Einsatz ohne signifikante Einbrüche geblieben, bevor die Bahn-gesellschaften ab 1946 den Strukturwandel forcierten und verstärkt leistungsfähige Dieseleinheiten bestellten. Die PRR hatte 1946 noch 87 dampfbespannte „Mile a Minute"-Abschnitte im Fahrplan, fünf davon über 70 mph, den schnellsten mit 73,1 mph/117,64 km/h, alle auf der Route Englewood – Fort Wayne – Gary. Bespannt waren die Züge mit K4s (Bestand: 424 Stück) und den 52 gewaltigen 6.550-PSi-T-1-Duplex.

1947 beendete die Grand Trunk Western Railway die Be-spannung mit U4b 4-8-4-Northern-Dampflokomotiven am „Maple Leaf" zwischen Chicago und Port Huron. Dampfende war auch beim „20th Century Limited", der im September eine erneute Aufwertung erfuhr. General Dwight D. Eisenhower war bei der Vorstellung des neuen Stromlinien-Wagenmaterials inklusive Dieselloks zugegen.

Bild 222 – 1942 erhielt die Pennsylvania Railroad zwei Duplex-Maschinen der Class T1 mit den Nummern 6110 und 6111, die leistungsmäßig alle bisherigen Serien-Schnellzuglokomotiven übertrafen. Selbst den 5.400 PS starken Diesellokomotiven boten sie Paroli. Eine Serie von 50 Stück dieser „Haifischnasen" lieferten die Juniata Werke und Baldwin zu gleichen Teilen bis 1946 an die PRR. Zwischen Chicago und Harrisburg eingesetzt – häufig auch vor dem „Broadway Limited" – liefen die 4-4-4-4 mit 900 Tonnen Anhängelast über mehr als 100 Kilometer konstant über 160 km/h. Die Lokomotiven schleuderten sogar bei Höchstgeschwindigkeit, wenn der Lokführer zu viel Dampf in die Zylinder ließ. Unter den Händen eines erfahrenen und einfühlsamen Lokführers und ihrer Komplexität entsprechend intensiver Wartung brillierten die Lokomotiven mit phantastischen Leistungen und das durchaus zuverlässig. Bis 1951 wanderten alle 52 dieser eleganten Zugpferde auf das Abstellgleis. T1 Nr.5523 ruht hier am 2. November 1949 auf dem Betriebsgelände in East St. Louis, Illinois. 　　　　Aufnahme: Robert J. Foster, Sammlung Stefan Kier

Die New York Central Railroad erhielt 1945 von der American Loco-motive Company (ALCO) mit der Class S-1a 6000 eine starke Niaga-ra. Von Oktober 1945 bis April 1946 folgte die Serienanlieferung als S1-b Nr. 6001 bis 6025 mit einer Leistung von 6.690 PSᵢ. Zu ihren Auf-gaben zählten für wenige Jahre die zwölf Zugverbindungen zwi-schen New York und Chiacgo, darunter „The Chicagoan", „The Com-modore Vanderbilt" und „The Empire State Express". Auch vor den „The New England States", „Mercury" und „The Ohio State Limited"

wurde sie beobachtet. Nach nur zehn Dienstjahren bespannte Nr. 6015 letztmals am 30. Juli 1956 als Ersatz für eine schadhafte Diesel-lok den Reisezug 414 Indianapolis – Cincinatti. Keine dieser stärks-ten Einrahmen-Dampflokomotiven blieb der Nachwelt erhalten.

Fahrplan des „Commodore Vanderbilt", gültig ab 25. April 1948. Die erst zwei Jahre alten S1-b Niagaras waren Zuglok über fast 1.500 Kilometer Streckenlänge, die auch drei Abschnitte über Vr 100 km/h aufweist:

New York Central System „The Commodore Vanderbilt"				New York – Harmon: E-Lok Harmon – Chicago Niagara S-1b	Stand: April 1948, verkehrt täglich			
Vr [km/h]	Zug 67		Meilen	Stationen	[km]		Vr [km/h]	Zug 68
	15:45	ab	0,0	New York, NY (Grand Central Terminal)	0,00	an		08:25
	16:31	E	32,7	Harmon, NY	52,63	A		07:26
	17:18	B	72,8	Poughkeepsie, NY	117,16			I
	I		289,6	Syracuse, NY	476,37			I
	I		435,9	Buffalo, NY (Central Terminal)	701,51			I
	04:24	A	727,6	Toledo, OH *(Eastern Time)*	1.170,96	E	**108,84**	19:38
	I	B	860,6	Elkhart, IN *(Central Time)*	1.384,13	E	**105,43**	16:40
101,42	05:45	B	875,7	South Bend, IN	1.409,30	B		I
	I		902,4	La Porte, IN	1.452,27	B		I
	I	B	935,0	Gary, IN	1.504,74	B		I
	07:25	A	954,5	Englewood, IL	1.536,12	E		15:14
	07:40	an	961,2	Chicago La Salle Street Station	1.546,90	ab		15:00
A: Halt zum Aussteigen				B: Bedarfshalt	E: Halt zum Einsteigen			

Chicago-Milwaukee-GreenBay-IronMt. Ontonagon-Houghton-Calumet

Route of The Chippewa-Hiawatha and Copper Country Limited

READ DOWN   READ UP

★9 Daily	★19 Daily	★21 Daily	Mls	Table **24** Central Time	★2 Daily	★14 Daily	★10 Ex.Su.	★12-10 Sun. Only
PM	PM	PM			AM	PM	AM	AM
7.40	5.15	12.30	0	Lv. ‖Chicago Ar	6.50	9.40	11.35	11.35
			3	Western Ave.	6.40			
⑩8.06		⑩1253	24	Deerfield	⑤6.03	⑱9.04		
			62	Sturtevant	⑤5.30		10.37	10.37
9.05	6.35	1.50	85	Ar ‖Milwaukee {Lv	5.05	8.10	10.10	10.10
9.15	6.45	2.00		Lv {Ar	4.50	7.55	10.00	10.00
			93	No. Milwaukee				
			98	Brown Deer ▲				
	7.13		102	Thiensville			9.31	f 9.34
	7.23		107	Cedarburg			9.21	f 9.28
	7.28		109	Grafton			9.14	f 9.25
	f 7.37		113	Saukville			9.08	f 9.20
	7.45		120	Fredonia			9.00	f 9.12
	7.55		125	Random Lake			8.51	9.05
	8.01		130	Adell			8.43	f 8.58
	8.07		134	Waldo			8.38	f 8.54
10.30	8.15	3.03	139	Plymouth	3.27	6.48	8.30	8.47
	8.27	⑧3.15	146	Elkhart Lake	⑥6.34		8.17	f 8.35
⑩1052	8.37		152	Kiel	⑥6.27		8.07	8.25
11.06	8.44		156	New Holstein	⑥6.22		8.00	8.20
	8.55	3.33	163	Chilton	⑤2.57 ⑥6.22		7.50	8.11
	9.07	3.44	170	Hilbert	2.32 6.02		7.38	f 8.00
	f 9.18		175	Forest Jct.			7.29	f 7.53
	f 9.28		183	Greenleaf			7.20	f 7.44
⑩1149	9.41		192	De Pere	2.00		7.09	7.33
11.59	9.55	4.23	196	Ar Green Bay {Lv	1.50	5.25	7.00	7.25
12.15	PM	4.28		Lv Washington St. {Ar	1.40	5.19	AM	AM
12.23		4.35	198	Green Bay {Lv	1.30	5.10		
12.40		4.42		Lv Oakland Ave. {Ar	1.05	5.00		
f 1.05			213	Sobieski	f12.37			
f 1.11			217	Abrams	f12.30			
f 1.20		f 5.22	224	Stiles Jct.	f12.20	f 4.26		

NOTE: Bus service between Minocqua and Star Lake

CHIPPEWA-HIAWATHA	CHIPPEWA-HIAWATHA	Mls	(read up)	CHIPPEWA-HIAWATHA	CHIPPEWA-HIAWATHA	
f 1.20	f 5.22	224	...Stiles Jct...	f12 20	f 4.26	Star Lake will be discontinued effective Sept. 5.
1.30		229	...Lena...	12.14		
1.43	5.40	237	Ar ...Coleman... Lv	12.01	4.11	
	5.41		Lv ...Coleman... Ar		4.00	HIAWATHA Stage Line
	6.25		Ar ...Marinette... Lv			
	6.30		Ar ...Menominee... Lv	2.55		
	2.55		Lv ...Menominee... Ar	6.30		
	3.20		Lv ...Marinette... Ar	6.25		
	4.00		Ar ...Coleman... Lv	5.41		
1 43	5.40	237	Lv ...Coleman... Ar	12.01	4.11	Bus Daily
f 1 47		239	...Pound...	f11.56		PM
f 1.51		242	...Beaver▲...	f11 52		⑧9.05
2 08	6.04	248	...Crivitz...	f11 43	3.55	9.20
f 2 16		253	...Middle Inlet...	f11 27		9.52
2.26	6.18	259	...Wausaukee...	11.19	3 32	9.59
	[633]	268	...Amberg...	f11.05		10.10
3.20	6.50	278	Ar ...Pembine,Wis... {	10.45	3 05	
3.20	6.50		...Iron Mt.,Mich...	10.25	3 05	
3.50	7.10	291	...Randville▲...	10.05	2.45	
f 4.13		305	...Sagola...	f 9.35		
f 4.24	7.45	312	Ar ‖Channing {Lv	f 9 26	2.08	
4 35	7.55	315	Lv {Ar	9 20	2.00	
4.55	8.02	323	Kelso Jct.▲	9 00	1.50	
	8.39	335	...Amasa...		1.13	
	f 8.59	348	Park Siding▲		f 12.53	
	⑩9.39	362	...Sidnaw...		12.28	
	f 9.56	381	...Pori▲...		f 12.01	
		383	...Rousseau▲...			
		388	...McKeever▲...			
	10.10	389	...Mass...	11.48		
	10.25	396	...Rockland▲...	f 11.33		
	10.50	408	Ar ...Ontonagon... Lv	11.10		
4 55	PM	315	Lv ‖Channing Ar	9.00	AM	
f 5.18		327	...Witch Lake▲...	f 8.39		
f 5.22		330	...Witbeck▲...	f 8.34		
5.35		337	...Republic...	8.21		
6.00			...Champion {Lv	8.00		
⑥6 05		347	D.S.S.&A.&M.R. {Ar	7 47		
f 6.19		353	...Michigamme▲...	f 7.32		
6.35		358	...Nestoria▲...	7.15		
7.12		378	...L'Anse▲...	6 28		
7.20		384	...Baraga▲...	6 20		
f 7.32		385	Keweenaw Bay▲	f 6 10		
8.20		410	...Houghton...	5.32		
8.35		411	...Hancock▲...	5.15		
9.10		424	Ar ...Calumet... Lv	4.50		
AM			*Mineral Range Station*	PM		

Bild 223 – Fahrplan der Pennsylvania Railroad mit dem Chippewa-Hiawatha, gültig ab 24. April 1949.

Abbildung: VM Nürnberg, Sammlung Ronald Krug

Die „Hiawatha"-Familie hatte 1948 nochmals Zuwachs erhalten: Der „Chippewa" wurde in „Chippewa Hiawatha" umbenannt. Mit F3 Pacifics – z. T. F3-as (mit Stromlinienschale) – blieb er bis 1950 dampfbespannt. Auf seinem Laufweg von Chicago nach Ontonagon und zurück hatte das Zugpaar diese drei 100-km/h-Abschnitte:

Fahrplan		Zugname	Nr.	Bespannungsabschnitt	Lok	Meilen	[km]	[min]	[mph]	[km/h]	Bahngesellschaft
1949	So	Chippewa-Hiawatha	14	Milwaukee – Deerfield	4-6-2	61,1	98,33	54	67,89	109,26	Milwaukee Road
1949	So	Chippewa-Hiawatha	21	Chicago – Deerfield	4-6-2	61,1	98,33	57	64,32	103,51	Milwaukee Road
1949	So	Chippewa-Hiawatha	21	Deerfield – Milwaukee	4-6-2	23,9	38,46	57	62,35	100,34	Milwaukee Road

Im Mai 1949 zeichnete sich ab, wie die Zukunft des Verkehrs in den USA aussehen würde: Erstmals legten die Reisenden im Flugzeug mehr Meilen zurück als mit der Pullman Company.

Im Sommer 1950 führten Dieselzüge klar das Feld an. Fünf Züge auf neun Abschnitten blieben oberhalb der 80 mph (128,75 km/h). Weitere 85 Züge auf 124 Abschnitten erreichten über 72 mph (115,87 km/h). An der Spitze standen die Züge 21 und 23 „Twin Cities Zephyr". Sie legten die 54,6 Meilen von East Dubuque nach Prairie du Chien in 38 Minuten mit Vr 86,21 mph (138,74 km/h) zurück. Immerhin noch 56 Abschnitte mit 5.637 Kilometern Gesamtlänge befuhren Dampfzüge mit Reisegeschwindigkeiten über 65 mph (104,61 km/h), vier davon über 70 mph (112,65 km/h). „Interstate Express" und „Los Angelos Limited" waren die beiden Schnellsten. Der „Los Angeles Limited" wechselte in Ogden die Diesellokomotiven gegen die UP Northern, die bis Cheyenne und weiter nach Omaha am Zug blieben.

Fahrplan		Zugname	Nr.	Bespannungsabschnitt	Lok	Meilen	[km]	[min]	[mph]	[km/h]	Bahngesellschaft
1950	So	Interstate Express		Gary – South Bend	Steam	59,3	95,43	50	71,16	114,52	New York Central
1950	So	Los Angeles Limited		Sidney – North Platte	4-8-4	123,4	198,59	105	70,51	113,48	Union Pacific

Der Bestand sank in den folgenden fünf Jahren rapide: Drei von vier Dampflokomotiven überlebten das Jahr 1955 nicht. Die Anzahl der Züge mit 100-km/h-Abschnitten fiel bis dato stetig.

Die Norfolk & Western's Werke bauten 1953 die letzte Dampflokomotive in den Vereinigten Staaten, eine 0-4-0-Rangierlokomotive. Im selben Jahr verkehrte mit dem NYR-Zug 185 und der Niagara Nr. 5020 als Zuglok ab Harmon der letzte planmäßige Dampfreisezug im Staate New York – das Ende der schnellen Dampfzüge auf dem amerikanischen Kontinent nahte.

Noch sechs Gesellschaften platzierten 1953 ihre schnellsten Dampfzüge oberhalb 100 km/h. Die Union Pacific hält mit dem „Overland Limited" im Weltvergleich den Spitzenplatz. Zudem setzte sie 13 weitere Züge über 65 mph (104,61 km/h) zwischen zwei Halten ein. Der „International Limited" – von zwei Bahngesellschaften betrieben – nimmt für sich in Anspruch, in Kanada und in den USA aufgelistet zu sein. Die Grand Trunk Western bespannte ihn mit Northern der Class U-4-b. Die Norfolk & Western setzte die bis 1950 gebauten 4-8-4 Class J vor dem „Powhatan Arrow" ein.

Bild 224

Zug 51 „San Joaquin Daylight" der Southern Pacific benötigt im Soledad Canyon auf dem Weg von Los Angeles nach Bakersfield zwei Maschinen. Führerhaus und Tender der Vorspannlok tragen noch die charakteristischen „Daylight"-Farben.

Aufnahme am 10. Januar 1948:
Frank Petersen,
Sammlung Eisenbahnstiftung

Chicago to Baltimore, Washington, Philadelphia and New York

EASTWARD

Table 1

CENTRAL STANDARD TIME Ft. Wayne and west
EASTERN STANDARD TIME Van Wert and east

Miles		The Fort Pitt 52 Daily	Manhattan Limited 22 Daily	The General 48 Daily	The Trail Blazer 48 Daily	Liberty Limited 58 Daily	Broadway Limited 28 Daily	The Admiral 70 Daily	Pennsylvania Limited 2 Daily	The Golden Triangle 62 Ex. Sat. Nights & Nov. 22, Dec. 23, 24,30&31	Gotham Limited 54 Daily	44-144 -74	44- 74
		AM	PM	PM	PM	PM	PM	PM	PM	PM	PM	PM	PM
.0	Lv CHICAGO (Union Station)	8.30	12.30	3.00	3.00	3.40	4.30	5.30	6.30	10.15	11.15	k11.30	‡11.30
7.0	" Englewood	8.45	12.45	3.15	3.15	3.55	4.45	c 5.45	6.45	10.30	11.30	11.45	11.45
25.0	" Gary	9.07	c 1.05	c 3.37	c 3.37	r 4.17		y 6.05		10.51	11.52		
43.6	" Valparaiso	9.28						p 6.26				§12.31	†12.31
83.8	" Plymouth	10.05		4.30	4.30	5.10		7.03					
108.7	" Warsaw	10.30	f 2.20					7.30					
148.0	" Ft. Wayne	11.07	2.54	5.27	5.27	6.07	6.51	8.13	8.51	12.39	1.43	2.30	2.30
180.4	" Van Wert	12.44	4.31										
207.5	" Lima	1.17	5.02	7.26	7.26	8.06		10.12		2.47		4.55	4.55
250.4	" Upper Sandusky							10.53					
267.2	" Bucyrus	2.22											
279.6	" Crestline	2.40	6.15	8.37	8.37	9.16	9.59	11.30	11.59	4.00	d 5.03	6.30	6.30
293.1	" Mansfield	3.10	6.40	9.03	9.03			11.55				6.55	7.00
333.3	" Wooster	3.52	7.19									7.47	8.02
344.4	" Orrville	4.09						12.51				8.08	8.24
358.9	" Massillon	4.28	7.48									8.32	8.49
366.7	" Canton	4.47	8.03	10.20	10.20			1.21			6.46	8.54	9.21
385.4	" Alliance	5.12									6.13	9.25	9.59
398.8	⁴ Salem	5.30										7.23	10.25
468.4	Ar Pittsburgh	7.15	10.00	12.13	12.13	12.41	1.24	3.13	3.30	8.00	8.50	§11.40	†12.30
468.4	Lv Pittsburgh		10.20	12.13	12.13	12.41	1.24	3.13	3.30		9.00	* 2.00	* 2.00
544.8	Ar Johnstown							§ 4.55			10.27	3.36	3.36
582.3	" Altoona		12.49	d 2.48	d 2.48	3.10	d 3.56	5.58	6.05		11.30	4.40	4.40
713.1	" Harrisburg		3.11	d 5.09	d 5.09	5.31	d 6.17	8.20	8.39		1.54	7.05	7.05
713.1	Lv Harrisburg		4.15			5.31		8.50			2.03	* 7.18	* 7.18
740.2	Ar York		5.01				6.12	9.27			2.44	7.55	7.55
796.4	" Baltimore (Penna. Station)		6.40				d 7.47	11.17			4.20	9.35	9.35
836.5	" WASHINGTON		7.35				8.35	12.10			5.10	10.30	10.30
713.1	Lv Harrisburg		3.11	d 5.09	d 5.09		d 6.17	8.27	8.46		2.05	* 7.15	* 7.15
748.4	Ar Lancaster							9.02	9.19		2.40	7.48	7.48
796.3	" Paoli		d 4.38	e 6.29	e 6.29		t 7.39	d 9.51	d10.05		3.30	8.35	8.35
821.8	Philadelphia North Philadelphia Station		d 5.02	d 6.54	d 6.54		d 8.01	d10.16	d10.30		4.00	9.01	9.01
849.6	" Trenton		d 5.38	d 7.22	d 7.22			v10.46				d 9.29	d 9.29
897.7	" Newark		6.28	d 8.09	d 8.09		d 9.15	d11.30	d11.43		5 16	10.14	10.14
.....	Lv Newark		6.40	8.18	8.18		9.22	11 41	11.51		5.21	10.21	10.21
.....	Ar Jersey City (Exchange Place) (u)		6.57	8.35	8.35		9.39	11.59	12.11		5.38	10.47	10.47
.....	Ar New York (Hudson Terminal)		7.00	8.38	8.38		9.42	12.02	12.14		5.41	10.50	10.50
907.7	Ar NEW YORK (Penna. Station)		6.45	8.25	8.25		9.30	11.45	11.59		5.40	*10.30	*10.30
		PM	AM	AM	AM	AM	AM	AM	AM	AM	PM	PM	PM

Bild 225

Klangvolle Namen zieren den Kopf der Fahrplantabelle 1 der Pennsylvania Railroad, gültig ab Dezember 1951.

Abbildung: Sammlung Ronald Krug

Fahrplan		Zugname	Nr.	Bespannungsabschnitt	Lok	Meilen	[km]	[min]	[mph]	[km/h]	Bahngesellschaft
1953	So	San Francisco Overland	28 *	North Platte – Kearney	4-8-4	95,0	152,89	79	72,15	116,12	Union Pacific
1953	So	Fast Mail	14	Elkhart – Toledo	Steam	133,0	214,04	120	66,50	107,02	New York Central
1953	So	Powhatan Arrow	25	Suffolk – Petersburg	4-8-4	59,0	94,95	54	65,44	105,50	Norfolk & Western
1953	So	Nr. 246	246 *	Wellsboro – Walkerton	4-6-2	14,6	23,50	13,5	64,89	104,43	Baltimore & Ohio
1953	So	Senator	223	Davis – Suisun-Fairfield	4-8-4	26,7	42,97	25	64,08	103,13	Southern Pacific
1953	So	Eldorado	247	Davis – Suisun-Fairfield	Steam	26,7	42,97	25	64,08	103,13	Southern Pacific
1953	So	International Limited	15	Battle Creek – South Bend	4-8-4	75,4	121,34	72	62,83	101,12	Grand Trunk Western

* Kearney, Wellsboro und Walkerton Bedarfshalte. Diese Züge verkehrten auch im Winter 1953/1954 unverändert.

Langstreckenzug „San Francisco Overland", der 1954 zwischen Omaha und North Platte mit den schnellsten Abschnitten noch dampfbespannt unterwegs war:

San Francisco Overland, gültig ab 1. Juli 1954						
27			**Zug-Nr.**			**28**
tägl.		**Meilen**	**(Chicago & North Western)**	**[km]**		**tägl.**
16:00	ab	0,0	Chicago, IL (N. W. Station) (CT)	0,00	an	13:00
F		35,5	Geneva, IL	57,13		F
F		58,3	De Kalb, IL	93,82		11:45
I		74,8	Rochelle, IL	120,38		F
I		109,5	Sterling, IL (Rock Falls)	176,22		10:52
18:15	an	138,1	Clinton, IA	222,25	ab	10:20
18:25	ab				an	10:10
19:44		219,4	Cedar Rapids, IA	353,09		08:38
F		289,1	Marshalltown, IA	465,26		F
21:32		326,7	Ames, IA	525,77		F
21:47	an	340,2	Boone, IA	547,50	ab	06:30
21:57	ab				an	06:20
00:55		485,1	Council Bluffs, IA	780,69		03:50
01:00	an	487,9	Omaha, NE	785,36	ab	03:40
(Union Pacific Railroad, Meilenangaben ohne Dezimale)						
01:30	ab	487,9	Omaha, NE	785,36	an	03:15
F		525	Fremont, NE	844,91		F
F		570	Columbus, NE			F
04:00	an	632	Grand Island, NE	1.017,11	ab	00:15
04:10	ab				an	00:05
F		674	Kearney, NE	1.084,70		F **23:22**
06:15	an	769	North Platte, NE (CT)	1.237,59	ab	**22:03**
05:25	ab		North Platte, NE (MT)		an	20:53
F		820	Ogallala, NE	1.319,66		F
07:32	an	893	Sidney, NE	1.438,14	ab	19:02
07:46	ab				an	18:52
F		930	Kimball, NE	1.496,69		I
10:00	an	995	Cheyenne, WY	1.601,30	ab	17:20
10:10	ab				an	17:05
11:35	an	1.051	Laramie, WY	1.691,42	ab	15:43
11:50	ab				an	15:35
13:50	an	1.168	Rawlins, WY	1.879,71	ab	13:30
13:55	ab				an	13:20
F		1.287	Rock Springs, WY	2.071,23		F
16:25	an	1.302	Green River, WY	2.095,37	ab	10:55
16:45	ab				an	10:45
18:50	an	1.402	Evanston, WY	2.256,30	ab	08:50
(Southern Pacific Lines, Meilenangaben ohne Dezimale)						
21:10	ab	1.478	Ogden, UT (MT)	2378,61	an	06:25
F 00:54		1.705	Elko, NV (PT)	2743,93		F 00:36
01:28		1.727	Carlin, NV	2779,34		00:14
F 03:23		1.844	Winnemucca, NV	2967,63		F 22:12
F 03:58		1.877	Imlay, NV	3020,74		F 21:38
06:40		2.018	Reno, NV	3247,66		18:56
07:35		2.053	Truckee, CA	3303,98		17:52
		2.118	Colfax, CA	3408,59		15:31
10:58		2.154	Roseville, CA	3466,53		14:39
11:32	an	2.171	Sacramento, CA	3493,89	ab	14:05
11:37	ab				an	14:00
F 12:17		2.211	Suisun-Fairfield, CA	3558,26		F 13:17
F 12:38		2.229	Martinez, CA (Benicia)	3587,23		F 12:56
12:49		2.234	Crockett, CA (Vallejo)	3595,97		12:45
13:10		2.248	Richmond, CA	3617,81		12:24
13:24		2.254	Berkeley, CA (University Ave.)	3627,46		12:14
13:35		2.258	Oakland, CA (16th St.)	3633,9		12:06
13:45	an	2.260	Oakland Pier, CA (PT)	3637,12	ab	11:58
14:00	*ab*	*0*	*Oakland Pier, CA (Fähre)*	*0*	*an*	*11:50*
14:20	*an*	*3*	*San Francisco, CA (Market St.) (PT)*	*4,83*	*ab*	*11:30*
F: Flagstop (Bedarfshalt); die Züge 27 und 28 befördern kein Gepäck. CT: Central Time; MT: Mountain Time; PT: Pacific Time)						

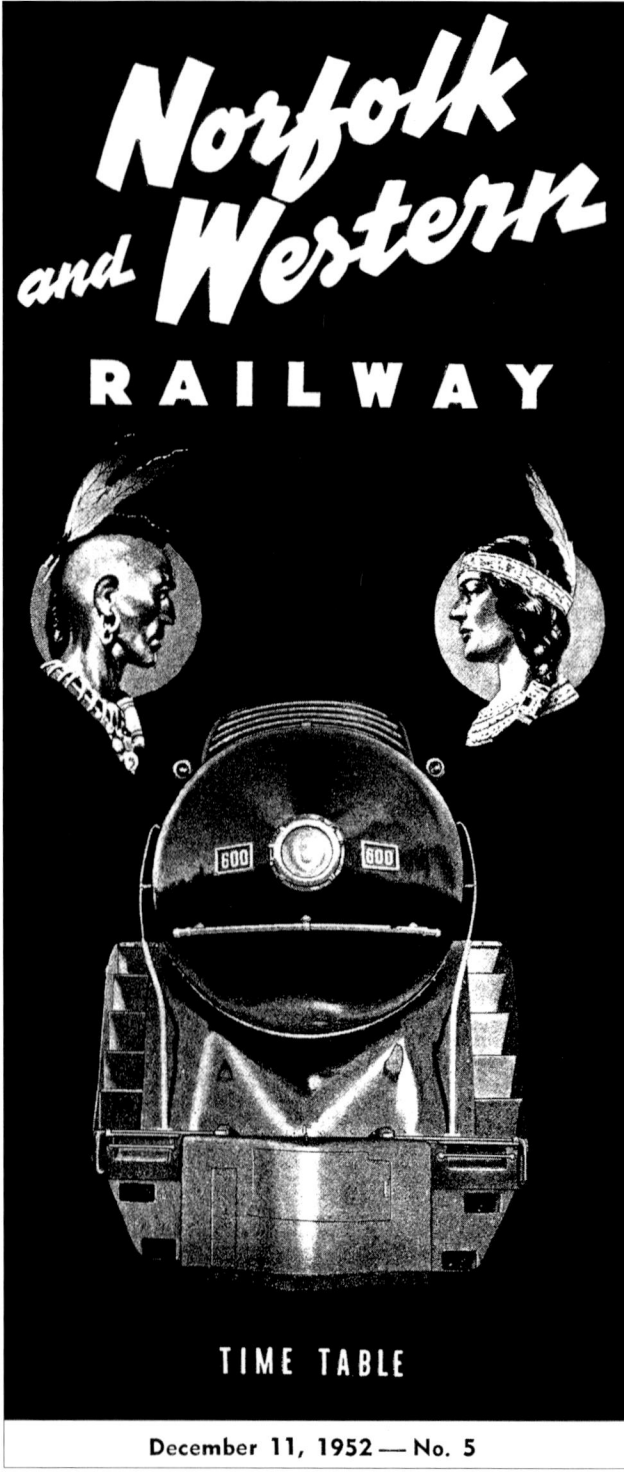

December 11, 1952 — No. 5

Bild 226 – Indianer und die „600" symbolisieren die Starzüge „Powhatan Arrow" und „Pocahontas" auf dem Fahrplanblatt der Norfolk & Western Railway vom 11. Dezember 1952. Abbildung: Sammlung Ronald Krug

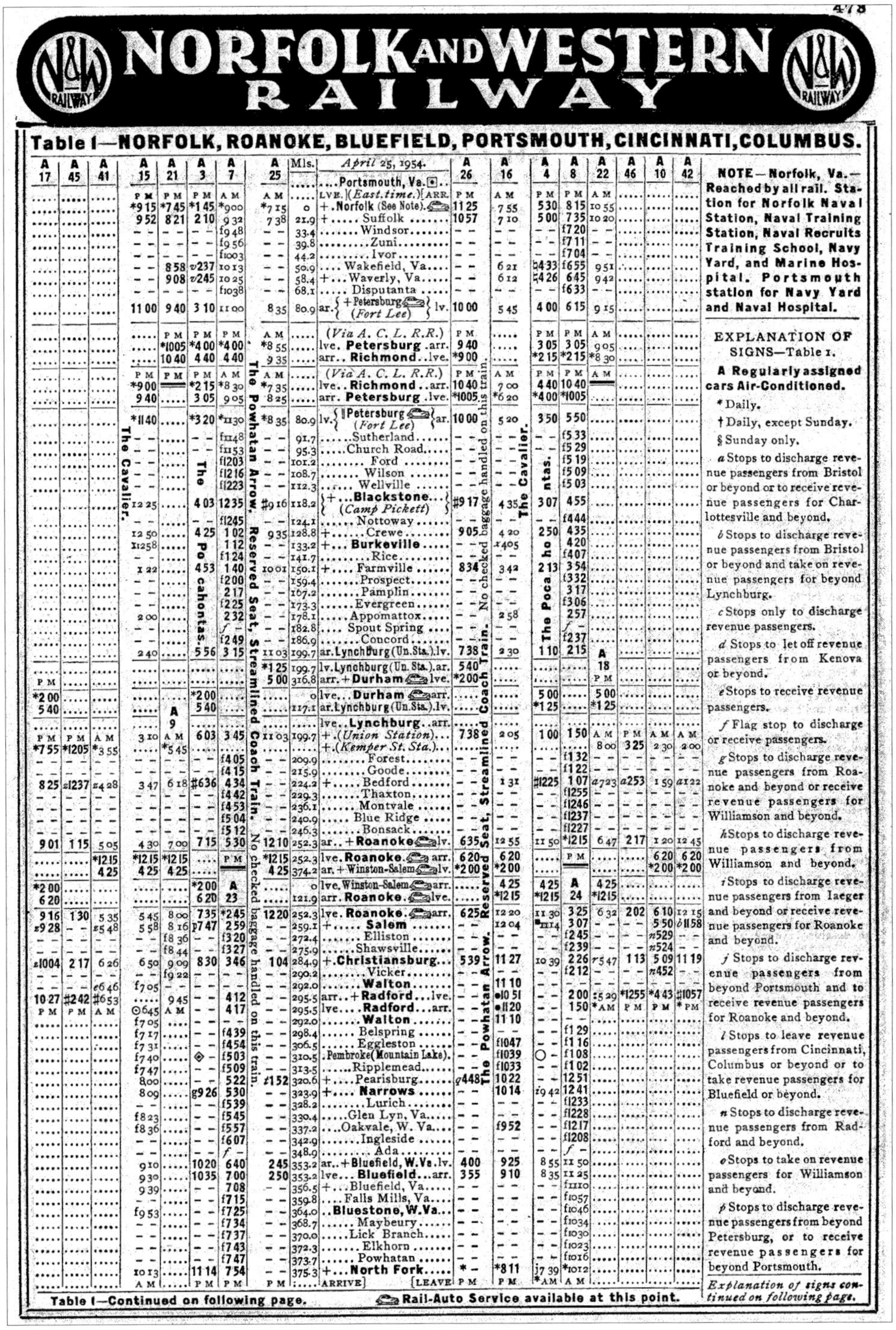

Bild 227

Fahrplanauszug vom 25. April 1954 mit dem Class J geführten „Powhattan Arrow" und „Pocahontas", die auf der Paradestrecke Petersburg – Suffolk bereits über 100 km/h erzielten (in Suffolk ist nur die Abfahrtzeit vermerkt).

Abbildung: Sammlung Ronald Krug

Die Union Pacific behauptete auch 1954 deutlich ihre Spitzenposition. Wie im Vorjahr bespannte sie zudem 13 weitere Züge über 65 mph mit 888 Meilen Gesamtstreckenlänge.

Fahrplan		Zugname	Nr.	Bespannungsabschnitt	Lok	Meilen	[km]	[min]	[mph]	[km/h]	Bahngesellschaft
1954	So	San Francisco Overland	28 *	North Platte – Kearney	4-8-4	95,0	152,89	79	72,15	116,12	Union Pacific
1954	So	San Francisco Overland	28 *	North Platte – Grand Island	4-8-4	137,0	220,48	122	67,38	108,44	Union Pacific
1954	So	San Francisco Overland	27 *	Grand Island – North Platte	4-8-4	137,0	220,48	125	65,76	105,83	Union Pacific
1954	So	Powhatan Arrow	25	Suffolk – Petersburg	4-8-4	59,0	94,95	54	65,44	105,50	Norfolk & Western
1954	So	Nr. 246	246	Wellsboro – Walkerton	4-6-2	14,6	23,50	13,5	64,89	104,43	Baltimore & Ohio
1954	So	Nr. 10	10	La Porte – South Bend	Steam	26,7	42,97	25	64,08	103,13	New York Central
1954	So	Nr. 741	741	South Bend – La Porte	Steam	26,7	42,97	25	64,08	103,13	New York Central
1954	So	Senator	223	Davis – Suisun-Fairfield	4-8-4	26,7	42,97	25	64,08	103,13	Southern Pacific
1954	So	El Dorado	248	Suisun-Fairfield – Davis	Steam	26,7	42,97	25	64,08	103,13	Southern Pacific
1954	So	International Limited	15	Battle Creek – South Bend	4-8-4	75,4	121,34	72	62,83	101,12	Grand Trunk Western

* Züge 27 und 28 hatten Bedarfshalte in Kearney. Bei Durchfahrt galt der Abschnitt North Platte – Grand Island.

1955 blieben noch drei Dampfzüge mit Vr über 65 mph übrig. Fünf Gesellschaften präsentieren hier ihre jeweils schnellsten Dampfzüge. Dabei überraschte die Pennsylvania-Reading Seashore Lines mit dem „Camden Express". Die New York Central ist mit der J-3a Hudson vertreten. Der „San Joaquin Daylight", der seit

1941 Streamliner, erfuhr von Madera nach Merced fünf Minuten Fahrzeitverkürzung und belegte damit Platz zwei. Die Zuglok, eine Pacific, gelegentlich auch eine GS-4 Northern, übernahm in Bakersfield den Zug, der aus Los Angeles über Mojave und den berühmten Tehachapi Loop gekommen war.

Fahrplan		Zugname	Nr.	Bespannungsabschnitt	Lok	Meilen	[km]	[min]	[mph]	[km/h]	Bahngesellschaft
1955	So	Nr. 246	246	Wellsboro – Walkerton	4-6-2	14,5	23,34	13	66,92	107,70	Baltimore & Ohio
1955	So	San Joaquin Daylight	51	Madera – Merced	4-6-2	33,4	53,75	30	66,80	107,50	Southern Pacific
1955	So	Powhatan Arrow	25	Suffolk – Petersburg	4-8-4	59,0	94,95	54	65,44	105,50	Norfolk & Western
1955	So	James Whitcomb Riley	4	Kankakee – Lafayette	4-6-4	74,8	120,38	71	63,21	101,73	New York Central
1955	So	Camden Express	108	Hammonton – Collingswood	Steam	25,9	41,68	25	62,16	100,04	P-RSL

1956 registrieren wir noch diese drei Züge, angeführt vom „Powhattan Arrow". Der nach dem Poeten James Whitcomb Riley benannte Express Nr. 4 war mit der Hudson Class J-3a bespannt. Außerdem blieb die Grand Trunk Western mit dem Zug 14 „Inter-

national Limited" von Chicago Lawn nach Valparaiso mit 60,7 mph über der „Mile a Minute". Führend in Nordamerika war aber die Canadian National Railway, die – letztmals – drei Züge über 65 mph und 19 Züge über 60 mph aufwies.

Fahrplan		Zugname	Nr.	Bespannungsabschnitt	Lok	Meilen	[km]	[min]	[mph]	[km/h]	Bahngesellschaft
1956	So	Powhatan Arrow	25	Suffolk – Petersburg	4-8-4	59,0	94,95	54	65,44	105,50	Norfolk & Western
1956	So	James Whitcomb R.	4	Kankakee – Lafayette	4-6-4	74,8	120,38	72	62,33	100,32	New York Central
1956	So	Nr. 29	29	North Vernon – Seymour	4-6-2	14,5	23,34	14	62,14	100,01	Baltimore & Ohio

Die Baltimore & Ohio Railroad, die anno 1955 neben 911 Dieseltriebfahrzeugen noch 508 Dampflokomotiven im Bestand hatte, spannte dem „Cincinnatian" bis 1956 schwere Pacifics der Presidents-Class P7-d vor, auf Stromlinie umgebaute P7-a: Nr. 5301 Adams, 5302 Jefferson, 5303 Madison und 5304 Monroe. Im selben Jahr ersetzten BUDD-Triebwageneinheiten den „Washingtonian", der (bis 3. November 1953 mit 4-6-2-„Presidents" ohne Stromlinienverkleidung bespannt) für die B&O Verluste eingefahren hatte. 100-km/h-Ab-

schnitte standen jedoch nicht im Fahrplan dieser Züge. Die Milwaukee Road hatte bis 1957 alle Reisezüge verdieselt, ebenso die Pennsylvania Railroad, die mit der Abstellung der letzten 0-6-0-Rangierlok in Camden, New Jersey anno 1959 endgültig dampffrei wurde.

Die Norfolk & Western hatte am längsten auf das Dampfross gesetzt und mit der Bestellung von geeigneten Diesellokomotiven bis Mitte der fünfziger Jahre gewartet. Der letzte „dampfgeführte Indianerstamm" in den USA hieß 1957 „Powhatan".

Fahrplan		Zugname	Nr.	Bespannungsabschnitt	Lok	Meilen	[km]	[min]	[mph]	[km/h]	Bahngesellschaft
1957	So	Powhatan Arrow	25	Suffolk – Petersburg	4-8-4	59,0	94,95	53	66,79	107,49	Norfolk & Western
1957	So	Powhatan Arrow	26	Petersburg – Suffolk	4-8-4	59,0	94,95	54	65,56	105,50	Norfolk & Western

Bild 228
GS-4 der Southern Pacific Nr. 4456 in Fresno am 26. September 1956. Namhafte Züge wie „The Lark", „Daylight" und noch 1955 fallweise der „San Joaquin Daylight" gehörten zu ihren Traktionsaufgaben.

Aufnahme: Fred A. Stindt, Sammlung Stefan Kier

Bild 229 – K4 Nr. 612 der Pennsylvania Railroad hat am 24. Oktober 1957, hier beim Fotohalt in Englishtown, den Abschiedssonderzug am Zughaken. Zwei Lokomotiven dieser Gattung blieben in Altoona und Strasburg museal erhalten.
Aufnahme: Sammlung Heribert Schröpfer

Der „Powhatan Arrow", seit dem 27. April 1946 mit der famosen 4-8-4 Class J als Zuglok im Einsatz und 1949 zum Stromlinienzug aufgewertet, blieb bis Mitte Juli 1958 dampfbespannt. Stuart Saunders, ab 1. April 1958 Präsident der N & W, leitete mit geleasten Diesellokomotiven die Ablösung der 14 in den Jahren 1941 bis 1950 gebauten Niagaras ein, sehr zum Leidwesen des Lokperso-

nals, das die „J" für unvergleichbar gut und von Diesellokomotiven nicht ersetzbar hielt, wie die Roanoke Times in ihrer Ausgabe am 19. Juli 1958 berichtete. Elf Maschinen hatten bis dato mehr als 3,2 Millionen Kilometer zurückgelegt.

Im Folgenden der letzte, bis Mitte Juli 1958 mit Dampflok bespannte Schnellzug der Norfolk & Western.

Fahrplan		Zugname	Nr.	Bespannungsabschnitt	Lok	Meilen	[km]	[min]	[mph]	[km/h]	Bahngesellschaft
1958	So	Powhatan Arrow	25	Suffolk – Petersburg	4-8-4	59,0	94,95	53	66,79	107,49	Norfolk & Western
1958	So	Powhatan Arrow	26	Petersburg – Suffolk	4-8-4	59,0	94,95	54	65,56	105,50	Norfolk & Western

Die Diesellok-Lieferung setzte erst im Herbst 1958 ein. Im Güterzugdienst blieb den N&W-Dampflokomotiven noch eine Übergangsfrist von gut zwei Jahren. Mit der Nr. 611 beendete die „J" im Herbst 1959 ihren Dienst, gleichzeitig mit der U-4-b Nr. 6405 der Grand Trunk Western, deren Schwestern noch bis April 1960, respektive bis September 1961 (6405, letzte Stromlinienlok der USA) in den Beständen geführt wurden.

Am 27. März 1960 verkehrte der letzte planmäßige Normalspur-Personenzug, als die Grand Trunk & Western ihre Northerns aus dem Nahverkehr Detroit – Durand zurückzogen. Zwei Tage später endete auch bei der Canadian Pacific mit dem gemischten Zug von Megantic, Quebec, nach Brownville Junction, Maine, der planmäßige Dampfreisezugbetrieb.

Die glorreiche Zeit der Dampflokomotiven vor den Reisezügen in Nordamerika hatte ihren Schlusspunkt gefunden. Sie erbrachten Leistungen, die auf keinem anderen Kontinent erreicht wurden.

Den letzten regulären Normalspur-Güterzug zog am 11. Oktober 1962 die Consolidation (2-8-0-)Dampflok Nr. 641 der Colorado

& Southern auf der Zweigstrecke bei Leadville. Im September dieses Jahres verschwanden auch die letzten vier „Big Boys", die seit 1959 noch in Reserve vorgehalten worden waren.

Die Entwicklung des Diesel- und Dampflokomotivbestandes 1930-1960			
Jahr	Klassifizierung	Anzahl der Lokomotiven	
		Diesel	Dampf
1930	Class 1	74	55.875
1935	Class 1	113	45.614
1940	Class 1	797	40.041
1945	Class 1	3.816	38.853
1950	Class 1	14.047	25.640
1955	Class 1	24.786	5.982
1960	Class 1	28.278	261

6 Die Jahresbesten – ein länderübergreifender Vergleich

Die Tabellen (chronologisch rücklaufend) zeigen, dass Amerika seit Anfang der dreißiger Jahre bis zum Niedergang der Dampflokomotive Mitte der fünfziger Jahre deutlich vor Europa liegt.

Der erste europäische Zug über Vr 100 km/h verkehrte ab 1929 zwischen Paris und St. Quentin, bevor nach wenigen Wochen mit der Beschleunigung des „Cheltenham Flyers" das blaue Band nach England wechselte. 1936 erhöhte die DRG auf 119,5 km/h, und 1939 setzten die NMBS-Züge mit 120,5 km/h den Schlusspunkt.

Ab Herbst 1949 stellten die SNCF, und ab Sommer 1951 auch die BR, wieder Dampfzüge mit Vr über 100 km/h, bevor 1960 auch die DB in den „Wettkampf" eingriff.

Ab 1972 mit dem Rückgang der Dampflokleistungen in der Bundesrepublik Deutschland übernahm die DR als weltweit letzte Bahnverwaltung mit schnellfahrenden Dampfzügen die Spitze –

anfangs noch mit dem Bundesbahn-Durchläufer D 715 im Emsland wechselnd.

Im Winterfahrplan 1977/78 gab es erstmals weltweit keinen planmäßig mit Dampflokomotive bespannten Zug mehr, der zwischen zwei Halten 100 km/h erreichte. Gelegentlich ersetzten 01^{20} vom Bw Ostbahnhof am D 372 und 01^{15} vom selben Bw am D 671 die vorgesehenene 132 von Berlin nach Dresden. Auf der bekannten Rennstrecke vom Zentralflughafen Schönefeld nach Doberlug-Kirchhain waren dann der D 371 mit 105,5 km/h und der D 671 mit satten 109,53 km/h Reisegeschwindigkeit zu fahren. Im Sommer 1978 schafften Stralsunder 03^{00} mit dem D 610 immerhin noch einmal die „Mile a Minute". 110 km/h blieb in Europa eine magische Hürde, die nach 1945 planmäßig nur im Sommer 1956 von SNCF-Lokomotiven übersprungen wurde.

Europa 1945 bis 1978: 22 Züge der DB, 17 der SNCF, 9 der BR und 8 der DR. Ab 1957 lagen die Züge über den Schnellsten der USA und Kanada und avancierten somit zu den weltbesten Dampfzügen.

Fahrplan	Zug	Nr.	Bespannungsabschnitt	ab	an	Lok	[km]	[mph]	[km/h]	Verw.	Bemerkungen
1978	So	D	610	Oranienburg – Fürstenberg	06:53	07:24	03^{00}	50,7	60,98	98,13	DR	Lok Bw Stralsund
1977	So	D	1617	Neustrelitz – Oranienburg	19:40	20:22	03^{00}	71,2	63,20	101,71	DR	Lok Bw Stralsund
1976	Wi	D	678	Doberlug Kirchh – Bln Schönefeld	21:28	22:21	01^{15}	93,1	65,49	105,40	DR	auch 01^{20}, Sa 118
1976	So	D	678	Doberlug Kirchh – Bln Schönefeld	21:29	22:21	01^{20}	93,1	66,75	107,42	DR	W, Lok Bw B-Ostb
1975	Wi	E	538	Nauen – Neustadt (Dosse)	01:04	01:27	01^{05}	40,1	65,00	104,61	DR	Lok Bw Wittenberge
1975	So	D	530	Neustadt (Dosse) – Wittenberge	08:05	08:35	01^{05}	51,1	63,50	102,20	DR	Lok Bw Wittenberge
1974	Wi	D	535	Wittenberge – Neustadt (Dosse)	14:32	15:01	01^{05}	51,1	65,69	105,72	DR	Mo-Do mit V-Lok
1974	So	D	715	Leer – Rheine	09:20	10:26	012	114,2	64,51	103,82	DB	Lok Bw Rheine
1973	Wi	D	535	Neustadt (Dosse) – Nauen	15:10	15:33	01^{05}	40,1	65,00	104,61	DR	Lok Bw Wittenberge
1973	So	D	715	Leer – Rheine	09:20	10:26	012	114,2	64,51	103,82	DB	bis 3. Sept. 1973
1972	Wi	D	65	Neustadt (Dosse) – Nauen	15:18	15:40	01^{05}	40,1	67,96	109,36	DR	Mo-Do m. V-Lok
1972	So	E	1883	Bamberg – Lichtenfels	11:28	11:46	001	31,9	66,07	106,33	DB	dgl. E 1794 Lok Hof
1971	Wi	D	823	Heide – Hamburg-Altona	07:30	08:38	012	123,7	67,82	109,15	DB	Mo
1971	So	D	823	Heide – Hamburg-Altona	07:31	08:39	012	123,7	67,82	109,15	DB	Mo
1970	Wi	D	826	Niebüll – Husum	06:56	07:18	012	40,2	68,13	109,64	DB	Mo, Lok Bw Hmb-Alt
1970	So	D	636	Heide – Itzehoe	21:05	21:38	012	59,6	67,33	108,36	DB	b.V., Lok Hmb-Alt
1969	Wi	D	436	Heide – Hamburg-Altona	10:32	11:42	012	123,7	65,88	106,03	DB	b.V., Lok Hmb-Alt
1969	So	E	1868	Neumünster – Hamburg-Altona	17:19	18:02	012	73,9	64,08	103,12	DB	Fr, Lok Hmb-Alt
1968	Wi	D	462	Itzehoe – Heide	20:54	21:29	012	59,6	63,49	102,17	DB	So, dgl. E1773 Ggr.
1968	So	D	497	Osnabrück – Bremen	09:11	10:21	012	122,2	65,08	104,74	DB	Lok Bw Osn Hbf
1967	Wi	E	841	Bremen – Rotenburg	08:56	09:21	01^{10} Öl	42,8	63,83	102,72	DB	Lok Bw Osn Hbf
1967	So	D	497	Bremen – Hamburg-Harburg	10:44	11:43	01^{10} Öl	103,7	65,53	105,46	DB	Lok Bw Osn Hbf
1966	Wi	E	841	Bremen – Rotenburg	08:56	09:20	01^{10} Öl	42,8	66,49	107,00	DB	Lok Bw Osn Hbf
1966	So	D	497	Bremen – Hamburg-Harburg	10:44	11:43	01^{10} Öl	103,7	65,53	105,46	DB	Lok Bw Osn Hbf
1965	Wi	Ex	750	Angers – Sable	07:26	07:54	231	48,7	64,84	104,36	SNCF	
1965	So	Ex	740	Vannes – Redon	07:15	07:46	231	54,4	65,42	105,29	SNCF	
1964	Wi	D	138	Paderborn – Lippstadt	08:24	08:42	01^{10} Öl	32,0	66,28	106,67	DB	Lok Bw Kassel
1964	So	D	138	Paderborn – Lippstadt	08:24	08:42	01^{10} Öl	32,0	66,28	106,67	DB	Lok Bw Kassel
1963	Wi	D	196	Bremen – Osnabrück	09:16	10:23	01^{10} Öl	122,2	68,00	109,43	DB	Lok Bw Osn Hbf
1963	So	D	196	Bremen – Osnabrück	09:16	10:23	01^{10} Öl	122,2	68,00	109,43	DB	Lok Bw Osn Hbf
1962	Wi	R	46	Chaumont – Troyes	21:19	22:13	231 G, K	95,6	66,00	106,22	SNCF	

Fahrplan		Zug	Nr.	Bespannungsabschnitt	ab	an	Lok	[km]	[mph]	[km/h]	Verw.	Bemerkungen
1962	So	R	46	Chaumont – Troyes	21:19	22:13	231 G, K	95,6	66,00	106,22	SNCF	
1961	Wi	E	841	Bremen – Rotenburg	09:20	09:44	03⁰	42,8	66,49	107,00	DB	auch m. V 160/V 200
1961	So	D	194	Bremen – Diepholz	10:17	10:56	01¹⁰	69,7	66,63	107,23	DB	Saison, Lok Osn H
1960	Wi	D	194	Bremen – Diepholz	10:17	10:56	01¹⁰	69,7	66,63	107,23	DB	b.V., Lok Bw Osn H
1960	So	R	41	Paris Est – Troyes	07:45	09:18	231	166,2	66,63	107,23	SNCF	Lok Depot Troyes
1959	Wi	R	41	Paris Est – Troyes	07:45	09:18	231	166,2	66,63	107,23	SNCF	
1959	So	R	41	Paris Est – Troyes	07:45	09:18	231	166,2	66,63	107,23	SNCF	
1958	Wi			Paddington – Bristol	08:45	10:30	Castle Class	190,4	67,60	108,79	BR	The Bristolian
1958	So			Darlington – York	17:49	18:28	A4	71,0	67,85	109,19	BR	
1957	Wi			Paddington – Bristol	08:45	10:30	Castle Class	190,4	67,60	108,79	BR	The Bristolian
1957	So			Paddington – Bristol	08:45	10:30	Castle Class	190,4	67,60	108,79	BR	The Bristolian
1956	Wi			Paddington – Bristol	08:45	10:30	Castle Class	190,4	67,60	108,79	BR	The Bristolian
1956	So	R	41	Chaumont – Vesoul	10:26	11:31	231	119,2	68,37	110,03	SNCF	
1955	Wi			Paddington – Bristol	08:45	10:30	Castle Class	190,4	67,60	108,79	BR	The Bristolian
1955	So			Paddington – Bristol	08:45	10:30	Castle Class	190,4	67,60	108,79	BR	The Bristolian
1954	Wi			Paddington – Bristol	08:45	10:30	Castle Class	190,4	67,60	108,79	BR	The Bristolian
1954	So			Paddington – Bristol	08:45	10:30	Castle Class	190,4	67,60	108,79	BR	The Bristolian
1953	Wi			Hitchin – Retford	08:32	10:08	A1	171,7	66,69	107,33	BR	
1953	So	R	41	Chaumont – Vesoul	10:27	11:34	231 C	119,2	66,33	106,75	SNCF	dgl. R47
1952	Wi	R	47	Chaumont – Vesoul	20:55	22:02	230 K / 231	119,2	66,33	106,75	SNCF	
1952	So	R	1	Paris Est – Bar-le-Duc	08:00	10:27	231 C, K	253,6	65,21	103,51	SNCF	dgl. R3
1951	Wi	R	1	Paris Est – Bar-le-Duc	08:00	10:25	231 C, K	253,6	65,21	104,94	SNCF	dgl. R3
1951	So	R	1	Paris Est – Bar-le-Duc	08:00	10:25	231 C, K	253,6	65,21	104,94	SNCF	dgl. R3, R2 u.4 Ggr.
1950	Wi	R	1	Paris Est – Bar-le-Duc	08:00	10:25	231 C, K	253,6	65,21	104,94	SNCF	dgl. R3, R2 u.4 Ggr.
1950	So	R	1	Paris Est – Bar-le-Duc	08:00	10:25	231 C, K	253,6	65,21	104,94	SNCF	dgl. R3
1949	Wi	R	1	Paris Est – Bar-le-Duc	08:00	10:25	231 C, K	253,6	65,21	104,94	SNCF	dgl. R3

Europa 1929 bis 1945: 14 Züge der GWR, 4 der DRG/DRB und je 2 der LNER und SNCB.

Fahrplan		Zug	Nr.	Bespannungsabschnitt	ab	an	Lok	[km]	[mph]	[km/h]	Verw.	Bemerkungen
1939	Wi		401	Bruxelles Midi – Brugge	08:25	09:11	Typ 12	92,35	74,85	120,46	SNCB	
1939	So		405	Bruxelles Midi – Brugge	17:50	18:36	Typ 12	92,35	74,85	120,46	SNCB	dgl. 401
1938	Wi			Kings Cross – York	16:00	18:37	A4	302,90	72,19	115,75	LNER	The Coronation
1938	So			Kings Cross – York	16:00	18:37	A4	302,90	72,19	115,75	LNER	The Coronation
1937	Wi	FD	24	Berlin Lehrter Bf – Hamburg Hbf	18:15	20:39	05	286,80	74,25	119,50	DRB	Lok Rbw Altona
1937	So	FD	24	Berlin Lehrter Bf – Hamburg Hbf	18:15	20:39	05	286,80	74,25	119,50	DRB	Lok Rbw Altona
1936	Wi	FD	24	Berlin Lehrter Bf – Hamburg Hbf	18:13	20:37	05	286,80	74,25	119,50	DRG	Lok RBw Altona
1936	So	FD	24	Berlin Lehrter Bf – Hamburg Hbf	18:13	20:37	05	286,80	74,25	119,50	DRG	Lok RBw Altona
1935	Wi			Swindon – Paddington	15:55	17:00	Castle Class	124,40	71,35	114,83	GWR	Cheltenham Flyer
1935	So			Swindon – Paddington	15:55	17:00	Castle Class	124,40	71,35	114,83	GWR	Cheltenham Flyer
1934	Wi			Swindon – Paddington	15:55	17:00	Castle Class	124,40	71,35	114,83	GWR	Cheltenham Flyer
1934	So			Swindon – Paddington	15:55	17:00	Castle Class	124,40	71,35	114,83	GWR	Cheltenham Flyer
1933	Wi			Swindon – Paddington	15:55	17:00	Castle Class	124,40	71,35	114,83	GWR	Cheltenham Flyer
1933	So			Swindon – Paddington	15:55	17:00	Castle Class	124,40	71,35	114,83	GWR	Cheltenham Flyer
1932	Wi			Swindon – Paddington	15:55	17:00	Castle Class	124,40	71,35	114,83	GWR	Cheltenham Flyer
1932	So			Swindon – Paddington	15:53	17:00	Castle Class	124,40	69,23	111,41	GWR	Cheltenham Flyer
1931	Wi			Swindon – Paddington	15:53	17:00	Castle Class	124,40	69,23	111,41	GWR	Cheltenham Flyer
1931	So			Swindon – Paddington	15:45	16:55	Castle Class	124,40	62,26	106,63	GWR	Cheltenham Flyer
1930	Wi			Swindon – Paddington	15:45	16:55	Castle Class	124,40	62,26	106,63	GWR	Cheltenham Flyer
1930	So			Swindon – Paddington	15:45	16:55	Castle Class	124,40	62,26	106,63	GWR	Cheltenham Flyer
1929	Wi			Swindon – Paddington	15:45	16:55	Castle Class	124,40	62,26	106,63	GWR	Cheltenham Flyer
1929	So			Swindon – Paddington	15:45	16:55	Castle Class	124,40	62,26	106,63	GWR	Cheltenh. Flyer, ab Juli
1929	So			Paris Nord – St. Quentin	Fz. 91	Min.	D	153,00	62,68	100,88	Nord	bis Juli 1929

In 25 Fahrplanperioden lag die Reisegeschwindigkeit des jeweils schnellsten europäischen Dampfzuges über 109 km/h.

Fahrplan	Zug	Nr.	Bespannungsabschnitt	ab	an	Lok	[km]	[mph]	[km/h]	Verw.	Bemerkungen
1939	So		401	Bruxelles Midi – Brugge	08:25	09:11	Typ 12	92,35	74,85	120,46	SNCB	
1939	Wi		405	Bruxelles Midi – Brugge	17:50	18:36	Typ 12	92,35	74,85	120,46	SNCB	
1936	So	FD	24	Berlin Lehrter Bf – Hamburg Hbf	18:15	20:39	05	286,80	74,25	119,50	DRG	
1936	Wi	FD	24	Berlin Lehrter Bf – Hamburg Hbf	18:15	20:39	05	286,80	74,25	119,50	DRG	
1937	So	FD	24	Berlin Lehrter Bf – Hamburg Hbf	18:13	20:37	05	286,80	74,25	119,50	DRB	
1937	So	FD	24	Berlin Lehrter Bf – Hamburg Hbf	18:13	20:37	05	286,80	74,25	119,50	DRB	
1938	So			Kings Cross – York	16:00	18:37	A4	302,90	72,19	115,75	LNER	
1938	Wi			Kings Cross – York	16:00	18:37	A4	302,90	72,19	115,75	LNER	
1932	Wi			Swindon – Paddington	15:50	16:55	Castle Class	124,40	71,35	114,83	GWR	
1933	So			Swindon – Paddington	15:55	17:00	Castle Class	124,40	71,35	114,83	GWR	
1933	Wi			Swindon – Paddington	15:55	17:00	Castle Class	124,40	71,35	114,83	GWR	
1934	So			Swindon – Paddington	15:55	17:00	Castle Class	124,40	71,35	114,83	GWR	
1934	Wi			Swindon – Paddington	15:55	17:00	Castle Class	124,40	71,35	114,83	GWR	
1935	So			Swindon – Paddington	15:55	17:00	Castle Class	124,40	71,35	114,83	GWR	
1935	Wi			Swindon – Paddington	15:55	17:00	Castle Class	124,40	71,35	114,83	GWR	
1931	Wi			Swindon – Paddington	15:53	17:00	Castle Class	124,40	69,23	111,41	GWR	
1932	So			Swindon – Paddington	15:53	17:00	Castle Class	124,40	69,23	111,41	GWR	
1956	So	R	41	Chaumont – Vesoul	10:26	11:31	231	119,20	68,37	110,03	SNCF	
1970	Wi	D	826	Niebüll – Husum	06:56	07:18	012	40,20	68,13	109,64	DB	
1963	Wi	D	196	Bremen – Osnabrück	09:16	10:23	01^{10} Öl	122,20	68,00	109,43	DB	
1963	So	D	196	Bremen – Osnabrück	09:16	10:23	01^{10} Öl	122,20	68,00	109,43	DB	
1972	Wi	D	65	Neustadt (Dosse) – Nauen	15:18	15:40	01^{05}	40,10	67,96	109,36	DR	
1958	So			Darlington – York	17:49	18:28	A4	70,97	67,85	109,18	BR	
1971	So	D	823	Heide – Hamburg-Altona	07:31	08:39	012	123,70	67,82	109,15	DB	
1971	Wi	D	823	Heide – Hamburg-Altona	07:30	08:38	012	123,70	67,82	109,15	DB	

Übersee (USA, Kanada)

Fahrplan		Zug-Nr.	Bespannungsabschnitt	Lok	[min]	[km]	[mph]	[km/h]	Bahngesellschaft	Bemerkungen
1958	So	25	Suffolk – Petersburg	4-8-4	53	94,95	66,79	107,49	Norfolk & Western	Powhatan Arrow
1957	So	25	Suffolk – Petersburg	4-8-4	53	94,95	66,79	107,49	Norfolk & Western	Powhatan Arrow
1956	So	17	Strathroy – Wyoming		22	40,72	69,00	111,04	CNR	International Limited
1955	So	246	Wellsboro – Walkerton	4-6-2	13	23,34	66,92	107,70	Baltomore & Ohio	kein Zugname
1954	So	28	North Platte – Kearney	4-8-4	79	152,89	72,15	116,11	Union Pacific	Overland Limited
1953	So	28	North Platte – Kearney	4-8-4	79	152,89	72,15	116,11	Union Pacific	Overland Limited
1950	So	6	Gary – South Bend		50	95,40	71,16	114,52	NYC	Interstate-Express
1947	So	6	Sparta – Portage	4-6-4s	64	126,00	73,40	118,13	PRR	Morning Hiawatha
1941	Wi	4	Gary – Fort Wayne	E6s	96	196,98	76,50	123,11	PRR	Detroit Arrow
1940	So	6	Sparta – Portage	4-6-4s	48	126,00	81,00	**130,36**	PRR	Morning Hiawatha, WR
1939	Wi	6	Sparta – Portage	4-6-4s	49	126,00	79,63	128,15	PRR	Morning Hiawatha
1939	So	400	Chicago – Racine	E2a	49	75,80	75,79	121,98	Chicago & NW.	The 400, ab Juli 1939
1938	Wi	6	Sparta – Portage	4-6-4s	49	126,00	79,63	128,15	PRR	Morning Hiawatha
1938	So	100	Lisbon – Portage	4-4-2s	35	73,89	73,89	118,91	PRR	Hiawatha
1937	Wi	100	Lisbon – Portage	4-4-2s	35	73,89	73,89	118,91	PRR	Hiawatha
1937	So	100	Lisbon – Portage	4-4-2s	35	73,89	73,89	118,91	PRR	Hiawatha
1936	So		Fort Wayne – Gary	E6s	99	197,95	74,55	119,97	PRR	Detroit Arrow
1935	So	4	Plymouth – Fort Wayne	E6s	51	103,32	75,53	121,55	PRR	Detroit Arrow
1934	Wi	10	Essex – Ridgetown		39	82,88	79,23	127,51	Michigan Central	New York Limited, WR
1933	So	4	Plymouth – Fort Wayne	E6s	51	103,32	75,53	121,55	PRR	Detroit Arrow
1932	So		Smith's Falls – Montreal West	2800	108	199,56	68,89	110,87	CPR	Royal York
1931	So	38	Smith's Falls – Montreal West	2800	108	199,56	68,89	110,87	CPR	Royal York, WR
1905	So		Camden – Atlantic City	4-4-2	50	89,32	66,60	107,18	Philad. & Reading	Weltrekord
1897	So		Camden – Atlantic City	4-4-2	52	89,32	64,04	103,06	Philad. & Reading	Weltrekord

7 Fazit und Ausblick

Die **USA** waren sowohl in der Quantität (Anzahl schneller Dampfzüge) als auch der Qualität (Anzahl der Züge über Vr 120 km/h und Vmax 100 mph) die mit Abstand führende Dampflok-Nation. In der Spitze mehr als 45.000 und im Durchschnitt 35.174 Kilometer im Monat, wie von den NYC 4-8-4s „Niagaras" noch 1946/47 auf der 1.494 km langen Strecke Chicago – Harmon (New York) gefahren, sind deutlich über dem, was in anderen Kontinenten erzielt wurde.

Mehr als 1.500 Abschnitte über 100 km/h (62,14 mph) Reisegeschwindigkeit sind mit Dampflokomotiven gefahren worden. Die Aufzeichnungen begannen in den Blütejahren der Dampfloktraktion erst bei 64 bzw. 66 mph, weshalb die exakte Summe nicht mehr eruiert werden konnte.

Kanada hielt anno 1931 kurzzeitig den Weltrekord. Ansonsten beschränkte die oft topografisch ungünstige Lage des Landes die Schnellfahrabschnitte auf einige wenige Strecken. Dampfzüge über 100 km/h von Halt zu Halt sind auf nicht mehr als 100 Abschnitten festgestellt worden.

Australien kam erst zur Jahrtausendwende in die Ränge, als 1999 und 2000 auf der 1.600-mm-Schiene planmäßige Züge zwischen Melbourne Spencer Station (ab 8:43 Uhr) und Warrnambool (Rückfahrt ab 17:05 Uhr) samstags mit den in Schottland gebauten Hudsons der Class R bespannt wurden. Die Tagesleistung betrug 534 Kilometer. Fahrplanmäßig war der Abschnitt Geelong – Warribee in „Mile a Minute" zu fahren, was regelmäßig noch unterboten wurde und am 18. Dezember 1999 in Vr 108,2 km/h gipfelte.

In Europa teilen sich vier Länder die Rekorde:

Frankreich hatte die meisten Abschnitte mit schnellen Dampfzügen zu bieten, ab 1949 mehr als 400 über 100 km/h, dazu über 300 bis 1939. Hier lagen die durchschnittlichen Zuglasten im Vergleich zu Deutschland und Großbritannien am höchsten. Allerdings verkehrten die schnellsten Dampfzüge größtenteils mit mittlerer Last (sieben Wagen im Durchschnitt). Die Höchstgeschwindigkeit von grundsätzlich 120 km/h, später 130 km/h verhinderte noch höhere Reisegeschwindigkeiten. Vmax 140 km/h blieb den relativ leichten 221 B für gerade einmal zwei Jahre vorbehalten.

In **Großbritannien** waren je nach Gesellschaft 85 mph, 90 mph oder unbeschränkte Höchstgeschwindigkeit erlaubt. Auch deshalb lagen die Reisegeschwindigkeiten der schnellsten Züge über denen Frankreichs. Die Gesamtzahl an 100-km/h-Abschnitten liegt unter 500. Der Gresley A3 *Flying Fox* ist die höchste Gesamtlaufleistung zuzuschreiben: 4,34 Millionen Kilometer in ihrer 41 Jahre und acht Monate dauernden Einsatzzeit. Unbestritten ist der Spitzenplatz im Langlaufdienst in Europa: Mit einem Feuer nonstop über mehr als 600 Kilometer Strecke mit ansehnlichem Zuggewicht – das spricht für die Qualität der Kessel und Triebwerke.

Deutschland nimmt mit Vmax 145 km/h und 612 aufgelisteten Dampfzug-Abschnitten über Vr 100 km/h den Platz zwischen den beiden genannten Nationen ein. Die DRG/DRB steuerte in der nur sechs Jahre während Periode insgesamt 205, davon 30 über Vr 110 km/h bei. Die Deutsche Bundesbahn wies in 24 Jahren 328 Dampfzüge im Bereich zwischen 100 bis 110 km/h auf. Dazu kommt noch die DR mit mindestens 79 Zugabschnitten aus den Jahren 1969 bis 1978.

In der Entwicklung von leistungsfähigen Dampflokomotiven hinkte Deutschland anderen Ländern in Europa hinterher: Nicht nur Frankreich und Italien, sondern auch Belgien und die Tschechoslowakei stellten bemerkenswerte Baureihen auf ihre Schienen. Dass die Fabriken im Inland gute Lokomotiven bauen konnten, bewies Henschel in Cassel mit den 1912 und 1913 gelieferten Pacifics, in Frankreich als 231 A und C (und nach dem Umbau 231 K) bezeichnet. Die Folgen des Ersten Weltkrieges verhinderten die Entwicklung besserer Lokomotiven, bis dann in den dreißiger Jahren die Ursache bei den Verantwortlichen in den oberen Etagen der Reichsbahn und den Ministerien zu suchen ist, die an althergebrachten Theorien festhielten und sich revolutionären, praxisorientierten Weiterentwicklungen verschlossen. Erst die Baureihe 01^{10} der DB (nach der Neubekesselung) darf man zweifelsfrei zusammen mit den großen Baureihen Europas, wie der A4 oder den Chapélon-Pacific nennen. Leistungsmäßig lagen diese drei Konstruktionen fast gleichauf. Die größte monatliche Laufleistung (01 1056 mit 28.889 km im Juli 1956), die höchste Gesamtlaufleistung (01 1082 mit 4,42 Millionen km während der 35 Jahre Einsatzzeit) und die höchste planmäßige, innerhalb eines Tages (0:36 – 23:04 Uhr) gefahrenen Leistung von 1.168 Kilometern mit 01^{10} Öl im Laufplan 01, Tag 1 des Bw Osnabrück (Winter 1958/59) sind eu-

Bild 230
R 766 der Victorian Railways
rastet auf dem Werksgelände
in Melbourne.

Aufnahme: Slg. Heribert Schröpfer

Bild 231

Die 01^{10}, auch heute noch Synonym für Kraft, Dynamik und Eleganz, repräsentierte das Rückgrat im Dampfreisezugverkehr der DB. Nicht die errechneten und vielfach publizierten 2.470 PS$_i$ hatte die Ölversion an den Zylindern zu bieten, sondern 2.650 PS$_i$ dürfen angesetzt werden, wenn die Lok im Bestzustand war und das Personal die Lok richtig forderte. Messfahrten mit den ölgefeuerten 01 1063 und 01 1100 ergaben Spitzenwerte von 2.800 PS$_i$. Die Kohleversion lag bei 2.500 PS$_i$. Selbst vor den außerplanmäßig bespannten IC 132/2332 gab sie ein elegantes Bild ab, auch wenn dieses Intermezzo am 23. Juni 2012 über insgesamt 4,6 km zu ihren langsamsten und kürzesten zählt. Vom Außenhafen kommend fährt die 01 1066 mit dem IC 2332 in Emden Hbf ein.

Aufnahme: Karsten Behrend

ropäische Spitzenleistungen. Nicht zu vergessen die 01^5 der DR, deren ausgereifter Kessel mit der großzügig ausgelegten Feuerbüchse ein hervorragender Dampfmacher war und die sich leistungsmäßig zu den genannten Baureihen gesellt. Tragisch ist, dass die Baureihe 10 nicht mehr in Serie gebaut wurde. Sie stand in der Leistung noch deutlich über den genannten Lokomotiven. In einem eigenen Laufplan gefahren, hätte das zu weiteren Fahrzeitverkürzungen und Reisegeschwindigkeiten über 110 km/h geführt.

Belgien mit etwa 70 Abschnitten über 100 km/h darf für sich in Anspruch nehmen, Europas schnellste planmäßige Dampfzüge eingesetzt zu haben, auf den gesamten Laufweg bezogen sogar weltweit. Die erlaubte Höchstgeschwindigkeit lag bei 145 km/h, was auf dem europäischen Kontinent – zusammen mit Deutschland – ebenfalls einen Bestwert darstellt. Die Schnellfahrphase dauerte allerdings weniger als ein Jahr. Mit der Type 1 stellte die NMBS eine Serienlok in Dienst, die stärker als andere vergleichbare Pacificlokomotiven in Europa war.

Auch **Italien** gehörte mit zwei Dampfzügen auf dem Abschnitt Verona – Padova für zwei Jahre zum „Klub 100".

Ausklang und Zukunft

Spätestens am 10. Dezember 2005 endete mit der Verdieselung der Jitong-Linie, als die chinesischen QJ den letzten Nachtschnellzug auf der Hauptbahn über den Jingpengpass beförderten und im Vorspanndienst schwere Güterzüge nach Shandian hinaufwuchteten, das klassische Dampflokzeitalter.

Geschwindigkeitsrekorde mit Dampflokomotiven dürfen aber für die Zukunft nicht ganz abgeschrieben werden. 100 km/h von Halt zu Halt – selbst mit schweren Zügen – sind auch heute möglich. Am 9. Mai 2013 bestätigte dies 01 1066 (mit Zusatztender und zwölf Schnellzugwagen, 580 t Last): Zwischen den betriebsbedingten Halten in Bohmte und Sagehorn über 99,8 km Streckenlänge erreichte sie 133 km/h in der Spitze und eine durchschnittliche Geschwindigkeit von 100,34 km/h (62,35 mph), auch wenn in Sagehorn der Zug mit 0,2 km/h noch nicht endgültig zum Halten kam, ehe das Signal Fahrt frei zeigte. Der Eintrag in David Veltons internationale „Mile a Minute"-Aufstellung bleibt dem Zug deshalb verwehrt.

Ähnliches gilt für die Rekordfahrt am 5. Dezember 2013, als Driver Steve Hanczar 38 Sekunden nach der Abfahrt in Newcastle die A4 *Bittern* nochmal auf nahezu Stillstand bremste und eine Reisegeschwindigkeit von 116,7 km/h verhinderte.

Auf der Great Western Linie hatte die A4 Nr. 4464 am 29. Mai 2013 einen Testzug mit 91,5 mph (147,26 km/h) gefahren, mit dem Ziel, die festgelegte Höchstgeschwindigkeit für Dampfzüge von 75 mph (120,7 km/h) für ausgesuchte Sonderzugfahrten anlässlich des 75. Jubiläums der Weltrekordfahrt mit der Mallard zu genehmigen. Am 29. Juni 2013 bewies die *Bittern* mit zehn Wagen (380 t Last) eindrucksvoll, dass ihre Leistungsfähigkeit ungebrochen ist: 71,37 mph gleich 114,86 km/h zwischen zwei Halten bedeuten die schnellste Fahrt seit Beginn der Aufzeichnungen anno 1976. Die Spitzengeschwindigkeit lag bei 92,3 mph (148,54 km/h) – Weltrekord für Nostalgiedampfzüge, wenn man so will.

Und nicht genug: Im Schatten des Orkans „Xaver" setzte die Bittern (unter ihrer alten Nummer 4464) am 5. Dezember 2013 auf der Rückfahrt von Newcastle nach York in 66 Minuten und 56 Sekunden mit 115,70 km/h eine neue Bestmarke.

Auch 2014 sind aus Großbritannien Schnellfahrten zu vermelden: Don Benn stoppte Lok 5029 *Nunney Castle* mit acht Wagen am 9. Mai 2014 von Exeter St. Davids nach Bristol Temple Meads für die 75,5 Meilen (121,5 km/h) mit 70 Minuten und 22 Sekunden (Vr 64,37 mph/103,59 km/h). Richard Peck notierte am 14. Juni Lok Bulleid 34046 *Braunton* mit neun Wagen am York-Kings Cross-Zug von Retford bis zum Signalstop in Werrington in 58,5 Meilen in 53:52 Minuten mit 65,16 mph (104,86 km/h)!

„Revival"-Züge (Fahrten mit authentischen Zuggarnituren, möglichst in den Fahrzeiten klassischer F- und D- Züge) sind in Großbritannien seit Jahren beliebt und inzwischen auch in Deutschland ein Thema. Sowohl geplante Neuentwicklungen mit modernen Feuerungs- und Antriebstechniken, als auch von Eisenbahnenthusiasten finanzierte „Wiederbelebungen" und Nachbauten schneller Lokomotiven wie die Peppercorn A1 *Tornado* lassen hoffen, dass auch in Zukunft noch die eine oder andere Spitzenleistung von der Dampflokomotive erbracht wird.

Auch nach Ende des regulären Dampfbetriebes in Deutschland glänzten die Dampflokomotiven im Sonderzugdienst oder bei Plandampfaktionen mit schnellen Zügen. David Veltom hat die ihm aus aller Welt gemeldeten Fahrten aufgelistet.

Auf Seite 190 folgt der Auszug mit den deutschen Dampfzügen über 100 km/h im Vergleich mit den jahresschnellsten internationalen Dampfzügen. Bleibt zu wünschen, dass diese Aufstellung eine „unendliche Geschichte" wird und jedes Jahr um ein paar Zeilen anwächst.

Bild 232 – Im Maintal zeigen zwei alte Bekannte, 01 202 und 01 150, mit ihrem Sonderzug, dass sie nicht zum alten Eisen zählen: Bei Mainroth am 9. November 2013 abgelichtet, sind sie dabei, den 115,1 Kilometer langen Abschnitt von Schweinfurt über die Verbindungskurve bei Höflein nach Kulmbach mit einem Schnitt von 98,9 km/h zu durchfahren – schnellster deutscher „Start to Stop"-Dampfzug in diesem Jahr.   Aufnahme: Christian Spiller

Bild 233 – In British Blue pendeln die Neubau-A1 *Tornado* und die A4 *Sir Nigel Gresley* am 5. April 2014 im Didcot Railway Centre.   Aufnahme: Adrian Brodie

Jahr	Tag	Bespannungsabschnitt	Lok-Nr.	Wagen	Meilen	[km]	min:s	[km/h]	Bemerkungen
1974	21.04.	Bremen – Osnabrück	01 1066	9	75,87	122,10	67:56	107,8	DGEG-Sdz
1976	24.10.	Friedrichshafen Stadt – Ulm	01 1066	8	64,37	103,60	62:00	100,3	E 20286
1977 – 1986 keine Dampfzüge über 100 km/h registriert. „Dampflokverbot" auf DB-Strecken bis 1984									
1987	19.07.	Princess R'boro (Signalstop) – Bicester North	35028	11	18,70	30,10	17:50	101,3	MNC „Clan Line"
1988	12.06.	Neumünster – Elmshorn	01 1100	9	27,30	43,90	26:05	101,0	
1989		keine Dampfzüge über 100 km/h gemeldet								
1990	29.04.	Gemünden – Würzburg Einfahrtsignal	01 1066	7	22,90	36,90	21:45	101,8	Signalhalt
1990	21.07.	Freiburg Hbf – Offenburg	01 1100	3	39,00	62,80	33:20	113,0	Frbg – Kar: 108,81 km/h
1990	21.07.	Offenburg – Karlsruhe Hbf	01 1100	3	44,05	71,10	38:30	110,8	über Ettlingen West
1990	27.10.	Offenburg – Freiburg Hbf	01 1066	9	39,00	62,80	37:40	100,0	
1991	04.10.	Newport – Lara (Australien)	VR R761	6	29,20	47,00	26:50	105,1	Plandampf
1991	19.10.	Genthin – Brandenburg	01 1531	7	18,70	30,10	17:55	100,8	Plandampf
1991	20.10.	Genthin – Brandenburg	01 1531	7	18,70	30,10	18:00	100,3	Plandampf
1991	22.10.	Brandenburg – Genthin	01 1531	8	18,70	30,10	18:00	100,3	Plandampf
1992	26.09.	Freiburg Hbf – km 47,4 vor Offenburg	01 1066	7	37,85	60,90	32:00	114,2	Signalhalt 3 Min.
1992	26.09.	km 47,4 vor Offenburg – Ettlingen West	01 1066	7	41,80	67,30	40:00	101,0	Frbg – Ettl W = 102,56 km/h
1993	03.05.	Oschatz – Wurzen	01 2137	4	16,80	27,00	15:45	102,9	Plandampf
1993	25.09.	Freiburg Hbf – km 47,4 vor Offenburg	01 1066	7	37,85	60,90	34:00	107,5	Signalhalt
1994	31.03.	Belzig – Signalhalt vor Abzw Bln. Ringbahn	03 1010	5	26,75	43,00	25:15	102,2	Plandampf
1994	01.04.	Llandudno Jct. – Signalstop vor Saltney Jct.	71000	12	41,70	67,10	38:40	104,1	„Duke of Gloucester"
1994	24.09.	Signalstop v. Wiesenburg – Berlin-Wannsee	03 1010	8	41,05	66,00	38:25	103,1	Plandampf
1994	30.10.	Apolda – Signalhalt vor Bad Kösen	01 1531	5	11,55	18,50	11:05	100,2	Plandampf
1995	14.06.	Bristol Temple Meads – Exeter St. Davids	71000	9	75,05	120,80	69:05	104,9	Stop außerh. Exeter
1995	17.09.	München Hbf – Eichstätt	01 1100	6	66,90	107,70	63:40	101,5	130 km/h, über Ingolstadt
1996	09.02.	Eisenach – Neudietendorf	01 1102	4	27,59	44,40	25:00*	106,6	Probefahrt mit 216 t
1996	11.07.	Regensburg Hbf – Passau Hbf	18 201	8	73,10	117,50	70:00	100,7	mit 2. Tender
1996	16.11.	Westbury – Exeter St. Davids	46229	11	77,90	125,40	73:30	102,3	mit Diesel-Heizlok
1997	17.05.	Southampton Central – Woking	35028+34027	10	54,90	88,40	52:45	100,5	
1998	21.03.	Carlisle – Abington Loop	60532	10	58,00	93,30	53:55	103,9	„Blue Peter"
1999	13.03.	Dresden-Neustadt – Berlin-Schönefeld	03 001	4	103,25	166,20	93:30	106,7	
1999	18.12.	Geelong – Warribee (Australien)	WCR R711**	6	25,40	40,90	22:40	108,2	Planzug, Sa mit Dampf
1999	11.12.	Lara – Werribee (Australien)	WCR R711**	5	16,05	25,80	14:50	104,5	Planzug, Sa mit Dampf
2000	06.05.	Geelong – Warribee (Australien)	WCR R711**	4	25,40	40,90	23:10	105,9	Planzug, Sa mit Dampf
2001	16.04.	Buchholz – Bremen Hbf	03 1010	8	51,88	83,50	47:15	106,0	
2001	30.06.	Exeter St. Davids – Westbury	60103	9	77,90	125,40	74:20	101,2	(LNER 4472)
2001	04.08.	Rotenburg – Bremen Hbf	01 1100	10	26,55	42,80	24:35	104,5	
2001	05.08.	Signalhalt vor Bassum – Diepholz	01 1100	10	23,85	38,40	22:55	100,5	
2002	01.05.	Regensburg Hbf – Passau Hbf	18 201	9	73,00	117,50	68:30	102,9	
2002	05.05.	Gloggnitz – Wiener Neustadt	18 201	7	16,65	26,80	15:10	106,0	Vmax 164 km/h
2002	20.07.	York – Doncaster	60009	12	32,55	52,40	28:55	108,7	
2002	21.12.	Augsburg – Signalhalt vor Dinkelscherben	18 201	5	16,20	26,10	13:55	112,4	Vmax 148 km/h
2003	01.06.	Elmshorn – Neumünster	01 1100	6	27,30	43,90	24:35	107,2	
2003	01.06.	Neumünster – Signalhalt vor Dauenhof	01 1100	6	19,60	31,50	17:20	109,0	
2003	28.06.	Berlin Charlottenburg – Neustadt (Dosse)	01 1100	6	44,75	72,00	42:30	101,7	
2003	28.06.	Ludwigslust – Büchen	01 1100	6	42,30	68,10	39:50	102,6	
2003	11.10.	Buchholz – Rotenburg	01 1100	5	25,30	40,70	21:40	112,7	
2004	20.05.	Hochdonnrampe vor Burg km 54,0 – Heide	012 100-4	9	21,10	34,00	19:00	107,2	Signalhalt vor Burg
2004	12.06.	Halle (S) Hbf – Niedergörsdorf	18 201	5	57,65	92,80	52:00	107,1	
2004	26.06.	Newcastle – Milepost 1 bei York	60009	13	79,10	127,30	71:30	106,8	
2004	10.07.	Neumünster – Elmshorn	012 100-4	7	27,35	43,90	25:30	103,3	
2004	27.11.	Buchholz – Rotenburg	012 100-4	6	25,30	40,70	23:50	102,5	
2005	05.05.	Buchholz – Lauenbrück Signalhalt	03 1010	5	15,30	24,60	13:45	107,4	Einfahrsignal Lauenbrück
2005	23.07.	Stoke summit – Decoy South Jct. Signalstop	46233	13	53,95	86,80	48:55	106,5	Signale vor S .u. D.
2006	12.08.	Riesa – Leipzig-Engelsdorf Rbf	18 201	9	36,55	58,80	34:55	100,5	
2006	22.11.	Loversall – Werrington Junction Signalstop	71000	10	72,10	116,00	74:50	107,4	Signale vor L. u. W.
2007	17.03.	Stevenage – Peterborough	60009	12	48,80	78,50	43:50	107,5	A4
2008	18.11.	York – Chester-le-Street (north)	60163	11	72,35	116,40	61:00	114,5	Bremstestfahrt

Jahr	Tag	Bespannungsabschnitt	Lok-Nr.	Wagen	Meilen	[km]	min:s	[km/h]	Bemerkungen
2009	25.07.	York – vor Werrington Junction Signalstop	60019	11	108,45	174,50	96:20	108,7	A4
2010	18.11.	Stevenage – Grantham Signalstop	60163	13	77,15	124,20	66:05	112,7	
2011	02.06.	Delitzsch – Lutherstadt Wittenberg	18 201	3 ***	31,50	50,70	28:50	105,5	Vmax 160,5 km/h
2011	04.09.	Bristol Temple Meads – Taunton	34067+70000	12	44,75	72,00	40:35	106,5	MNC + Standard Class 7
2012	18.08.	York – Retford	60163	13	49,80	80,10	45:10	106,5	A1 *Tornado*
2013	29.06.	Potters Bar – Signalstop vor Huntingdon	60019	10	45,30	72,90	38:05	114,9	A4, Vmax 148,5 km/h
2013	05.12.	Newcastle – York	60019 (4464)	10	80,20	129,07	66:56	115,7	A4, Vmax 151,3 km/h
2013	07.12.	Retford – Connington	60019 (4464)	11	70,85	114,02	61:45	110,8	A4, Vmax 149,4 km/h

*   Fahrzeit (lt. Vorgabe 25 Minuten) wurde eingehalten bzw. leicht unterschritten (Fahrtprotokoll/Timing liegt nicht vor).
**   4-6-4 ex Victorian Railway, 23 Timings vom 15.05. bis 18.12.1999 und vom 14.04. bis 02.12.2000, davon 16 Mal über 100 km/h.
*** mit Bremslok 87 t, Gesamtgewicht 210 t, Beschleunigungshilfe im unteren Geschwindigkeitsbereich möglich.

Quellenverzeichnis

Printmedien

- Allen, Cecil J.: British Pacific Locomotives, London 1971
- Allen, G. Freeman: Die schnellsten Züge der Welt, Stuttgart 1980
- Broncard, Yves: Dampflokomotiven in Frankreich, Stuttgart 1979
- Chavy, Marcel/Constant, Olivier: Dépots Vapeur du Nord, Aurey 2009
- Ebel, Jürgen Ulrich: Die Baureihe 01^{10} Teil 1, Freiburg 2012
- Gottwald, Alfred B.: Baureihe 05, Stuttgart 1981
- Gottwald, Alfred B.: Die Baureihe 05, Freiburg 2011
- Kampen, Manfred van/Wenzel, Hans-Jürgen: Die Baureihe 03^{10}, Freiburg 1978
- Lüdecke, Steffen: Die Baureihe 18$^{4-6}$, Freiburg 1985
- Quellmalz, Jürgen: Die Baureihe 05, Freiburg 1978
- Rakow, Witali A.: Russische und sowjetische Dampflokomotiven, Berlin 1986
- Reuter, Wilhelm: Rekord-Lokomotiven, Stuttgart 1988
- Scharf, Hans-Wolfgang/Ernst, Friedhelm: Vom Fernschnellzug zum Intercity, Freiburg 1983
- Schramm, Geoffrey W.: Out of Steam, Rosemont Publishing, Cranbury 2010
- Schweers, Hans/Wall, Henning: Eisenbahnatlas Deutschland, Köln 2008
- Scribbins, Jim: The Hiawatha Story, Minnesota Press 2007
- Wenzel, Hans-Jürgen: Die Baureihe 03, Freiburg 2006
- Wenzel, Hans-Jürgen: Die preußische S 10-Familie, Freiburg 2011
- Hart, Andy: Les Trains Aerodynamiques P.L.M. SNCF Society Journal Nr. 128, Tonbridge, GB, 12/2007
- Legedäre 18 201, EK-Special 38, Freiburg 1995
- Lokportrait 01^5, EK-Themen 19, Freiburg 1995
- Lok Magazin, Jahrgänge 1963-1970, Stuttgart
- Lok Report, Jahrgänge 1972-1980, Erlangen

- Classic Trains Special Editions, Kalmbach Publishing Co., Waukesha, USA
- Die Lokomotive, Jahrgänge 1904-1939, Wien, Berlin, Zürich
- DGEG: Eisenbahn Geschichte, Hefte 55 bis 58, Hövelhof 2013
- Les 231 du PLM, Correspondances Ferroviaires, Sonderheft 11/2006, Aurey, Frankreich
- Loco Profile 14, PRR Pacifics und 26 The Hiawathas, Profile Publications Limited, Windsor
- The Railway Magazine, Jahrgänge 1928 bis 1972, Horncastle, GB.
- The Stephenson Locomotive Society, Jahrgänge 1964-1966, Hartlepool, GB
- Trains Illustrated/Modern Railways, Jahrgänge 1957-1962, Tunbridge Wells, GB
- Trains Magazine (USA), Jahrgänge 1940 bis 1970, Kalmbach Publishing Co., Waukesha, USA
- Deutsche Bundesbahn: Kursbücher, Buchfahrpläne, Zugbildungspläne, Lauf- und Dienstpläne, Lokführerkalender 1949-1984
- DR/DRG/DRB: Kursbücher und Fahrpläne 1914-1945.
- Deutsche Reichsbahn: Kursbücher, Buchfahrpläne, Laufpläne und Bespannungsübersichten 1950 bis 1981
- Europa: Kursbücher und Dienstunterlagen Frankreich, Großbritannien, Belgien, Italien ab 1930-1975
- Kanada, USA und weitere Länder: Kursbücher, Fahrpläne 1929-1958

Onlinemedien

- Benn, Bryan: German Steam, Fastest Steam Trains, http://www.germansteam.co.uk
- Michigan Central Railroad, Internetseite von Richard Parks http://www.r2parks.net
- Streamlinerschedules USA, Internetseite von Eric H. Bowen, http://www.streamlinerschedules.com
- Geai, Jean Paul: Pacifics of the ETAT (Pacific Vapeur Club), http://pacificvapeurclub.free.fr

Mit Rat und Tat halfen: Lothar Behlau, Reiner Bimmermann, Helmut Bittner, Jean Buchmann, Ulrich Budde, Joachim Bügel, Wolfgang Bügel, Herbert Cadosch, Helmut Dahlhaus, Max R. Delie, Stefan Donnerhack, Jürgen Ebel, Ulrich Geiger, Horst Heck, Wulf-Dieter Heinrich, Klaus Hopf, Stefan Kier, Andreas Knipping, Wilfried Kohlmeier, Kevin McCormack, Peter J. Odell, Richard Peck, Wieland Proske, Hartmut Riedemann, David Rodgers, Heribert Schröpfer, Rolf Schulze, Andreas Stange, Brian Stephenson, Wolfgang Stoffels, Rolf Stumpf, David Veltom, Burkhardt Wollny.

Mein besonderer Dank gilt dem Verkehrsmuseum in Nürnberg, dessen Archiv ich als regelmäßiger Gast seit 40 Jahren nutzen darf und dem ich einen großen Teil meines Fundus verdanke.

Ebenso danke ich „The Railway Magazine" und „Trains Magazine", die mir wertvolle Informationen, insbesondere über die „Mile a Minute"-Züge in Europa und Übersee lieferten, und nicht zuletzt dem National Railway Museum in York mit seiner einzigartigen Sammlung.

Abkürzungsverzeichnis

BD	Bundesbahndirektion	
BFD	Bedarfs-Fernschnellzug	
Brit. Cl.	Britannia Class	
Coron.	Coronation Class	
eff. km/h	tatsächlich gefahrene Geschwindigkeit	
FDt	Fernschnelltriebwagen	
KC/CC	King Class/Castle Class	
MNC	Merchant Navy Class	
PS_i	indizierte Leistung, an den Zylindern	
PS_e	effektive Leistung am Zughaken	
RAW	Reichsbahn-Ausbesserungswerk	
Rbd	Reichsbahndirektion	
Rl Scot	Royal Scot Class	
Tkkh	Kesselwagen (Milchtransport)	

Verkehrstage

aMo	außer Montag
aSa	außer Samstag
S	Sonn- und Feiertage
WaSa	werktags außer Samstag
b.V.	besondere Verkehrstage (lt. Kursbuch)
Saison	verkehrt in der Hauptsaison

Bahngesellschaften

BR	British Railways 1948-1968 (anschl. British Rail)
CNR	Canada National Railways 1918-1960
CPR	Canadian Pacific Railway 1881-1968
C&NW	Chicago & North Western 1859-1995
DRG	Deutsche Reichsbahn-Gesellschaft 1924-1937
DRB	Deutsche Reichsbahn 1937-1945
GWR	Great Western Railway 1833-1947
LMS (LMSR)	London Midland Scottish Railway 1923-1947
LNER	London and North Eastern Railway 1923-1947
Milwaukee Road	Chicago, Milwaukee, St. Paul and Pacific Railroad 1847-1985
NCC	Northern County Committee 1903-1940
N&W	Norfolk & Western Railway 1870-1990
NYC	New York Central Railroad 1853-1968
PRR	Pennsylvania Railroad 1846-1968
P-RSL	Pennsylvania-Reading Seashore Lines 1933-1976
SR	Southern Railway 1923-1948
SNCB/NMBS	Belgische Staatsbahnen 1926-heute
SNCF	Société Nationale des Chemins de fer Français 1938-heute

Bild 234 – A4 *Bittern* (mit ihrer alten Nummer 4464) wartet in Grosmont am 7. Mai 2012 mit ihrem Zug nach Pickering auf den Abfahrtauftrag.   Aufn.: Wolfg. Däschle